优化·拟合·建模

——1stOpt 应用详解

（第 2 版）

程先云　程培澄　程培聪　张　伟　编著

中国建材工业出版社

图书在版编目（CIP）数据

优化·拟合·建模：1stOpt 应用详解/程先云等编
著.--2 版.--北京：中国建材工业出版社，2019.9
ISBN 978-7-5160-2604-5

Ⅰ.①优… Ⅱ.①程… Ⅲ.① 最优化算法-计算机算
法-软件包 Ⅳ.①TP391.75

中国版本图书馆 CIP 数据核字（2019）第 140670 号

内　容　提　要

1stOpt 作为一款优秀的国产数值优化计算分析软件平台，在国内外科学研究和工程领域得到了广泛的关注和认可，并已成功应用于各个领域。

本书以全面介绍该软件系统为目的，共 8 章。第 1 章概述了 1stOpt 的基本功能、特色、应用领域和工作环境；第 2 章介绍了 1stOpt 在数值优化方面的基本应用，包括函数优化、方程求解、非线性拟合、微分方程以及混合编程技巧等；第 3 章讲解 1stOpt 附带的专用工具箱，包括公式自动搜索匹配、人工神经网络、支持向量机、聚类等工具箱的使用；第 4、5 两章通过实例呈现了 1stOpt 在运筹学和数学建模方面的应用；第 6 章专门讲解了 1stOpt 在水文水资源工程领域的实际应用案例；第 7 章介绍了众多典型数值计算综合案例分析；第 8 章是 1stOpt 与 Lingo 和 GAMS 软件的优化测试对比。

本书适合作为热衷于数值分析计算、优化算法研究和数学建模等科研人员、企业相关人员及高校学生参考用书。

优化·拟合·建模——1stOpt 应用详解（第 2 版）
Youhua Nihe Jianmo——1stOpt Yingyong Xiangjie（Di-er-Ban）
程先云　程培澄　程培聪　张　伟　编著

出版发行：中国建材工业出版社
地　　址：北京市海淀区三里河路 1 号
邮　　编：100044
经　　销：全国各地新华书店
印　　刷：北京雁林吉兆印刷有限公司
开　　本：787mm×1092mm　1/16
印　　张：25.75
字　　数：630 千字
版　　次：2019 年 9 月第 2 版
印　　次：2019 年 9 月第 1 次
定　　价：98.80 元

第 2 版序言

本书第 1 版自 2012 年出版至今已有七年。1stOpt 软件版本也从彼时的 4.0 升级至此时的 8.0，功能和内容都有很大的提升、扩充和改进，成为集数据建模、数据挖掘与科学数值优化计算为一体的综合科学计算平台。其用户数呈几何级增长，应用领域覆盖各行各业，一些高校已将其作为一门课程来教授，数千项国家自然基金科研项目及世界五百强的一些企业均采用该软件平台，在国外软件占垄断地位的今天，这对于一款国产科学计算软件而言不能不说是一个奇迹，而这样一个奇迹的背后则是技术实力的体现。

人工智能毫无疑问是目前科技界的热中之热，其前景不可估量。从数学角度看，人工智能问题均可以归结为数学优化问题，而要完美解决这类问题的重要密钥之一就是优化算法，尤其是具有全局寻优能力、理论上计算结果更好的全局优化算法更是重中之重，成为当下科学领域研究的焦点。从 20 世纪五六十年代提出的具有全局寻优能力的模拟退火和遗传算法，到如今的各种仿生智能算法，虽然都号称是全局优化算法，但实际表现与预想结果还有很大的差距，它们充其量只是在理论上具有全局优化计算能力，而能被大众普遍接受认可并在实际应用当中表现名副其实的并不多见。以最小二乘法曲线拟合为例，OriginPro、Matlab、Igor Pro 或 SigmaPlot 等主流软件，均还是采用经典的局部最优算法如麦考特法。全局最优算法之所以不被采用，除了计算量大外，关键还是结果不稳定、随机性强、实际效果无法达到要求。与此形成对比的则是 1stOpt，其独有的通用全局优化算法（Universal Global Optimization, UGO），自提出并实现商用至今已有近 20 年的时间，它的应用效果赢得了广大用户的信任，比上述采用局部最优算法的软件有压倒性的优势。同时，能与 UGO 算法功能效果相媲美的全局优化算法还鲜有出现。1stOpt 简单清晰的使用界面及易懂易用的语言代码，即使是非计算机、非数学类专业的用户，在短时间内也能解决以前耗时数月而未能解决的复杂数学问题。

相较第 1 版，本书除了介绍针对软件改进所带来的一些变化说明外，还增加了开发版的使用、工具箱介绍、综合案例应用分析及优化测试对比的内容。

目前，1stOpt 用户众多，但市面上比较全面且专门介绍 1stOpt 的书籍还不多，给用户带来诸多困惑和不便，也不利于 1stOpt 软件的普及和应用。作者希望本书能填补并改善这方面的不足，也衷心希望本书内容能帮助用户快速和全面地了解和掌握该软件的使用。

最后，书中所有案例源代码已提交给 1stOpt 软件开发商北京七维高科技有限公司，有需求的用户可向其免费索取。

编著者
2019 年 9 月 6 日

第 1 版序言

不论是科学研究还是工程应用领域，优化技术或优化软件都显现出了巨大的功效和广泛的前景。不同于线性优化算法，由于非线性问题的复杂性和多样性，非线性全局优化算法至今尚无一可求解任何问题的完美标准算法，这也使得该领域成为国内外的研究热点，同时也是难点。虽然国家投入了大量的人力、财力和物力进行扶持和攻关，但若仅从成效来看，很难说是成功的。一是算法理论方面，几乎是完全拿来主义，始终处于追赶者的角色，从经典的牛顿算法到时下流行的智能进化算法如遗传算法、蚁群算法、模拟退火算法、粒子群算法、差分进化算法等无一不源自国外，虽然国内研究者在这些算法的基础上进行了改进并衍化出一些新的算法，但大都停留在自娱自乐的理论层面，缺乏相应的通用软件平台，使得算法的可靠性和可行性无法得到验证，距实用或商用的目标相差甚远；二是通用优化软件平台方面，国外产品更是占据绝对垄断地位，随着正版化的进程，国家每年花费在购入这些昂贵软件的费用将是非常庞大的，而引进软件的同时，却难以获得核心优化算法的原理，从而也无法很好地加以己用，处在"只知其然，而不知其所以然"的尴尬境地。纵观国内，Lingo、Matlab、Mathematica 等大行其道，相关书籍琳琅满目，研究论文比比皆是，基于这些软件的科研成果数不胜数，也出现了不少 Lingo 优化专家、Matlab 优化建模高手、Mathematica 应用大师等，但我们自主创新具有自主知识产权的研究成果呢？这确是一种悲哀，而 1stOpt 的出现可说是一个突破。

1stOpt 是一款具自主知识产权、非常优秀、通用的国产优化计算软件平台。在非线性全局优化数值计算能力方面不逊于当今世界上顶尖和知名的优化软件包如 Lingo、Nuopt 等，尤其在非线性曲线拟合领域，其不需初值的特性加上超强的全局寻优能力，更使其成为目前该领域执牛耳者。

市场是最公正的裁判，广大用户则是最权威的专家。1stOpt 虽然没有悠久的历史和名声，也没有国家颁发的任何奖项和院士专家的褒奖之词，但短时间内在国内外市场和用户中树立起了良好的声望，国际上从顶尖大学如牛津、斯坦福大学到美国能源部，国内则包括所有"985"和"211"高校、中科院、宝钢、中石化、国家电网等均采用了 1stOpt 软件平台，其应用领域几乎覆盖社会、经济、工程和科研领域。但一大憾事是一方面 1stOpt 的市场用户数正呈快速增长之势，但另一方面至今还没有一本完整、权威的介绍 1stOpt 使用的书籍，而这正是编写本书的目的。

虽然 1stOpt 在使用界面和方式上已经设计得非常简单和人性化，普通用户参考实例几分钟内就可以开始解决自己的问题，但对于稍微复杂些的问题，没有详细的指导书籍无疑增加了用户的使用难度和成本。

本书从 1stOpt 的基本语句使用开始，结合大量实例，详细介绍了其功能和使用技巧。从数值优化、运筹学问题到水资源工程问题，所有实例代码均可直接在 1stOpt 中运行计算，通过这些实例，用户可轻松掌握和自如使用 1stOpt。

书中第 4 章中给出的优化测试题集大都是首次公开，相比国际上一些有名的测试题难度更大、更具有挑战性。这些测试题有两个目的：一是可以帮助优化算法研究者和软件开发者改良测试其算法和软件；二是用户能借此验证并选择合适的优化软件去解决所面临的问题。

这里要特别感谢程培澄和程培聪的爱心支持！

希望这本书能对 1stOpt 的新老用户有所帮助。由于水平、时间和经验，不足之处敬请批评指正。

编著者

2011 年 9 月 10 日

目　　录

第 1 章　1stOpt 基础

1.1　1stOpt 简介

1.1.1　数值优化技术

数值优化技术在各个行业都有着广泛的应用需求和前景，非线性全局最优化技术则是当前数值计算领域的研究热点和难点。

优化问题主要分为线性和非线性两类，与其相对应的，求解算法也分为线性和非线性优化算法。对于前者，已有了成熟、高效且通用的算法，如单纯性算法和内点法；而对非线性问题，由于问题的多变性和复杂性，至今尚无一通用且普适的算法。经典传统的最优算法如牛顿法、拟牛顿法等，已较为成熟、完善，但由于是局部最优算法，其最大的弱点即是对初值依赖严重，尤其是在待求参数较多的情况下，合理初值的选择，对大多数普通用户而言，无异于一场噩梦，计算结果存在很大的不确定性；近些年逐步兴起的启发式进化算法如遗传算法、模拟退火、免疫算法、蚁群算法、粒子群算法等仿生智能算法，虽然这些算法在理论上被证明是全局优化，即具有不依赖初值的全局寻优能力，但在具体实现和应用中却远非理想，存在早熟、不收敛、随机性强诸多问题，需要完善改进的地方很多。正因为如此，该领域成为国内外的研究热点，各国都投入了大量人力、物力和财力，并有逐年增加的趋势。以中国大陆 1998 年至 2018 年这 20 年间为例，仅以"遗传算法"为主题关键字，从中国知网数据库（CNKI）查询，相关研究文章篇数呈逐年递增之势，从 1998 年的不足 10524 篇到 2018 年的 76540 篇，增幅达 6 倍之多；而如果以"优化"为主题词进行查询，仅 2018 年一年就高达 15 万余篇，其中很多都得到了诸如国家自然科学基金、"863"项目等的资助和扶持。

如上所述，国内研究或使用优化技术者非常之多，所取得的科研成果也很多，其中很多研究者均报道在优化算法理论、结构或实际应用上取得了许多不俗的研究成果甚至突破，一些成果还获得了国家级大奖。但这些研究或成果大多停留于理论、论文或报告层面，很少转化为易于理解和使用的通用模块或计算平台，而仅凭研究报告和论文描述，对大多数终端用户而言，限于编程及对优化理论的掌握水平等原因，很难完全理解和掌握这些算法，这就导致了两个非常普遍的严重问题：无法重现算法，因而也就难以验证算法的正确性、可靠性和可行性；难以将这些算法尽快较好地应用到需要解决的实际问题当中去。而解决这两个问题的有效途径之一就是基于好的优化算法研究成果并在此基础上开发优化计算通用模块或计算平台，既能得到大家的认可，同时又可以解决实际优化问题。

1.1.2　科学计算软件

科学计算软件的重要性不言而喻，从所谓的数学软件四大家族 Matlab、Mathematica、Maple 和 MathCAD 到各种专用的科学分析计算软件，其已成为科研活动不可或缺的得力工具。国内对科学计算软件的需求虽然很大，但整个市场几乎被国外的软件所垄断：统计分析用 SAS、SPSS 和 S-Plus，科学绘图用 Origin 和 SigmaPlot，有限元用 Ansys 和 Abaqus，运筹学用 GAMS、Lingo 和 CPLEX，等等。虽然国家给予了大力支持，但目前为止，能在国际上有竞争力并被认可的国产计算软件尚未出现。究其原因，有以下几点：

① 盗版软件太容易获得，用户直接使用了全世界最好的软件，这一方面扼杀了创新动力，另一方面使国产计算软件靠市场化发展的梦想成为泡影。

② 写软件能力强的人，科学计算背景不足；科学背景能力强的人，计算机应用能力又不足，专业学得好又能够编写高质量计算机代码和程序的人是少之又少。

③ 理论与实际脱节：虽然国家有 "863" "核高基" 等项目的支持，但大多数科研成果经不起实践的检验，很多都是属于 "自娱自乐" 式的成果。

④ 科研创新精神不够：斯坦福大学的几个学生就把 Google 做成一个举世瞩目的全球公司，Matlab 是 Cleve Moler 在新墨西哥大学教学时设计的，Mathematica 是 Wolfram 在研究复杂系统中逐渐开发出来的，SAS 最早由北卡罗来纳大学的两位生物统计学研究生编制，并于 1976 年正式推出……，这样的案例还有很多。但在我国却少见这样的例子。

1.1.3　通用优化计算软件平台

通用优化计算软件平台是优化算法的具体体现和最终实现的载体平台，使用者仅需关注自己的优化问题而不用考虑算法的具体实现原理和过程，因此具有易于上手和使用、见效快等优点。纵观当前国内市场，成熟通用的优化计算平台几乎是清一色的外来品，从专用优化软件如 CPLEX、GAMS、Lingo 等，到具有优化模块或插件功能的综合数学软件包如 Matlab、Mathematica、Maple、SAS、S-Plus 等。而在非线性拟合方面，知名的软件有 OriginPro、Matlab、SAS、SPSS、DataFit、GraphPad、TableCurve2D、TableCurve3D 等，这些软件的名声大、用户广，已基本垄断了市场。而国内虽然研究、使用优化技术者成千上万，申报的相应成果也非常多，但这些成果却没有从理论层面和研究阶段升化至开发出一款拥有自主特有算法及自主知识产权、具有市场应用前景和竞争力且被广大用户认可的通用优化计算平台，这不能不说是一大憾事。1stOpt 软件平台的出现，使这一希望变成现实。

1.1.4　1stOpt 软件

1stOpt 名字源自英文 First Optimization，是国内目前所知首款通用数值优化仿真计算软件平台，在全局优化能力方面与当今世界上最优秀、最流行的优化软件如 Lingo、GAMS 等相比，丝毫不居劣势，甚至表现更优；而在使用方便度方面，更胜一筹。初次使用该软件的用户，参照实例和说明，很快就可基本掌握使用方法并着手解决自己的实际问题。

该软件平台拥有强大的全局优化能力、简捷易用的用户界面、可扩展的高级语言支持，可广泛应用于非线性回归、曲线拟合、非线性复杂模型参数估算求解、线性/非线性规划等各学科领域优化问题。该平台内含多种经典及现代优化算法如牛顿法、模拟退火、遗传算法、爬山法等；而其独创特有的通用全局优化算法（Universal Global Optimization，UGO），在保留经典局部算法快捷高效的同时，全局非线性寻优能力更是得到了极大的提升。对非线性优化问题，虽然还不能保证 100% 的全局成功求解率，但相比目前市场上流行的软件平台或算法已有了质的突破，具备了不依赖初值的特性，这使其在降低使用门槛的同时，还大大地提高了求解成功率。以非线性拟合为例，目前世界上在该领域最有名的软件工具包诸如

Matlab、OriginPro、SAS、SPSS、DataFit、Igro Pro、GraphPad 等，均需用户提供适当的参数初始值以便计算能够收敛并找到最优解。如果设定的参数初始值不当则计算难以收敛，无法求得正确的结果。而在实际应用中，对大多数用户来说，给出或猜出恰当的初始值是件相当困难的事，特别是在参数数量较多的情况下。而 1stOpt 凭借其超强的寻优、容错能力，在大多数情况下（大于90%），从任意随机初始值开始，都能求得正确结果。

美国国家标准与技术研究院（NIST）提供有一套 27 道非线性拟合测试题，是数据拟合界公认的权威测试题集，世界上著名的数据分析软件包，如 SAS、SPSS 等都以能通过该套测试题集为验证标准。而 1stOpt 是自 21 世纪初开始世界上唯一不依赖 NIST 提供的初始值，却能以任意随机初始值就可求得全部最优解的软件平台（如果使用 NIST 提供的初始值，则更可轻易求得最优解），该记录保持至今。从此意义而言，1stOpt 的实用能力达到业界领先水平。

1stOpt 除了直接支持 Basic、Pascal 和 Python 高级语言外，还可以与任意其他高级语言如 C ++、Fortran 等联合使用，因而能够描述并解决十分复杂的工程优化问题。对终端用户，不要求掌握算法，无论求解问题的逻辑关系如何复杂，只需将问题的目标函数、约束函数等描述清楚即可，因而极大地方便了用户，加之由于这些高级语言都是编译性语言，因而计算速度也快。1stOpt 还有开发版及运行 API 可供用户进行二次开发，满足不同层次的需求。

1stOpt 还额外附带有 10 个数据处理工具箱，目前包括 BP 人工神经网络工具箱 Neural-Power、支持向量机工具箱、多层自回归网络工具箱、公式自动搜索匹配工具箱、概率分布工具箱、聚类分析工具箱、投影寻踪工具箱、圆/椭圆拟合工具箱、TSP 问题工具箱及生产排列计划工具箱，将来还会推出一些行业专用工具箱如降雨-径流水文模型工具箱等。前面所提的神经网络工具箱 NeuralPower 以前是一个独立的软件，世界范围内至今仍拥有不少用户，集成进 1stOpt 平台后使得后者的综合功能更加丰富和强大。

1stOpt 推出时间不长，知名度远不及 Lingo 等世界知名软件，但在极短的时间内已拥有广大的用户群，国外如著名的英国牛津大学、美国斯坦福大学、美国能源部所属的橡树岭国家实验室（Oak Ridge National Laboratory）、再生能源实验室（National Renewable Energy Laboratory）等，国内用户则包括了大部分顶尖科研院所和知名企业，如中国科学院、国家地震局、航天二院、中国工程物理研究院、清华大学、北京大学、中国科技大学、浙江大学、上海交大、南京大学等，知名企业如宝钢集团、中石油、中石化、中国船舶重工集团公司、中国铝业股份有限公司、大庆集团、霍尼韦尔公司等。而其研究领域更是涵盖了航空航天、军事、水利水电、能源、计算机信息、生物科学、社会经济、农业工程、环境等各方面，已有近万篇学术研究论文采用了 1stOpt 分析计算软件工具，发表刊物包括国内外 SCI、EI、IEEE 及核心期刊；国家自然科学基金、国家 863 计划项目、国家 973 项目、国家重大科技专项和国家"十一五""十二五"科技支撑计划等数千项各类科研基金项目采用了 1stOpt 软件平台。国内外用户数以万计。

1.1.5　1stOpt 的特征

一个优化软件的评价标准主要包括以下三个方面：

① 效果（Effective）：优化计算结果是否正确（最优或接近最优），一种算法如果效果不好，即使效率再高、再易于使用，其价值也大打折扣，尤其对全局最优化而言。

② 效率（Efficiency）：计算效率是否可接受，虽然计算机硬件功能有了长足发展，但对优化问题而言，计算时间仍是重要的衡量指标，需保证在可接受范围内。

③ 易用（Easy for Use）：是否易于使用，软件平台的设计是否人性化、是否易于理解和使用将会影响软件的推广和进入门槛。

上述标准所占比重应该是相同的，各为 33%，1stOpt 软件平台基本满足三者平衡的要求。

（1）1stOpt 内嵌的优化算法包括的内容

① 通用全局优化算法（Universal Global Optimization，UGO）。

② 稳健全局优化算法（Robust Global Optimization）。

③ 下山单体法（Simplex Method，SM）+ 通用全局优化算法（Universal Global Optimization，UGO）。

④ 差分进化法（Differential Evolution，DE）。

⑤ 经典局部最优算法（Classical Local Optimization，CLO），包括麦考特算法（Levenberg-Marquardt）、牛顿-拉夫逊算法（Newton-Raphson）、拟牛顿算法（Quasi-Newton-BFGS）、简面体算法（Nelder-Mead Simplex）、鲍威尔算法（Powell）、共轭梯度算法（Conjugate-Gradient）和最速下降法（Steepest Descent）。

⑥ 遗传算法（Genetic Algorithms，GA）。

⑦ 模拟退火（Simulated Annealing，SA）。

⑧ 粒子群法（Particle Swarm Optimization，PSO）。

⑨ 最大继承法（Max Inherit Optimization，MIO）。

⑩ 自组织群移法（Self-Organizing Migrating Algorithms，SOMA）。

⑪ 禁忌搜索法（Tabu Search，TS）。

⑫ 单纯线性规划法（Simplex Linear Programming）。

（2）1stOpt 应用范围

① 模型自动优化率定。

② 参数估算。

③ 任意模型公式线性、非线性拟合，回归。

④ 非线性连立方程组求解。

⑤ 常微分方程及方程组，初值和边值问题。

⑥ 常微分方程拟合。

⑦ 混合常微分方程与代数方程拟合。

⑧ 复数类型拟合及复数方程组求解。

⑨ 任意维函数、隐函数极值求解。

⑩ 隐函数根求解，作图，求极值。

⑪ 线性、非线性及整数规划。

⑫ 组合优化问题。

⑬ 高级计算器。

（3）1stOpt 的优点

① 模型采用自然描述语言，简单易懂，学习周期短。

② 线性、非线性、混合整数规划、二次规划、优化组合。

③ 功能强劲，是目前唯一能以任何初始值而求得美国国家标准与技术研究院（National Institute of Standards and Technology，NIST）非线性回归测试题集最优解的软件包。

④ 可广泛用于水文水资源及其他工程模型优化计算。内嵌 Visual Basic 及 Pascal 语言，可帮助描述处理复杂模型。

⑤ 可连接由任何语言（C ++ 、Fortran、Basic、Pascal……）编译而成的外部目标函数动态连接库或命令行可执行文件。

⑥ 独特的隐函数优化、拟合，智能拟合，带约束的拟合功能。

⑦ 非线性曲线拟合可处理任意类型模型公式、任意多数目的待求参数及变量。

⑧ 直接支持微分方程和复数方程拟合。

⑨ 模型自动率定时可同时处理多个数据文件。

⑩ 可容易处理一些特殊的参数，如降雨-径流模型中的流域初期土壤含水量。

⑪ 可同时处理多个输出量。

⑫ 实时显示计算结果。

⑬ 可直接读存 Excel、CSV 等格式文件。

⑭ 界面简单友好，使用方便。

⑮ 自带有上百个实例，覆盖范围包括大部分优化方面。通过不同类型实例，用户可轻松掌握 1stOpt 的用法。

（4）1stOpt 系统要求

① 操作系统：Win 98/Win Me/Win 2000/Win XP/Win Vista/Win 7/Win 10。

② 硬盘空间：150MB。

③ 内存：2GB 以上。

1.1.6　1stOpt 的计算模式

1stOpt 的计算模式可分为三个层次：快捷模式、编程模式和混编模式。快捷模式使用类自然描述语言，直观、简单易学，约 80% 的优化问题可用这种方式解决；编程模式直接支持 Basic、Pascal 和 Python 三种高级编程语言，可描述处理较为复杂的优化问题，所占比例约为 15%；剩余 5% 的问题可通过混编模式，即与任一高级语言混合编程，可处理任意大型复杂的优化问题。

1.2　1stOpt 工作环境

1stOpt 主界面如图 1-1 所示，主要包括主菜单、工具栏、文件/代码块/关键词导航栏、代码输入文本窗口、算法选项设置栏、结果显示栏、代码本关联电子表格和属性编辑器等。

1.2.1　菜单

1stOpt 是标准的 Windows 应用程序，通过菜单命令能够实现编辑、保存等功能。

如图 1-2 所示，主菜单包括文件、编辑、程序、工具、工具箱、代码本和帮助菜单，它们包含的子菜单如图 1-3 至图 1-9 所示。

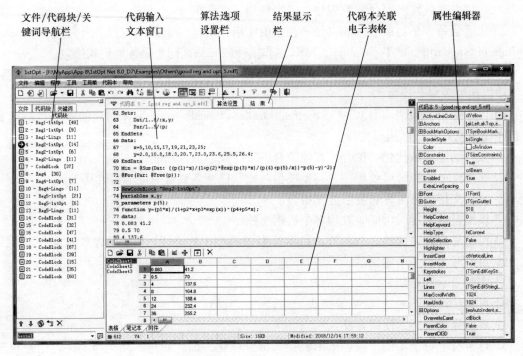

图 1-1　1stOpt 主界面

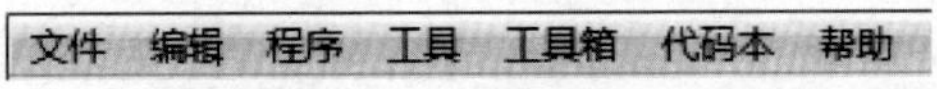

文件　编辑　程序　工具　工具箱　代码本　帮助

图 1-2　主菜单栏

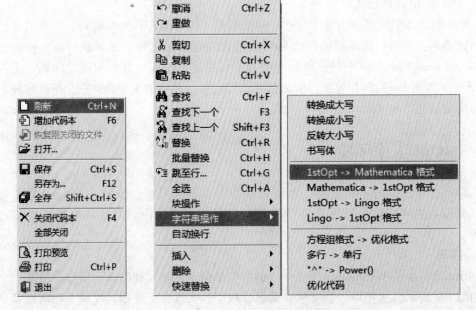

图 1-3　"文件"子菜单　　　　　　图 1-4　"编辑"子菜单

图 1-5　"程序"子菜单　　图 1-6　"工具"子菜单　　图 1-7　"工具箱"子菜单

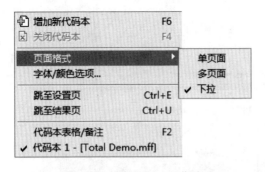

图 1-8　"代码本"子菜单　　　　图 1-9　"帮助"子菜单

1.2.2　工具栏及设定

工具栏如图 1-10 所示。

图 1-10　工具栏

在工具栏上，在弹出的菜单中选"自定义"命令，弹出如图 1-11 所示的"工具栏定义"对话框，在对话框设置工具栏上显示的选项，下次启动时会自动显示设置的选项。

1.2.3　导航栏

文件/代码块/关键词导航栏用于快速浏览选择文件、代码块以及关键字和数学函数，如图 1-12 和图 1-13 所示。该导航栏可关闭，通过主菜单设置或按 Ctrl + B 组合键也可重新激活。

1.2.4　1stOpt 代码本

代码本是 1stOpt 的主要工作区域，问题代码、数据等均在代码本窗口中输入，如图 1-14所示。在同一代码本中可写多个不同问题的代码，由关键词"NewCodeBlock"（兼容老版本的"NewDivision"）来区分。可同时开启多个代码编辑本。同一代码文件中还可加入文本如图、表、公式等，也可把不同格式的文件添附进来。另外，需注意 1stOpt 中不区分字母大小写。

7

图 1-11 "工具栏定义"对话框

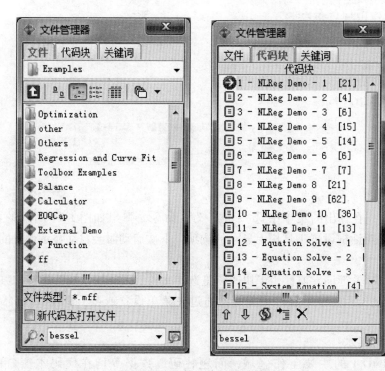

图 1-12 文件及代码块导航栏

代码本中主要组合键如下：

（1）关键字快捷输入窗口组合键 Ctrl + K

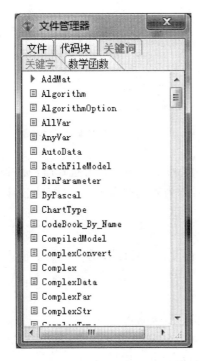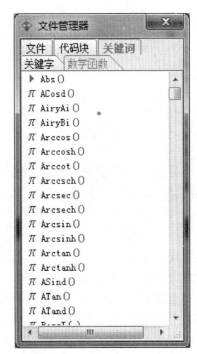

图 1-13　关键字及数学函数导航栏

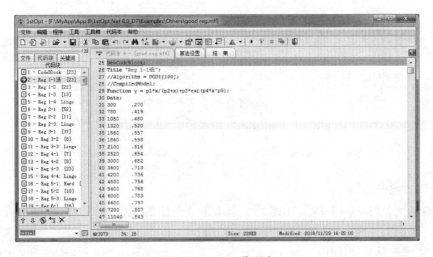

图 1-14　1stOpt 代码本

在代码本中按 Ctrl + K 组合键，打开如图 1-15 所示的窗口，按顺序输入关键字字母，可快速查找并输入所需的关键字。

（2）数学函数快捷输入窗口组合键 Ctrl + M

在代码本中按 Ctrl + M 组合键，打开如图 1-16 所示的窗口，按顺序输入数学函数字母，可快速查找并输入所需数学函数。

（3）代码表格、代码本快捷输入窗口组合键 Ctrl + J

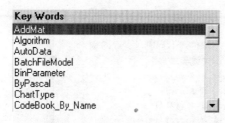

图 1-15　关键字输入窗口

图 1-16　数学函数输入窗口

在代码本中按 Ctrl + J 组合键，打开如图 1-17 所示的窗口，可选择所需代码表格或代码本。代码表格列表名称不同于表格名称时，括号内为表格列表名称，此时应选择其对应的表格名称。

（4）恢复上一次执行的代码 Ctrl + Shift + T

有时当输完代码按计算命令时，1stOpt 会显示错误而自动退出，如果输入的代码未保存，该如何恢复之前输入的代码呢？重新启动 1stOpt，开启一个新代码本，在代码本中按 Ctrl + Shift + T 组合键即可恢复上一次执行的代码。

关键字和数学函数也可在导航栏进行选择并双击来输入。

代码本的页面格式有三种排列方式：单页面、多页面和下拉式，如图 1-18 所示。代码本的页面格式可通过主菜单中"代码本"→"页面格式"命令来设置。

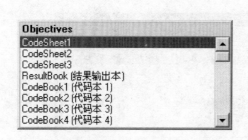

图 1-17　代码表格、代码本输入窗口

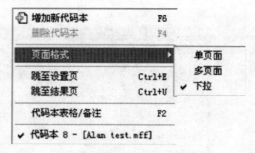

图 1-18　代码本的页面格式

1.2.5　代码本电子表格

代码本电子表格（图 1-19）功能类似于 1.3 节介绍的电子表格，其数据可直接在代码本中调用，保存文档时，数据也保存于同一文档。

1.2.6　优化算法及其他设定

在 1stOpt 中，共有 11 种优化算法供选择。不同的问题应该选用不同的算法。一般选择如下：

（1）非线性回归、曲线拟合问题、方程及方程组求解、无约束函数优化。

① 通用全局优化算法（Universal Global Optimization，UGO）。

② 稳健全局优化算法（Robust Global Optimization）。

③ 下山单体法（Simplex Method，SM）+ 通用全局优化算法（Universal Global Optimization，UGO）。

④ 差分进化法。

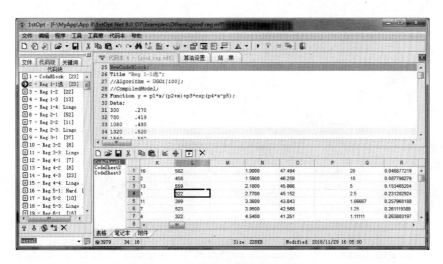

图 1-19　1stOpt 内嵌关联电子表格

⑤ 最大继承法。

（2）有约束函数优化问题

① 下山单体法（Simplex Method，SM）＋通用全局优化算法（Universal Global Optimization，UGO）。

② 差分进化法。

③ 通用全局优化算法（Universal Global Optimization，UGO）。

④ 最大继承法。

（3）线性规划问题

① 单纯线性规划法（Simplex Linear Program，SLP）。

② 下山单体法（Simplex Method，SM）＋通用全局优化算法（Universal Global Optimization，UGO）。

③ 差分进化法。

（4）优化组合问题

① 最大继承法。

② 禁忌搜索法。

③ 模拟退火。

④ 遗传算法。

线性规划问题一般不推荐使用非线性全局优化算法求解，虽然从理论上讲，全局优化算法可解决任何线性规划问题，但在实际应用时，会出现"牛刀"无法"杀鸡"的现象。此外，不同算法对应有相关的运行参数，绝大多数情况下，缺省状态值都可满足求解需求，个别情况需要根据经验和实际问题进行单独调整。

所有在"算法设置"面板的设置（图 1-20）均可在代码本里进行代码级设定，如两者设置不同，代码本中设定优先"算法设置"面板中的设定。

选中"选项一"选项，打开如图 1-21 所示的界面。界面中功能如下：

① 实时更新间隔：迭代计算结果显示间隔。

图 1-20 "算法设置"面板中的设定

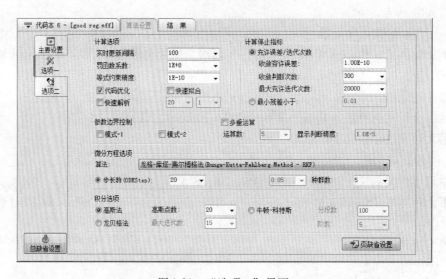

图 1-21 "选项一"界面

② 罚函数系数：运用于控制约束优化问题的系数，关键字为"PenaltyFactor"。

③ 快速拟合：大规模数据拟合时加快计算速度，关键字为"QuickReg"。

④ 计算停止指标：迭代计算自动终止判断指标。

⑤ 参数边界控制：对参数有边界限制或约束时起作用，关键字为"EnhancedBound"。

⑥ 多重运算：设定自动多次运算，并保留最佳及每次计算结果，关键字为"Multi-Run"。

⑦ 微分方程选项：设定微分方程求解控制参数，包括算法和步长数等，"种群数"仅应用于初值（IVP）隐式或边值（BVP）微分方程，代码本中可通过关键字"ODEOptions"来设定。

⑧ 积分选项：可选择高斯法、牛顿-科特斯、龙贝格法三种数值积分方法。

选中"选项二"选项，打开如图 1-22 所示的界面。界面中功能如下：

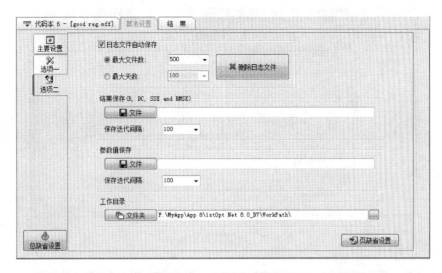

图 1-22　"选项二"界面

① 日志文件自动保存：1stOpt 每一次运行前都会保存一个副本至"WorkPath \ Log Files"目录中，文件后缀为".log"，该选项决定是否保存、保存文件总数等。

② 删除日志文件：单机可删除所保存的日志文件。

③ 结果保存：实时计算结果保存。

④ 参数值保存：实时计算参数保存。

⑤ 工作目录：设置工作路径。

1.2.7　计算结果展示和获取

计算完毕后，计算结果可以实时显示，也可以保存为文件，还可通过右击计算结果，在弹出的快捷菜单中选择"结果报表"命令（图 1-23）或单击底部工具栏中"结果报表"按钮，均获得整洁和易于理解的数据表格。计算结果的文本形式和表格形式如图 1-24 和图 1-25 所示。

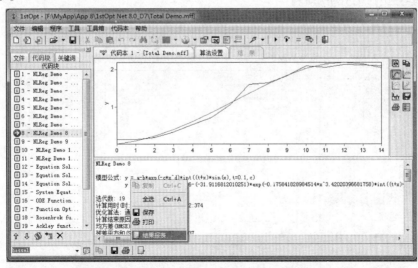

图 1-23　"结果报表"命令

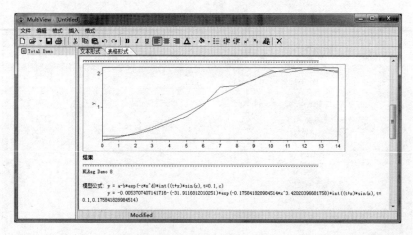

图 1-24　计算结果文本形式

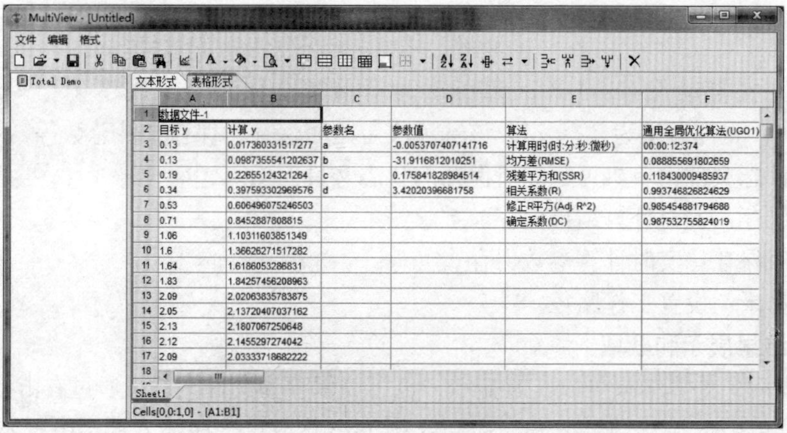

图 1-25　计算结果表格形式

1.2.8　二维-三维作图分析/预测

二维-三维作图分析/预测是非常实用的功能，主要用于优化计算完成后验证、预测（图

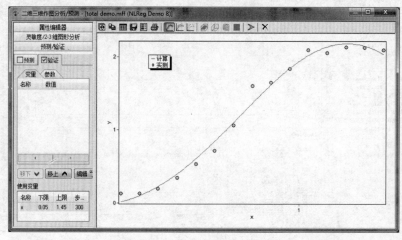

图 1-26　曲线拟合验证和预测

1-26)、再现、参数灵敏度分析（图 1-27）、由因变量反求自变量、二维-三维图形分析（图 1-28）等，其具体应用可参考后面 1stOpt 应用章节。

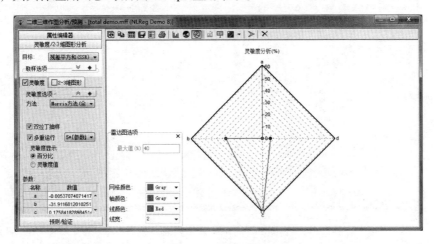

图 1-27　参数灵敏度分析

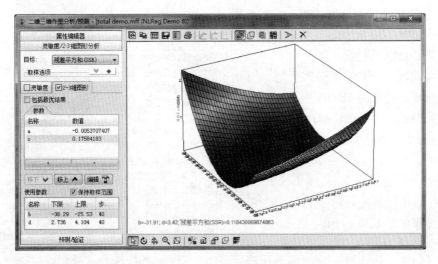

图 1-28　参数三维图形分析

1.3　1stOpt 电子表格

1stOpt 附带的电子表格（图 1-29），功能虽不如 Excel 强大，但基本可以满足数据前后的处理、显示及作图等，并有自己的特色：

① 可直接读写 Excel、CSV 和 TXT 格式文件。

② 支持 Windows 粘贴板功能，可和其他软件无缝数据交换。

③ 列式多页面。

④ 支持表格内公式计算。

⑤ 脚本语言支持，可从代码本编写脚本直接操作表格内容。

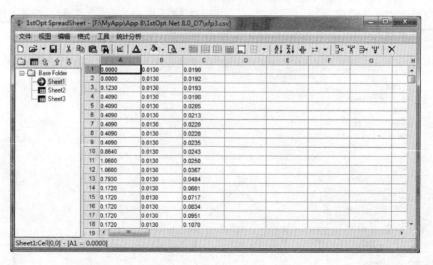

图 1-29　电子表格界面

⑥ 与代码本内嵌电子表格无缝相连。

⑦ 一些特有的数据处理功能，数据处理及特殊工具如图 1-30 所示。

（1）TSP 数据产生器

旅行商问题（TSP）数据产生器，可随机生成任意城市数目的 TSP 数据，包括矩阵和坐标两种形式。"TSP 数据产生器"对话框设置如图 1-31 所示，TSP 数据产生结果如图 1-32 所示。

（2）单元数据分离

将选择数据按指定符号进行分离。单元数据分离过程如图 1-33 所示。

（3）数据分割

将长系列数据按给定步长分割形成两个单独较短系列，过程如图 1-34 所示。

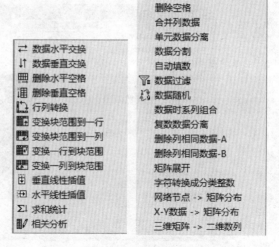

图 1-30　数据处理及特殊工具

图 1-31　"TSP 数据产生器"参数设定

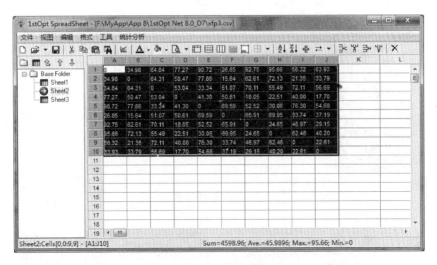

图 1-32　TSP 数据产生结果

图 1-33　单元数据分离过程

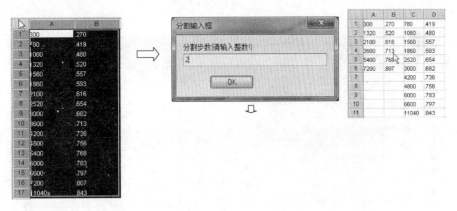

图 1-34　数据分割过程

（4）复数数据分离

工具定义的复数符号将复数的实虚部分离，复数数据分离过程如图 1-35 所示。

（5）矩阵展开

选择两个矩阵将其相乘展开，矩阵展开过程如图 1-36 和图 1-37 所示。

图 1-35　复数数据分离过程

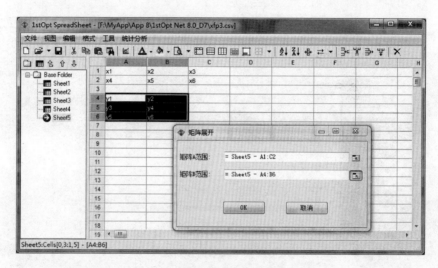

图 1-36　选择两个矩阵

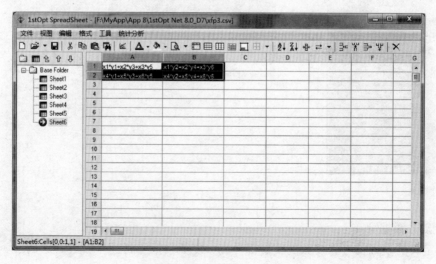

图 1-37　矩阵展开结果

（6）网络节点至矩阵分布转换

如图 1-38 所示的网络节点，节点间有的相连而有的没有连接，连接点数据见表 1-1。

表 1-1　节点数据

节点号		距离
0	1	34
0	2	38
1	3	63
1	4	34
2	3	91
2	5	9
3	6	62
4	6	65
5	6	26

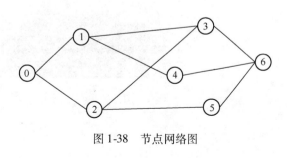

图 1-38　节点网络图

在表格中选择数据，再输入非连接点间的数据，即可进行转换。网络节点至矩阵分布转换的过程如图 1-39 所示。

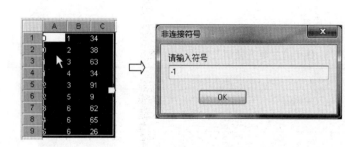

图 1-39　网络节点至矩阵分布转换过程

（7）X-Y 数据转换成矩阵分布

将 X-Y 坐标数据转换为矩阵形式，转换过程如图 1-40 所示。

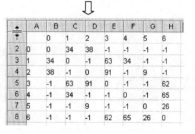

图 1-40　X-Y 数据转换成矩阵分布

（8）三维矩阵转换成二维数列

三维矩阵转换成二维数列过程如图 1-41 所示。

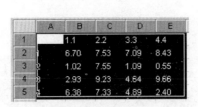

图 1-41　三维矩阵转换成二维数列

1.4　1stOpt 关键字

1stOpt 的主要关键词及意义见表 1-2。

表 1-2　1stOpt 的主要关键词及意义

关键词名	意义及示例
Algorithms	定义优化方法
BatchFileModel	批处理文件模式
BinParameter	定义 0-1 参数 例：定义 a 为非 0 即 1 的参数 BinParameter a;
Constant	定义常量 例：Constant a = 1，b = 2； 例：Constant p(3) = [1，2，3]；
ConstrainedResult	编程模式中约束函数值
ConstStr	定义常字符串量 例：两变量曲线拟合：Function　$y = a*(c-x)^2 + b*\exp((c-x)^4)$； 可写为： ConstStr B = $(c-x)^2$ Function　$y = a*B + b*\exp(B^2)$；
ComplexPar	定义复数型参数
ComplexStr	定义复数符号，缺省为 i
ComplexType	复数方程求解模式，0：实虚部均为 0；1：仅实部为 0；2：仅虚部为 0，缺省值为 0
Data	定义数据开始
DataFile	定义数据文件
DataSet、EndDataSet	定义常数、结束定义常数
EndProgram	编程模式结束

续表

关键词名	意义及示例
ExeObjectiveFile	调用外部命令行执行文件时，定义目标函数值输出文件
ExeParameterFile	调用外部命令行执行文件时，定义参数输出文件
EnhancedBound	参数有边界限制时进行强化处理
Exclusive	定义问题为排他问题，如 TSP 问题
FullLoopModel	全循环计算模式下所有组合，对应 LoopConstant
Function	定义函数 例：两变量曲线拟合：Function　$y = a + b * exp(c - x)$； 例：两变量函数优化：Function　$(x + ((2 - x) * (2 + y))^2) * sin(x * y)$；
HotRun	定义自动热计算数
IntParameter	定义正整数参数 例：定义参数 a、b 为大于 0 的正整数，b 的上限值为 10： 　　IntParameter a, b = [0, 10]；
imagPart	复数拟合时定义虚数变量部分
InitialODEValue	微分方程拟合时定义初始值
LoopConstant	定义循环常数
MaxFunction	最大值求优
Maximum	求最大值
MaxIteration	最大迭代数
MDataSet EndMDataSet	设定网络节点数据格式，等同于矩阵格式
MinFunction	最小值求优
Minimum	求最小值
MinMax	求极大极小函数
MutliRun	定义多次自动计算数
NewCodeBlock	定义新的代码块
ODEAlgorithm	定义常微分方程的计算方法，包括龙格-库塔-费尔博格法（RKF45）、龙格-库塔 1 至 5 阶（RK1、RK2、RK3、RK4、RK5）
ODEFunction	定义常微分方程 例：ODEFunction $y'''' = 1/(1 - y)^2$；
ODEOptions	微分方程求解选项 例：ODEOptions = [SN = 10, A = 0, P = 5]； SN：求解步数；A：算法，0 表示 RKF45 法；P：种群数，仅对边值问题有效
ObjectiveResult	编程模式中目标函数值
Parameter	定义参数 例：定义 a、b、c、d 四个参数：Parameter a, b, c, d； 例：定义 a1、a2、a3、a4、a5、a6、a7、a8、a9、a10 十个参数： 　　Parameter a1, a2, a3, a4, a5, a6, a7, a8, a9, a10； 　　也可简写为：Parameter a(1: 10)； 　　或：Parameter a(10)； 例：定义参数 a，其取值范围为 [-1, 1]，初始值为 0.5： 　　Parameter a = 0.5[-1, 1]； 例：定义参数 a 为整数，其取值范围为 [-100, 100]： 　　Parameter a = [-100, 100, 0]； 例：定义参数 a，其取值范围为 [-1, 1]，参数 b 小于 0，参数 c、d 大于 0： 　　Parameter $-1 < a < 1$, $b < 0$, [c, d] > 0； 　　也可写成：Parameter a = [-1, 1], b = [, 0], [c, d] = [0,]；

关键词名	意义及示例
ParameterDomain	批量定义参数范围 例：定义参数 a 范围为 [-1, 1]，其他均为 [0, 10]： 　　Parameter a = 0.5[-1, 1], b, c, d, e, f, g; 　　ParameterDomain = [0, 10];
PlotFunction	画函数图
PlotParaFunction	画参数方程函数图
QuickReg	设定快速拟合功能
realPart	复数拟合时，定义实数变量部分
RegStartP、RegEndP	数据拟合时，设定用于拟合计算数据的起始和结束点
RegType	设定最小一乘法拟合
RunFileID，RunFileSet	多数据文件拟合时，指定参与拟合计算的文件，如有 8 个数据文件： 例：只计算第一和第三个数据文件： RunFileID = [1, 3]; 例：忽略第二和第四个数据文件： RunFileSet = [1, 0, 1, 0, 1, 1, 1, 1];
SharedModel	定义共享参数拟合问题：公式不同但数据长度相同
SharedModel2	定义共享参数拟合问题：公式不同对应的数据长度也不同
StartProgram	编程模式开始
StartRange	定义参数初始值取值范围 例：定义参数 a 初始值取值范围为 [-100, 100] 　　StartRange a = [-100, 100];
StepReg	逐步拟合模式
SubCodeBlock	定义子代码块
VarConstant	定义变常量
Variable	定义拟合变量 例：定义 x、y、z 三个变量：Variable x, y, z;
VarParameter	定义变参数
WeightedReg	权重拟合

1stOpt 还有三个特殊定义符及一个求导函数：

（1）求和定义 Sum

如 $\sum_{i=1}^{n}(x_i \cdot \sin(x_i+1))$ 在 1stOpt 中表达为：Sum(i=1: n)(x[i] * sin(x[i]+1))

如果下标号均为 i，上述也可简写为：Sum(i=1: n, x)(x * sin(x+1))

如果下标号 i 起始值为 1，还可简写为：Sum(i=n, x)(x * sin(x+1))

可多重定义，如

$$\sum_{i=1}^{n}\sum_{j=i}^{n}(x_i\sin(x_i+x_j))$$

在 1stOpt 中可写为：$\text{Sum}(i = 1：n)(\text{Sum}(j = i：n)(x[i] * \sin(x[i] + x[j])))$；

（2）求积定义 Prod

如 $\prod\limits_{i=1}^{n}(x_i \cdot \sin(x_i + 1))$，在 1stOpt 中表达为：$\text{Prod}(i = 1：n)(x[i] * \sin(x[i] + 1))$

如果下标号均为 i，上述也可简写为：$\text{Prod}(i = 1：n, x)(x * \sin(x + 1))$

如果下标号 i 起始值为 1，还可简写为：$\text{Prod}(i = n, x)(x * \sin(x + 1))$

（3）循环符 For

如方程组：$\begin{cases} x_1 \sin(x_1) - 1 + x_1 = 0 \\ x_2 \sin(x_2) - 2 + x_2 = 0 \\ x_3 \sin(x_3) - 3 + x_3 = 0 \\ x_4 \sin(x_4) - 4 + x_4 = 0 \\ x_5 \sin(x_5) - 5 + x_5 = 0 \end{cases}$

1stOpt 代码如下：

```
Function x1 * sin(x1) - 1 + x1 = 0;
       x2 * sin(x2) - 2 + x2 = 0;
       x3 * sin(x3) - 3 + x3 = 0;
       x4 * sin(x4) - 4 + x4 = 0;
       x5 * sin(x5) - 5 + x5 = 0;
```

用 For 语句，简写如下：

```
Function For(i = 1:5)(x[i] * sin(x[i]) - i + x[i] = 0);
或 Function For(i = 1:5,x)(x * sin(x) - i + x = 0);
或 Function For(i = 5,x)(x * sin(x) - i + x = 0);
```

（4）Diff（）函数

可以对初级函数求导数，如函数：$f = x \cdot \sin(x) + \dfrac{x}{\cos(x)}$：

求 f 的一阶导数：$\text{Diff}(x * \sin(x) + x/\cos(x), x)$ 可得：

$\sin(x) + x * (\cos(x)) + (\cos(x) - x * ((-\sin(x))))/(\cos(x)^2)$。

求 f 的二阶导数：$\text{Diff}(x * \sin(x) + x/\cos(x), x, 2)$ 可得：

$\cos(x) + \cos(x) + x * ((-\sin(x))) + (((-\sin(x)) - (-\sin(x)) + x * ((-(\cos(x))))) * (\cos(x)^2) - (\cos(x) - x * ((-\sin(x)))) * ((2 * (\cos(x))) * ((-\sin(x)))))/((\cos(x)^2)^2)$

1.5　1stOpt 支持的数学函数

1stOpt 支持的实数函数见表 1-3。

表 1-3　1stOpt 支持的实数函数

序号	函数	说明	例
1	Abs(X：Real)：Real；	绝对值函数	Abs(−0.25) = 0.25

续表

序号	函数	说明	例
2	Arccos(X：Real)：Real；	反余弦函数	Arccos(−0.25)=1.823476582
3	Arccosh(X：Real)：Real；	反余弦双曲函数	Arccosh(−0.25)=0
4	Arcsin(X：Real)：Real；	反正弦函数	Arcsin(−0.25)=−0.2526802551
5	Arcsinh(X：Real)：Real；	反正弦双曲函数	Arcsinh(−0.25)=−0.247466461
6	Arctan(X：Real)：Real；	反正切函数	Arctan(−0.25)=−0.2449786631
7	Arctanh(X：Real)：Real；	反正切双曲函数	Arctanh(−0.25)=−0.255412811
8	ATan(X：Real)：Real；	反正切函数	ATan(−0.25)=−0.2449786631
9	ATand(X：Real)：Real；	—	ATand(−0.25)=−0.0043632954
10	BessI(N：Integer, X：Real)：Real；	贝塞尔 I 型函数	BessI(2, 0.25)=0.0078532695
11	BessI0(X：Real)：Real；	贝塞尔 I0 型函数	BessI0(0.25)=1.015686133
12	BessI1(X：Real)：Real；	贝塞尔 I1 型函数	BessI1(0.25)=0.1259791086
13	BessJ(N：Integer, X：Real)：Real；	贝塞尔 J 型函数	BessJ(2, 0.25)=0.0077718892
14	BessJ0(X：Real)：Real；	贝塞尔 J0 型函数	BessJ0(0.25)=0.9844359314
15	BessJ1(X：Real)：Real；	贝塞尔 J1 型函数	BessJ1(0.25)=0.1240259773
16	BessK(N：Integer, X：Real)：Real；	贝塞尔 K 型函数	BessK(2, 0.25)=31.51771458
17	BessK0(X：Real)：Real；	贝塞尔 K0 型函数	BessK0(0.25)=1.541506736
18	BessK1(X：Real)：Real；	贝塞尔 K1 型函数	BessK1(0.25)=3.747025981
19	BessY(N：Integer, X：Real)：Real；	贝塞尔 Y 型函数	BessY(2, 0.25)=−20.70126879
20	BessY0(X：Real)：Real；	贝塞尔 Y0 型函数	BessY0(0.25)=−0.9315730315
21	BessY1(X：Real)：Real；	贝塞尔 Y1 型函数	BessY1(0.25)=−2.704105228
22	Beta(X1：Real；X2：Real)：Real；	贝塔函数	Beta(0.3, 0.4)=5.112091244
23	BetaCDF(X：Real；A[>0]：Real；B[>0]：Real)：Real；	贝塔密度累积分布函数	BetaCDF(0.6, 0.3, 0.7)=0.7773849481
24	BetaPDF(X：Real；A[>0]：Real；B[>0]：Real)：Real；	贝塔密度分布函数	BetaPDF(0.2, 0.6, 0.2)=0.3875354323
25	Bin2Real(X1：String；X2：Integer)：Real；	—	Bin2Real(23, 3)=9
26	BinomialCDF(n1：Integer；n2[<n1]：Integer；X[0,1]：Real)：Real；	二项式分布累积函数	BinomialCDF(0.3, 2, 0.5)=0.25
27	BinomialPDF(n1：Integer；n2[<n1]：Integer；X[0,1]：Real)：Real；	二项式分布密度函数	BinomialPDF(0.4,6,0.3)=0.117649
28	ChiSquareCDF(X：Real；n：Integer)：Real；	卡方分布累积函数	ChisquareCDF(0.3,2)=0.13929
29	ChiSquarePDF(X：Real；n：Integer)：Real；	卡方分布密度函数	ChisquarePDF(0.4,3)=0.20657
30	Cos(X：Real)：Real；	余弦函数	Cos(2.3)=−0.6662760213
31	Cosd(X：Real)：Real；	—	Cosd(3.5)=0.9981347984
32	Cosh(X：Real)：Real；	余弦双曲函数	Cosh(0.6)=1.185465218
33	Cot(X：Real)：Real；	余切函数	Cot(5.4)=−0.8213276958
34	Coth(X：Real)：Real；	双曲余切函数	Coth(1.2)=1.199537544

序号	函数	说明	例
35	Erf(X：Real)：Real;	误差函数	Erf(0.6) = 0.6038561848
36	Erfc(X：Real)：Real;	互补误差函数	Erfc(3.2) = 6.031483983e − 6
37	Exp(X：Real)：Real;	指数函数	Exp(1.8) = 6.049647464
38	ExponentialCDF(X：Real；A：Real)：Real;	指数密度累积分布函数	ExponentialCDF(0.5,0.9) = 0.4262465793
39	ExponentialCDFInv(P[0,1]：Real；A：Real)：Real;	指数密度累积分布反函数	ExponentialCDFInv(0.3,0.4) = 0.1426699776
40	ExponentialPDF(X：Real；A：Real)：Real;	指数密度分布函数	ExponentialPDF (0.12, 0.54) = 1.482847042
41	FCDF(X：Real；n1：Integer；n2：Integer)：Real;	F 密度累积分布函数	FCDF(0.6, 3, 1) = 0.2871897411
42	FPDF(X：Real；n1：Integer；n2：Integer)：Real;	F 密度分布函数	FPDF(0.3, 3, 2) = 0.5961681487
43	Gamma(X：Real)：Real;	伽玛函数	Gamma(0.6) = 1.489192249
44	LnGamma(X：Real)：Real	对数伽玛函数	LnGamma(0.6) = 0.398233858069235
45	IGamma(X：Real；a：Real)：Real	不完全伽玛函数	IGamma(2,0.6) = 0.121901382249558
46	GammaCDF(X：Real；A[>0]：Real；B[>0]：Real)：Real;	伽玛密度累积分布函数	GammaCdf(0.3, 0.1, 0.2) = 0.988655
47	GammaCDFInv(P[0,1]：Real；A[>0]：Real；B[>0]：Real)：Real;	伽玛密度累积分布反函数	GammaCDFInv(0.1,2,3) = 1.595434825
48	GammaPDF(X：Real；A[>0]：Real；B[>0]：Real)：Real;	伽玛密度分布函数	GammaPDF(0.3, 0.4, 0.2) = 0.3943490019
49	Ln(X：Real)：Real;	自然对数函数	Ln(3.2) = 1.16315081
50	Log(X：Real)：Real;	10 为底的对数	Log(3.2) = 0.5051499783
51	Logn(Base：Real；X：Real)：Real;	Base 为底的对数	Logn(10, 3.2) = 0.5051499783
52	Max(X1：Real；X2：Real)：Real;	两数最大	Max(2.3,3.2) = 3.2
53	Min(X1：Real；X2：Real)：Real;	两数最小	Min(2.3,3.2) = 2.3
54	NormalCDF(X：Real)：Real;	正态分布累积函数	NormalCDF(0.3) = 0.6179114222
55	NormalPDF(X：Real)：Real;	正态分布函数	NormalPDF(0.9) = 0.2660852499
56	PoissonCDF(n：integer；X：Real)：Real;	泊松密度分布累积函数	PoissonCDF(2,0.5) = 0.985612322
57	PoissonPDF(n：Integer；X：Real)：Real;	泊松密度分布函数	PoissonPDF(2,0.5) = 0.07581633246
58	Power(Base：Real；Exponent：Real)：Real;	Base 为底的指数函数	Power(2.2, 3.1) = 11.52153413
59	Psi(X：Real)：Real;	普西函数	Psi(2.5) = 0.703156640645243
60	Real2Bin(X：Real；n：Integer)：String;	—	Real2Bin(0.5, 2) = 0.101
61	Round(X：Real)：Real;	四舍五入函数	Round(0.364) = 0

序号	函数	说明	例
62	Sign(X：Real)：Real；	符号函数	Sign(2.3)=1
63	Sin(X：Real)：Real；	正弦函数	Sin(3.2)=-0.05837414343
64	Sind(X：Real)：Real；	—	Sind(0.6)=0.01047178412
65	Sinh(X：Real)：Real；	正弦双曲函数	Sinh(5.6)=135.2113548
66	Sqr(X：Real)：Real；	平方函数	Sqr(4.2)=17.64
67	Sqrt(X：Real)：Real；	平方根函数	Sqrt(3.5)=1.870828693
68	StudentCDF(X：Real；n：Integer)：Real；	学生密度分布累积函数	StudentCDF(0.5,2)=0.6666666667
69	StudentPDF(X：Real；n：Integer)：Real；	学生密度分布函数	StudentPDF(0.5,2)=0.2962962963
70	Tan(X：Real)：Real；	正切函数	Tan(3.2)=0.05847385446
71	Tand(X：Real)：Real；	—	Tand(6.5)=0.1139356083
72	Tanh(X：Real)：Real；	正切双曲函数	Tanh(0.9)=0.7162978702
73	Trunc(X：Real)：Real；	取整函数	Trunc(3.2)=3
74	Wrap(X：Integer，n：Integer)：Integer	—	Wrap(6,5)=1，Wrap(7,5)=2
75	Wrap0(X：Integer，n：Integer)：Integer	—	Wrap0(6,5)=0，Wrap0(7,5)=1

1stOpt 支持的复数函数如下：

Abs()，Ln()，Log()，Exp()，Power()，Sqr()，Sqrt()，Sin()，Cos()，Tan()，Sec()，Csc()，Cot()，Cosh()，Sinh()，Tanh()，Sech()，Csch()，Coth()，BessI0()，BessJ0()，Gamma()，Arcsin()，Arccos()，Arctan()，Arccot()，Arcsec()，Atan()，Erf()，Erfc()，BessK0()，BessK1()，BessI1()，BessJ1()，BessY0()，BessY1()，BessI()，BessJ()，BessK()，BessY()，Psi()，Expint()。

1.6　基本语法

（1）书写方式

代码本书写方式自由，如果一行代码过长，可用回车键转到下一行，不用任何连接符，也不影响计算效果。

（2）行代码结束符

每一句代码一般以"；"作结束符。如：

Parameter a，b，c，d；

Constant p1 = 1，p2 = 4，p3 = 5；

（3）多代码块

每一代码本可以写多个代码块描述多个问题，用关键字"NewCodeBlock"隔开。

（4）变量及参数自动识别

对曲线拟合、二维，缺省自变量名为 x，因变量名为 y；对三维或多维，缺省自变量名为 x_1，x_2，x_3……，因变量名为 y。如下两段代码效果等同，右边代码中无须再定义变量和参数，将由 1stOpt 自动识别。

代码 1	代码 2
Variable x, y; Parameter a, b, c, d; Function y = a − b * exp(− c * x^d); Data; 0.05　0.13 0.15　0.13 0.25　0.19 0.35　0.34	Function y = a − b * exp(− c * x^d); Data; 0.05　0.13 0.15　0.13 0.25　0.19 0.35　0.34

对函数优化，如参数没有范围限制，也可省去参数定义，下列左右两段代码效果等同。

代码 1	代码 2
Parameter x, y; MinFunction exp(sin(50 * x)) + sin(60 * exp(y)) + sin(70 * sin(x)) + sin(sin(80 * y)) − sin(10 * (x + y)) + (x^2 + y^2)/4;	MinFunction exp(sin(50 * x)) + sin(60 * exp(y)) sin(70 * sin(x)) + sin(sin(80 * y)) − sin(10 * (x + y)) + (x^2 + y^2)/4;

（5）关键字和数学函数

为避免出错，代码本关键字和数学函数应尽量避免手工输入，而应使用组合键 Ctrl + K、Ctrl + M 或从导航窗口输入，正确的关键字或数学函数会自动加粗、加亮显示。

1.7　公式编辑器

在代码本里，单击工具栏中的"公式编辑器" $\sqrt{\alpha}$ 按钮或按 Ctrl + T 组合键即可激活"公式编辑"窗口，代码本里文本格式的公式以更直观的图形方式显示（图1-42）。

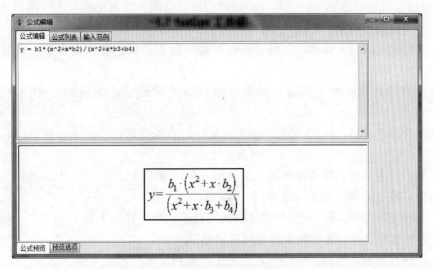

图 1-42　"公式编辑"窗口

公式库里存储常用的公式如峰函数、生长函数等，可以从公式库里选择合适的模型公式用于自己的数据拟合，单击工具栏中"公式库"按钮 π 或按 Ctrl + Q 组合键激活"公式库"窗口（图 1-43）。

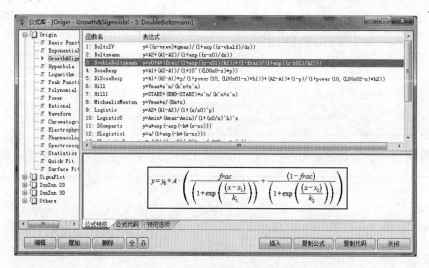

图 1-43　"公式库"窗口

1.8　1stOpt 工具箱

1stOpt 附带有 10 个数据处理与建模工具箱，这些工具箱均具有界面化和操作简单的特点，结果所见所得，非常适合于非计算机和非数学专业的普通用户使用。目前包括以下工具箱，详细介绍见后面章节。

① BP 人工神经网络工具箱 NeuralPower：包括数据前处理、训练、预测与因子重要度分析的神经网络工具箱，最早是一个独立的软件，世界范围内至今仍拥有不少用户。

② 支持向量机工具箱：界面化支持向量机工具，多因子数据拟合与分类的利器。

③ 多层自回归网络工具箱：独特的数据挖掘与建模工具，特别适合于大数据量拟合与分类，超快的处理能力。

④ 公式自动搜索匹配工具箱：根据数据自动搜索最佳匹配模型公式，自变量数目不限。

⑤ 概率分布工具箱：从 73 种概率分布函数中，根据数据自动搜索计算最佳匹配概率分布公式。

⑥ 聚类分析工具箱：包含多种算法的聚类分析计算工具。

⑦ 投影寻踪工具箱：数据降维建模工具。

⑧ 圆/椭圆拟合工具箱：专门处理任意圆与椭圆拟合计算的工具。

⑨ TSP 问题工具箱：著名的旅行商问题求解工具。

⑩ 生产排列计划工具箱：专门处理生产工序排列计划问题的工具。

1.9　1stOpt 软件类型

以 1stOpt 8.0 为例，主要分为单机版、加密狗版和网络版。单机版是与某一台电脑绑定的；加密狗版需要使用电脑插入加密狗；网络版需要局域网内服务器端插入加密狗，客户端连接成功后方可使用；API 库是用于二次开发后分发至用户端电脑所需安装配置的支持库。

版本类型与功能区别见表 1-4。

表 1-4　1stOpt 版本类型及功能

版本类型	功能
基础版	内部仅直接支持 Pascal 语言，程序同时只能运行一个，无外部程序接口，无神经网络工具箱
专业版	参数限制，内部直接支持 Pascal 和 Basic 语言，程序同时只能运行一个，无外部程序接口，包括全部工具箱
企业版	参数无限制，内部直接支持 Pascal 和 Basic 语言，程序运行个数不限，有外部程序接口，包括全部工具箱
开发版	除企业版全部功能外，还包括命令行和动态库两种计算核心库，具有桌面版的全部优化计算功能，可供用户以任一高级开发语言调用，轻松实现二次开发，打造自己的产品
API 库	用户基于开发版开发的程序配合 API 运行库即可配置到其他 PC 上，实现全部优化计算功能，不需桌面版相关文件支持

1.10　多语言界面

1stOpt 6.0 开始，支持多语言界面，包括中文简体、中文繁体、英文和日文语言界面切，换选择"工具"→Languages 命令，如图 1-44 所示。

图 1-44　语言界面切换命令

第2章 1stOpt 功能

2.1 函数优化

函数优化是最常见、最基本、最直观的优化问题。1stOpt 可求任意形式、任意维数、约束或非约束、线性或非线性以及混合整数优化问题，约束函数既可为不等式也可为等式。

主要使用关键字如下：

- Paramter：定义参数及其范围。
- IntParameter：定义整数参数及其范围。
- BinParameter：定义 0 ~ 1 整数参数。
- MinFunction：定义目标函数并求其最小值。
- MaxFunction：定义目标函数并求其最大值。
- MinMax：极大极小函数求解。

2.1.1 一维函数优化

求下列一维函数最小值：

$$\min \quad f(x) = x \cdot \sin(x) + \sin(x) \tag{2-1}$$

其中，$x \in [-3\pi, 3\pi]$。

如图 2-1 所示，在给定区间内有两个局部最优和一个全局最优，1stOpt 可以很容易求得全局最优解。

1stOpt 代码如下：

```
Parameter x = [-3 * pi, 3 * pi];
Minimum;
Function x * sin(x) + sin(x);
```

或更为简单形式：

```
Parameter x = [-3 * pi, 3 * pi];
MinFunction x * sin(x) + sin(x);
```

结果：$f = -5.7976$，$x = 4.8808$。

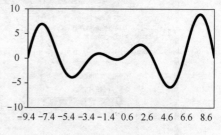

图 2-1 一维函数图

2.1.2 多维函数优化

（1）三维针状全局最优的函数

该函数的函数图形如下所示，在（50，50）处取得全局最大值 1.1512，其第二极大值为 1.12837。它是一个多峰值函数，采用传统优化方法几乎不能找到全局最优点。1stOpt 可轻易求得最优值：

30

$$\max f(r) = \frac{\sin(r)}{r} + 1 \tag{2-2}$$

其中：
$$r = \sqrt{(x-50)^2 + (y-50)^2} + e$$

1stOpt 代码如下：

```
Parameter x = [0,100], y = [0,100];
ConstStr r = sqrt((x-50)^2 + (y-50)^2) + exp(1);
MaxFunction sin(r)/r + 1;
```

（2）多维函数最小值：

$$\min f(x) = \sum_{i=1}^{n-1} \left(3 \cdot (\cos(2 \cdot x_i) + \sin(2 \cdot x_{i+1})) + \sqrt{x_i^2 + x_{i+1}^2}\right) \tag{2-3}$$

其中，$\bar{x} \in [-30,30]$，$n = 20$。

1stOpt 代码如下：

```
Constant n = 20;
Parameter x(1:n) = [-30,30];
MinFunction sum(i = 1:n-1)(3 * (cos(2 * x[i]) + sin(2 * x[i+1])) + sqrt(x[i+1]^2 + x[i]^2));
```

结果：$f = -51.7695$。

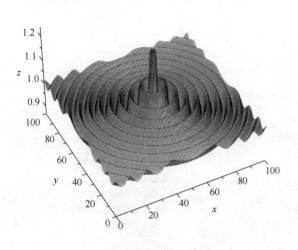 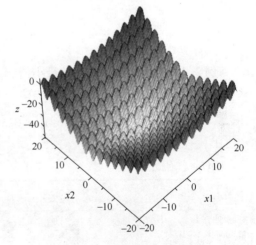

图 2-2　针状函数三维图　　　　　　图 2-3　多维函数优化三维图

2.1.3　隐函数优化

相对于普通函数，隐函数在表达式中包含有自身，且无法转换成普通函数显示，一般有如下形式：

$$\min y = f(x_i, y) \tag{2-4}$$

1stOpt 隐函数优化与普通函数优化并无太大区别。

【例 2.1】求下列隐函数 z 的最小值。

$$\min z = \sin\left[\begin{matrix}(z \cdot x - 0.5)^2 + \\ 2 \cdot x \cdot y^2 - \dfrac{z}{10}\end{matrix}\right] \cdot \exp\left[-\left\{\begin{matrix}[x - 0.5 - \exp(-y + z)]^2 + \\ y^2 - \dfrac{z}{5} + 3\end{matrix}\right\}\right] \quad (2\text{-}5)$$

其中，$x \in [-1,7]$，$y \in [-2,2]$。

1stOpt 代码如下：

```
Parameter x = [ -1,7], y = [ -2,2];
Minimum = z;
Functionz = sin((z * x - 0.5)^2 + x * 2 * y^2 - z/10) * exp( -((x - 0.5 - exp( -y + z))^2 + y^2 - z/5 + 3));
```

结果：$z = 0.02335$（$x = 2.898329$，$y = -0.8573138$）。

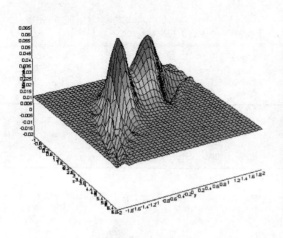 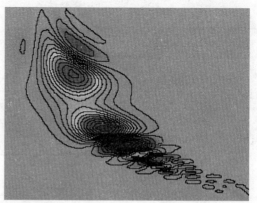

图 2-4　隐函数优化三维图

【例 2.2】 求下列隐函数 y 的最小值。

$$\min \quad \begin{aligned}&y = \cos(x_1) \cdot \cos(x_2) - 2 \cdot \exp\{-50 \cdot [(x_1 - 1)^2 + (x_2 - 1)^2] + y\} + \\ &2.5 \cdot \exp\{-51 \cdot [(x_1 + 0.5)^2 + (x_2 + 0.5)^2] + y\}\end{aligned} \quad (2\text{-}6)$$

其中，$x_1, x_2 \in [0, 2\pi]$。

1stOpt 代码如下：

```
Parameter x(2) = [0,2 * pi];
Minimum = y;
Function y = cos(x1) * cos(x2) - 2 * exp( -50 * ((x1 - 1)^2 + (x2 - 1)^2) +
2 * y) - 2.5 * exp( -51 * ((x1 + 0.5)^2 + (x2 + 0.5)^2) + 2.5 * y);
```

输出结果：

目标函数值（最小）：-1
x1：$3.52484268344853\mathrm{E}-9$
x2：3.14159265653279
或
目标函数值（最小）：-1
x1：6.28318530022232
x2：3.14159264453642

2.1.4　线性规划

1stOpt 算法中含有专门的线性算法——单纯性算法，可高效地求解线性规划问题。不同于 Lingo 等优化软件包，在 1stOpt 中，各待求参数的缺省设置范围是正负无穷。另外，书写方式也自由，如"x1 + 3 * x2 + x3 < = 15;"完全等同于"3 * x2 + x3 + x1 - 15 < = 0;"。

线性规划实例之一：

$$\max \quad 2 \cdot x_1 + 3 \cdot x_2 + x_3 \tag{2-7}$$

$$\text{s. t.} \begin{cases} x_1 + 3 \cdot x_2 + x_3 \leqslant 15 \\ 2 \cdot x_1 + 3 \cdot x_2 - x_3 \leqslant 18 \\ x_1 - x_2 + x_3 \leqslant 3 \\ x_1, x_2, x_3 \geqslant 0 \end{cases}$$

结果：$x_1 = 5$，$x_2 = 3$，$x_3 = 1$，最大值为 20。

1stOpt 代码如下：

```
Parameter x(1:3) = [0,];
MaxFunction 2 * x1 + 3 * x2 + x3;
          x1 + 3 * x2 + x3 < = 15;
          2 * x1 + 3 * x2 - x3 < = 18;
          x1 - x2 + x3 < = 3;
```

线性规划实例之二：

$\min \quad 0.44x_1 + 0.94x_2 + 0.88x_3 + 0.48x_4 + 4x_5 + 3.4x_6 + 2.3x_7 + 0.12x_8 + 1.6x_9 + 19x_{10} + 25x_{11}$

$3230x_1 + 2640x_2 + 2500x_3 + 1730x_4 + 2900x_5 + 2230x_6 + 2500x_7 > 2750$

$8.27x_1 + 43x_2 + 40x_3 + 15.4x_4 + 62x_5 + 50x_6 + 45x_7 > 15$

$8.27x_1 + 43x_2 + 40x_3 + 15.4x_4 + 62x_5 + 50x_6 + 45x_7 < 16$

$0.038x_1 + 0.32x_2 + 0.32x_3 + 0.14x_4 + 3.91x_5 + 4.6x_6 + 33.4x_8 + 21x_9 > 2.85$

$0.038x_1 + 0.32x_2 + 0.32x_3 + 0.14x_4 + 3.91x_5 + 4.6x_6 + 33.4x_8 + 21x_9 < 3$

$0.058x_1 + 0.15x_2 + 0.14x_3 + 0.32x_4 + 2.9x_5 + 2.15x_6 + 0.14x_8 + 18.5x_9 > 0.5$

$0.058x_1 + 0.15x_2 + 0.14x_3 + 0.32x_4 + 2.9x_5 + 2.15x_6 + 0.14x_8 + 18.5x_9 < 0.55$

$0.26x_1 + 2.45x_2 + 2.41x_3 + 0.54x_4 + 4.35x_5 + 3.28x_6 + 2.6x_7 + 99x_{11} > 0.8$

$0.125x_1 + 0.48x_2 + 0.51x_3 + 0.18x_4 + 1.65x_5 + 1.31x_6 + 0.65x_7 + 99x_{10} > 0.31$

$0.298x_1 + 1.08x_2 + 1.4x_3 + 0.58x_4 + 2.21x_5 + 1.74x_6 + 0.83x_7 + 99x_{10} > 0.58$

$0.298x_1 + 1.08x_2 + 1.4x_3 + 0.58x_4 + 2.21x_5 + 1.74x_6 + 0.83x_7 + 99x_{10} < 0.63$

$0.077x_1 + 0.6x_2 + 0.6x_3 + 0.27x_4 + 0.8x_5 + 0.64x_6 > 0.19$

$x_1 > 0.5, x_1 < 0.66$

$x_2 + x_3 > 0.1, x_2 + x_3 < 0.22$

$x_4 > 0.04, x_4 < 0.2$

$x_5 + x_6 > 0.03, x_5 + x_6 < 0.07$

$0 < x_7 < 0.035$

$x_1 + x_2 + x_3 + x_4 + x_5 + x_6 + x_7 + x_8 + x_9 + x_{10} + x_{11} = 1$

1stOpt 代码如下：

```
Parameter x1 = [0.5,0.66], x4 = [0.04,0.2], x7 = [0,0.035];
MinFunction  0.44 * x1 + 0.94 * x2 + 0.88 * x3 + 0.48 * x4 + 4 * x5 + 3.4 * x6 + 2.3 * x7 + 0.12 * x8 + 1.6 * x9 + 19 * x10
          + 25 * x11;
          3230 * x1 + 2640 * x2 + 2500 * x3 + 1730 * x4 + 2900 * x5 + 2230 * x6 + 2500 * x7 > 2750;
          8.27 * x1 + 43 * x2 + 40 * x3 + 15.4 * x4 + 62 * x5 + 50 * x6 + 45 * x7 > 15;
          8.27 * x1 + 43 * x2 + 40 * x3 + 15.4 * x4 + 62 * x5 + 50 * x6 + 45 * x7 < 16;
          0.038 * x1 + 0.32 * x2 + 0.32 * x3 + 0.14 * x4 + 3.91 * x5 + 4.6 * x6 + 33.4 * x8 + 21 * x9 > 2.85;
          0.038 * x1 + 0.32 * x2 + 0.32 * x3 + 0.14 * x4 + 3.91 * x5 + 4.6 * x6 + 33.4 * x8 + 21 * x9 < 3;
          0.058 * x1 + 0.15 * x2 + 0.14 * x3 + 0.32 * x4 + 2.9 * x5 + 2.15 * x6 + 0.14 * x8 + 18.5 * x9 > 0.5;
          0.058 * x1 + 0.15 * x2 + 0.14 * x3 + 0.32 * x4 + 2.9 * x5 + 2.15 * x6 + 0.14 * x8 + 18.5 * x9 < 0.55;
          0.26 * x1 + 2.45 * x2 + 2.41 * x3 + 0.54 * x4 + 4.35 * x5 + 3.28 * x6 + 2.6 * x7 + 99 * x11 > 0.8;
```

$0.125 * x1 + 0.48 * x2 + 0.51 * x3 + 0.18 * x4 + 1.65 * x5 + 1.31 * x6 + 0.65 * x7 + 99 * x10 > 0.31;$

$0.298 * x1 + 1.08 * x2 + 1.4 * x3 + 0.58 * x4 + 2.21 * x5 + 1.74 * x6 + 0.83 * x7 + 99 * x10 > 0.58;$

$0.298 * x1 + 1.08 * x2 + 1.4 * x3 + 0.58 * x4 + 2.21 * x5 + 1.74 * x6 + 0.83 * x7 + 99 * x10 < 0.63;$

$0.077 * x1 + 0.6 * x2 + 0.6 * x3 + 0.27 * x4 + 0.8 * x5 + 0.64 * x6 > 0.19;$

$x2 + x3 > 0.1;$

$x2 + x3 < 0.22;$

$x5 + x6 > 0.03;$

$x5 + x6 < 0.07;$

$x1 + x2 + x3 + x4 + x5 + x6 + x7 + x8 + x9 + x10 + x11 = 1;$

输出结果:

迭代数:13	x2:-0.028913011
计算用时(时:分:秒:毫秒):00:00:00:15	x3:0.212176502
算法:单纯形线性规划法	x5:0.041774768
该线性规划的最小(Min)为:0.651708124	x6:-0.011774768
参数最优解为:	x8:0.068574559
x1:0.66	x9:0.017195715
x4:0.04	x10:0.000731968
x7:0	x11:0.000234268

2.1.5 非线性规划问题

(1)非线性规划问题

$$\max \frac{\sin(2 \cdot \pi \cdot x_1)^3 \cdot \sin(2 \cdot \pi \cdot x_2)}{x_1^3 \cdot (x_1 + x_2)} \tag{2-8}$$

$$\text{s. t.} \begin{cases} x_1^2 - x_2 + 1 \leqslant 0 \\ 1 - x_1 + (x_2 - 4)^2 \leqslant 0 \\ 0 \leqslant x_1, x_2 \leqslant 10 \end{cases}$$

1stOpt 代码如下:

```
Parameter x1 = [0,10], x2 = [0,10];
MaxFunction (sin(2*pi*x1))^3*sin(2*pi*x2)/(x1^3*(x1+x2));
        x1^2 - x2 + 1 < = 0;
        1 - x1 + (x2 - 4)^2 < = 0;
```

结果:$x_1 = 1.22797$,$x_2 = 4.24537$,最大值为 0.095825。

(2)非线性混合整数规划问题

有两种方法定义整数参数,如 p1 为区间[-100,100]的整数参数,可定义如下:

Parameter p1 = [-100, 100, 0];或 IntParameter p1 = [-100, 100];

$$\min \quad 1.5 \cdot [x_1 - \sin(x_1 - x_2)]^2 + 0.5 \cdot x_2^2 + x_3^2 - x_1 \cdot x_2 - 2 \cdot x_1 + x_2 \cdot x_3 \tag{2-9}$$

$$\text{s. t.} \begin{cases} -20 < x_1 < 20 \\ -20 < x_2 < 20 \qquad x_1、x_2 \text{为实数},x_3 \text{为整数} \\ -10 < x_3 < 10 \end{cases}$$

1stOpt 代码如下：

```
Parameters x1 = [ −20,20 ],x2 = [ −20,20 ],x3 = [ −10,10,0 ];
MinFunction 1.5 * ( x1 − sin( x1 − x2 ) )^2 + 0.5 * x2^2 + x3^2 − x1 * x2 − 2 * x1 + x2 * x3;
```

结果：当 $x_1 = 4.49712$，$x_2 = 9.147501$，$x_3 = −4$ 时，得最小值为 $−10.51832$。

（3）非线性整数规划问题

$$\min \quad −2 \cdot x_1 − x_2 − 4 \cdot x_3 − 3 \cdot x_4 − x_5 \tag{2-10}$$

$$\text{s. t.} \begin{cases} 2 \cdot x_2 + x_3 + 4 \cdot x_4 + 2 \cdot x_5 < 54 \\ 3 \cdot x_1 + 4 \cdot x_2 + 5 \cdot x_3 − x_4 − x_5 < 62 \\ x_1,x_2 \in [0,100]; \ x_3 \in [3,100]; \ x_4 \in [0,100]; \ x_5 \in [2,100]; \end{cases}$$

其中，x_1 至 x_5 均为整数。

1stOpt 代码如下：

```
Parameter x(1:2) = [0,100,0], x3 = [3,100,0], x4 = [0,100,0], x5 = [2,100,0];
MinFunction −2 * x1 − x2 − 4 * x3 − 3 * x4 − x5;
          2 * x2 + x3 + 4 * x4 + 2 * x5 < 54;
          3 * x1 + 4 * x2 + 5 * x3 − x4 − x5 < 62;
```

结果有两组：x_1，x_2，x_3，x_4，$x_5 = (15, 0, 6, 11, 2)$ 或 x_1，x_2，x_3，x_4，$x_5 = (19, 0, 4, 10, 5)$，最小值为 $−89$。

2.1.6　排列组合优化

1stOpt 亦可用于解决组合优化问题。最大继承法（MIO）在解决该类问题时，比其他诸如遗传算法，模拟退火及禁忌算法等表现更优。

（1）TSP 问题

TSP 问题是非常著名的组合优化问题：有 N 个城市，从某一城市出发，每个城市访问一次，最后回到起始城市，试求最短距离的访问路线。下面以中国 34 个省会城市（包括港、澳、台）为例。

图 2-5 为中国 34 个省会城市分布图，表 2-1 为中国 34 个省会城市距离表（相对坐标）。

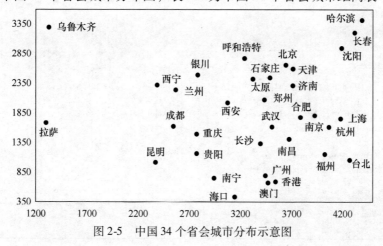

图 2-5　中国 34 个省会城市分布示意图

表 2-1　中国 34 个省会城市距离表（相对坐标）

序号	城市	X 坐标	Y 坐标	序号	城市	X 坐标	Y 坐标
1	哈尔滨	4386	3430	18	上海	4177	1756
2	长春	4312	3210	19	成都	2545	1643
3	沈阳	4196	2956	20	武汉	3507	1624
4	北京	3639	2685	21	杭州	4061	1630
5	天津	3712	2601	22	重庆	2769	1508
6	呼和浩特	3238	2771	23	拉萨	1304	1688
7	银川	2788	2509	24	长沙	3394	1357
8	乌鲁木齐	1332	3305	25	南昌	3676	1422
9	太原	3326	2444	26	贵阳	2778	1174
10	石家庄	3488	2465	27	福州	4029	1162
11	西宁	2381	2324	28	昆明	2370	1025
12	济南	3715	2322	29	南宁	2935	760
13	兰州	2562	2244	30	广州	3439	799
14	郑州	3429	2092	31	香港	3538	702
15	西安	3077	2030	32	澳门	3470	696
16	合肥	3780	1788	33	台北	4263	1069
17	南京	3918	1821	34	海口	3140	443

1stOpt 代码如下：

```
Constant n = 34; //number of cities
//x data of cities
Constant xData(0:n-1) = [4386,4312,4196,3639,3712,3238,2788,1332,3326,3488,2381,3715,2562,3429,3077,3780,3918,
4177,2545,3507,4061,2769,1304,3394,3676,2778,4029,2370,2935,3439,3538,3470,4263,3140];
//y data of cities
Constant yData(0:n-1) = [3430,3210,2956,2685,2601,2771,2509,3305,2444,2465,2324,2322,2244,2092,2030,1788,1821,
1756,1643,1624,1630,1508,1688,1357,1422,1174,1162,1025,760,799,702,696,1069,443];
Parameter Cities(0:n-1) = [0,n-1];
PassParameter xx(0:n), yy(0:n);
Minimum = True;
Exclusive = True;
Plot xx[x],yy;
StartProgram;
Var TemSum : Double;
    i : integer;
Begin
   TemSum := 0;
   for i := 0 to n-2 do
       TemSum := temSum + sqrt(sqr(xData[Cities[i+1]] - xData[Cities[i]]) +
               sqr(yData[Cities[i+1]] - yData[Cities[i]]));
   FunctionResult := temSum + sqrt(sqr(xData[Cities[n-1]] - xData[Cities[0]]) +
               sqr(yData[Cities[n-1]] - yData[Cities[0]]));
   for i := 0 to n do begin
       xx[i] := xData[Cities[Wrap0(i,n-1)]];
       yy[i] := yData[Cities[Wrap0(i,n-1)]];
   end;
end;
EndProgram;
```

结果：最短距离为 15577.526。访问路径为：哈尔滨⇒长春⇒沈阳⇒北京⇒天津⇒济南⇒石家庄⇒太原⇒西安⇒郑州⇒合肥⇒南京⇒上海⇒杭州⇒台北⇒福州⇒南昌⇒武汉⇒长沙⇒广州⇒香港⇒澳门⇒海口⇒南宁⇒昆明⇒贵阳⇒重庆⇒成都⇒拉萨⇒乌鲁木齐⇒西宁⇒兰州⇒银川⇒呼和浩特⇒哈尔滨（图 2-6）。

上面求解代码也可用快捷模式，代码中用到了"Wrap0"函数。

1stOpt 快捷模式代码如下：

```
Constant n = 34;
Constant xData(0:n-1) = [4386,4312,4196,3639,3712,3238,2788,1332,3326,3488,2381,3715,2562,3429,3077,3780,3918,
    4177,2545,3507,4061,2769,1304,3394,3676,2778,4029,2370,2935,3439,3538,3470,4263,3140];
Constant yData(0:n-1) = [3430,3210,2956,2685,2601,2771,2509,3305,2444,2465,2324,2322,2244,2092,2030,1788,1821,
    1756,1643,1624,1630,1508,1688,1357,1422,1174,1162,1025,760,799,702,696,1069,443];
Parameters Cities(0:n-1) = [0,n-1];
Exclusive = True;
MinFunction Sum(i=0:n-1)(sqrt((xData[Cities[i]] - xData[Cities[Wrap0(i+1,n-1)]])^2 + ((yData[Cities[i]] - yData
[Cities[Wrap0(i+1,n-1)]])^2)));
```

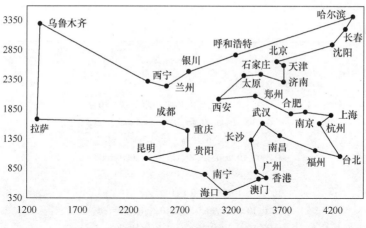

图 2-6　中国 34 个省会城市最短路径示意图

（2）最短路径问题

图 2-7 表示从起点 A 到终点 E 之间各点的距离，求 A 到 E 的最短路径。

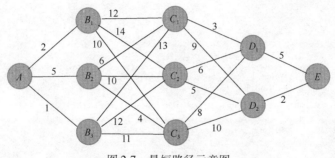

图 2-7　最短路径示意图

此问题也是经典的组合优化问题。不同于传统的用动态线性规划方法求解，1stOpt 使用全局优化来寻优。由图 2-7 可列出各城市之间的距离，见表 2-2。

表 2-2　城市距离表（无联结城市间的距离用虚拟值 1000 表示）

| 序号 | 序号 | 0 | 1 | 2 | 3 | 4 | 5 | 6 | 7 | 8 |
		A	B_1	B_2	B_3	C_1	C_2	C_3	D_1	D_2
0	A	0	2	5	1	1000	1000	1000	1000	1000
1	B_1	2	0	1000	1000	12	14	10	1000	1000
2	B_2	5	1000	0	1000	6	10	4	1000	1000
3	B_3	1	1000	1000	0	13	12	11	1000	1000
4	C_1	1000	12	6	13	0	1000	1000	3	9
5	C_2	1000	14	10	12	1000	0	1000	6	5
6	C_3	1000	10	4	11	1000	1000	0	8	10
7	D_1	1000	1000	1000	1000	3	6	8	0	1000
8	D_2	1000	1000	1000	1000	9	5	10	1000	0

1stOpt 代码如下：

```
Constant n = 8;
Parameters Cities(1:n) = [1,n,0];
Constant Dis(0:n+1,0:n+1) = [0,2,5,1,1000,1000,1000,1000,1000,1000,
                2,0,1000,1000,12,14,10,1000,1000,1000,
                5,1000,0,1000,6,10,4,1000,1000,1000,
                1,1000,1000,0,13,12,11,1000,1000,1000,
                1000,12,6,13,0,1000,1000,3,9,1000,
                1000,14,10,12,1000,0,1000,6,5,1000,
                1000,10,4,11,1000,1000,0,8,10,1000,
                1000,1000,1000,1000,3,6,8,0,1000,5,
                1000,1000,1000,1000,9,5,10,1000,0,2,
                1000,1000,1000,1000,1000,1000,1000,5,2,0];
Minimum = True;
StartProgram;
var i : integer;
    temD : Double;
begin
    temD := 0;
    for i := 1 to n - 1 do
        temD := temD + Dis[Cities[i],Cities[i+1]];
    FunctionResult := temD + Dis[0,Cities[1]] + Dis[Cities[n],n+1];
end;
EndProgram;
```

结果：最短路径值为 19，路线图为 0 –> 2 –> 4 –> 7 –> 9，既 A –> B_2 –> C_1 –> D_1 –> E。上面代码也可用下面的快捷模式代码，注意使用了关键字 "MData" 来描述距离矩阵数据，计算结果相同。

```
Constant n = 8;
Parameters Cities(1:n) = [1,n,0];
MDataSet[1000];
     i,j,Dis =
          01    2
          02    5
          03    1
          14    12
          15    14
          16    10
          24    6
          25    10
          26    4
          34    13
          35    12
          36    11
          47    3
          48    9
          57    6
          58    5
          67    8
          68    10
          79    5
          89    2
EndMDataSet;
MinFunction Dis[0,Cities[1]] + Sum(i=1:n-1)(Dis[Cities[i],Cities[i+1]]) + Dis[Cities[n],n+1];
```

2.1.7　多目标函数优化

多目标规划的基本思想大多是将多目标问题转化为单目标规划，基本方法有理想点法、线性加权法、最大最小法等。1stOpt 中没有专门的多目标优化命令，只能通过前述方法进行转换后求解。

【例 2.3】 $\min \begin{cases} f_1(x) = 0.5 \cdot x_1 + 0.6 \cdot x_2 + 0.7 \cdot \exp\left(\dfrac{x_1 + x_3}{10}\right) \\ f_2(x) = (x_1 - 2 \cdot x_2)^2 + (2 \cdot x_2 - 3 \cdot x_3)^2 + (5 \cdot x_3 - x_1)^2 \end{cases}$ (2-11)

s.t. $x_1 \in [10,80], x_2 \in [20,90], x_3 \in [15,100]$

（1）理想点法

1stOpt 代码如下：

```
Parameter 10≤x1≤80,20≤x2≤90,15≤x3≤100;
ConstStr f1 = 0.5 * x1 + 0.6 * x2 + 0.7 * exp((x1 + x3)/10), f2 = (x1 - 2 * x2)^2 + (2 * x2 - 3 * x3)^2 + (5 * x3 - x1)^2;
MinFunction f1;
```

① 求出单目标函数 f_1 的最优值，$f_1 = 25.52774$，$x = [10, 20, 15]$；
② 求出单目标函数 f_2 的最优值，$f_2 = 300$，$x = [65, 27.5, 15]$；
③ 构筑新的单目标函数：$\min \sqrt{(f_1 - 25.52774)^2 + (f_2 - 300)^2}$

1stOpt 代码如下：

```
Parameter 10≤x1≤80,20≤x2≤90,15≤x3≤100;
ConstStr f1 = 0.5 * x1 + 0.6 * x2 + 0.7 * exp((x1 + x3)/10), f2 = (x1 - 2 * x2)^2 + (2 * x2 - 3 * x3)^2 + (5 * x3 - x1)^2;
MinFunction sqrt((f1 - 27.5)^2 + (f2 - 300)^2);
```

输出结果：

```
函数表达式：
sqrt(((((0.5 * x1 + 0.6 * x2 + 0.7 * exp((x1 + x3)/10))) - 27.5)^2 + (((((x1 - 2 * x2)^2 + (2 * x2 - 3 * x3)^2 + (5 * x3 - x1)^2)) - 300)^2)
目标函数值(最小)：578.27926596784
x1：48.9910529644766
x2：23.4556259778595
x3：15
传递参数(PassParameter)：
((0.5 * x1 + 0.6 * x2 + 0.7 * exp((x1 + x3)/10)))：459.483666124556
(((x1 - 2 * x2)^2 + (2 * x2 - 3 * x3)^2 + (5 * x3 - x1)^2))：684.443782170933
```

即理想点目标函数为：578.279。

此时，$f_1 = 459.48366$，$f_2 = 684.4437$，$x = [48.9910529644766, 23.4556259778595, 15]$。

（2）线性加权法

每个目标函数赋予一权重系数，各权重系数之和等于 1。

$$\min \quad \alpha \cdot f_1(x) + (1 - \alpha) \cdot f_2(x)$$

$$\text{s. t.} \quad x_1 \in [10,80], x_2 \in [20,90], x_3 \in [15,100]$$

α 为目标函数 f_1 的权重，范围在 $0 \sim 1$ 之间，显然目标函数 f_2 的权重为 $(1 - \alpha)$，α 取值不同，结果也不尽相同。下面代码从 0 到 1 取 α 的值，注意使用了关键字 "LoopConstant"。

1stOpt 代码如下：

```
LoopConstant a = [0:0.05:1];
Parameter 10≤x1≤80,20≤x2≤90,15≤x3≤100;
ConstStr f1 = 0.5 * x1 + 0.6 * x2 + 0.7 * exp((x1 + x3)/10), f2 = (x1 - 2 * x2)^2 + (2 * x2 - 3 * x3)^2 + (5 * x3 - x1)^2;
PlotLoopData a[x], f1, f2[y2];
MinFunction a * f1 + (1 - a) * f2;
```

结果如图 2-8 和表 2-3 所示。

表 2-3　计算结果

α	0	0.1	0.2	0.3	0.4	0.5	0.6	0.7	0.8	0.9	1
f_1	2135.67	1336.52	988.43	771.49	614.77	491.27	387.74	296.28	210.99	126.91	25.53
f_2	300.00	334.62	394.23	465.75	549.77	650.74	777.61	948.64	1208.72	1705.84	5150.00

（3）非劣解集法

① 求出单目标函数 f_1 的最优值，$f_1 = 25.52774$，$x = [10, 20, 15]$；

② 将 f_1 设为等式约束，f_1 的变化从其最小值（取 26）开始递增；

③ 求对应于 f_1 的 f_2 最小值；

④ 得到 f_1 与 f_2 的非劣解集。

1stOpt 代码如下：

```
LoopConstant a = [26:50:1000];
Parameter 10 ≤ x1 ≤ 80, 20 ≤ x2 ≤ 90, 15 ≤ x3 ≤ 100;
ConstStr f1 = 0.5 * x1 + 0.6 * x2 + 0.7 * exp((x1 + x3)/10), f2 = (x1 - 2 * x2)^2 + (2 * x2 - 3 * x3)^2 + (5 * x3 - x1)^2;
PlotLoopData f1[x], f2;
MinFunction f2;
        f1 = a;
```

多目标非劣解集效果图如图 2-9 所示，结果见表 2-4。

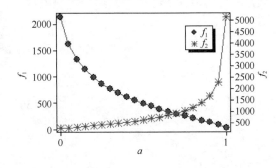

图 2-8　多目标可行解图　　　　　　　图 2-9　多目标非劣解集

表 2-4　多目标非劣解集结果

f_1	f_2	x_1	x_2	x_3
26	5084.632	10.345	20.000	15
76	2411.745	27.715	20.000	15
126	1714.123	34.298	20.000	15
176	1369.823	38.298	20.625	15
226	1151.854	41.171	21.408	15
276	998.730	43.418	22.007	15
326	884.472	45.261	22.490	15
376	795.668	46.822	22.897	15
426	724.595	48.176	23.246	15
476	666.445	49.370	23.553	15

续表

f_1	f_2	x_1	x_2	x_3
526	618.051	50.439	23.826	15
576	577.228	51.405	24.073	15
626	542.412	52.288	24.298	15
676	512.453	53.099	24.504	15
726	486.483	53.850	24.694	15
776	463.832	54.549	24.871	15
826	443.977	55.203	25.037	15
876	426.498	55.817	25.192	15
926	411.058	56.395	25.338	15
976	397.381	56.943	25.476	15
1000	391.374	57.195	25.540	15

2.1.8　极大极小函数优化

极大极小优化问题也是一种特殊的多目标优化问题，定义如下：

$$\min \quad f(x) = \max\{f_i(x), i = 1, 2, \cdots, m\} \tag{2-12}$$

1stOpt 中对应的函数为"min max"。

【例 2.4】

$$\begin{cases} f_1 = 10 + 2 \cdot x_1 + 2 \cdot x_2 - x_1^2 + x_2^2 - x_1 \cdot x_2 \\ f_2 = 2 + x_1 - x_2 + 2 \cdot x_1^2 - x_2^2 + 3 x_1 \cdot x_2 \\ f_3 = x_1^2 + x_2^2 \end{cases} \tag{2-13}$$

1stOpt 代码如下：

```
ConstStr f1 = 10 + 2 * x1 + 2 * x2 - x1^2 + x2^2 - x1 * x2,
        f2 = 2 + x1 - x2 + 2 * x1^2 - x2^2 + 3 * x1 * x2,
        f3 = x1^2 + x2^2;
MinMax f(3);
```

输出结果：

优化算法：标准简面体爬山法 + 通用全局优化法（SM1）
极大极小值（MinMax）：4.25
x1：-2
x2：0.5
极大极小函数：
　1：((10 + 2 * x1 + 2 * x2 - x1^2 + x2^2 - x1 * x2)) = 4.25
　2：((2 + x1 - x2 + 2 * x1^2 - x2^2 + 3 * x1 * x2)) = 4.25
　3：((x1^2 + x2^2)) = 4.25

【例 2.5】

$$f_1 = x_1^4 + x_2^2$$
$$f_2 = (2 - x_1)^2 + (2 - x_2)^2 \tag{2-14}$$
$$f_3 = 2 \cdot \exp(x_2 - x_1)$$

1stOpt 代码如下：

```
ConstStr f1 = x1^4 + x2^2,
        f2 = (2 - x1)^2 + (2 - x2)^2,
        f3 = 2 * exp(x2 - x1);
MinMax f1,f2,f3;
```

输出结果：

优化算法：标准简面体爬山法 + 通用全局优化法(SM1)

极大极小值(MinMax)：2

x1：1

x2：1

极大极小函数：

　1：$((x1^4 + x2^2)) = 2$

　2：$(((2 - x1)^2 + (2 - x2)^2)) = 2$

　3：$((2 * exp(x2 - x1))) = 2$

【例 2.6】约束极大极小问题。

$$f_1 = -5 \cdot x_1 + x_2$$
$$f_2 = 4 \cdot x_2 + x_1^2 + x_2^2$$
$$f_3 = 5 \cdot x_1 + x_2 \tag{2-15}$$
$$g_1(x) = -2x_1 - x_2 \leqslant 0$$

1stOpt 代码如下：

```
ConstStr f1 = -5 * x1 + x2, f2 = 4 * x2 + x1^2 + x2^2, f3 = 5 * x1 + x2;
MinMax f(3);
        -2 * x1 - x2 < = 0;
```

输出结果：

优化算法：通用全局优化法(UGO1)

极大极小值(MinMax)：0

x1：0

x2：0

极大极小函数：

　1：$((-5 * x1 + x2)) = 0$

　2：$((4 * x2 + x1^2 + x2^2)) = 0$

　3：$((5 * x1 + x2)) = 0$

约束函数：

　1：$-2 * x1 - x2 - (0) = 0$

2.1.9　与 Matlab 的比较

Matlab 为科学数值计算软件平台的杰出代表。它既可以作为一个应用平台，也可以作为一个开发平台。它的优化工具箱提供了线性规划、二次规划、非线性优化、非线性最小二乘及非线性方程求解的工具或命令。虽然 Matlab 整体上是个优秀的数学软件，但在局部领域如全局非线性最优化方面，其提供的现成工具与 1stOpt 等专用的优化软件相比，仍有一些缺陷，主要包括：

①软件本身庞大，对硬件系统要求高。

②解释性语言，对大计算量优化问题计算速度偏慢。

③采用的优化算法不够先进，对稍微复杂点的问题难以获得最优解。

④编写代码相对比较烦琐，需专门的培训和学习。

下面以一些简单的例子对 Matlab 处理优化问题和 1stOpt 进行对比。

【例 2.7】线性规划问题。

$$\min \quad f = 3 \cdot x_1 - 6 \cdot x_2 \tag{2-16}$$

$$\text{s. t.} \quad \begin{cases} x_1 \leqslant 4 \\ x_2 \leqslant 3 \\ x_1 + 2x_2 \leqslant 10 \\ x_1 \geqslant 0 \\ x_2 \geqslant 0 \end{cases}$$

Matlab 线性规划调用命令为"linprog"。编写程序如下：

Matlab 代码如下：

```
f = [3 −6];
A = [1 0;0 1;1 2; −1 0;0 −1];
b = [4;3;10;0;0];
[x,fval] = linprog(f,A,b)
f = fval * ( −1)
```

输出结果：

```
x =
      0.0000
      3.0000
fval =
    −18.0000
```

1stOpt 代码如下：

```
Algorithm = LP;
Parameter 0 < = x1 < = 4, 0 < = x2 < = 3;
MinFunction 3 * x1 −6 * x2;
          x1 + 2 * x2 < = 10;
```

输出结果：

该线性规划的最小(min)为 −18

参数最优解为：
    x1：0
    x2：3
约束函数：
    1：x1 + 2 * x2 − 10 = −4
    2：x1 − 0 = 0
    3：x1 − 4 = −4
    4：x2 − 0 = 3
    5：x2 − 3 = 0

【例 2.8】数学模型如下：

$$\max \quad f = 0.13 \cdot x_1 + 0.09 \cdot x_2 + 0.06 \cdot x_3 + 0.14 \cdot x_4 \tag{2-17}$$

$$\text{s. t} \quad \begin{cases} x_1 - x_2 - x_3 - x_4 \leqslant 0 \\ x_2 + x_3 - x_4 \geqslant 0 \\ x_1 + x_2 + x_3 + x_4 = 1 \\ x_j \geqslant 0, \ j = 1, \cdots, 4 \end{cases}$$

Matlab 只能求解最小值，因此求解最大值时需将目标函数转换成求最小值的标准形式：

$$\min \quad f = -0.13 \cdot x_1 - 0.09 \cdot x_2 - 0.06 \cdot x_3 - 0.14 \cdot x_4$$

同时约束函数也必须转换成小于等于 0 的形式，即

$$\text{s. t} \begin{cases} x_1 - x_2 - x_3 - x_4 \leqslant 0 \\ -x_2 - x_3 + x_4 \leqslant 0 \\ x_1 + x_2 + x_3 + x_4 = 1 \\ x_j \geqslant 0, j = 1, \cdots, 4 \end{cases}$$

Matlab 代码如下：

```
f = [ -0.13; -0.09; -0.06; -0.14];
A =   [1 -1 -1 -1
       0 -1 -1 1];
b = [0; 0];
Aeq = [1 1 1 1];
Beq = [1];
Lb = zeros(4,1);
[x,fval,exitflag] = linprog(f,A,b,Aeq,beq,lb)
f = -fval
```

输出结果：

```
x =
    0.5000
    0.2500
    0.0000
    0.2500
fval =
    -0.1225
exitflag =
    1
f =
    0.1225
```

1stOpt 代码如下：

```
Algorithm = LP;
ParameterDomain = [0,];
MaxFunction 0.13 * x1 + 0.09 * x2 + 0.06 * x3 + 0.14 * x4;
           x1 - x2 - x3 - x4 < = 0;
           x2 + x3 - x4 > = 0;
           x1 + x2 + x3 + x4 = 1;
```

输出结果：

该线性规划的最大（Max）为：0.1225
参数最优解为：
    x1：0.5
    x2：0.25
    x3：0
    x4：0.25
约束函数：
    1：x1 - x2 - x3 - x4 - 0 = -5.551115123E - 017
    2：x2 + x3 - x4 - 0 = 5.551115123E - 017
    3：x1 + x2 + x3 + x4 - 1 = 0
    4：x1 - 0 = 0.5
    5：x2 - 0 = 0.25
    6：x3 - 0 = 0
    7：x4 - 0 = 0.25

【例 2.9】有约束非线性规划问题。

$$\min \quad 100 \cdot (x_2 - x_1)^2 + (1 - x_1)^2 \tag{2-18}$$

$$\text{s. t} \begin{cases} x_1 \leqslant 2 \\ x_2 \leqslant 2 \end{cases}$$

Matlab：①建立 fun1. m 文件：

```
function f = fun1(x)
f = 100 * (x(2) - x(2)^2)^2 + (1 - x(1))^2;
```

② 在工作空间输入程序：

```
x0 = [1.1,1.1];
A = [1 0;0 1];
b = [2;2];
[x,fval] = fmincon(@fun1,x0,A,b)
```

结果：

```
x = 1.0000    1.0000
fval = 3.1936e - 011
```

1stOpt 代码如下：	输出结果：
`ParameterDomain = [ ,2];` `MinFunction 100 * (x2 - x1)^2 + (1 - x1)^2;`	函数表达式：$100 * (x2 - x1)^2 + (1 - x1)^2$ 目标函数值（最小）：0 x2：1 x1：1

相对于 Matlab 处理优化问题，1stOpt 代码简单、直观、易于理解，同时也不需猜初值。
下列非线性约束优化问题，Matlab 获得最优解的难度较大，如图 2-10 所示。

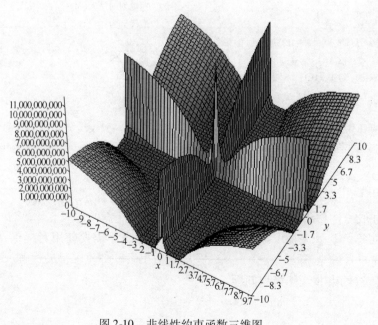

图 2-10　非线性约束函数三维图

$$\min - \quad (x \cdot \sin(9 \cdot \pi \cdot y) + y \cdot \cos(25 \cdot \pi \cdot x) + 20) \tag{2-19}$$
$$\text{s. t } x^2 + y^2 \leqslant 81$$

1stOpt 代码如下：	输出结果：
Algorithm = MIO1 ; ParameterDomain = [-10,10] ; MinFunction - (x * sin(9 * PI * y) + y * cos(25 * pi * x) +20); 　　　　x^2 + y^2 < =81 ;	目标函数值(最小)： - 32. 7178878068835 x: - 6. 44002582226023 y: - 6. 27797201413613 约束函数： 　1：x^2 + y^2 - (81) = - 0. 1131347983

2.2　非线性拟合

非线性最小二乘拟合是科研工作中最常用的方法之一。1stOpt 中拟合判断指标主要有残差平方和（Sum of Squared Residual，SSR）、均方差（Root of Mean Square Error，RMSE）、相关系数（Correlation Coef，R）、相关系数之平方（R^2）、修正 R 平方（Adj. R^2）和确定系数（Determination Coef，DC），计算公式分别如下：

① 残差平方和：$SSR = \sum_{i=1}^{n} (y_i - y'_i)^2$

② 均方差：$RMSE = \sqrt{\dfrac{SSR}{n}}$

③ 相关系数：$R = \dfrac{\sum_{i=1}^{n} (y_i - \bar{y}) \cdot (y'_i - \bar{y'})}{\sqrt{\sum_{i=1}^{n} (y_i - \bar{y})^2 \cdot \sum_{i=1}^{n} (y'_i - \bar{y'})^2}}$

④ 确定系数：$DC = \dfrac{\sum_{i=1}^{n} (y_i - \bar{y})^2 - \sum_{i=1}^{n} (y_i - y'_i)^2}{\sum_{i=1}^{n} (y_i - \bar{y})^2} = 1 - \dfrac{\sum_{i=1}^{n} (y_i - y'_i)^2}{\sum_{i=1}^{n} (y_i - \bar{y})^2}$

⑤ 修正 R 平方：$Adj. R^2 = 1 - \dfrac{(n-1) \cdot (1 - R^2)}{k}, k = n - p - 1, p = $ 变量数

式中，n 为数据长度；y 为实际因变量值；y' 为计算因变量值。

1stOpt 的非线性拟合功能强于目前任何已知软件包，如 SPSS、SAS、Matlab、Origin、Systa、DataFit 等。其最大特点是，在绝大多数情况下，不需要使用者提供（猜测）任何初始值，仅依靠自身的全局搜索能力，从任意随机值出发，即可求得最优解。

1stOpt 的曲线拟合均为自定义拟合，主要关键字包括：

① Function：定义拟合公式。

② Parameter：定义参数。

③ Variable：定义变量。

④ Data、DataFile：定义数据。

⑤ QuickReg：快速拟合。

⑥ SkipStep：定义每隔多少步骤选取使用数据。

⑦ RegStartP、RegEndP：定义使用数据的起始和结束位置，缺省是使用全部数据。

⑧ SharedModel、SharedModel2：共享参数拟合。

"Function""Data"或"DataFile"为必需的关键字，其他为可选关键字。对二维曲线拟合，缺省自变量名为 x，因变量名为 y。对三维有两种缺省方式：一为自变量名为 x_1 和 x_2，因变量名为 y；第二种为自变量名为 x 和 y，因变量名为 z。对多维，缺省自变量名为 x_1、x_2、x_3，…，因变量名为 y。表 2-5 中两段代码效果等同，右边代码中无须用"Variable"和"Parameter"定义变量和参数，可由 1stOpt 自动识别。

表 2-5　拟合代码比较之一

代码 1	代码 2
Variables x, y; Parameters a, b, c, d; Function y = a – b * exp(– c * x^d); Data; 0.05　0.13 0.15　0.13 0.25　0.19 0.35　0.34	Function y = a – b * exp(– c * x^d); Data; 0.05　0.13 0.15　0.13 0.25　0.19 0.35　0.34

当数据较长时，为了节省代码本空间，可考虑将数据以行的形式给出，4.0 版及以前须用关键字"RowData"取代"Data"（5.0 及以后的版本均使用"Data"），同时数据形式也做相应的改动，每行数据以"；"号结束，见表 2-6。

表 2-6　拟合代码比较之二

代码 1	代码 2
Function y = a – b * exp （– c * x^d); Data; 0.05　0.13 0.15　0.13 0.25　0.19 0.35　0.34	Function y = a – b * exp （– c * x^d); RowData; 0.05, 0.15, 0.25, 0.35; 0.13, 0.13, 0.19, 0.34;

数据也可存为文件形式，关键字"DataFile"可以调用，文件格式包括标准文本格式和 Excel 文件格式。如 Excel 数据存为"c:\test1.xls"，如图 2-11 所示。调用形式如下：

```
Variable x,y;
Function y = b1 * (x^2 + x * b2)/(x^2 + x * b3 + b4);
DataFile "C:\test1.xls[Sheet1[B4:C14]]";
```

注意使用"DataFile"时，关键字"Variable"不能省略。

拟合计算完成后，在"二维-三维/预测"功能窗口还可进行多项其他工作：

① 预测：输入任意自变量值计算因变量。

② 一阶导数、二阶导数、弧微分、曲率、曲线长及面积计算拟合方程任一点的导数（图 2-12）。

③ 参数灵敏度分析：局部及全局各两种方法计算参数灵敏度（图 2-13）。

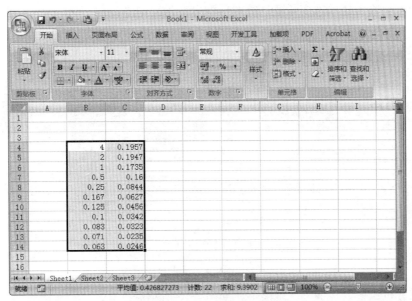

图 2-11　从 Excel 中读取数据

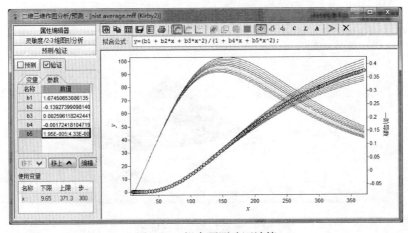

图 2-12　拟合预测验证计算

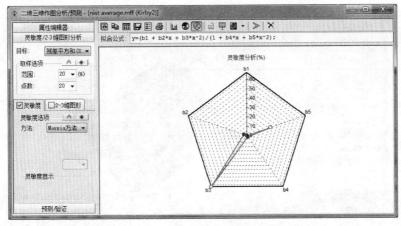

图 2-13　参数灵敏度计算

④ 逆计算：输入任一因变量值计算对应的自变量，如图 2-14 所示。

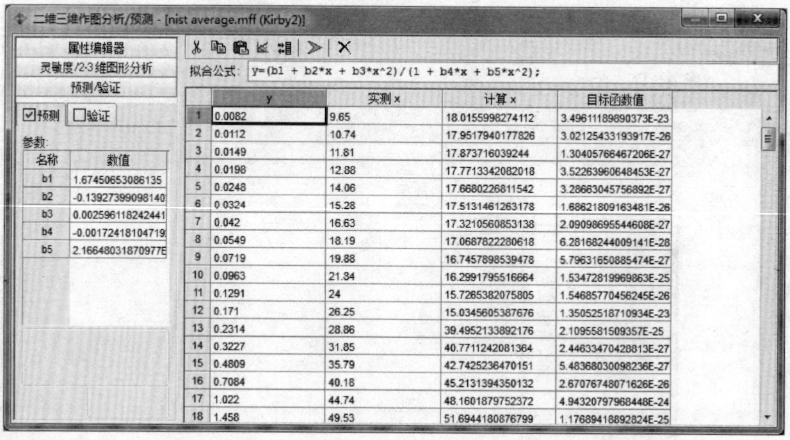

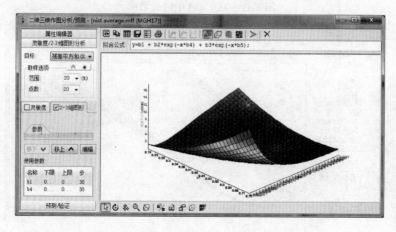

图 2-14　由因变量反求自变量

⑤ 参数分析：参数二维 – 三维图形，如图 2-15 所示。

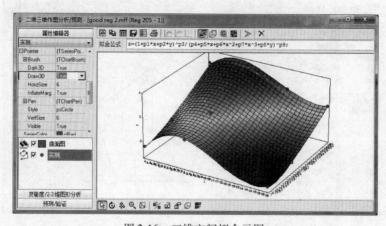

图 2-15　参数影响分析三维示图

⑥ 变量二维-三维图形展示（图 2-16）。

图 2-16　三维空间拟合示图

2.2.1　共享模式拟合

共享模式拟合指不同的拟合公式拥有一个或几个相同的参数，称之为共享参数。求解主要由关键字"SharedModel"（数据长度相同）和"SharedModel2"（数据长度不相同）来实现。

本例中有一个自变量、四个因变量，共有 11 个参数：m_1、m_2、v、p_1、p_2、p_3、p_4、c_1、c_2、c_3、c_4，其中前三个参数 m_1、m_2、v 为共享参数，数据见表 2-7。

四个拟合公式：

$$\begin{cases} y_1 = \dfrac{v \cdot x}{k_1 + x} + p_1 \cdot x + c_1 \\[2mm] y_2 = \dfrac{v \cdot x}{k_2 + x} + p_2 \cdot x + c_2 \\[2mm] y_3 = \dfrac{v \cdot x}{k_3 + x} + p_3 \cdot x + c_3 \\[2mm] y_4 = \dfrac{v \cdot x}{k_4 + x} + p_4 \cdot x + c_3 \end{cases} \tag{2-20}$$

其中：$k_1 = m_1 \cdot \left(1 + \dfrac{1}{m_2} \right), k_2 = m_1 \cdot \left(1 + \dfrac{3}{m_2} \right), k_3 = m_1 \cdot \left(1 + \dfrac{10}{m_2} \right), k_4 = m_1 \cdot \left(1 + \dfrac{30}{m_2} \right)$。

表 2-7　拟合数据

x	y_1	y_2	y_3	y_4
0	0.0	0.0	0.0	0.0
50	17.03	7.23	3.57	0.0
100	22.16	13.34	8.14	0.1
150	30.64	17.76	13.55	4.81
200	33.57	25.09	10.83	5.23
400	50.40	38.05	21.93	14.58
600	58.36	45.01	25.50	13.46
800	62.68	50.52	31.82	15.87
1000	63.54	52.57	38.13	20.90
10000	81.0	74.3	70.9	61.7

1stOpt 代码如下：

```
ConstStrk1 = m1 * (1 + 1/m2), k2 = m1 * (1 + 3/m2), k3 = m1 * (1 + 10/m2), k4 = m1 * (1 + 30/m2);
SharedModel;
Variable x,y(4); //y1, y2, y3, y4;
Function y1 = v * x/(k1 + x) + p1 * x + c1;
        y2 = v * x/(k2 + x) + p2 * x + c2;
        y3 = v * x/(k3 + x) + p3 * x + c3;
        y4 = v * x/(k4 + x) + p4 * x + c4;
```

```
Data;
//x, y1, y2, y3, y4
0.    0.0   0.0    0.0   0.0
50. 17. 0261     7. 227563    3. 574113    0. 0
100. 22. 16059   13. 34309    8. 142564    0. 1
150. 30. 64281   17. 76278    13. 55202    4. 805006
200. 33. 57431   25. 08648    10. 82765    5. 232621
400. 50. 40222   38. 048      21. 93352    14. 57796
600. 58. 35754   45. 00776    25. 49771    13. 45863
800. 62. 68015   50. 51803    31. 82192    15. 86972
1000. 63. 53971  52. 56842    38. 12983    20. 90453
10000.    81. 0   74. 3   70. 9   61. 7
```

运行结果如图 2-17 所示。

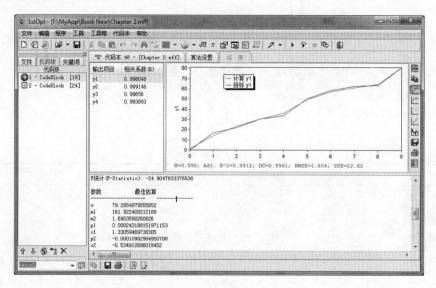

图 2-17   共享模式拟合结果

上面 y_1 至 y_4 数据长度是一致的，假如数据长度不一致（表 2-8），则不能用"Shared-Model"，而要用"SharedModel2"，代码书写方式也略有不同，因变量均用 y 表示，4 组长度不同的数据对应 4 个公式。

表 2-8   拟合数据长度不一致

x	y_1	y_2	y_3	y_4
0	0. 0	0. 0	0. 0	0. 0
50	17. 03	7. 23	3. 57	0. 0
100	22. 16	13. 34	8. 14	0. 1
150	30. 64	17. 76	13. 55	4. 81
200	33. 57	25. 09	10. 83	5. 23
400	50. 40	38. 05	21. 93	14. 58
600	58. 36	45. 01	25. 50	13. 46
800	62. 68	50. 52	31. 82	—
1000	63. 54	52. 57	—	—
10000	81. 0	—	—	—

1stOpt 代码如下:

```
ConstStr k1 = m1 * (1 + 1/m2), k2 = m1 * (1 + 3/m2), k3 = m1 * (1 + 10/m2), k4 = m1 * (1 + 30/m2);
SharedModel2;
Variable x, y;
Function y = v * x/(k1 + x) + p1 * x + c1;
        y = v * x/(k2 + x) + p2 * x + c2;
        y = v * x/(k3 + x) + p3 * x + c3;
        y = v * x/(k4 + x) + p4 * x + c4;
Data;
0,50,100,150,200,400,600,800,1000,10000;
0.0,17.0261,22.16059,30.64281,33.57431,50.40222,58.35754,62.68015,63.53971,81.0;
Data;
0,50,100,150,200,400,600,800,1000;
0.0,7.227563,13.34309,17.76278,25.08648,38.048,45.00776,50.51803,52.56842;
Data;
0,50,100,150,200,400,600,800;
0.0,3.574113,8.142564,13.55202,10.82765,21.93352,25.49771,31.82192;
Data;
0,50,100,150,200,400,600;
0.0,0.0,0.1,4.805006,5.232621,14.57796,13.45863;
```

运行结果如图 2-18 所示。

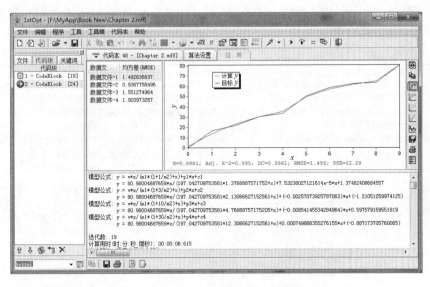

图 2-18 共享模式拟合结果

2.2.2 缺少变量值的特殊拟合

【例 2.10】 如已知参数方程数据如下:

$$x = r \cdot [a - \sin(a + b)] \cdot \cos(b) + r \cdot [1 - \cos(a \cdot b)] \cdot \sin(b)$$
$$y = r \cdot [a - \cos(a - b)] \cdot \cos(b) - r \cdot [a - \sin(a \cdot b)] \cdot \sin(b)$$

(2-21)

拟合数据见表 2-9。

表 2-9 例 2.10 的拟合数据

x	35	41	46	52	58	63	70	75	80	85	90	95	35
y	32	33	33.5	33	32	30	28	25	21	17.5	13	9	32

现在需要用 x、y 数据对上面参数方程进行曲线拟合，该参数方程是摆线方程，其中 r 是摆线的滚圆半径，a 是摆角，其值范围从 0 到 2π，b 是曲线的旋转初始角，如何求出参数 r 和 b？

式（2-21）中两式均含有变量 a，如果对应于 x 和 y 各点的 a 已知，则问题就比较好解决，用关键字"SharedModel"即可求解。但本题中 a 值为未知数，并且通过一定的数学变换也无法消除 a 而形成诸如 $y = f(x)$ 的一般二维拟合形式。1stOpt 中关键字"ParVariable"专门用于定义这类未知变量。代码如下：

```
Variable x,y;
ParVariable a[0,2*pi];
SharedModel;
Function x = r*(a-sin(a+b))*cos(b)+r*(1-cos(a*b))*sin(b);
        y = r*(1-cos(a-b))*cos(b)-r*(a-sin(a*b))*sin(b);
RowData;
35,41,46,52,58,63,70,75,80,85,90,95;
32,33,33.5,33,32,30,28,25,21,17.5,13,9;
```

本题求解有一定难度，很多时候会陷入局部最优。1stOpt 不仅可求出参数 r 和 b 值，而且给出了对应于 x 和 y 的 a 值。

输出结果：

最优解	局部最优解
均方差（RMSE）：0.473947739744703	均方差（RMSE）：0.512540059756795
残差平方和（SSE）：5.3910350402187	残差平方和（SSE）：6.30473550853197
相关系数（R）：0.999958522301281	相关系数（R）：0.999951492276122
相关系数之平方（R^2）：0.999917046322962	相关系数之平方（R^2）：0.999902986905244
决定系数（DC）：0.999917046322961	决定系数（DC）：0.999902986905244
F 统计（F-Statistic）：−712.581671464623	F 统计（F-Statistic）：−190.095206680829
参数　　　　最佳估算	参数　　　　最佳估算
r 14.9570078354002	r 14.8678109018936
b −6.36129367898334	b −0.0676584084342278
a0 2.80018799250962	a0 2.77832408158674
a1 2.97946628688341	a1 2.9868819988592
a2 3.18398254437925	a2 3.15581577602873
a3 3.43219540311849	a3 3.35738415118238
a4 3.60947190670764	a4 3.56254331491974
a5 3.75895134334236	a5 3.74652240154359
a6 4.0020662840376	a6 4.00578269856165
a7 4.31207489147291	a7 4.22454273139407
a8 4.5384582291118	a8 4.48622591894176
a9 4.7531139284785	a9 4.77012549091088
a10 5.28361370615172	a10 5.1522561082451
a11 6.06628119473038	a11 5.67387853331666

【例 2.11】已知参数方程如下：

$$x = r \cdot \left[\cos(t) + (t - b) \cdot \sin(t) \right] + x_0$$
$$y = r \cdot \left[\sin(t) - (t - b) \cdot \cos(t) \right] + y_0$$

(2-22)

x、y 拟合数据见表 2-10。

表 2-10　例 2.11 的拟合数据

x	15.5910	24.6601	33.3732	49.3445	62.7992	68.3962	73.1584	79.9955	83.0531
y	86.2142	83.7114	80.2618	70.7216	58.0891	50.8058	42.9946	26.1718	8.4225

中间变量 t 未知，待求参数 x_0、y_0、r 和 b。

求解方法如例 2.10，采用"SharedModel"和"ParVariable"两个关键字。该例题求解难度较大，上面 1stOpt 代码能以 50% 的概率求得正解。

1stOpt 代码如下：

```
Algorithm = UGO1[100];
Parameter r,b,x0,y0;
ParVariable t;
Variable x, y;
SharedModel;
Function x = R * (cos(t) + (t - B) * sin(t)) + x0;
         y = R * (sin(t) - (t - b) * cos(t)) + y0;
Data;
15.5910    86.2142
24.6601    83.7114
33.3732    80.2618
49.3445    70.7216
62.7992    58.0891
68.3962    50.8058
73.1584    42.9946
79.9955    26.1718
83.0531    8.4225
```

输出结果：

迭代数：21
计算用时(时:分:秒:微秒)：00:00:57:32
优化算法：通用全局优化法(UGO1)
计算结束原因：达到收敛判定标准
均方差(RMSE)：1.34537356121028E - 5
残差平方和(RSS)：3.25805403456652E - 9
相关系数(R)：0.999999999999975
相关系数之平方(R^2)：0.999999999999951
决定系数(DC)：0.999999999999951
F 统计(F-Statistic)：- 2008250717607.4

参数	最佳估算
r	- 3.19952275016598
b	- 27.5800928107093
x0	- 0.000329656381182569
y0	0.000374670776059415
t0	- 0.215438422244315
t1	- 0.32315759519847
t2	- 0.430878058302956
t3	- 0.646316755114794
t4	- 0.861756728212156
t5	- 0.969475917540198
t6	- 1.07719566112363
t7	- 1.29263476604028
t8	- 1.50807217873645

2.2.3　批处理拟合

当公式已知且数据有多组时，可用批处理拟合功能快速拟合所有数据。

【例 2.12】已知 x、y 数据见表 2-11，试拟合 $B = 1$、2、3、4 时的 $x - y$ 关系。

表 2-11　例 2.12 的拟合数据

序号	x	y			
		$B = 1$	$B = 2$	$B = 3$	$B = 4$
1	-157	20	25	30	35
2	-142	26	34	37.5	45
3	-112	36	45	50	54
4	-97	30	35	40	47.5
5	-82	35	47.5	55	59
6	-52	49	60	71	81
7	-37	45	55	65	76
8	-22	54	70	85	94
9	8	59	83.5	95	103.5
10	23	55	71	84.5	95.5
11	38	59	75	91	100
12	68	54	73.5	85	92.5
13	83	50	65	79	87.5
14	98	48	58	70	85
15	128	32.5	42	54	58

拟合公式：
$$y = y_0 + \frac{A}{W \cdot \sqrt{\dfrac{\pi}{2}}} \cdot \exp\left\{ -\frac{\left[2 \cdot (x - x_0)^2 \right]}{W^2} \right\} + B \tag{2-23}$$

批处理模式拟合运算如图 2-19 所示。

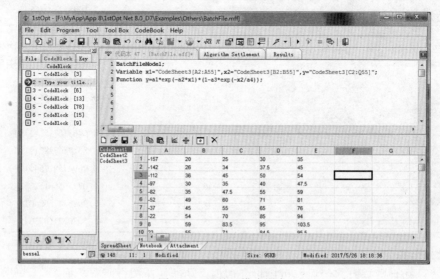

图 2-19　批处理模式拟合

1stOpt 代码如下：

```
BatchFileModel;
VarConstantB = [1,2,3,4];
Variable x = "CodeSheet1[A1:A15]", y = "CodeSheet1[B1:E15]";
Function y = y0 + A/(w * sqrt(pi/2)) * exp(-(2 * (x - x0)^2/w^2)) + B;
```

在上述代码中注意三点：

① 关键字"BatchFileModel"：表示将分别求各 y 与 x 的关系。

② 关键字"VarConstant"：定义不同拟合时对应的 B 值。

③"Variable"定义变量时，直接从代码表格中读取数据。

批处理模式拟合结果如图 2-20 所示。

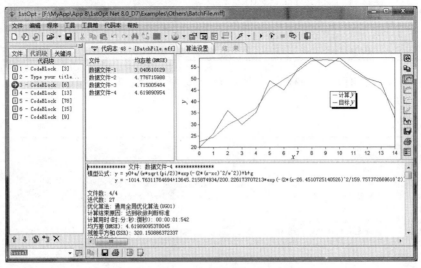

图 2-20　批处理模式拟合结果

2.2.4　权重拟合

带权重的拟合可由关键字"WeightedReg"来设定，定义见表 2-12。

表 2-12　权重拟合定义

WeirhtedReg 值	目标函数	说明
1	$\sum_{i=1}^{n}\left[\dfrac{(y_i - y_i')^2}{y_i^2}\right]$	y：实际因变量
2	$\sum_{i=1}^{n}\left[\dfrac{(y_i - y_i')^2}{StdDev}\right]$	y'：计算因变量 n：拟合数据长度
3	$\sum_{i=1}^{n}\left[\dfrac{(y_i - y_i')^2}{y_i}\right]$	$StdDev$：标准偏差
4	$\sum_{i=1}^{n} w_i \cdot (y_i - y_i')^2$	当 WeirhtedReg 定义为某变量 w 时

【例 2.13】权重拟合计算。

权重拟合数据见表 2-12。

表 2-12　权重拟合数据

x	10, 20, 30, 40, 60, 90, 120, 180, 210, 240, 300, 360
Y	0.1, 0.55, 1.2, 2, 1.95, 1.85, 1.6, 0.86, 0.78, 0.6, 0.21, 0.18

拟合公式：

$$y = \frac{a_1 \cdot \left(1 + 4 \cdot a_2^2 \cdot \dfrac{x}{a_3}\right)}{\left[1 - \left(\dfrac{x}{a_4}\right)^2\right]^2 + 4 \cdot a_5^2 \cdot \left(\dfrac{x}{a_2}\right)^2} \tag{2-24}$$

1stOpt 代码如下：

```
Parameters a(1:5);
WeightedReg = 1;
Variable x, y;
Function Y = a1 * (1 + 4 * a2^2 * (x/a3)^2)/((1 - (x/a4)^2)^2
       + 4 * a5^2 * (x/a2)^2);
Data;
10,20,30,40,60,90,120,180,210,240,300,360;
0.1,0.55,1.2,2,1.95,1.85,1.6,0.86,0.78,0.6,0.21,0.18;
```

当上述 x、y 数据有对应的权重数据 $w = [1, 1, 2, 5, 1, 1, 1, 1, 2, 2, 1, 3]$ 时，若以 w 为拟合权重，求解代码如下。

1stOpt 代码：

```
Parameters a(1:5);
WeightedReg = w;
XAxis = x;
Variable x, y, w;
Function Y = a1 * (1 + 4 * a2^2 * (x/a3)^2)/((1 - (x/a4)^2)^2 + 4 * a5^2 * (x/a2)^2);
Data;
10,20,30,40,60,90,120,180,210,240,300,360;
0.1,0.55,1.2,2,1.95,1.85,1.6,0.86,0.78,0.6,0.21,0.18;
1,1,2,5,1,1,1,1,2,2,1,3
```

上述两段求解代码的计算结果分别如下。

输出结果 1：

权重拟合：1/y^2
权重 均方差（RMSE）：0.210895033450204
权重 残差平方和（SSR）：0.533720581607553
相关系数（R）：0.959385302425155
相关系数之平方（R^2）：0.920420158509406
修正 R 平方（Adj. R^2）：0.902735749289274
确定系数（DC）：0.904020899581436
卡方系数（Chi-Square）：0.219685881306192
F 统计（F-Statistic）：20.1133467558208
参数最佳估算

— — — — — —　　— — — — — —

a1	6.27352008228665E − 18
a2	0.000116609855529529
a3	− 1.66848808965262E − 11
a4	67.3799158123332
a5	1.3312578556678E − 6

输出结果 2：

权重拟合：1 * (w)
权重 均方差（RMSE）：0.148408290103094
权重 残差平方和（SSR）：0.264300246855889
相关系数（R）：0.9802859495413
相关系数之平方（R^2）：0.960960542868087
修正 R 平方（Adj. R^2）：0.94632074644362
确定系数（DC）：0.952470823108925
卡方系数（Chi-Square）：0.185129675705652
F 统计（F-Statistic）：37.3570685693989
参数最佳估算

— — — — — —　　— — — — — —

a1	2.1270108111351E − 23
a2	− 6.1305484789829E − 8
a3	1.17909201760622E − 17
a4	62.4105391462841
a5	9.79423830206847E − 10

2.2.5　带约束拟合

【例 2.14】　有约束的非线性回归。

拟合公式：

$$y = \frac{a + b \cdot x}{1 + c \cdot x + d \cdot x^2} \qquad (2-25)$$

约束拟合数据见表 2-14。

表 2-14　约束拟合数据一

x	1	2	8	12	17	21	24
y	1	2	3	6	6	4	4

与一般拟合问题的不同之处是，该例拟合后的曲线必须通过点 1 和 3，即点 (x_1, y_1) = $(1, 1)$，(x_2, y_2) = $(8, 3)$。此约束条件即

$$y_1 = \frac{a + b \cdot x_1}{1 + c \cdot x_1 + d \cdot x_1^2}, \ y_2 = \frac{a + b \cdot x_2}{1 + c \cdot x_2 + d \cdot x_2^2} \qquad (2-26)$$

1stOpt 代码如下：

```
Constant x1 = 1, y1 = 1, x2 = 8, y2 = 3;
Function y = (a + b * x)/(1 + c * x + d * x^2);
         y1 = (a + b * x1)/(1 + c * x1 + d * x1^2);
         y2 = (a + b * x2)/(1 + c * x2 + d * x2^2);
Data;
1    1
2    2
8    3
12   6
17   6
21   4
24   4
```

结果：$a = 0.86154$，$b = 0.036450$，$c = -0.105584$，$d = 0.0035789$。

如果无约束条件，本例题答案为：$a = 1.011742$，$b = 0.056511$，　$c = -0.103843$，$d = 0.003781868$。拟合对比图如图 2-21 所示。

【例 2.15】　约束非线性回归。

约束优化可以直接将约束写在拟合模式下，也可写成约束函数优化的形式。

拟合公式：

$$y = \frac{p_3 + p_2 \cdot x^{p_4}}{p_5 + p_1 \cdot x^{p_4}} \qquad (2-27)$$

约束条件：$\begin{cases} p_2 = 3 \cdot p_3 + \sum_{i=1}^{3} p_i \\ 20.3 \geqslant p_1 + p_2 \geqslant 20 \end{cases}$

约束拟合数据见表 2-15。

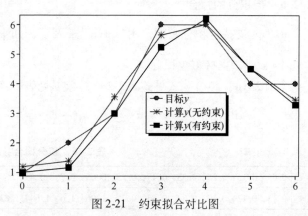

图 2-21　约束拟合对比图

表 2-15　约束拟合数据二

x	0.010, 0.020, 0.040, 0.060, 0.080, 0.100, 0.120, 0.140, 0.160, 0.180, 0.200, 0.220, 0.240, 0.260, 0.280, 0.300, 0.320, 0.340, 0.360, 0.380, 0.400
y	3.936, 4.117, 4.775, 5.553, 6.268, 6.935, 7.480, 8.188, 8.361, 8.533, 8.771, 9.120, 9.024, 9.288, 9.462, 9.379, 9.685, 9.482, 9.545, 9.604, 9.546

1stOpt 代码如下：

```
Algorithm = UGO[100];
Variable x, y;
Function
y = (p3 + p2 * p1 * x^p4)/(p5 + p1 * x^p4);
    p2 = 3 * p3 + sum(i = 1:3)(p[i]);
    20.3 >= p1 + p2 >= 20;
Data;
 0.010, 0.020, 0.040, 0.060, 0.080, 0.100, 0.120,
0.140, 0.160, 0.180, 0.200, 0.220, 0.240, 0.260, 0.280,
0.300, 0.320, 0.340, 0.360, 0.380, 0.400;
 3.936, 4.117, 4.775, 5.553, 6.268, 6.935, 7.480,
8.188, 8.361, 8.533, 8.771, 9.120, 9.024, 9.288, 9.462,
9.379, 9.685, 9.482, 9.545, 9.604, 9.546;
```

左边拟合的代码也可写成优化形式：

```
Algorithm = UGO[100];
DataSet;
x = 0.010, 0.020, 0.040, 0.060, 0.080, 0.100, 0.120,
    0.140, 0.160, 0.180, 0.200, 0.220, 0.240, 0.260,
    0.280, 0.300, 0.320, 0.340, 0.360, 0.380, 0.400;
y = 3.936, 4.117, 4.775, 5.553, 6.268, 6.935, 7.480,
    8.188, 8.361, 8.533, 8.771, 9.120, 9.024, 9.288,
    9.462, 9.379, 9.685, 9.482, 9.545, 9.604, 9.546;
EndDataSet;
MinFunction
Sum(x,y)(((p3 + p2 * p1 * x^p4)/(p5 + p1 * x^p4) - y)^2);
        p2 = 3 * p3 + sum(i = 1:3)(p[i]);
        20.3 >= p1 + p2 >= 20;
```

本题虽然看似简单，却是一道有难度的优化问题，一个易陷入的局部最优解是：

min = 2.32592892，p_1 = 7.65783913843992 E－02，p_2 = 20.0086306479937，p_3 = －1.91445978460306E－02，p_4 = 0.423355212168873，p_5 = 4.99918501444038E－02。

而最优解为：

min = 2.235333，p_1 = －3.83814476105978E－17，p_2 = 20.0000612864639，p_3 = －2.41557981892391E－17，p_4 = 0.486170393747984，p_5 = －2.66116003491166E－17。

注意代码中"Algorithm = UGO1[100];"，本句设定算法为通用优化算法，第一种局部搜索类型，并行数为100；如果使用缺省的并行数30，将较难获得最优解。

2.2.6　带积分的拟合

1stOpt 支持定积分函数，用"Int()"来表示，如 $\int_{t=0.1}^{c}(t+x)^t\mathrm{d}t$ 可写为"Int((t+x)^t, t=0.1, c)"，支持多重积分。

【例 2.16】 拟合公式见式（2-28），数据见表 2-16，结果见图 2-22。

$$y = a - b \cdot \exp(-c_1 \cdot x^d) \cdot \int_{t=0.1}^{c}(t+x)\mathrm{d}t \tag{2-28}$$

表 2-16　积分拟合数据一

x	0.05, 0.15, 0.25, 0.35, 0.45, 0.55, 0.65, 0.75, 0.85, 0.95, 1.05, 1.15, 1.25, 1.35, 1.45
y	0.13, 0.13, 0.19, 0.34, 0.53, 0.71, 1.06, 1.6, 1.64, 1.83, 2.09, 2.05, 2.13, 2.12, 2.09

1stOpt 代码如下:

```
Parameter a,b,c,d;
Variable x,y;
Function y = a - b * exp( - c * x^d) * int((t + x),t = 0.1,c);
Data;
0.05,0.15,0.25,0.35,0.45,0.55,0.65,0.75,0.85,0.95,1.05,1.15,1.25,1.35,1.45;
0.13,0.13,0.19,0.34,0.53,0.71,1.06,1.6,1.64,1.83,2.09,2.05,2.13,2.12,2.09;
```

【例 2.17】 拟合公式见式 (2-29),数据见表 2-17,结果见图 2-23。

$$y = \frac{\int_{u=0}^{x} ((p_1 \cdot (x - u) + x^{p_2}) \cdot \exp(- p_3 \cdot (x - u)^2) + p_4)^2 \mathrm{d}t}{x^{p_5}} \cdot \tag{2-29}$$

表 2-17　积分拟合数据二

x	0.5, 1, 1.5, 2, 2.5, 3, 3.5, 4, 4.5, 5, 5.5, 6, 6.5, 7, 7.5, 8, 8.5, 9, 9.5
y	0.063, 0.102, 0.086, 0.075, 0.062, 0.056, 0.051, 0.045, 0.041, 0.040, 0.038, 0.034, 0.030, 0.028, 0.028, 0.028, 0.028, 0.027, 0.024

1stOpt 代码如下:

```
Parameter p(5);
Variable x,y;
Function y = int(((p1 * (x - u) + x^p2) * exp( - p3 * (x - u)^2) + p4)^2,u = 0,x)/x^p5;
Data;
0.5,1,1.5,2,2.5,3,3.5,4,4.5,5,5.5,6,6.5,7,7.5,8,8.5,9,9.5;
0.063,0.102,0.086,0.075,0.062,0.056,0.051,0.045,0.041,0.040,0.038,0.034,0.030,0.028,0.028,0.028,0.028,0.027,0.024;
```

输出结果:

均方差(RMSE): 0.0012265480246249
残差平方和(SSE): 2.85839810775136E - 5
相关系数(R): 0.998394035240528
相关系数之平方(R^2): 0.996790649603864
决定系数(DC): 0.996790632184511
F 统计(F-Statistic): 1090.55745592881

参数	最佳估算
p1	- 0.418582664997966
p2	- 0.142141026724806
p3	- 1.43008621946461E - 5
p4	- 1.08555143919631
p5	3.49832672593817

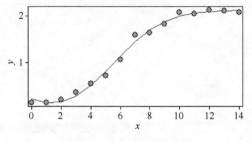

图 2-22　积分拟合结果一

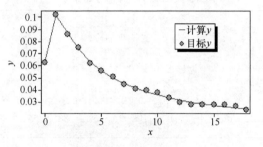

图 2-23　积分拟合结果二

2.2.7 最小一乘及其他特殊拟合

非线性拟合一般均指最小二乘法，即计算因变量与实际因变量间误差平方和最小，公式如下：

$$\min \quad SSR = \sum_{i=1}^{n} (y_i - y'_i)^2 \tag{2-30}$$

其中，y、y' 分别为计算和实际因变量值，SSR（Sum of Squared Residual）为平方和残差值，n 为拟合数据长度。

但有的情形或特殊情况下需要采取有别于最小二乘法的判断准则，如最小一乘等。1stOpt 有四种方法，见表 2-18。1stOpt 中用关键字"RegType"进行定义。

表 2-18　拟合类型方法

RegType	拟合方法	拟合准则
0	最小二乘法：RSS（Residue of Sum of Square，残差平方和）	min. $RSS = \sum_{i=1}^{n} (Y_i - y_i)^2$
1	最小一乘法：SAE（Sum of Absolute Error，绝对差之和）	min. $SAE = \sum_{i=1}^{n} \|Y_i - y_i\|$
2	最大绝对差值最小：MAE（Max. Absolute Error）	min. $MAE = \mathrm{Max}(\|Y_1 - y_1\|, \|Y_2 - y_2\|, \cdots, \|Y_n - y_n\|)$
3	最大相对绝对差值最小：MRAE（Max. Relative Absolute Error）	min. $MRAE = \mathrm{Max}\left(\left\|\dfrac{Y_1 - y_1}{y_1}\right\|, \left\|\dfrac{Y_2 - y_2}{y_2}\right\|, \cdots, \left\|\dfrac{Y_n - y_n}{y_n}\right\|\right)$

【例 2.18】拟合公式见式（2-31），数据见表 2-19。

拟合公式：

$$y = a \cdot (x - x_0)^4 + b \cdot (x - x_0)^2 + c \tag{2-31}$$

表 2-19　拟合数据

x	-0.08, -0.065, -0.05, -0.03, -0.015, 0.015, 0.03, 0.05, 0.065, 0.08, 0
y	20.26, 19.73, 19.50, 18.73, 18.59, 18.59, 18.88, 19.55, 19.89, 20.99, 18.12

1stOpt 最小二乘拟合代码如下：

```
Parameter a,b,c,x0;
Variable x,y;
Function y = a*(x-x0)^4 + b*(x-x0)^2 + c;
Data;
-0.08, -0.065, -0.05, -0.03, -0.015, 0.015, 0.03, 0.05, 0.065, 0.08, 0;
20.26, 19.73, 19.50, 18.73, 18.59, 18.59, 18.88, 19.55, 19.89, 20.99, 18.12;
```

由"通用全局优化法"可以很容易得到如下结果：

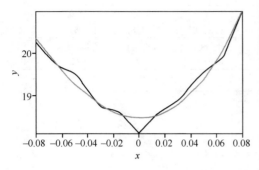

迭代数：36

计算用时(时:分:秒:微秒)：00:00:03:120

优化算法：通用全局优化法(UGO2)

计算结束原因：达到收敛判断标准

均方差(RMSE)：0.154577732398945

残差平方和(RSS)：0.262837028889598

相关系数(R)：0.981806182300711

相关系数之平方(R^2)：0.963943379603898

决定系数(DC)：0.963943379603897

卡方系数(Chi-Square)：0.00694913498803648

F 统计(F-Statistic)：64.7130348795956

参数	最佳估算
a	421.902418131742
b	−170.887335709735
c	35.768453358506
x0	−0.448782169655507

缺省状态下 RegType = 0，在代码中通过加入和改变"RegType"的值即可得到不同拟合准则下的计算结果。本例题中 RegType 值不等于 0 时，即当拟合准则不是最小二乘法时，从任意随机值出发，1stOpt 较难求得稳定的最优参数组值，这时可采用1stOpt 的热执行方式：首先以最小二乘法（RegType = 0）进行拟合，在得到稳定最优解后，在代码中改变 RegType 值，再按热执行键  进行计算。当出

图 2-24 提示信息

现如图 2-24 所示的提示时，单击 OK 按钮，对于 RegType 不等于 0 时的其他三种情况，均可获得理想结果（表 2-20）。

表 2-20 不同准则拟合计算结果对比

目标值	计算值			
	RegType = 0	RegType = 1	RegType = 2	RegType = 3
20.26	20.3313	20.2600	20.4821	20.4977
19.73	19.7514	19.7125	19.8319	19.8664
19.5	19.2625	19.2520	19.2779	19.2713
18.73	18.7752	18.7959	18.7173	18.6567
18.59	18.5513	18.5900	18.4528	18.3942
18.59	18.5311	18.5900	18.4040	18.4777
18.88	18.7655	18.8259	18.6579	18.8155
19.55	19.3674	19.4201	19.3302	19.5036
19.89	20.0577	20.0967	20.1121	20.1233
20.99	20.9718	20.9900	21.1562	20.7438
18.12	18.4649	18.5165	18.3421	18.3326

不同准则拟合参数结果对比见表 2-21，不同准则拟合结果对比见图 2-25。

表 2-21　不同准则拟合参数结果对比

RegType	参数				RSS	SAE	MAE	MRAE
	a	b	c	x_0				
0	421. 90073	170. 88733	35. 76852	0. 44878	0. 26284	1. 30094	0. 34493	0. 019035
1	417. 40185	163. 67643	34. 56210	0. 44254	0. 28587	1. 11867	0. 39645	0. 021879
2	580. 24642	195. 05023	34. 73149	0. 40759	0. 38658	1. 93441	0. 22212	0. 012258
3	− 16517. 0595	464. 1539	18. 3283	− 0. 0030	0. 35030	1. 78730	0. 24622	0. 011730

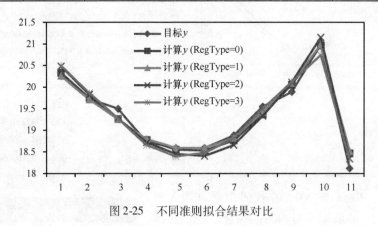

图 2-25　不同准则拟合结果对比

2.2.8　隐函数拟合

在有些情况下，非线性回归的模型式无法写成显式，只能为隐函数形式，见式（2-32）：

$$- (x - p_4) \cdot \sin(p_3) + (y - p_5) \cdot \cos(p_3) + p_5 =$$
$$p_1 + p_2 \cdot \sin(p_3) \cdot \ln((x - p_4) * \cos(p_3) + (y - p_5) \cdot \sin(p_3) + p_4) \quad (2-32)$$

其中，x 为自变量，y 为因变量，式（2-32）无法得出 y 的显式表达式。对于此类问题，1stOpt 可轻易处理，书写格式与一般无异。

【例 2.19】拟合公式见式（2-33），数据见表 2-22。

$$y = a - b \cdot \exp(- c \cdot x^d + y) \quad (2-33)$$

表 2-22　隐函数拟合数据一

x	0. 05, 0. 15, 0. 25, 0. 35, 0. 45, 0. 55, 0. 65, 0. 75, 0. 85, 0. 95
y	0. 13, 0. 13, 0. 19, 0. 34, 0. 53, 0. 71, 1. 06, 1. 6, 1. 64, 1. 83

1stOpt 代码：

```
Parameters a, b, c, d;
Function y = a - b * exp( - c * x^d + y);
Data;
0. 05 ,0. 15 ,0. 25 ,0. 35 ,0. 45 ,0. 55 ,0. 65 ,0. 75 ,0. 85 ,0. 95;
0. 13 ,0. 13 ,0. 19 ,0. 34 ,0. 53 ,0. 71 ,1. 06 ,1. 6 ,1. 64 ,1. 83;
```

输出结果：

目标函数值(最小)：0. 0185659981797815
均方差(RMSE)：0. 0198740405308961
残差和(SSE)：0. 003949774870237
相关系数(R)：0. 999602497389836
决定系数(DC)：0. 999020888521126

参数	最佳估算
a	0. 16951239446793
b	− 0. 28277738509661
c	0. 00075789453416385
d	− 6. 79556201175718

【例 2. 20】渐开线渐隐函数非线性回归。

已知渐开线参数方程见式（2-34），数据见表 2-23。

$$\begin{cases} x = R \cdot (\cos(t) - (t - B) \cdot \sin(t)) + x_0 \\ y = R \cdot (\sin(t) - (t - B) \cdot \cos(t)) + y_0 \end{cases} \tag{2-34}$$

式中，t 为自变量，R、B、x_0、y_0 为待求渐开线方程的参数。

表 2-23　隐函数拟合数据二

序号	x	y	序号	x	y
1	15. 5910	86. 2142	6	68. 3962	50. 8058
2	24. 6601	83. 7114	7	73. 1584	42. 9946
3	33. 3732	80. 2618	8	79. 9955	26. 1718
4	49. 3445	70. 7216	9	83. 0531	8. 4225
5	62. 7992	58. 0891			

此题难点是不知道对应于 x 及 y 的自变量 t 值。运用 1stOpt，此题有 3 种解法：

① 方法 1：将未知 t 变量值当作参数来求，即有 9 个 t 变量参数及 R、B、x_0、y_0 共 13 个参数。优化目标函数是最小化下列函数：

$$f = \sum_{i=1}^{9} (y_i - y_i')^2 + \sum_{i=1}^{9} (x_i - x_i')^2$$

$$\min \quad = \sum_{i=1}^{9} (y_i - \{R \cdot [\sin(t) - (t - B) \cdot \cos(t)] + y_0\})^2 + \tag{2-35}$$

$$\sum_{i=1}^{9} (x_i - \{R \cdot [\cos(t) - (t - B) \cdot \sin(t)] + x_0\})^2$$

1stOpt 代码如下：

```
Parameter R ,B,x0,y0;
Parameter t(1:9);
DataSet;
    x = 15. 5910 ,24. 6601 ,33. 3732 ,49. 3445 ,62. 7992 ,68. 3962 ,73. 1584 ,79. 9955 ,83. 0531;
    y = 86. 2142 ,83. 7114 ,80. 2618 ,70. 7216 ,58. 0891 ,50. 8058 ,42. 9946 ,26. 1718 ,8. 4225;
EndDataSet;
    MinFunction Sum(i = 1 :9)(( - x[i] + R * (cos(t[i]) + (t[i] - B) * sin(t[i])) + x0)^2) +
               Sum(i = 1 :9)(( - y[i] + R * (sin(t[i]) - (t[i] - B) * cos(t[i])) + y0)^2);
```

结果：$R = 3. 1995227$，$B = -24. 438500$，$x_0 = -0. 000329680$，$y_0 = 0. 000374680$，$t_1 = 2. 926154$，$t_2 = 2. 8184350$，$t_3 = 2. 710714$，$t_4 = 2. 495275$，$t_5 = 2. 2798359$，$t_6 = 2. 1721167$，$t_7 = 2. 064396$，$t_8 = 1. 848957$，$t_9 = 1. 633520$。

该种解法虽能得到正解，但当数据较多时，如 500 组数据，即有 500 个 t 值要被当作参数来求，如此多的参数量将会大大增加求解的难度，中间变量 t 值也并非我们想获得的值。

② 方法 2：用关键字"ParVariable"定义缺失变量 t，再用共享模式"SharedModel"进行直接拟合。

1stOpt 代码如下：

```
Parameter R ,B,x0,y0;
ParVariable t;
Variable x, y;
SharedModel;
Function x = R * ( cos( t ) + ( t − B ) * sin( t ) ) + x0;
Function y = R * ( sin( t ) − ( t − b ) * cos( t ) ) + y0;
Data;
15. 5910    86. 2142
24. 6601    83. 7114
33. 3732    80. 2618
49. 3445    70. 7216
62. 7992    58. 0891
68. 3962    50. 8058
73. 1584    42. 9946
79. 9955    26. 1718
83. 0531    8. 4225
```

最好输出结果：

均方差（RMSE）：1. 34537356112074E-5

残差平方和（SSE）：3. 25805403413287E-9

相关系数（R）：0. 999999999999975

相关系数之平方（R^2）：0. 999999999999951

决定系数（DC）：0. 999999999999951

F 统计（F-Statistic）：−2008243491476. 2

参数	最佳估算
r	− 3. 19952276416274
b	− 27. 5800926938431
x0	− 0. 000329646830102739
y0	0. 000374659541623336
t0	− 0. 215438422270183
t1	− 0. 323157595214207
t2	− 0. 430878058310167
t3	− 0. 646316755110223
t4	− 0. 861756728203396
t5	− 0. 969475917532324
t6	− 1. 07719566111866
t7	− 1. 29263476604708
t8	− 1. 50807217876265

③ 方法 3：将公式进行变换，消除 t 变量。

由公式

$$\begin{cases} x = R \cdot [\cos(t) + (t − B) \cdot \sin(t)] + x_0 \\ y = R \cdot [\sin(t) + (t − B) \cdot \cos(t)] + y_0 \end{cases} \tag{2-36}$$

变换得

$$\frac{(x − x_0)^2}{R^2} + \frac{(y − y_0)^2}{R^2} = 1 + (t − B)^2 \tag{2-37}$$

即

$$t = \sqrt{ \frac{(x − x_0)^2}{R^2} + \frac{(y − y_0)^2}{R^2} − 1 } + B \tag{2-38}$$

目标函数如方法 1。

$$f = \sum_{i=1}^{9} (y_i − \{ R \cdot [\sin(t) − (t − B) \cdot \cos(t)] + y_0 \})^2 + \tag{2-39}$$

$$\sum_{i=1}^{9} (x_i − \{ R \cdot [\cos(t) − (t − B) \cdot \sin(t)] + x_0 \})^2$$

再将上述 t 代入目标函数用于消除 t。注意关键字"ConstStr"。

1stOpt 代码如下：

```
ConstStr t = B + Sqrt(1/R^2 * ((X[i] - X0)^2 + (Y[i] - Y0)^2) - 1);
Parameter R,B,X0,Y0;
DataSet;
      X , Y =
      15.5910    86.2142
      24.6601    83.7114
      33.3732    80.2618
      49.3445    70.7216
      62.7992    58.0891
      68.3962    50.8058
      73.1584    42.9946
      79.9955    26.1718
      83.0531     8.4225
EndDataSet;
MinFunction Sum(i=1:9)((-X[i] + R * (cos(t) + (t - B) * sin(t)) + X0)^2) +
            Sum(i=1:9)((-Y[i] + R * (sin(t) - (t - B) * cos(t)) + Y0)^2);
```

结果：$R = 3.199541$，$B = 0.694399$，$x_0 = -0.0003171$，$y_0 = 0.00035955$。

2.2.9　分峰拟合

分峰拟合主要包括两个步骤：拟合与分峰。

【例 2.21】使用 3 个高斯（Gauss）和 3 个洛伦兹（Lorentz）函数进行多峰拟合，分峰数据见表 2-24，公式如下：

高斯函数：$y = a \cdot \exp\left[-0.5 \cdot \left(\dfrac{x-b}{c}\right)^2\right]$，$a$、$b$、$c$ 为待求参数。

洛伦兹函数：$y = d + \dfrac{e}{4 \cdot (x-f)^2 + g^2}$，$d$、$e$、$f$、$g$ 为待求参数。

表 2-24　分峰拟合数据

序号	x	y	序号	x	y	序号	x	y	序号	x	y
1	1	6.6	16	16	7.9	31	31	416	46	46	570
2	2	9	17	17	7.7	32	32	425	47	47	600
3	3	10.6	18	18	8	33	33	420	48	48	515
4	4	12.9	19	19	10.5	34	34	412	49	49	400
5	5	13.5	20	20	16.6	35	35	408	50	50	330
6	6	13.6	21	21	23.7	36	36	405	51	51	285
7	7	13.3	22	22	41.1	37	37	400	52	52	260
8	8	12.9	23	23	60	38	38	405	53	53	245
9	9	12	24	24	88	39	39	409	54	54	250
10	10	11.3	25	25	132	40	40	420	55	55	260
11	11	10.6	26	26	170	41	41	440	56	56	290
12	12	9.9	27	27	233	42	42	480	57	57	377
13	13	9.4	28	28	322	43	43	520	58	58	492
14	14	8.9	29	29	375	44	44	540	59	59	523
15	15	8.3	30	30	400	45	45	555			

1stOpt 代码如下：

```
ParameterDomain = [0,];
Function y = Sum(i=1:3,a,b,c)(a*exp(-0.5*((x-b)/c)^2)) + Sum(i=1:3,d,e,f,g)(d + e/(4*(x-f)^2 + g^2));
Data;
1   6.6
2   9
3   10.6
4   12.9
...
```

3 个高斯和 3 个洛伦兹函数共计 21 个待求参数，且要求均大于 0。该问题代码如上，要拟合出最优答案难度极大。所得最佳结果如下：

	参数	最佳估算		
均方差（RMSE）：3.71031606427381	- - - - - - -	- - - - - - -	e1	433.393060771498
残差平方和（SSE）：812.220272511688			f1	28.676300872629
相关系数（R）：0.999833423094657	a1	256.531082379544	g1	2.71578884800157
相关系数之平方（R^2）：0.99966687393718	b1	30.8986787435299	d2	1.28294006664369
决定系数（DC）：0.99966687393718	c1	3.81984441556511	e2	1600.30233847297
卡方系数（Chi-Square）：12.048957519855	a2	102.079070689021	f2	47.2507551223418
F 统计（F-Statistic）：5703.54653104543	b2	44.3968039363008	g2	2.78837542950084
	c2	1.86266622141373	d3	1.33531345829328
	a3	399.069261197805	e3	10973.3932201694
	b3	42.5167748035437	f3	58.8304994945306
	c3	7.66550989396933	g3	4.79876604799094
	d1	4.89891084133404		

拟合计算完毕后进行分峰。

（1）单击工具栏中"二维-三维分析/预测"按钮 ，打开如图 2-26 所示的窗口。

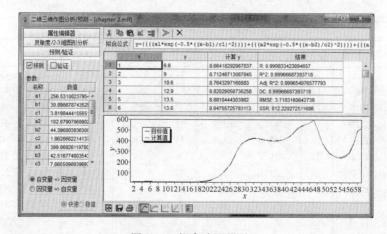

图 2-26　拟合验证预测一

（2）选择"2-3 维图形分析"，单击"验证"选项区中"拟合公式"标签或拖动放大拟合公式编辑框（图 2-27）。

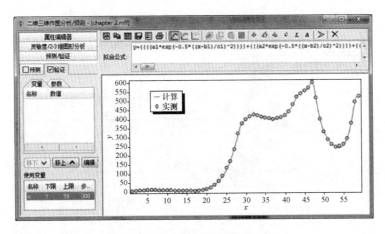

图 2-27　拟合验证预测二

（3）在公式编辑框里依次选择每一个高斯和洛伦兹公式并右击，从弹出的快捷菜中单选择"添加成公式"命令，如图 2-28 所示。

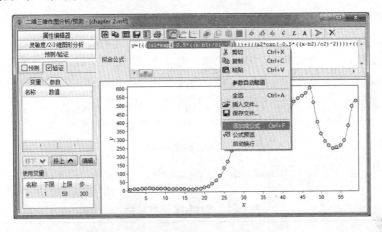

图 2-28　拟合验证预测三

（4）获得分峰结果，如图 2-29 所示。

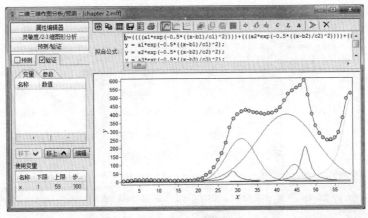

图 2-29　拟合验证预测四

（5）单击“查看数据”按钮 ▦，可获取详细的数据，如图 2-30 所示。

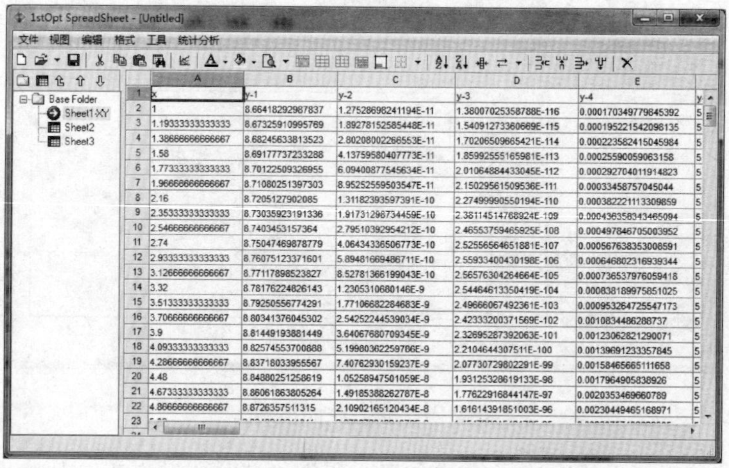

	A	B	C	D	E
1	x	y-1	y-2	y-3	y-4
2	1	8.66418292987837	1.27528698241194E-11	1.38007025358788E-116	0.000170349779845392
3	1.19333333333333	8.67325910995769	1.89278152585448E-11	1.54091273360669E-115	0.000195221542098135
4	1.38666666666667	8.68245633813523	2.80208002266553E-11	1.70206509665421E-114	0.000223582415045984
5	1.58	8.69177737233288	4.13759580407773E-11	1.85992555165981E-113	0.00025590059063158
6	1.77333333333333	8.70122509326955	6.09400877545634E-11	2.01064884433045E-112	0.000292704011914823
7	1.96666666666667	8.71080251397303	8.95252559503547E-11	2.15029561509536E-111	0.00033458757045044
8	2.16	8.7205127902085	1.31182393597391E-10	2.27499990550194E-110	0.000382221113309859
9	2.35333333333333	8.73035923191336	1.91731298734459E-10	2.38114514768924E-109	0.000436358343465094
10	2.54666666666667	8.7403453157364	2.79510392954212E-10	2.46553759465925E-108	0.000497846705003952
11	2.74	8.75047469878779	4.06434336506773E-10	2.52556564651881E-107	0.000567638353008591
12	2.93333333333333	8.76075123371601	5.89481669486711E-10	2.55933400430198E-106	0.000646802316939344
13	3.12666666666667	8.77117898523827	8.52781366199043E-10	2.56576304264664E-105	0.000736537976059418
14	3.32	8.78176224826143	1.2305310680146E-9	2.54464613350419E-104	0.000838189975851025
15	3.51333333333333	8.79250556774291	1.77106682284683E-9	2.49666067492361E-103	0.000953264725547173
16	3.70666666666667	8.80341376045302	2.54252244539034E-9	2.42333200371569E-102	0.0010834486288737
17	3.9	8.81449193881449	3.64067680709345E-9	2.32695287392063E-101	0.0012306282129007
18	4.09333333333333	8.82574553700888	5.19980362259786E-9	2.2104644307511E-100	0.00139691233357845
19	4.28666666666667	8.83718033955567	7.40762930159237E-9	2.07730729802291E-99	0.00158465665111658
20	4.48	8.84880251258619	1.05258947501059E-8	1.93125328619133E-98	0.0017964905838926
21	4.67333333333333	8.86061863805264	1.49185388262787E-8	1.77622916844147E-97	0.0020353469660789
22	4.86666666666667	8.8726357511315	2.10902165120434E-8	1.61614391851003E-96	0.0023044946516897

图 2-30　拟合验证预测五

2.2.10　StepReg 的使用

StepReg 是用于拟合的一个特殊命令，主要用于周期性变化的数据拟合，在某些情况下非常有效。使用格式是：StepReg［b1，b2］，b1 和 b2 均为正整数，b1 代表初始参与拟合计算的数据行，b2 代表每次增加的数据行数，两者大小均应小于拟合数据的总行数。

下面拟合实例显示，在运行代码中如果不加“StepReg［20，10］;”一行，求解成功的概率不超过 10%，而加上之后，则能以 100% 概率求得最优解。

【例 2.22】 拟合公式见式（2-40），数据见表 2-25。

$$y = \left[\frac{p_1 \cdot x^2 + p_2 \cdot x + p_3}{p_4} - \text{Trunc}\left(\frac{p_1 \cdot x^2 + p_2 \cdot x + p_3}{p_4}\right)\right] \cdot p_4 \tag{2-40}$$

表 2-25　StepReg 拟合数据

序号	x	y	序号	x	y	序号	x	y
1	0	0.00e+00	14	0.039	5.23e-03	27	0.078	1.21e-03
2	0.003	9.00e-05	15	0.042	7.67e-03	28	0.081	6.04e-03
3	0.006	3.60e-04	16	0.045	2.91e-04	29	0.084	1.06e-03
4	0.009	8.10e-04	17	0.048	3.09e-03	30	0.087	6.26e-03
5	0.012	1.44e-03	18	0.051	6.08e-03	31	0.09	1.66e-03
6	0.015	2.25e-03	19	0.054	9.25e-03	32	0.093	7.24e-03
7	0.018	3.24e-03	20	0.057	2.60e-03	33	0.096	3.01e-03
8	0.021	4.41e-03	21	0.06	6.13e-03	34	0.099	8.97e-03
9	0.024	5.76e-03	22	0.063	9.85e-03	35	0.102	5.12e-03
10	0.027	7.30e-03	23	0.066	3.75e-03	36	0.105	1.47e-03
11	0.03	9.01e-03	24	0.069	7.84e-03	37	0.108	8.00e-03
12	0.033	9.02e-04	25	0.072	2.11e-03	38	0.111	4.73e-03
13	0.036	2.98e-03	26	0.075	6.57e-03			

1stOpt 代码如下：

```
StepReg[20,10];
Function y = ( ( ( p1 * x^2 + p2 * x + p3 )/p4 ) − trunc( ( ( p1 * x^2 + p2 * x + p3 )/p4 ) ) ) * p4;
data;
0    0.00e + 00
0.00    39.00e − 05
0.00    63.60e − 04
...
```

输出结果：

		参数	最佳估算
均方差（RMSE）：6.02539567057278E-5			
残差平方和（SSE）：1.37960493350437E-7		---------	---------
相关系数（R）：0.999790850070571		p1	10.2795526425588
相关系数之平方（R^2）：0.999581743884835		p2	− 0.0132630651577513
决定系数（DC）：0.999581743884835		p3	0.0705392697694426
卡方系数（Chi-Square）：0.000173518141499186		p4	0.010060405100386
F 统计（F-Statistic）：27096.6351056757			

2.2.11　QuickReg 与快速拟合

QuickReg 也是用于拟合的一个特殊命令，与 StepReg 不同，主要用于大样本且变化不是很剧烈的数据拟合，可以明显地加快拟合的计算速度，但要注意并不适合于每一种情况。

基本格式为 "QuickReg = 20"，QuickReg 的赋值取参与拟合数据量的 1/8 至 1/5。下面例子共有 141 组数据（表 2-26）。

表 2-26　QuickReg 拟合数据

序号	x	y	序号	x	y	序号	x	y	序号	x	y
1	1428	0.0159	21	57143	78.2739	41	114286	52.4247	61	171429	63.3608
2	2857	0.0294	22	60000	94.8341	42	117143	54.6309	62	174286	54.3341
3	5714	0.0540	23	62857	97.1913	43	120000	58.5655	63	177143	54.7983
4	8571	0.0832	24	65714	106.9074	44	122857	57.6910	64	180000	54.1602
5	11429	0.1769	25	68571	110.5764	45	125714	62.2335	65	182857	50.5028
6	14286	0.3010	26	71429	99.7094	46	128571	63.6598	66	185714	46.6765
7	17143	0.4822	27	74286	95.2368	47	131429	74.5593	67	188571	37.3148
8	20000	0.8909	28	77143	100.9800	48	134286	76.3657	68	191429	35.4733
9	22857	1.4673	29	80000	95.3051	49	137143	76.8343	69	194286	31.4011
10	25714	2.6091	30	82857	84.7236	50	140000	76.4166	70	197143	31.6141
11	28571	3.9487	31	85714	72.5028	51	142857	73.9337	71	200000	29.3181
12	31429	6.1861	32	88571	63.7613	52	145714	83.6326	72	202857	29.2092
13	34286	10.2854	33	91429	53.8688	53	148571	79.5735	73	205714	25.6456
14	37143	14.1971	34	94286	45.3433	54	151429	77.3333	74	208571	23.5434
15	40000	20.8154	35	97143	47.6868	55	154286	82.7579	75	211429	21.6426
16	42857	27.9622	36	100000	39.2611	56	157143	74.8436	76	214286	20.5469
17	45714	34.1893	37	102857	41.2603	57	160000	70.2986	77	217143	21.0379
18	48571	50.9944	38	105714	38.4826	58	162857	69.1072	78	220000	23.0230
19	51429	52.8896	39	108571	41.0614	59	165714	62.9654	79	222857	23.3786
20	54286	74.7148	40	111429	42.8718	60	168571	63.9911	80	225714	22.6132

续表

序号	x	y	序号	x	y	序号	x	y	序号	x	y
81	228571	28.5862	97	274286	123.0295	113	320000	121.8187	129	365714	21.6562
82	231429	29.2285	98	277143	116.8548	114	322857	127.7168	130	368571	19.8353
83	234286	34.6253	99	280000	132.5786	115	325714	109.3237	131	371429	16.4291
84	237143	40.5241	100	282857	146.0718	116	328571	98.8645	132	374286	14.3602
85	240000	43.5328	101	285714	152.3447	117	331429	101.0413	133	377143	11.6957
86	242857	44.4078	102	288571	149.5277	118	334286	95.4619	134	380000	8.8610
87	245714	55.3422	103	291429	149.2917	119	337143	82.9761	135	382857	7.2047
88	248571	63.8790	104	294286	167.8167	120	340000	108.2798	136	385714	6.0873
89	251429	70.3837	105	297143	140.3957	121	342857	173.0225	137	388571	5.1435
90	254286	64.7925	106	300000	146.2560	122	345714	125.9043	138	391429	4.1757
91	257143	84.1060	107	302857	140.2877	123	348571	55.3894	139	394286	3.0479
92	260000	85.2346	108	305714	150.3306	124	351429	48.4749	140	397143	2.7644
93	262857	96.3957	109	308571	151.0844	125	354286	40.5538	141	400000	2.1079
94	265714	101.5065	110	311429	135.0494	126	357143	32.5134			
95	268571	101.5635	111	314286	124.1520	127	360000	30.7203			
96	271429	125.4770	112	317143	128.2794	128	362857	26.0722			

1stOpt 代码如下：

```
QuickReg = 20;
Function y = p1 * exp( - 2.77 * ( ( x - p2 )/p3 )^2 ) + p1 * exp( - 2.77 * ( ( x - 5 * p2 )/p4 )^2 ) +
             a0 * exp( - 0.5 * ( ( x - a1 )/a2 )^2 ) + 2 * a0 * exp( - 0.5 * ( ( x - 2 * a1 )/a2 )^2 );
Data;
1428        0.0159
2857        0.0294
5714        0.0540
8571        0.0832
...
```

输出结果：

	参数	最佳估算
均方差（RMSE）：4.15952506651653		
残差平方和（SSE）：2439.53247783609		
相关系数（R）：0.995615366256638	p1	103.322600494197
相关系数之平方（R^2）：0.99124995752634	p2	68678.0879083805
决定系数（DC）：0.991249536510768	p3	36696.0095727035
卡方系数（Chi-Square）：13.388457439654	p4	5496.22604752625
F 统计（F-Statistic）：2552.24575941785	a0	76.4782210308997
	a1	148671.24116907
	a2	-35012.6480980637

拟合结果见图 2-31，采用 "QuickReg" 比不采用的计算速度提高了约 3 倍。

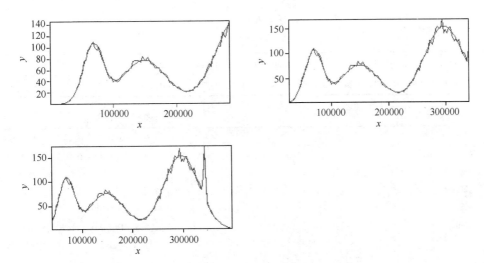

图 2-31　不同数据三次自动拟合结果

2.2.12　RegStartP 与 RegEndP 自动提取部分数据拟合

"RegStartP"与"RegEndP"结合使用可以指定拟合数的起始与结束点,自动多次进行拟合计算,具体格式如下:

```
RegStartP = [1,10,15];
RegEndP = [100,120,140];
```

上例表示拟合计算将自动计算三次,每次使用的数据分别从 1 至 100、10 至 120 和 15 至 140。如果只有"RegStartP"而没有"RegEndP",则数据结束点均为数据的实际长度点;如果只有"RegEndP"而没有"RegStartP",则数据的起始点均为 1。以上节数据为例,代码及计算结果如下。

1stOpt 代码如下:

```
RegStartP = [1,10,15];
RegEndP = [100,120,140];
Function y = p1 * exp( -2.77 * ((x - p2)/p3)^2) + p1 * exp( -2.77 * ((x - 5 * p2)/p4)^2) +
        a0 * exp( -0.5 * ((x - a1)/a2)^2) + 2 * a0 * exp( -0.5 * ((x - 2 * a1)/a2)^2);
Data;
1428        0.0159
2857        0.0294
5714        0.0540
8571        0.0832
...
```

2.2.13　递推公式拟合

递推公式主要是因变量,不仅与自变量有关,而且与因变量自身有关,也可认为是一种时间系列拟合,基本形式如下:

$$y_i = f(x_i, y_{i-1}) \tag{2-41}$$

【例 2.23】已知拟合公式见式(2-42),数据见表 2-27。

$$y_i = a + b \cdot x_i^c + d \cdot y_{i-1} \tag{2-42}$$

表 2-27　递推公式拟合数据

x	0.829，0.816，0.643，0.570，0.472，0.365，0.245，0.118，0.372，0.558
y	0.125，0.146，0.243，0.247，0.268，0.284，0.307，0.271，0.300，0.324

1stOpt 代码如下：

```
Parameter a,b,c,d;
Variable x, y;
StartProgram [Pascal];
Procedure MainModel;
Var i: integer;
    y0: double;
Begin
    y0 := 0.1;
    for i := 0 to DataLength - 1 do begin
        y[i] := a + b * x[i]^c + d * y0;
        y0 := y[i];
    end;
End;
EndProgram;
Data;
0.829,0.816,0.643,0.570,0.472,0.365,0.245,0.118,0.372,0.558;
0.125,0.146,0.243,0.247,0.268,0.284,0.307,0.271,0.300,0.324;
```

输出结果：

均方差（RMSE）：0.0148704873348888
残差平方和（SSE）：0.00221131393577087
相关系数（R）：0.971697391812805
相关系数之平方（R^2）：
0.944195821255808
决定系数（DC）：0.944190448967862
F 统计（F-Statistic）：35.8361599943407

参数	最佳估算
a	0.135164154284012
b	-3.42087548246511
c	20.9530572489513
d	0.552692143388021

快速拟合效果图见图 2-32，递推公式拟合计算结果见图 2-33。

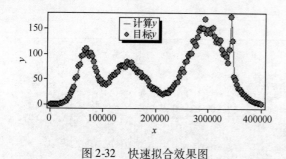

图 2-32　快速拟合效果图

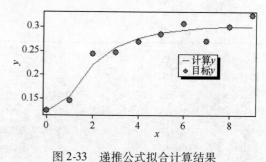

图 2-33　递推公式拟合计算结果

2.2.14　变系数拟合

变系数拟合一般指多文件数据拟合时，不同的文件数据有不同的参数或常数，对参数用 "VarParameter" 表示，对常数用 "VarConstant" 表示；"VarParConst" 一般与 "VarParameter" 联合使用，用于定义变参数时，其中有部分为已知数，在编程模式处理复杂工程问题时用得较多。下面举例说明。

【例 2.24】拟合公式

$$y = p_1 - p_1 \cdot \exp(-p_2 \cdot x^{p_3}) + p_4 \cdot x^{p_5} + p_2 \tag{2-43}$$

p_5 为一常数，不同 p_5 下的几组数据见表 2-28。

表 2-28 变系数拟合数据

x	y			
	$p_5 = -1$	$p_5 = -0.5$	$p_5 = 0$	$p_5 = 0.5$
0.25	46.298	11.685	−7.287	−15.662
0.5	18.621	6.637	−2.140	−7.421
1	3.244	2.918	3.091	3.109
1.5	−0.529	2.263	6.091	10.275
2	−1.950	2.181	7.929	16.731
2.5	−2.331	2.252	8.741	18.366
3	−2.509	2.429	10.954	26.494
3.5	−2.264	2.310	11.590	30.990
4	−2.333	2.475	13.236	32.158
4.5	−2.333	2.592	11.895	31.943
5	−2.392	2.303	14.169	40.370
5.5	−2.213	2.654	13.692	36.195
6	−2.101	2.516	15.614	40.402
6.5	−1.759	2.748	14.483	48.785
7	−1.561	3.149	15.110	44.280
7.5	−1.530	2.887	15.129	50.702
8	−1.294	3.038	15.130	45.932
8.5	−1.164	3.104	16.964	58.362
9	−1.117	3.044	14.957	55.357

1stOpt 代码如下：

```
VarConstant p5 = [ -1, -0.5,0,0.5];
Function y = p1 - p1 * exp( -p2 * x^p3) + p4 * x^p5 + p2;
Data;
0.25,0.5,1,1.5,2,2.5,3,3.5,4,4.5,5,5.5,6,6.5,7,7.5,8,8.5,9;
46.3,18.6,3.2, -0.5, -2.0, -2.3, -2.5, -2.3, -2.3, -2.3, -2.4, -2.2, -2.1, -1.8, -1.6, -1.5, -1.3, -1.2, -1.1;
Data;
0.25,0.5,1,1.5,2,2.5,3,3.5,4,4.5,5,5.5,6,6.5,7,7.5,8,8.5,9;
11.7,6.6,2.9,2.3,2.2,2.3,2.4,2.3,2.5,2.6,2.3,2.7,2.5,2.7,3.1,2.9,3.0,3.1,3.0;
Data;
0.25,0.5,1,1.5,2,2.5,3,3.5,4,4.5,5,5.5,6,6.5,7,7.5,8,8.5,9;
 -7.3, -2.1,3.1,6.1,7.9,8.7,11.0,11.6,13.2,11.9,14.2,13.7,15.6,14.5,15.1,15.1,15.1,17.0,15.0;
Data;
0.25,0.5,1,1.5,2,2.5,3,3.5,4,4.5,5,5.5,6,6.5,7,7.5,8,8.5,9;
 -15.7, -7.4,3.1,10.3,16.7,18.4,26.5,31.0,32.2,31.9,40.4,36.2,40.4,48.8,44.3,50.7,45.9,58.4,55.4;
```

输出结果：

		参数	最佳估算
均方差（RMSE）：1.51631701669998			
残差平方和（SSR）：174.740514430179		- - - - - - - -	- - - - - - - -
相关系数（R）：0.99114055248657		p1	-31.166714116927
相关系数之平方（R^2）：0.982359594783383		p2	0.789544084524
修正 R 平方（Adj. R^2）：0.980192310509158		p3	-0.739359993635102
确定系数（DC）：0.98060670476472		p4	19.3235388668346
F 统计（F - Statistic）：278.827001674734			

如果例 2.24 中不同文件所对应的 p_5 值未知，此时需要将 p_5 视为未知待求参数，其数目与要拟合的文件数据一致，参数数目变为 8 个。用关键字"VarParameter"进行定义，上面代码前几句改为（数据部分一样）：

```
VarParameter p5;
Function y = p1 - p1 * exp( - p2 * x^p3) + p4 * x^p5 + p2;
Data;
...
```

输出结果：

		参数	最佳估算
均方差（RMSE）：1.41780385145117			
残差平方和（SSR）：152.772749850422		- - - - - - - -	- - - - - - - -
相关系数（R）：0.992697337761762		p1	-28.557624950589
相关系数之平方（R^2）：0.985448004399289		p2	0.885056652673224
修正 R 平方（Adj. R^2）：0.983650713114184		p3	-0.696286547435957
确定系数（DC）：0.98513400726476		p4	19.0377689958706
F 统计（F - Statistic）：91.7619655515224		p5（数据文件-1）	-0.957709567555119
		p5（数据文件-2）	-0.474145145626416
		p5（数据文件-3）	0.0256619154949854
		p5（数据文件-4）	0.51661660831011

上面将 p_5 视为 4 个未知待求参数，如果其中对应于数据 2 和数据 4 的 p_5 值为已知，分别为 -0.5 和 0.5，只有对应于数据 1 和数据 3 的 p_5 为未知待求参数，这种情况下用"VarParConst"与"VarParameter"联合使用，待求参数用"NAN"表示，计算未知参数的数目变为 6 个。代码前几句改为（数据部分一样）：

```
VarParameter p5;
VarParConst p5 = [NAN, -0.5, NAN, 0.5];
Function y = p1 - p1 * exp( - p2 * x^p3) + p4 * x^p5 + p2;
Data;
...
```

输出结果：

		参数	最佳估算
均方差(RMSE)：1.43505941405075		- - - - - - - - -	- - - - - - - - -
残差平方和(SSR)：156.514059661032		p1	-29.8667366629128
相关系数(R)：0.992502543007569		p2	0.871817870455395
相关系数之平方(R^2)：0.985061297876492		p3	-0.717456113279304
修正 R 平方(Adj. R^2)：0.983216817966681		p4	19.6086113628929
确定系数(DC)：0.980455249884415		p5(数据文件-1)	-0.950702741724813
F 统计(F - Statistic)：90.9437170633423		p5(数据文件-2)	-0.5
		p5(数据文件-3)	0.00877820497478597
		p5(数据文件-4)	0.5

2.2.15　设定拟合初始取值范围

一般情况下，拟合参数初值都是随机赋值的，但某些情况下将会出现异常情况，如下例。

【例 2.25】拟合公式

$$y = 1 - \exp\left(\frac{-d \cdot (b + c \cdot x) \cdot x}{a + x}\right) \tag{2-44}$$

数据见表 2-29。

表 2-29　设定初始范围的拟合数据

x	7.50e+21，1.10e+22，1.70e+22，3.40e+22，1.70e+23，3.40e+23，6.70e+23，8.40e+23，1.10e+24，1.70e+24，2.10e+24，3.40e+24，4.20e+24，6.70e+24，8.40e+24
y	0.01，0.018，0.029，0.053，0.09，0.11，0.12，0.14，0.15，0.17，0.24，0.31，0.32，0.49，0.5

特点：

① x 数据值非常大，与 y 数据完全不在一个数量级。

② 从拟合公式看，c、b、d 三个参数有可能不是唯一的，这也是过参数拟合措施。

③ 1stOpt 的参数缺省起始区间是 [0，5]，显然，在例 2.25 中无法满足要求，因此将参数 a 和 c 的起始区间分别设为 [0，1E+30] 和 [-1E-35，1E-10]。

④ 虽然对拟合问题，UGO 全局通用算法为首选，但该例中差分算法（DE）却是最有效的。

1stOpt 代码如下：

```
Parameters a = [0,1e+30,,], b, c = [-1e-35,1e-10,,], d;
Algorithm = DE1[100];
Variable x, y;
Function y = 1 - EXP(-d * (b + c * x) * x/(a + x));
Data;// x, y
7.50e+21,1.10e+22,1.70e+22,3.40e+22,1.70e+23,3.40e+23,6.70e+23,8.40e+23,1.10e+24,1.70e+24,2.10e+24,3.40e+24,4.20e+24,6.70e+24,8.40e+24;
0.01,0.018,0.029,0.053,0.09,0.11,0.12,0.14,0.15,0.17,0.24,0.31,0.32,0.49,0.5;
```

拟合结果如图 2-34 所示。

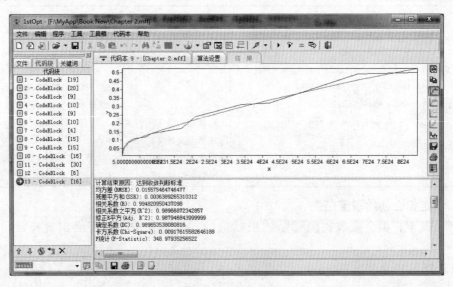

图 2-34　拟合结果示图

2.2.16　复数拟合

复数拟合一般是指拟合公式是复数形式，有两种处理方法：一是将复数公式分解成两个独立的实部和虚部公式，再按常规方式拟合，其优点是可利用实数计算的所有数学函数，缺点是公式分解有时比较困难甚至借助一些专门的数学软件也不能分解；二是直接对复数公式进行拟合，无须分解成虚实两部分，但缺点是支持复数计算的数学函数远不如实数的多。1stOpt 4.0 起，支持复数类型公式直接拟合。复数拟合的关键字如下：

- ComplexStr：定义虚数符号，缺省是"i"。
- ComplexPar：定义复数型参数。
- ComplexData：定义数据为复数。
- realPart：指定变量实部数据。
- imagPart：指定变量虚部数据。

【例 2.26】拟合公式：

$$y = \frac{a}{1 + (b \cdot x)^2} - \frac{a + c}{1 + (b \cdot x)^2}i \tag{2-45}$$

其中，y 为复数因变量，x 为实数自变量，i 为虚数符号，a、b、c 为实数参数。复数拟合数据见表 2-30。

表 2-30　例 2.26 复数拟合数据

x	0,0.01,0.02,0.03,0.04,0.05,0.06,0.07,0.08,0.09,0.1,0.11
y 实部	3,2.885,2.586,2.206,1.829,1.5,1.230,1.014,0.843,0.708,0.6,0.5137
y 虚部	−0.789,−0.660,−0.648,−0.511,−0.440,−0.418,−0.338,−0.279,−0.237,−0.218,−0.177,−0.136

（1）分解后拟合

复数公式可很容易分解为实虚两部。

实部：
$$y_1 = \frac{a}{1 + (b \cdot x)^2} \qquad (2\text{-}46)$$

虚部：
$$y_2 = -\frac{a + c}{1 + (b \cdot x)^2} \qquad (2\text{-}47)$$

（2）直接拟合

"realPart" "imagPart" 用以指定实部和虚部变量，"ComplexStr" 定义虚数符号，"ComplexPar" 定义复数型参数，因为都是实数型参数，此例中不使用该关键字。

1stOpt 分解拟合代码如下：

```
Variable x,y1,y2;
SharedModel;
Function y1 = a/(1 + (b * x)^2);
         y2 = -(a * c)/(1 + (n * x)^2);
Data;
0      3         -0.789
0.01   2.88462   -0.660
0.02   2.58621   -0.648
0.03   2.20588   -0.511
0.04   1.82927   -0.440
0.05   1.5       -0.418
0.06   1.22951   -0.338
0.07   1.01351   -0.279
0.08   0.8427    -0.237
0.09   0.70755   -0.218
0.1    0.6       -0.177
0.11   0.5137    -0.136
```

1stOpt 直接拟合代码如下：

```
ComplexStr = i;
Variable x,y[realPart],y[imagPart];
Function y = A/(1 + (x * B)^2) - i * (A * C)/(1 + (x * B)^2);
Data;
0      3         -0.789
0.01   2.88462   -0.660
0.02   2.58621   -0.648
0.03   2.20588   -0.511
0.04   1.82927   -0.440
0.05   1.5       -0.418
0.06   1.22951   -0.338
0.07   1.01351   -0.279
0.08   0.8427    -0.237
0.09   0.70755   -0.218
0.1    0.6       -0.177
0.11   0.5137    -0.136
```

上面两段代码求得一样的结果如下：

		参数	最佳估算
均方差（RMSE）：0.0238158527186631		– – – – – – – – –	– – – – – – – – –
残差平方和（SSE）：0.0136126761772093			
相关系数（R）：0.999835177171414		a	2.99420404711415
相关系数之平方（R^2）：0.999670381509393		b	19.9055986193202
决定系数（DC）：0.999670381509393		c	0.250607997082915
F 统计（F-Statistic）：229580.784019992			

【例 2.27】拟合公式：

$$y = \frac{a \cdot i \cdot \tan(b \cdot x - e \cdot i)}{c + d \cdot i \cdot \tan(b \cdot x - e \cdot i)} \qquad (2\text{-}48)$$

式中，y 为复数且仅有实部数据，a、b、c 为实数参数，d、e 为复数参数，i 为虚数符号；参数范围为 [-1, 1]。复合数据见表 2-31。

表 2-31　例 2.27 复数拟合数据

序号	x	y 实部	序号	x	y 实部	序号	x	y 实部
1	50	0.159	11	100	0.517	21	150	0.597
2	55	0.322	12	105	0.173	22	155	0.382
3	60	0.525	13	110	0.361	23	160	0.08
4	65	0.65	14	115	0.562	24	165	0.335
5	70	0.627	15	120	0.671	25	170	0.497
6	75	0.483	16	125	0.596	26	175	0.502
7	80	0.039	17	130	0.261	27	180	0.433
8	85	0.452	18	135	0.238	28	185	0.262
9	90	0.629	19	140	0.491	29	190	0.332
10	95	0.606	20	145	0.604	30	185	0.515

1stOpt 代码如下：

```
Variable x, y[ realPart ];
Parameter a,b,c;
ComplexPar d,e;
ParameterDomain = [ -1,1 ];
ComplexStr = i;
Function y = ( a * i * tan( b * x - e * i ))/( c + d * i * tan( b * x - e * i ));
Data;
50,55,60,65,70,75,80,85,90,95,100,105,110,115,120,125,130,135,140,145,150,155,160,165,170,175,180,185,
190,195;
0.159,0.322,0.525,0.65,0.627,0.483,0.039,0.452,0.629,0.606,0.517,0.173,0.361,0.562,0.671,0.596,0.261,
0.238,0.491,0.604,0.597,0.382,0.08,0.335,0.497,0.502,0.433,0.262,0.332,0.515;
```

有多个解，其中一组结果如下：

		参数	最佳估算
均方差（RMSE）：0.0530444337955333		－ － － － － － － －	－ － － － － － －
残差平方和（SSE）：0.0844113587006615			
相关系数（R）：0.952244453354437		d. realpart	－ 0.0429872483458212
相关系数之平方（R^2）：0.90676949894429		d. imagpart	0.00278970209813672
决定系数（DC）：0.90676949894429		e. realpart	－ 0.0773380514610092
F 统计（F-Statistic）：41.1167299320072		e. imagpart	－ 0.22364338475115
		a	－ 0.0266398114223544
		b	－ 0.11647416267366
		c	0.0174007240861673

【例 2.28】拟合公式：

$$y = p_1 \cdot x^{(p_2 + p_5 \cdot xi)} + p_3 \cdot x^{p_4 \cdot i} \tag{2-49}$$

　　其中，y 为复数型数据，x 为实数型数据，参数均为实数，i 为虚数符号。复数拟合数据见表 2-32。

表 2-32 例 2.28 复数拟合数据

x	41. 976，303. 16，328. 6，349. 8，367. 82，418. 7，473. 82，508. 8，543. 78，573. 46，642. 36，700. 66，745. 18，801. 36，833. 16，855. 42，874. 5，907. 36
y 实部	222. 93，138. 84，224. 46，297. 57，285. 91，334. 81，409. 65，470. 78，525. 78，573. 44，602. 50，621. 38，677. 63，752. 38，833. 78，898. 98，932. 05，970. 90
y 虚部	14. 553，－ 48. 33，－ 13. 831，24. 595，17. 977，46. 885，96. 638，141. 8，185. 64，225. 93，251. 51，268. 52，321，394. 75，479. 99，551. 79，589. 37，634. 47

1stOpt 代码如下：

```
Variable x,y[realPart],y[imagPart];
ComplexStr = i;
Function y = p1 * x^(p2 + p5 * x * i) + p3 * x^(p4 * i);
Data;
41. 976,303. 16,328. 6,349. 8,367. 82,418. 7,473. 82,508. 8,543. 78,573. 46,642. 36,700. 66,745. 18,801. 36,833. 16,
855. 42,874. 5,907. 36;
222. 93,138. 84,224. 46,297. 57,285. 91,334. 81,409. 65,470. 78,525. 78,573. 44,602. 50,621. 38,677. 63,752. 38,
833. 78,898. 98,932. 05,970. 90;
－14. 553,－ 48. 33,－ 13. 831,24. 595,17. 977,46. 885,96. 638,141. 8,185. 64,225. 93,251. 51,268. 52,321,394. 75,
479. 99,551. 79,589. 37,634. 47;
```

结果如下：

均方差(RMSE)：38. 1516946285731
残差平方和(SSE)：52399. 8649091482
相关系数(R)：0. 996832798253507
相关系数之平方(R^2)：0. 993675627673917
决定系数(DC)：0. 993675627673917
F 统计(F-Statistic)：122. 97550081656

参数	最佳估算
p1	0. 408299964413126
p2	1. 17127614375748
p5	7. 58087930817352E－5
p3	－143. 587067352712
p4	－0. 986604476741416

复数拟合结果对比如图 2-35 所示。

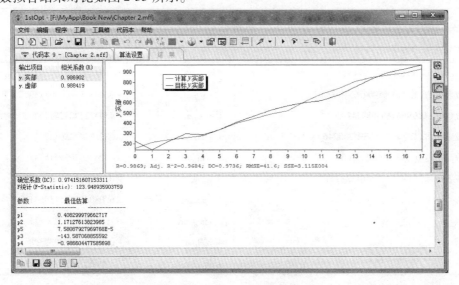

图 2-35 例 2.28 复数拟合结果对比

【例 2. 29】拟合公式：

$$y = \frac{p_1 \cdot x^{p_2}}{p_3^{x^{p_4}}} \qquad (2\text{-}50)$$

其中，x、y 均为复数型数据，参数均为复数。

复数拟合数据见表 2-33。

表 2-33　例 2. 29 复数拟合数据

x 实部	200,400,1600,3200,6400,12800,25600,51200,102400
x 虚部	279,270,255,230,202,170,150,125,100
y 实部	105. 60,65. 13,76. 18,100. 76,114. 51,117. 56,114. 84,108. 54,90. 43
y 虚部	519. 43,458. 25,254. 00,149. 45,110. 53,80. 29,40. 82,8. 46,-15. 41

1stOpt 代码如下：

```
Variable x[realPart],x[imagPart],y[realPart],y[imagPart];
ComplexPar p(4);
Function y = p1 * x^p2/p3^(x^p4);
Data;
//x 实部,x 虚部,y 实部,y 虚部
200 279 105. 60 519. 43
400 270 65. 13 458. 25
1600 255 76. 18 254. 00
3200 230 100. 76 149. 45
6400 202 114. 51 110. 53
12800 170 117. 56 80. 29
25600 150 114. 84 40. 82
51200 125 108. 54 8. 46
102400 100 90. 43  -15. 41
```

绝大部分优化算法或其他软件对本题都难以获得稳定的最优解。

输出结果：

		参数	最佳估算
均方差(RMSE)：6. 29415476974529		- - - - - - - - -	- - - - - - - - -
残差平方和(SSE)：713. 094916779133		p1. realpart	-1345. 23722291759
相关系数(R)：0. 99947453817744		p1. imagpart	-532. 874722012776
相关系数之平方(R^2)：0. 998949352465007		p2. realpart	-0. 243007055415745
决定系数(DC)：0. 998949352465007		p2. imagpart	-0. 314215108612732
F 统计(F-Statistic)：4. 04786461338704		p3. realpart	6. 08007872575963E-7
		p3. imagpart	-1. 86509528329051E-7
		p4. realpart	-0. 612407492032328
		p4. imagpart	1. 06627199949592

复数拟合对比结果如图 2-36 所示。

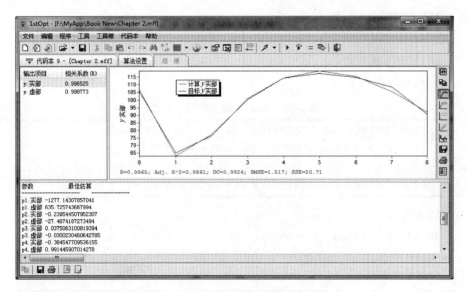

图 2-36　例 2.29 复数拟合结果对比

【例 2.30】仍以上面为例，不同之处是数据是以复数形式给出，见表 2-34。

表 2-34　例 2.30 复数拟合数据

x	200 + 279i，400 + 270i，1600 + 255i，3200 + 230i，6400 + 202i，12800 + 170i，25600 + 150i，51200 + 125i，102400 + 100i
y	105.60 + 519.43i，65.13 + 458.25i，76.18 + 254.00i，100.76 + 149.45i，114.51 + 110.53i，117.56 + 80.29i，114.84 + 40.82i，108.54 + 8.46i，90.43 + − 15.41i

拟合代码如下，是以关键字"ComplexData"：

```
ComplexStr = i;
Variable x[ComplexData],y[ComplexData];
ComplexPar p(4);
Function y = p1 * x^p2/p3^(x^p4);
Data;
200 + 279i     105.60 + 519.43i
400 + 270i     65.13 + 458.25i
1600 + 255i 76.18 + 254.00i
3200 + 230i 100.76 + 149.45i
6400 + 202i 114.51 + 110.53i
12800 + 170i      117.56 + 80.29i
25600 + 150i      114.84 + 40.82i
51200 + 125i      108.54 + 8.46i
102400 + 100i     90.43 + − 15.41i
```

该代码可以得到与上述例 2.29 相同的结果。

2.2.17　非线性问题线性化拟合

非线性拟合，因为涉及初值的猜测拟合难度大，因而在可能的情况下将非线性公式进行一定的数学变换，使其成为线性公式后再进行拟合，其被视为一种有效可行并广而用之的方法。其优点是对线性问题无须迭代可直接计算出正确结果。但这种方法所得结果精度如何呢？线性化后所得结果的确是最优，但仅是对线性化后的问题，而逆推回原非线性方程，其结果往往并不是最优的，有时误差还很大。下面以实例说明。

【例 2.31】 二维拟合公式：

$$y = a \cdot x^b \qquad (2\text{-}51)$$

其中，a、b 为待求系数。

线性化拟合数据见表 2-35。

表 2-35　例 2.31 线性化拟合数据

x	0.091,0.2543,0.3121,0.3792,0.4754,0.4410,0.4517,0.5595,0.8080
y	0.7171,0.8964,1.0202,1.1962,1.4928,1.6909,1.8548,2.1618,2.6638
$y_1 = \ln(y)$	−2.3969,−1.3692,−1.1644,−0.9697,−0.7436,−0.8187,−0.7947,−0.5807,−0.2132
$x_1 = \ln(x)$	−0.3325,−0.1094,0.0200,0.1791,0.4007,0.5253,0.6178,0.7709,0.9798

公式线性化处理：$\ln(y) = \ln(a) + b \cdot \ln(x)$

令 $y_1 = \ln(y)$，$a_1 = \ln(a)$，$x_1 = \ln(x)$

有 $y_1 = a_1 + b \cdot x_1$

1stOpt 代码如下：

直接非线性拟合	线性化后拟合
Variable x,y; Function y = a * x^b; Data; 0.0910.7171 0.2543　　　　0.8964 0.3121　　　　1.0202 0.3792　　　　1.1962 0.4754　　　　1.4928 0.4410　　　　1.6909 0.4517　　　　1.8548 0.5595　　　　2.1618 0.8080　　　　2.6638	PassParameter a = exp(a1); Variable x1,y1; Function y1 = a1 + b * x1; Data; −2.3969　　　　−0.3325 −1.3692　　　　−0.1094 −1.1644　　　　0.0200 −0.9697　　　　0.1791 −0.7436　　　　0.4007 −0.8187　　　　0.5253 −0.7947　　　　0.6178 −0.5807　　　　0.7709 −0.2132　　　　0.9798

输出结果：

直接非线性拟合	线性化后拟合
均方差（RMSE）：0.188131839723942 残差平方和（SSE）：0.318542302061233 相关系数（R）：0.951138940848744 相关系数之平方（R^2）：0.90466528479887 决定系数（DC）：0.901998244902145 卡方系数（Chi-Square）：0.157952574904411 F 统计（F-Statistic）：71.4272922256392	均方差（RMSE）：0.168304727114165 残差平方和（SSE）：0.254938330520761 相关系数（R）：0.910610280469846 相关系数之平方（R^2）：0.829211082897371 决定系数（DC）：0.829211082897371 卡方系数（Chi-Square）：−24.9410197450973 F 统计（F-Statistic）：40.9862660806826
参数　　　　　　最佳估算 －－－－－－－－ a　　　　3.23204821806461 b　　　　0.859500527740241	参数　　　　　　最佳估算 －－－－－－－－ a1　　　　0.979643636674007 b　　　　0.636949401737495 传递参数（PassParameter）： a：2.66350689660705

注意在线性化代码中使用了"PassParameter"，用以给出线性化后得到的原非线性公式参数。

图 2-37 为线性拟合对比结果。线性化拟合结果分析见表 2-36。

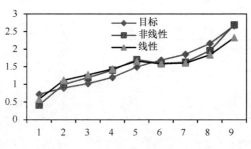

图 2-37　例 2.31 线性化拟合对比结果

表 2-36　例 2.31 线性化拟合结果分析

参数值	直接非线性拟合 (1)	线性化后拟合 (2)	误差（%） $\dfrac{\mid (1) - (2) \mid}{(1)} \times 100$
a	3. 232048	2. 663512	17. 5906
b	0. 859500	0. 6369517	25. 8928
RMSE	0. 1881318	0. 23698751	25. 9689
SSE	0. 3185423	0. 50546773	58. 6815
R^2	0. 904665	0. 87728300	3. 0268

【**例 2.32**】非线性拟合公式：

$$y = \exp(p_1 \cdot x^{p_2} \cdot p_3^x) \tag{2-52}$$

其中，p_1，p_2，p_3 为待求系数。

公式线性化处理：

公式两边去对数：$\ln(y) = p_1 \cdot x^{p_2} \cdot p_3^x$

再取一次对数：$\ln(\ln(y)) = \ln(p_1) + p_2 \cdot \ln(x) + x \cdot \ln(p_3)$

令 $z = \ln(\ln(y))$，$y = \ln(x)$，$b_1 = \ln(p_1)$，$b_2 = p_2$，$b_3 = \ln(p_3)$，则线性化后公式：

$$z = b_1 + b_2 \cdot y + b_3 \cdot x$$

线性化拟合数据见表 2-37。

表 2-37　例 2.32 线性化拟合数据

x	y	$z = \ln[\ln(y)]$	$y = \ln(x)$
41. 670	66. 980	1. 4361	3. 7298
83. 330	45. 380	1. 3390	4. 4228
125. 000	31. 460	1. 2380	4. 8283
166. 700	22. 510	1. 1359	5. 1162
208. 300	16. 720	1. 0355	5. 3390
250. 000	13. 100	0. 9449	5. 5215
291. 700	11. 180	0. 8813	5. 6757
333. 300	10. 150	0. 8405	5. 809
375. 000	9. 739	0. 8225	5. 9269
416. 700	10. 050	0. 8362	6. 0324

续表

x	y	$z = \ln\left[\ln(y)\right]$	$y = \ln(x)$
458.300	10.160	0.8409	6.1275
500.000	10.570	0.8578	6.2146
541.700	11.170	0.8810	6.2947
583.300	11.800	0.9034	6.3687

1stOpt 代码如下：

直接非线性拟合	线性化后拟合
Variable x, y;	PassParameter p1 = exp(b1), p2 = b2, p3 = exp(b3);
Function y = exp(p1 * x^p2 * p3^x);	Function z = b1 + b2 * y + b3 * x;
Data;	Data;
41.670 66.980	x y z
83.330 45.380	41.670 3.7298 1.4361
125.000 31.460	83.330 4.4228 1.3390
166.700 22.510	125.000 4.8283 1.2380
208.300 16.720	166.700 5.1162 1.1359
250.000 13.100	208.300 5.3390 1.0355
291.700 11.180	250.000 5.5215 0.9449
333.300 10.150	291.700 5.6757 0.8813
375.000 9.739	333.300 5.8090 0.8405
416.700 10.050	375.000 5.9269 0.8225
458.300 10.160	416.700 6.0324 0.8362
500.000 10.570	458.300 6.1275 0.8409
541.700 11.170	500.000 6.2146 0.8578
583.300 11.800	541.700 6.2947 0.8810
	583.300 6.3687 0.9034

输出结果（图 2-38）：

直接非线性拟合	线性化后拟合
均方差（RMSE）：2.74396207457536	均方差（RMSE）：0.0535938055907557
残差平方和（SSE）：105.410590133911	残差平方和（SSE）：0.040212143967796
相关系数（R）：0.986028946841199	相关系数（R）：0.962846296535731
相关系数之平方（R^2）：0.972253084008765	相关系数之平方（R^2）：0.927072990752572
决定系数（DC）：0.971944844669758	决定系数（DC）：0.927072990752572
卡方系数（Chi-Square）：3.96978151310412	卡方系数（Chi-Square）：0.0193574675440479
F 统计（F-Statistic）：196.04240059478	F 统计（F-Statistic）：75.4178740737813
参数 最佳估算	参数 最佳估算
————— —————	————— —————
p1 7.38339690571875	b1 2.86897153064041
p2 −0.141282517616353	b2 −0.369142972963057
p3 0.999247320538982	b3 0.000548956707081793
	传递参数（PassParameter）：
	p1：17.6188883915984
	p2：−0.369142972963057
	p3：1.00054910741139

线性化拟合结果分析见表2-38。

表 2-38　例 2.32 线性化拟合结果分析

参数值	直接非线性拟合 （1）	线性化后拟合 （2）	误差（%） $\dfrac{\mid (1) - (2) \mid}{(1)} \times 100$
p_1	7.38340	17.61889	138.6284
p_2	-0.14128	-0.36914	161.2825
p_3	0.99925	1.00055	0.13009
RMSE	2.743962	8.126508	196.1596
SSE	105.41059	924.5618	777.1052
R^2	0.904665	0.87728300	3.0268

线性拟合对比结果如图2-38所示。

仅从结果看，误差是非常大的。1stOpt 是拥有先进全局优化算法的软件，进行拟合须提供猜测的初值已成为历史，除非个案，基本已没必要将非线性问题来线性化处理了。

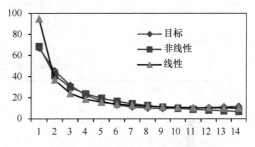

图 2-38　例 2.32 线性化拟合对比结果

2.2.18　与 Origin 的比较

Origin 是当今知名的科学绘图和分析计算软件，而非线性拟合也是其引以为豪的主要功能之一，但与 1stOpt 相比，不论是在易用性还是拟合能力与效果方面，都有相当的差距。下面给出几个实例加以对比说明。

【例 2.33】自定义非线性拟合。

模型公式：

$$y = p_1 + p_2 \cdot \exp\left(-\frac{p_3 \cdot x}{p_5} \right) + \frac{p_4}{1 + p_4 \cdot p_5 \cdot x} \qquad (2\text{-}53)$$

对比拟合数据见表2-39。

表 2-39　例 2.33 对比拟合数据

x	0, 0.098, 0.195, 0.293, 0.391, 0.488, 0.586, 0.684, 0.781, 0.879, 0.977, 1.074, 1.172, 1.27, 1.367, 1.465, 1.562, 1.66, 1.758;
y	0.928, 1.02, 1.12, 1.25, 1.42, 1.7, 2.01, 2.26, 2.46, 2.63, 2.82, 3.01, 3.2, 3.41, 3.59, 3.72, 3.85, 3.98, 4.08

例 2.33 公式在 Origin 中也是自定义公式。Origin 虽然有自动赋初值的功能，但由于其采用的优化算法均为局部最优算法，因而很难得到下面 1stOpt 可轻松获得的结果。

1stOpt 代码如下：

```
Function y = p1 + p2 * Exp( -p3 * x/p5) + p4/(1 + p4 * p5 * x);
Data;
0,0.098,0.195,0.293,0.391,0.488,0.586,0.684,0.781,0.879,0.977,1.074,1.172,1.27,1.367,1.465,1.562,
1.66,1.758;
0.928,1.02,1.12,1.25,1.42,1.7,2.01,2.26,2.46,2.63,2.82,3.01,3.2,3.41,3.59,3.72,3.85,3.98,4.08;
```

1stOpt 输出结果：

		参数	最佳估算
均方差（RMSE）：0.0333771635317068		- - - - - - - -	- - - - - - - -
残差平方和（SSE）：0.0211666658630237		p1	6.85548568165676
相关系数（R）：0.999497560321499		p2	4.81345041356596
相关系数之平方（R^2）：0.998995373088629		p3	−0.542980694450919
决定系数（DC）：0.998995373088629		p5	−0.151650295309416
卡方系数（Chi-Square）：0.00540325819887849		p4	−10.7289846802742
F 统计（F-Statistic）：3483.88039418846			

【例 2.34】高斯函数拟合。

与例 2.33 不同，高斯函数（Gauss）是 Origin 的内置函数，定义如下：

$$y = y_0 + \left(\frac{A}{w \cdot \sqrt{2 \cdot \pi}} \right) \cdot \exp\left[-2 \cdot \left(\frac{x - x_c}{w} \right)^2 \right] \tag{2-54}$$

对比数据见表 2-40。

表 2-40　例 2.34 对比拟合数据

x	325,350,375,400,425,450,475,500,525,550
y	0.111,0.189,0.253,0.276,0.245,0.189,0.120,0.068,0.034,0.015

1stOpt 代码如下：

```
Function y = y0 + (A/(w * sqrt(PI/2))) * exp(−2 * ((x − xc)/w)^2);
Data;
325,350,375,400,425,450,475,500,525,550;
0.111,0.189,0.253,0.276,0.245,0.189,0.120,0.068,0.034,0.015;
```

1stOpt 输出结果（图 2-39）：

		参数	最佳估算
均方差（RMSE）：0.00334020818797656		- - - - - - - -	- - - - - - - -
残差平方和（SSE）：0.000111569907390256		y0	0.00976258766817963
相关系数（R）：0.999296976874618		a3	7.2410336365238
相关系数之平方（R^2）：0.99859444799075		w	112.063492168364
决定系数（DC）：0.99859444799075		xc	400.407929317179
卡方系数（Chi-Square）：0.000580957937930361			
F 统计（F-Statistic）：1422.92849132422			

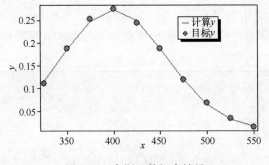

图 2-39　高斯函数拟合结果

Origin 即使对上面比较简单的拟合问题也难以快速正确地处理。

在非线性拟合方面，与 1stOpt 相比，Origin 有以下两点不足：

① 操作烦琐，人为干涉因素多。

② 采用优化算法的缺陷使其全局寻优能力偏弱，求得正解的概率低。

2.3　方程及方程组求解

1stOpt 可求解任意形式、约束或无约束线性、非线性方程或方程组，由于采用的是全局优化算法，因此也不需要提供初值。其主要关键字是：

- Function：定义方程。
- Parameter：定义求解参数。

2.3.1　一般方程组求解

【例 2.35】方程组求解。

$$\begin{cases} (x-0.3)^{yz} + \dfrac{x}{y \cdot z} - x \cdot y \cdot \sin(z) + (x+y-z)^{\cos(x-1)} = 1 \\[2mm] (y-0.2)^{zx} + \dfrac{y}{z \cdot x} - y \cdot z \cdot \sin(x) + (y+z-x)^{\cos(y-2)} = 2 \\[2mm] (z-0.1)^{xy} + \dfrac{z}{x \cdot y} - z \cdot x \cdot \sin(y) + (z+x-y)^{\cos(z-3)} = 3 \end{cases} \tag{2-55}$$

1stOpt 代码如下：

```
Parameter x, y, z;
Function  (x-0.3)^y^z + x/y/z - x * y * sin(z) + (x+y-z)^cos(x-1) = 1;
          (y-0.2)^z^x + y/z/x - y * z * sin(x) + (y+z-x)^cos(y-2) = 2;
          (z-0.1)^x^y + z/x/y - z * x * sin(y) + (z+x-y)^cos(z-3) = 3;
```

结果：$x=0.79390634413219$，$y=0.902585377949916$，$z=1.21622367662841$。

【例 2.36】方程组求解。

$$\begin{cases} \exp(0.1 \cdot x_1) - \exp(0.1 \cdot x_2) - x_3 \cdot (\exp(-0.1) - \exp(-1)) = 0 \\ \exp(0.2 \cdot x_1) - \exp(0.2 \cdot x_2) - x_3 \cdot (\exp(-0.2) - \exp(-2)) = 0 \\ \exp(0.3 \cdot x_1) - \exp(0.3 \cdot x_2) - x_3 \cdot (\exp(-0.3) - \exp(-3)) = 0 \end{cases} \tag{2-56}$$

其中，$x_1 \in [-100, 100]$，$x_2 \in [-100, 100]$，$x_3 \in [0.1, 100]$。

例 2.36 中所有参数都是有范围限制的，在此使用关键字"EnhancedBound"加强边界范围处理能力。

1stOpt 代码如下：

```
EnhancedBound = 1;
Parameter x1 = [-100,100], x2 = [-100,100], x3 = [0.1,100];
Function  exp(-0.1 * x1) - exp(0.1 * x2) - x3 * (exp(-0.1) - exp(-1)) = 0;
          exp(-0.2 * x1) - exp(0.2 * x2) - x3 * (exp(-0.2) - exp(-2)) = 0;
          exp(-0.3 * x1) - exp(0.3 * x2) - x3 * (exp(-0.3) - exp(-3)) = 0;
```

结果：$x1 = 1$，$x_2 = -10$，$x_3 = 1$。

2.3.2 循环方程求解

如下列方程组，k 为变量，范围为 $[0，1]$，变化步长为 0.05，试求对应于不同 k 值的 x 和 y 值。

$$\begin{cases} 0.23 + 0.32\left[1 + 1.5 \cdot \left(\dfrac{x}{0.18} - 1\right) \cdot k - 0.5 \cdot \left(\dfrac{x}{0.18} - 1\right)^3\right] - y = 0 \\ x - k \cdot y^{0.5} = 0 \end{cases} \tag{2-57}$$

1stOpt 中，可用关键字 "LoopConstant" 来描述循环赋值求解的问题，代码如下：

```
LoopConstant k = [0;0.05;1];
PlotLoopData x[x], y;
Function 0.23 + 0.32 * (1 + 1.5 * (x/0.18 - 1) * k - 0.5 * (x/0.18 - 1)^3) - y;
        x - k * y^0.5;
```

结果如图 2-40 所示。

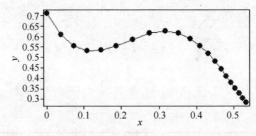

图 2-40　循环拟合结果

2.3.3 循环递归方程求解

如下列递归方程组，已知 $n = 50$，$x_n = 200$，$y_n = 0.3$，试求 x_n，x_{n-1}，x_{n-2}，$\cdots$，x_1 及 y_n，y_{n-1}，y_{n-2}，$\cdots$，y_1。

$$\begin{cases} (x_{i+1} - x_i) \cdot y_{i+1} = \dfrac{L}{2} \cdot \left\{ \begin{array}{l} -4.5 \cdot [\sin(y_{i+1}) + \sin(y_i)] + \\ 0.02 \cdot [(1 + 2x_{i+1})^{0.5} \cdot \cos(y_{i+1})^2 + (1 + 2 \cdot x_i)^{0.5} \cdot \cos(y_i)^2] \end{array} \right\} \\ (y_{i+1} - y_i) \cdot x_{i+1} = \dfrac{L}{x_{i+1} + x_i} \left\{ \begin{array}{l} -4.5 \cdot [\cos(y_{i+1}) + \cos(y_i)] + \\ 2 \cdot [(1 + 2x_{i+1})^{0.5} \cdot \sin(y_{i+1})^2 + (1 + 2x_i)^{0.5} \cdot \sin(y_i)^2] \end{array} \right\} \end{cases}$$

$$\tag{2-58}$$

本例是在已知 x_{i+1} 及 y_{i+1} 的基础上求解 x_i 和 y_i，求出 x_i 和 y_i 后，在其基础上再求解 x_{i-1} 及 y_{i-1}，依此类推至求出 x_1 及 y_1。1stOpt 代码如下：

```
Constant n = 50, L = 100/n;
LoopConstant x2(n) = [200, x1(n-1)], y2(n) = [0.3, y1(n-1)];
PlotLoopData y2;
function (x2 - x1) * y2 = L/2 * (-4.5 * (sin(y2) + sin(y1)) + 0.02 * (sqrt(1 + 2 * x2) * cos(y2)^2 + sqrt(1 + 2 * x1) *
        cos(y1)^2));
    (y2 - y1) * x2 = L/(x2 + x1) * (-4.5 * (cos(y2) + cos(y1)) + 2 * (sqrt(1 + 2 * x2) * sin(y2)^2 + sqrt(1 + 2 *
        x1) * sin(y1)^2));
```

结果见图 2-41。

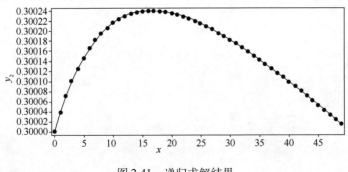

图 2-41　递归求解结果

递归方程计算结果见表 2-41。

表 2-41　递归方程计算结果

序号	x	y	序号	x	y	序号	x	y
1	200	0.3	18	304.2577846	0.3002398	35	400.0669914	0.3001506
2	206.4100362	0.3000380	19	310.1073709	0.3002390	36	405.4784742	0.3001424
3	212.7821026	0.3000712	20	315.9284698	0.3002373	37	410.8668003	0.3001339
4	219.1169717	0.3001001	21	321.7214731	0.3002349	38	416.2322152	0.3001253
5	225.4153787	0.3001251	22	327.4867600	0.3002318	39	421.5749587	0.3001166
6	231.6780239	0.3001467	23	333.2246983	0.3002281	40	426.8952653	0.3001077
7	237.9055759	0.3001653	24	338.9356446	0.3002238	41	432.1933640	0.3000986
8	244.0986735	0.3001812	25	344.6199452	0.3002190	42	437.4694789	0.3000895
9	250.2579283	0.3001947	26	350.2779362	0.3002137	43	442.7238291	0.3000803
10	256.3839261	0.3002060	27	355.9099442	0.3002080	44	447.9566290	0.3000710
11	262.4772291	0.3002154	28	361.5162867	0.3002019	45	453.1680884	0.3000615
12	268.5383772	0.3002230	29	367.0972725	0.3001955	46	458.3584127	0.3000521
13	274.5678896	0.3002290	30	372.6532023	0.3001887	47	463.5278031	0.3000425
14	280.5662659	0.3002335	31	378.1843685	0.3001816	48	468.6764567	0.3000329
15	286.5339874	0.3002368	32	383.6910563	0.3001742	49	473.8045665	0.3000232
16	292.4715183	0.3002388	33	389.1735433	0.3001666	50	478.9123218	0.3000135
17	298.3793065	0.3002398	34	394.6321003	0.3001587			

2.3.4　整数方程求解

魔法矩阵问题：将 16 个数排列成 4 行 4 列矩阵，见表 2-42，每个数只用一次，如何排列使其每行、每列及两对角 4 数之和均分别等于 34？也即求 X_1 至 X_{16} 的值。

该问题可归结为整数方程求解。1stOpt，代码中使用了关键字"Exclusive"，意即每个整数参数值是排他的，不能相等。

1stOpt 代码：

```
Constant S = 34;
Parameters x(1:16) = [1,16,0];
Exclusive = true;
Function x1 + x2 + x3 + x4     = S;
       x5 + x6 + x7 + x8        = S;
       x9 + x10 + x11 + x12     = S;
       x13 + x14 + x15 + x16    = S;
       x1 + x5 + x9 + x13       = S;
       x2 + x6 + x10 + x14      = S;
       x3 + x7 + x11 + x15      = S;
       x4 + x8 + x12 + x16      = S;
       x1 + x6 + x11 + x16      = S;
       x4 + x7 + x10 + x13      = S;
```

见表 2-43，计算结果如下：$x_1 = 2$，$x_2 = 14$，$x_3 = 15$，$x_4 = 3$，$x_5 = 7$，$x_6 = 11$，$x_7 = 10$，$x_8 = 6$，$x_9 = 9$，$x_{10} = 5$，$x_{11} = 8$，$x_{12} = 12$，$x_{13} = 16$，$x_{14} = 4$，$x_{15} = 1$，$x_{16} = 13$。

表 2-42　魔法矩阵表

	x_1	x_2	x_3	x_4	34
	x_5	x_6	x_7	x_8	34
	x_9	x_{10}	x_{11}	x_{12}	34
	x_{13}	x_{14}	x_{15}	x_{16}	34
34	34	34	34	34	34

表 2-43　魔法矩阵结果

	2	14	15	3	34
	7	11	10	6	34
	9	5	8	12	34
	16	4	1	13	34
34	34	34	34	34	34

2.3.5　复数方程求解

复数方程的求解与普通方程一样，只需用到两个关键字"ComplexStr"和"ComplexPar"，前者用于定义虚数符号，后者定义复数型参数，没有定义的参数将自动视为实数型参数。

【例 2.37】方程组：

$$\begin{cases} x \cdot y \cdot i + i \cdot 4 \cdot \pi = 3 \\ x^y - (2 \cdot x - y) \cdot i = 0 \end{cases} \tag{2-59}$$

其中，x、y 为复数型参数，i 为虚数符号。

1stOpt 代码如下：

```
ComplexStr = i;
ComplexPar x,y;
Function   x * y * i + i * 4 * pi = 3;
           x^y − (2 * x − y) * i = 0;
```

输出结果：

目标函数值（最小）：4.09337433674202E-29

x. realPart：0.297311264077123

x. imagPart：−2.524439153859475

y. realPart：0.593883730135222

y. imagPart：−5.04792491262037

"realPart" 和 "imagPart" 分别表示实部和虚部。

【例 2.38】方程组：

$$
\begin{cases}
z_1^{z_2} = z_1 \cdot (z_2 + i \cdot z_1) \\
z_1 + z_2 = 0.5 \cdot \left[1 + (3 \cdot i + a)^{\frac{1}{3} \cdot i}\right]
\end{cases}
\tag{2-60}
$$

其中，z_1、z_2 为复数型参数，i 为虚数符号；a 为变系数，范围为 $[0,3]$，变动步长为 0.2。

1stOpt 代码如下：

```
LoopConstant a = [0:0.2:3];
ComplexPar z1, z2;
ComplexStr = i;
PlotLoopData z1[realPart], z1[imagPart][y2];
Function z1^z2 = z1 * (z2 + i * z1);
         z1 + z2 = (1 + (3 * i + a)^(1/3) * i)/2;
```

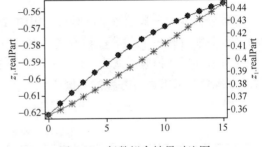

图 2-42　复数拟合结果对比图

上面代码中使用关键字 "PlotLoopData"，在计算的同时分别画出了 z_1 实部和虚部的变化图形（图 2-42），虚部以右边为 y 轴（y_2）。

单击工具栏中 "数据报表" 按钮，详细结果显示如图 2-43 所示。

循环常数 a	目标函数值	z1实部	z1虚部	z2实部	z2虚部
0	6.76845640253261E-24	-0.620953573790683	0.356275636896525	0.760391181212152	0.268236746344947
0.2	1.71237329995591E-23	-0.614385088088949	0.360640736398443	0.767511587807031	0.272185458900236
0.4	1.13064160111535E-23	-0.608067200338109	0.365385662455674	0.774462741504488	0.276324975882063
0.6	3.54201035747206E-24	-0.602036642233139	0.370474015253424	0.781226604477111	0.280636606013888
0.8	7.24182451667652E-24	-0.596322509143666	0.375864576459369	0.787788874241174	0.285099276932977
1	1.417168992158978E-23	-0.590945670566175	0.38151335885522533	0.794139279303977	0.289690514092764
1.2	3.5298956110094E-24	-0.585918808695213	0.387375614645303	0.800271579755715	0.294387407178654
1.4	6.20409035570629E-24	-0.581246983860749	0.393407613563866	0.806183315414664	0.299167471924121
1.6	2.42902229815091E-23	-0.576928578355169	0.399568052728415	0.811875370237272	0.304009349637528
1.8	8.21567051234381E-24	-0.572956452401743	0.405819058733	0.817351429044645	0.308893294957722
2	2.24194559917455E-23	-0.56931916350681	0.412126789631	0.822617396451268	0.313801523210499
2.2	1.34287388844858E-23	-0.566002134856849	0.418461671413091	0.827680832635942	0.318718326374885
2.4	2.88905526873765E-24	-0.562988698391251	0.424798415461994	0.832550442670041	0.323630010553069
2.6	8.9181890076036E-24	-0.560260974490142	0.431115772950056	0.837235639228402	0.328525287399994
2.8	1.6276680805158E-23	-0.557800578268668	0.437396222011227	0.841746185357608	0.333394180988297
3	7.63682610535278E-24	-0.555589161232008	0.44362556919824	0.846091914803539	0.338228798499508

图 2-43　复数拟合结果数据

【例 2.39】 方程组：

$$\begin{cases} 5 \cdot x^{y_1} + (x - y) \cdot i = 3 \cdot x + 2 \cdot i \\ y \cdot y_1 \cdot i \cdot x - 3 \cdot i \cdot y_1 \cdot x = 1 + 3 \cdot i \cdot \cos(y_1 \cdot i + y - x) \end{cases} \tag{2-61}$$

其中，x、y 为复数型参数，i 为虚数符号，y_1 为 y 的共轭复数，共轭函数用 "Conjugate ( )" 表示。

1stOpt 代码如下：

```
ComplexStr = i;
ComplexPar x,y;
ConstStr y1 = Conjugate(y);
Function 5 * x^y1 + (x - y) * i = 3 * x + 2 - 2 * i;
        y * y1 * i * x - 3 * i * y1 * x = 1 + 3 * i * Cos(y1 * i + y - x);
```

输出结果：

目标函数值（最小）：1.295385093459E-22
x. realPart：-0.970529493525754
x. imagPart：0.672924123012695
y. realPart：0.518780437588187
y. imagPart：-0.500921769272053

2.4　常微分方程数值求解及微分方程拟合

常微分方程的求解是数学研究与应用的重要组成部分，在工程应用方面也极为广泛。常微分方程一般有解析解和数值解两类求解方法，在很多情况下，解析解是很难或无法获取的，这时只能用数值解方法去求解。1stOpt 只支持数值解。

2.4.1　1stOpt 求常微分方程的关键字

1stOpt 常微分方程的关键字见表 2-44。

表 2-44　常微分方程的关键字

关键字	意义
Variable	定义变量名及其区间，必需的
ODEFunction	定义微分方程或方程组，必需的
InitialODEValue	定义微分方程初值
ODEAlgorithm	定义微分方程算法：RKF45，RK1，RK2，RK3，RK4，RK5
Plot，PlotLoopData	作图命令，选项
ChartType	设定曲线类型，1：点-线图，2：线-线图，3：点-点图，选项
ODEOptions	常微分方程求解选项，基本形式如下： ODEOptions = [SN = 10，A = 0，P = 5] 其中： SN——求解的步长数，正整数，也可变为 SS，表示步长大小； A——设定微分方程求解算法，0：龙格-库塔-费尔博格法（Runge-Kutta-Fehlberg Method），1：欧拉法，2：二阶阶龙格-库塔法，3：三阶阶龙格-库塔法，4：四阶龙格-库塔法，5：五阶龙格-库塔法； P——种群数，仅用于边值问题优化求解，数值越大，计算收敛可能性越高，但计算时间越长。 例：ODEOptions = [SN = 10，A = 0，P = 5] 步长数为 10，算法为龙格-库塔-费尔博格法，种群数为 5。 例：ODEOptions = [SS = 0.1，A = 4，P = 20] 步长值为 0.1，算法为四阶龙格-库塔法，种群数为 20

常微分方程求解选项也可通过设置面板设定（图 2-44）。代码级设定优先于面板设置。

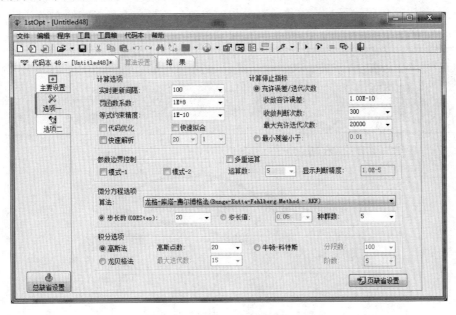

图 2-44　常微分方程算法设定

2.4.2　常微分方程初值问题（Initial Value Problem，IVB）

初值问题是常微分方程最常见的类型。1stOpt 可自动处理任意高阶常微分方程或方程组，不需人为降阶处理。书写格式是必须将最高阶项单独写在等式左面。

【例 2.40】

$$\frac{\mathrm{d}y}{\mathrm{d}t} = y' = y^{\sin(t-y)} - \ln(y \cdot t) \tag{2-62}$$

初值：$t = 0.2$ 时，$y' = 1.5$，t 区间为 $[0.2, 4]$。

1stOpt 代码如下：

```
Variable t = [0.2;0.1 ;4], y = 1.5;
Plott[x], y, y'[y2];
ODEFunction y' = y^(sin(t-y)) - ln(y * t);
```

上面代码中，"Plot t[x]，y，y′[y2]"意即 t 为 x 轴，y 为左竖轴，$y′$为右竖轴，被积区间 t 的变化步长为 0.1。常微分方程结果如图 2-45 所示。

【例 2.41】

$$y'' + 2 \cdot t \cdot y' + y = f(t) \tag{2-63}$$

这里 $f(t)$ 是一个关于 t 的分段函数：

$$f(t) = \begin{cases} t & t < 1 \\ 2 \cdot t & 1 \le t < 2 \\ 4 & 2 \le t < 5 \\ 0 & t > 5 \end{cases}$$

初值 $y(0) = 0$，$y'(0) = 0$，积分区间为

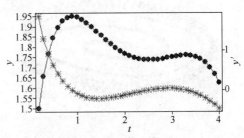

图 2-45　常微分方程例 2.40 结果

$[0，6]$，步长为 0.1。试画出 y、y''、y' 随着 t 变化的曲线。

微分方程求解代码编写时，需将最高阶数项单独分离写在方程等式的左边。

1stOpt 代码如下：

```
Variable t = [0.0:0.1:6]，y = 0，y' = 0；
ConstStr f = if(t < = 1,t,if(t < = 2,2*t,if(t < = 5,4,0)))；
Plot t[x]，y,y',y''；
ODEFunction y'' = f - 2*t*y' - y*t；
```

常微分方程结果如图 2-46 所示。

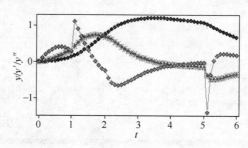

图 2-46　常微分方程例 2.41 结果

【例 2.42】 二阶常微分方程：

$$y'' - (1 - y^2) \cdot y' + x \cdot y = 0 \qquad (2-64)$$

初值：$x = 0$ 时，$y' = -0.1$，$y = 0$，x 范围为 $[0，14]$。

1stOpt 代码如下：

```
Variable x = [0,14]，y = 0，y' = -0.1；
ODEOptions = [SS = 0.01,A = 0,P = 5]；
Plot y[x]，y'；
ChartType = 3；
ODEFunction y'' = (1 - y^2)*y' - y*x；
```

输出结果：

x	$y(x)$	$y'(x)$	$y''(x)$
0	0	-0.1	-0.1
14	0.2274063516	7.5406670511	3.967022721

上面语句中，"Plot $y[x]$"意即 y 作为 x 轴。计算结果如图 2-47 所示。

上述 1stOpt 代码中，如果将"Plot $y[x]$，y'；"改为"Plot $y'[x]$，y''；"，可得图形如图 2-48 所示。

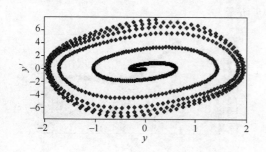

图 2-47　例 2.42 二阶常微分方程计算结果

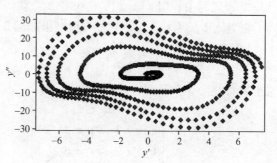

图 2-48　二阶常微分方程计算结果

2. 4. 3　隐式常微分方程及方程组

隐式常微分方程通常指微分方程中最高阶微分项不可能分离并单独写在公式的左边。无须特殊处理，1stOpt 可以求解任一阶隐式常微分方程或方程组。

【**例 2. 43**】微分方程组如下，x 范围为 $[0, 2.5]$，变化步长为 0.05；初值条件：$y_1(0) = 1$，$y_2(0) = 0.25$。

$$\begin{cases} \dfrac{\mathrm{d}y_1}{\mathrm{d}x} = \cos\left[y_1 - \sin(x + y_2) + \dfrac{\mathrm{d}y_2}{\mathrm{d}x}\right] - \sin\left(\dfrac{2 \cdot x}{y_1} + y_2\right) \\[4mm] \dfrac{\mathrm{d}y_2}{\mathrm{d}x} = -2 \cdot x \cdot y_2 + y_1 + \sin\left(x - \dfrac{\mathrm{d}y_1}{\mathrm{d}x}\right) \cdot y_1 \end{cases} \tag{2-65}$$

1stOpt 代码如下：

```
Variable   y1 =1,y2 =0.25, x =[0:0.05:2.5];
Plot y1[x], y2;
ODEFunction y1' = cos(y1 − sin(x + y2) + y2') − sin(2 * x/y1 + y2);
           y2' = −2 * x * y2 + y1 + sin(x − y1') * y1;
```

隐式常微分方程计算结果如图 2-49 所示。

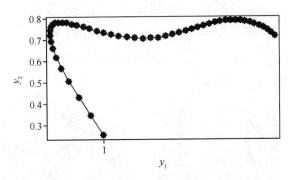

图 2-49　隐式常微分方程计算结果

【**例 2. 44**】隐式常微分方程组如下：

$$\begin{cases} \dfrac{\mathrm{d}^2 f}{\mathrm{d}x^2} = \sin(x) \cdot \dfrac{\mathrm{d}g}{\mathrm{d}x} \\[4mm] \dfrac{\mathrm{d}g}{\mathrm{d}x} = \cos(x) \cdot f \end{cases} \tag{2-66}$$

x 范围为 $[0, 2\pi]$，变化步长为 0.1；初值条件：$f(0) = 10$，$f'(0) = 10$，$g = 0$。
1stOpt 代码如下：

```
Variable x =[0:0.1 :2 * pi],f =10,f' =1,g =0;
Plot f[x],g,f'[y2];
ODEFunction f" = sin(x) * g';
           g' = cos(x) * f;
```

计算结果如图 2-50 所示。

【例 2.45】隐式常微分方程组：

$$
\begin{cases}
\dfrac{\mathrm{d}^2 y}{\mathrm{d}t^2} = -0.15 \cdot \dfrac{\mathrm{d}^2 x}{\mathrm{d}t^2} - 0.02 \cdot \pi \cdot \dfrac{\mathrm{d}y}{\mathrm{d}t} - 0.16 \cdot y - 0.02 \cdot \pi \cdot x^2 \\[3mm]
\dfrac{\mathrm{d}^2 x}{\mathrm{d}t^2} = 8 \cdot \left(-0.003 \cdot \pi \cdot \dfrac{\mathrm{d}y}{\mathrm{d}t} - (0.025 + 0.003 \cdot \pi) \cdot x - 0.12 \cdot \dfrac{\mathrm{d}^2 y}{\mathrm{d}t^2} \right)
\end{cases}
\tag{2-67}
$$

x 范围为 $[0, 2\pi]$，变化步长为 0.1，初值条件：$f(0) = 10$，$f'(0) = 10$，$g = 0$。

隐式微分方程的求解涉及迭代优化计算，缺省状态下微分方程选项中的"种群数"为 5，增加该数值可提高求解精度（但降低求解速度）。该选项在代码中可通过"ODEOptions"来设定，如将种群数设为 30，其基本格式为："ODEOptions = [p = 30];"；此外"Plot"关键字可输出复合型数值，如"Plot sin(x + y) * y'^2;"。

1stOpt 代码如下：

```
Variable t = [0:0.5:15], x = 0, x' = 0, y = 1, y' = 0.0;
ODEOptions = [p = 30];
Plot x, y', y' * 2;
ODEFunction y'' = -0.15 * x'' - 0.02 pi * y' - 0.16 * y - 0.02 pi * x^2;
            x'' = 8 * (-0.003 * pi * y' - (0.025 + 0.003 * pi) * x - 0.12 * y'');
```

计算结果如图 2-51 所示。

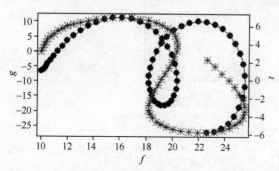

图 2-50　例 2.44 隐式常微分方程组结果

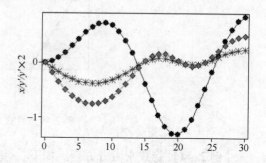

图 2-51　例 2.45 隐式常微分方程组结果

2.4.4　变系数常微分方程

变系数常微分方程指微分方程中有超过一个变动的常数，求其对应的微分方程解。这里主要用到了关键字"LoopConstant"。

【例 2.46】变系数常微分方程组如下：

$$
\begin{cases}
\dfrac{\mathrm{d}x}{\mathrm{d}t} = y - \cos(x + y - a) + y \cdot [\sin(x^2 \cdot y + a)] \\[3mm]
\dfrac{\mathrm{d}y}{\mathrm{d}t} = x - x^3 - 0.1 \cdot y + 0.5 \cdot \cos(0.2 \cdot t \cdot y + x - a) \cdot t
\end{cases}
\tag{2-68}
$$

其中，a 为变参数，范围为 $[0, 3]$，变幅为 0.02；t 范围为 $[0, 2]$；初值 $x = 0$，$y = 0$。

1stOpt 代码如下：

```
LoopConstant a = [ 1 : 0. 02 : 3 ] ;
Variable x = 0 , y = 0 , t = [ 0,2 ] ;
Plot x[ x ] , y , y′ , x′ ;
ODEFunction x′ = y − cos( x + y − a ) + y ∗ ( sin( x^2 ∗ y + a ) ) ;
y′ = x − x^3 − 0. 1 ∗ y + 0. 5 ∗ cos( 0. 2 ∗ t ∗ y + x − a ) ∗ t ;
```

计算结果如图 2-52 所示。

【例 2. 47】变边界初值微分方程如下：

$$y'' = \frac{\mathrm{d}y}{\mathrm{d}t} = (1 - y^2 + a) \cdot y' - \sin(t \cdot y') \cdot y + \cos(t \cdot y') \tag{2-69}$$

边界条件：$t = 0$ 时，$y = a$，$y' = 2 \cdot a$，a 为变动系数，范围为 $[0,1]$，变幅为 0.01。

1stOpt 代码如下：

```
LoopConstant a = [ 0 : 0. 01 : 1 ] ;
Plot y , y′[ x ] , y″ ;
Variable t = [ 0,1 ] , y = a , y′ = 1 ∗ a ∗ 2 ;
ODEFunction y″ = ( 1 − y^2 + a ) ∗ y′ − sin( t ∗ y′ ) ∗ y + cos( t ∗ y′ ) ;
```

计算结果如图 2-53 所示。

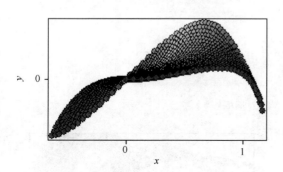

图 2-52　变系数常微分方程计算结果

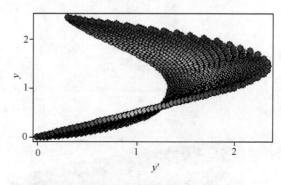

图 2-53　变边界常微分方程计算结果

单击工具栏中"数据报表"按钮或右击，在弹出的快捷菜单中选择"获取数据"命令，结果如图 2-54 所示。

在图形上右击，在弹出的快捷菜单中选择"图形选项"命令，弹出如图 2-55 所示的对话框。

在对话框中将"图线粗细"设定为 10，得到的图像如图 2-56 所示。

【例 2. 48】变系数隐式常微分方程组。

微分方程为隐式的变系数微分方程，其求解既要用到关键字"LoopConstant"，也要涉及优化迭代的计算。

隐式常微分方程组：

	A	B	C	D	E	F	G	H
1	起始值						终止值	
2	循环常数 a	t	y(t)	y'(t)	y"(t)		循环常数 a	t
3	0	0	0	0	1		0	1
4	0.01	0	0.01	0.02	1.020198		0.01	1
5	0.02	0	0.02	0.04	1.040784		0.02	1
6	0.03	0	0.03	0.06	1.061746		0.03	1
7	0.04	0	0.04	0.08	1.083072		0.04	1
8	0.05	0	0.05	0.1	1.10475		0.05	1
9	0.06	0	0.06	0.12	1.126768		0.06	1
10	0.07	0	0.07	0.14	1.149114		0.07	1
11	0.08	0	0.08	0.16	1.171776		0.08	1
12	0.09	0	0.09	0.18	1.194742		0.09	1
13	0.1	0	0.1	0.2	1.218		0.1	1
14	0.11	0	0.11	0.22	1.241538		0.11	1
15	0.12	0	0.12	0.24	1.265344		0.12	1
16	0.13	0	0.13	0.26	1.289406		0.13	1
17	0.14	0	0.14	0.28	1.313712		0.14	1
18								

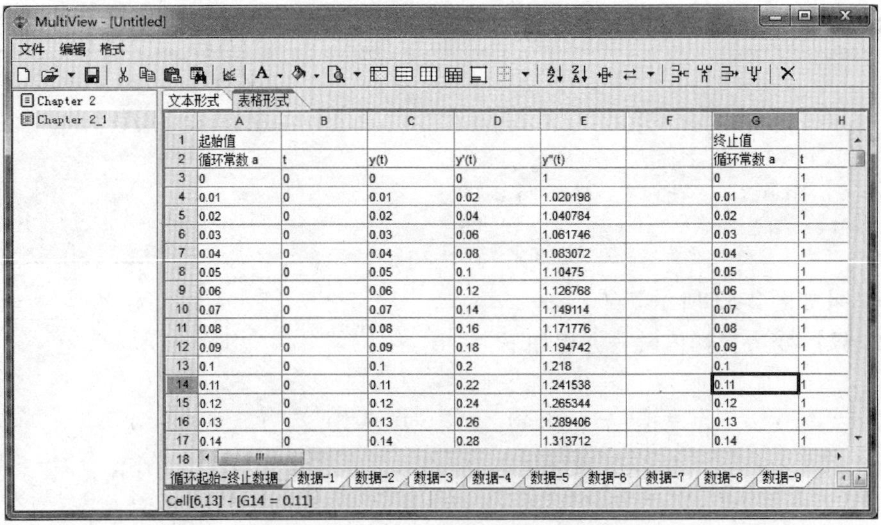

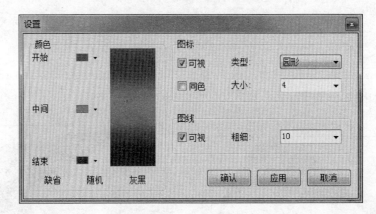

图 2-54　形成的数据报表

图 2-55　“设置”对话框

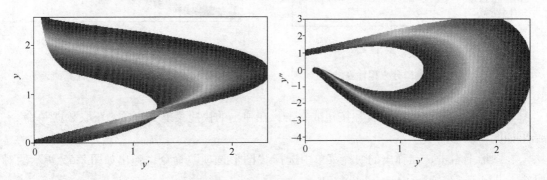

图 2-56　变边界微分方程效果图

$$
\begin{cases}
\dfrac{dy_1}{dx} = \cos\left[y_1 - \sin(x + y_2) + \dfrac{dy_2}{dx} \cdot a\right] - \sin\left(\dfrac{2 \cdot x}{y_1} + y_2 - a\right) \\
\dfrac{dy_2}{dx} = -2 \cdot x \cdot y_2 + y_1 + \sin\left(x - \dfrac{dy_1}{dx} + a\right) \cdot y_1
\end{cases}
\tag{2-70}
$$

其中，a 为变参数，范围为 $[0, 1]$，变幅为 0.1；x 范围为 $[0, 2.5 - a]$。

1stOpt 代码如下：

```
LoopConstant a = [0;0.1;1];
Variable   y1 = 1,y2 = 0.25, x = [0,2.5 - a];
Plot y1[x], y2;
ODEFunction y1' = cos(y1 - sin(x + y2) + y2' * a) - sin(2 * x/y1 + y2 - a);
y2' = - 2 * x * y2 + y1 + sin(x - y1' + a) * y1;
```

计算结果如图 2-57 所示。

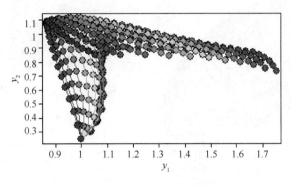

图 2-57　变系数隐式常微分方程计算结果

【例 2.49】 高阶变系数微分方程如下：

$$\begin{cases} \dfrac{d^4 y}{dx^4} = - \dfrac{d^3 y}{dx^3} x - a \cdot \sin(x - a) \cdot y - \dfrac{d^3 y}{dx^3} \end{cases} \tag{2-71}$$

其中，a 为变参数，范围为 $[1, 5]$，变幅为 0.05；x 范围为 $[0, 5]$，步长为 0.1；初值 $y = 0$，$y' = \dfrac{dy}{dx} = 0$，$y'' = \dfrac{d^2 y}{dx^2} = 1$，$y'' = \dfrac{d^3 y}{dx^3} = 2$。

1stOpt 代码如下：

```
LoopConstant a = [1;0.05;5];
Variable x = [0;0.1;5],y = 0,y' = 0,y'' = 1,y''' = 2;
Plot y,y'[x],y'',y''',y'''';
ODEFunction y'''' = - y'' * x - a * sin(x - a) * y - y''';
```

变系数微分方程系列如图 2-58 所示。

【例 2.50】 高阶变系数微分方程组如下：

$$\begin{cases} \dfrac{d^2 x_1}{dt^2} = - 0.1 \cdot x_1 - x_2 + a \\[2mm] \dfrac{d^2 x_2}{dt^2} = x_1 - 0.1 \cdot x_2 \cdot a \end{cases} \tag{2-72}$$

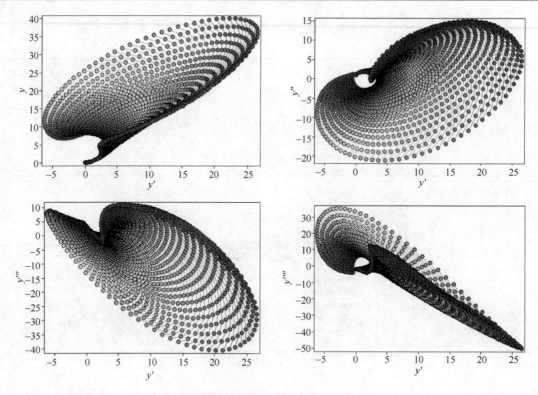

图 2-58　变系数微分方程系列示图

其中，a 为变参数，范围为 $[-1，6]$，变幅为 0.1；t 范围为 $[0，10\pi]$，步长数为 200；初值 $x_1 = 1$，$x_2 = 1$。

1stOpt 代码如下：

```
LoopConstant a = [-1;0.1;6];
ODEOptions = [SN = 200];
Variable t = [0,10 * pi],x1 = 1,x2 = 1;
Plot x1[x],x2,x1'[y2];
ODEFunction x1' = -0.1 * x1 - x2 + a;
            x2' = x1 - 0.1 * x2 * a;
```

高阶变系数微分方程组如图 2-59 所示。

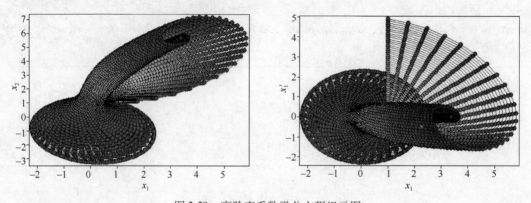

图 2-59　高阶变系数微分方程组示图

【例 2.51】变初值微分方程组如下：

$$\begin{cases} \dfrac{\mathrm{d}x}{\mathrm{d}t} = \dfrac{2 \cdot [\cos(t) - x + y]}{\sqrt{[\sin(t) \cdot y - x - 0.1]^2 + [\cos(t) \cdot x - y]^2}} \\[4mm] \dfrac{\mathrm{d}y}{\mathrm{d}t} = \dfrac{2 \cdot [\sin(t) - y + x]}{\sqrt{[\sin(t) \cdot y - x - 0.1]^2 + [\cos(t) \cdot x - y]^2}} \end{cases} \qquad (2\text{-}73)$$

其中，a 为变参数，范围为 $[-3.5, 3.5]$，变幅为 0.1；t 范围为 $[0, 10]$，步长为 0.2；初值 $x = 2 \cdot a$，$y = a^2$。

1stOpt 代码如下：

```
LoopConstant a = [-3.5:0.1:3.5];
Variable t = [0:0.2:10], x = 2*a, y = a^2;
Plot x[x], y, y + x/2;
ODEFunction x' = 2 * (cos(t) - x + y)/sqrt((sin(t) * y - x - 0.1)^2 + (cos(t) * x - y)^2);
           y' = 2 * (sin(t) - y + x)/sqrt((sin(t) * y - x - 0.1)^2 + (cos(t) * x - y)^2);
```

计算结果如图 2-60 所示。

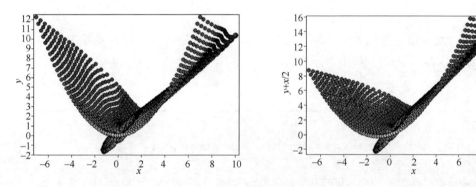

图 2-60   变初值微分方程组示图

【例 2.52】边值变系数微分方程如下：

$$\begin{cases} \dfrac{\mathrm{d}^2 y}{\mathrm{d}x^2} = 0.3 \cdot (1 - y^2) \cdot \dfrac{\mathrm{d}y}{\mathrm{d}x} - y \cdot b \end{cases} \qquad (2\text{-}74)$$

其中，b、c 均为变参数，b 范围为 $[1, 1.5]$，变幅为 0.1；c 范围为 $[3, 4]$，变幅为 0.2；x 范围为 $[1, 2]$；边值条件 $y(1) = c$，$y(2) = \dfrac{\mathrm{d}y}{\mathrm{d}x} \cdot \sin(x) \cdot b$。此例的边值条件比较特殊，是动态变化的。

1stOpt 代码如下：

```
LoopConstant b = [1:0.1:1.5], c = [3:0.2:4];
Variable x = [1,2], y = [c, y' * sin(x) * b];
Plot y, y'[x], y''[y2];
ODEFunction y'' = 0.3 * (1 - y^2) * y' - y * b;
```

计算结果如图 2-61 所示。

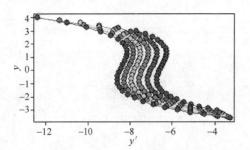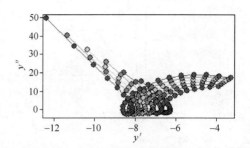

图 2-61　边值变系数微分方程示图

【例 2.53】变系数高阶微分方程组：

$$\begin{cases} \dfrac{d^2x}{dt^2} = \dfrac{c \cdot \left[-16000 \cdot t - 160 - \left(200000 \cdot x - 800 \cdot \dfrac{dy}{dt} - 80000 \cdot y + 2000 \cdot \dfrac{dx}{dt} \right) \right]}{185} \\[4mm] \dfrac{d^2y}{dt^2} = \dfrac{c \cdot \left[1600 \cdot t + 16 - \left(-8000 \cdot x + 80 \cdot \dfrac{dy}{dt} - 80 \cdot \dfrac{dx}{dt} + 8000 \cdot y \right) \right]}{16} \end{cases}$$

$(2\text{-}75)$

其中，c 为变参数，范围为 $[1, 3]$，变幅为 0.1；t 范围为 $[1, 3]$，步长为 0.01；初值条件 $x = -0.0021512$，$x' = \dfrac{dx}{dt} = -0.012185$，$y = -0.0021512$，$y' = \dfrac{dy}{dt} = -0.2$。

1stOpt 代码如下：

```
LoopConstant c = [1:0.1:3];
Variable t = [0:0.01:3],x' = -0.012185,x = -0.0021512,y = -0.0021512,y' = -0.2;
Plot x[x],x',y'[y2];
ODEFunction x" = c * ( -16000 * t - 160 - (200000 * x - 800 * y' - 80000 * y + 2000 * x'))/185;
           y" = c * (1600 * t + 16 - ( -8000 * x + 80 * y' - 80 * x' + 8000 * y))/16;
```

计算结果如图 2-62 所示。

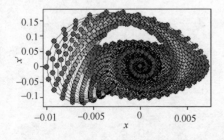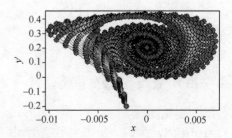

图 2-62　变系数高阶微分方程组示意图

2.4.5　常微分方程边值问题（Boundary Value Problem, BVB）

边值问题是常微分方程的重要组成部分，其求解方法多用打靶法。对线性问题，打靶法简单易用、效率也高，但对复杂的非线性常微分方程，打靶法则难以满足要求。1stOpt 不仅自动识别初值与边值问题，基于其独特的全局优化算法，对常微分方程边值问题，不论是线性还是非线性都能进行直接求解，其求解形式与初值常微分方程问题基本一致。

【例 2.54】
$$4 \cdot \frac{\mathrm{d}^2 y}{\mathrm{d}x^2} + y \cdot \frac{\mathrm{d}y}{\mathrm{d}x} = 2 \cdot x^3 + 16 \tag{2-76}$$

其中，x 区间为 $[2, 3]$；边值条件：$y(2) = 8$，$y(3) = 35/3$。该例的解析解为：$y = x^2 + \frac{8}{x}$。

1stOpt 代码如下：

```
Variable x = [2;0.1;3], y = [8,35/3];
Plot x[x], y', y"[y2];
ODEFunction y" = (2 * x^3 + 16 - y * y')/4;
```

计算结果如图 2-63 所示。

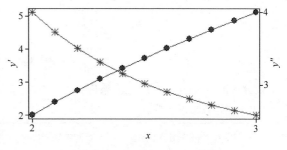

图 2-63　边值问题计算结果

输出结果：

常微分方程(边值问题)：
1: y' = dy/dx = y'
2: y" = dy'/dx = (2 * x^3 + 16 - y * y')/4
目标函数: 0
边值估算:
y'(x = 2): 1.99999993866552
算法: 龙格-库塔-费尔博格法(Runge-Kutta-Fehlberg Method)
步长值: 0.1
步长数: 10
种群数: 5

结果：

x	y(x)	y'(x)	y'(x)	y"(x)
2	8	1.99999993866552	1.99999993866552	4.00000012266896
3	11.6666666666673	5.11111104586436	5.11111104586436	2.59259278289476

边值问题结果比较见表 2-45。

表 2-45　结果比较

x	解析解	数值解	误差
2	8	8	0
2.1	8.21952380370944	8.21952381	− 6.290560961E − 9
2.2	8.47636361925439	8.476363636	− 1.674561112E − 8
2.3	8.76826084598844	8.76826087	− 2.401156074E − 8
2.4	9.09333330705989	9.093333333	− 2.59401105E − 8
2.5	9.44999997396447	9.45	− 2.603552929E − 8
2.6	9.83692305339298	9.836923077	− 2.360702034E − 8
2.7	10.2529629436722	10.25296296	− 1.632779956E − 8
2.8	10.6971428433994	10.69714286	− 1.660060001E − 8
2.9	11.1686206824299	11.16862069	− 7.570099214E − 9
3	11.6666666666673	11.66666667	− 3.33269945E − 9

【例 2.55】微分方程组：

$$\begin{cases} \dfrac{\mathrm{d}y_1}{\mathrm{d}x} = y_2 \\[2mm] \dfrac{\mathrm{d}y_2}{\mathrm{d}x} = 20 \cdot (y_3 - y_1) \\[2mm] \dfrac{\mathrm{d}y_3}{\mathrm{d}x} = y_4 \\[2mm] \dfrac{\mathrm{d}y_4}{\mathrm{d}x} = 10 + 8 \cdot (y_3 - y_1) \end{cases} \tag{2-77}$$

微分区间 $x = [0, 3]$；边值条件：$x = 0$ 时，$y_2 = 0$、$y_3 = 20$；$x = 3$ 时，$y_1 = 0$、$y_4 = 0$。
1stOpt 代码如下：

```
Variable y1 = [ ,0], y2 = [0, ], y3 = [20, ], x = [0,3],y4 = [ ,0];
ODEOptions = [SN = 50,A = 0,P = 2];
Plot y1, y2, y3, y4;
ODEFunction y1' = y2;
            y2' = 20 * (y3 - y1);
            y3' = y4;
            y4' = 10 + 8 * (y3 - y1);
```

输出结果（图 2-64）。

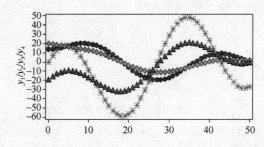

图 2-64　常微分方程组边值问题计算结果

常微分方程（边值问题）：
1：y1' = dy1/dx = y2
2：y2' = dy2/dx = 20 * (y3 - y1)
3：y3' = dy3/dx = y4
4：y4' = dy4/dx = 10 + 8 * (y3 - y1)
目标函数：1.39840021860598E - 28
边值估算：
　　y1(x = 0)：13.4694429556798
　　y4(x = 0)：- 19.1527204392172
算法：龙格-库塔-费尔博格法（Runge-Kutta-Fehlberg Method）
步长值：0.06
步长数：50
种群数：2
结果：

x	y1(x)	y2(x)	y3(x)	y4(x)	y1'(x)	y2'(x)	y3'(x)	y4'(x)
0. 0000	13. 4694	0. 0000	20. 0000	- 19. 1527	0. 0000	130. 6111	- 19. 1527	62. 2445
3. 0000	0. 0000	- 27. 1182	2. 1541	0. 0000	- 27. 1182	43. 0812	0. 0000	27. 2325

【例 2.56】
$$\frac{\mathrm{d}^2 y}{\mathrm{d}x^2} = y + y^3 \qquad (2\text{-}78)$$

微分区间 $x = [0, 5]$；边界条件：$x = 0$ 时，$y' = \dfrac{\mathrm{d}y}{\mathrm{d}x} = 1$ 及 $x = 5$ 时 $y' = -1$。

1stOpt 代码如下：

```
StartRange = [-5,5];
ODEOptions = [SN = 50, A = 0, P = 10];
Variable x = [0,5], y' = [1, -1];
Plot x[x], y[y2], y', y";
ODEFunction y" = y + y^3;
```

上面语句中，"Plot x[x], y[y2], y', y'"" 意即 x 作为 x 轴，y 为右边竖轴，y' / y'' 为缺省的左边竖轴。

输出结果（图 2-65）：

常微分方程（边值问题）：
1：$y'' = \mathrm{d}y'/\mathrm{d}x = y + y^3$
2：$y' = \mathrm{d}y/\mathrm{d}x = y'$
目标函数：1.7241048121671E-27
边值估算：
　　$y(x=0)$：-0.86112059752689
算法：龙格-库塔-费尔博格法（Runge-Kutta-Fehlberg Method）
步长值：0.1
步长数：50
种群数：10
结果：

x	y'(x)	y(x)	y"(x)	y'(x)
0	1	-0.86112059752689	-1.49966622053288	1
5	-0.999999144142996	-0.861120162291034	-1.4996648170779	

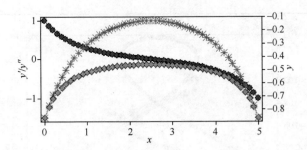

图 2-65　变系数隐式常微分方程计算结果

【例 2.57】
$$\frac{\mathrm{d}^2 y}{\mathrm{d}x} = (x + 1) \cdot y + \exp(-x) \cdot (x^2 - x + 2) \qquad (2\text{-}79)$$

微分区间 $x = [2, 4]$；边界条件：$x = 2$ 时，$\dfrac{\mathrm{d}y}{\mathrm{d}x} = y - \sin\left(x \cdot \left(\dfrac{\mathrm{d}y}{\mathrm{d}x}\right)^2\right)$ 及 $x = 4$ 时，$y' = \dfrac{\mathrm{d}y}{\mathrm{d}x} = -0.1$。

上述边值条件比较特殊，$x = 2$ 时的 y' 值不是常数而是一动态等式约束，1stOpt 中可直接进行定义："Variable x = [2，4]，y' = [y − sin(x * y'^2)，−0.1]；"。

1stOpt 代码如下：

```
Variable x = [2,4], y' = [y − sin(x * y'^2), −0.1];
Plot y[x], y', y″;
ChartType = 3;
ODEFunction y″ = (x + 1) * y +
                  exp(−x) * (x^2 − x + 2);
```

输出结果（图 2-66）：

常微分方程（边值问题）：

1：y″ = dy'/dx = (x + 1) * y + exp(−x) * (x^2 − x + 2)

2：y' = dy/dx = y'

目标函数：5.09932323235297E-29

边值估算：

y'(x = 2)：−0.102184972000791

y(x = 2)：−0.0813029529237538

算法：龙格-库塔-费尔博格法（Runge-Kutta-Fehlberg Method）

步长值：0.02

步长数：100

种群数：30

结果：

x	y'(x)	y(x)	y″(x)
2	−0.102184972000791	−0.0813029529237538	0.297432274175189
4	−0.100000000000008	−0.115680210959961	−0.321982110357528

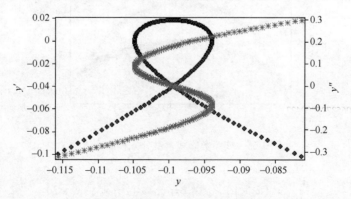

图 2-66　常微分方程组边值问题计算结果

验证边值条件：$x = 2$ 时，$y' = y − \sin[x \cdot (y')^2]$

其中，$x = 2$、$y' = −0.102184972000803$、$y = −0.0813029529237473$

$y − \sin[x \cdot (y')^2] = −0.0813029529237473 − \sin[2 \cdot (−0.102184972000803)^2]$

$$= -0.102184972$$
$$= y'$$

上面验证表明，计算结果完全满足边界条件。

【例 2.58】
$$\begin{cases} \dfrac{\mathrm{d}u}{\mathrm{d}x} = v \\[2mm] \dfrac{\mathrm{d}v}{\mathrm{d}x} = x + \left(1 - \dfrac{x}{5}\right) \cdot u \cdot v \end{cases}$$
(2-80)

微分区间 $x = [1, 3]$；边界条件：$x = 1$ 时，$u = 2 + v \cdot u$；$x = 3$ 时，$u = -1$。

1stOpt 代码如下：

```
Variable u = [2 + v*u, -1], x = [1,3], v;
Plot u, v;
ODEOptions = [SN = 10, A = 0, P = 10];
ODEFunction u' = v;
          v' = x + (1 - x/5)*u*v;
```

运行上述代码可得如下两组结果：

第一组	第二组
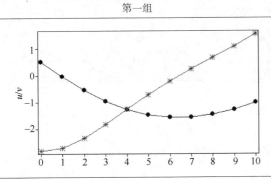	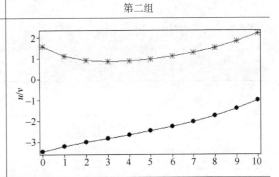
常微分方程（边值问题）：	常微分方程（边值问题）：
1：u' = du/dx = v	1：u' = du/dx = v
2：v' = dv/dx = x + (1 - x/5)*u*v	2：v' = dv/dx = x + (1 - x/5)*u*v
目标函数：1.15493705914422E-23	目标函数：2.75908468069419E-23
边值估算：	边值估算：
u(x = 1)：0.525411907053075	u(x = 1)：-3.46016007271143
v(x = 1)：-2.80653725800423	v(x = 1)：1.57800794124894
结果：	结果：
x　　u(x)　　　　　　　　v(x)	x　　u(x)　　　　　　　　v(x)
1　　0.525411907053075　　　-2.80653725800423	1　　-3.46016007271143　　　1.57800794124894
3　　-1.00000000005658　　　1.56242790381221	3　　-1.0000000001061　　　2.20438043932999
边值条件验证：	边值条件验证：
x = 1 时 u = 0.52541	x = 1 时 u = -3.46016
2 + v*u = 2 + 0.525411*(-2.806537) = 0.52541 = u	2 + v*u = 2 - 3.46016*1.57800 = -3.46016 = u
满足条件。	满足条件。

【例 2.59】

$$
\begin{cases}
\dfrac{\mathrm{d}y_1}{\mathrm{d}x} = y_2 \\[2mm]
\dfrac{\mathrm{d}y_2}{\mathrm{d}x} = 20 \cdot (y_3 - y_1) \\[2mm]
\dfrac{\mathrm{d}y_3}{\mathrm{d}x} = y_4 \\[2mm]
\dfrac{\mathrm{d}y_4}{\mathrm{d}x} = 8.4 + 2 + 8 \cdot (y_3 - y_1)
\end{cases}
\tag{2-81}
$$

微分区间 $x = [0, 3]$；边界条件：$x = 0$ 时，$y_3 = 20$；$x = 3$ 时，$y_1 = 0$，$y_2 = -28.483675$，$y_4 = 0$。

上述边界条件中，y_3 是位于起始端，而 y_1、y_2、y_4 位于终止端，需求一个边界值即 y_3 在 $x = 3$ 时的值。

1stOpt 代码如下：

```
Variable   y1 = [ ,0], y2 = [ , -28.483675], y3 = [20, ], x = [0,3], y4 = [ ,0];
ODEOptions = [SN = 20, A = 0, P = 2];
Plot y1, y2, y3, y4;
ODEFunction y1' = y2;
            y2' = 20 * (y3 - y1);
            y3' = y4;
            y4' = 8.4 + 2 + 8 * (y3 - y1);
```

输出结果（图 2-67）：

常微分方程(边值问题)：
1：$y1' = \mathrm{d}y1/\mathrm{d}x = y2$
2：$y2' = \mathrm{d}y2/\mathrm{d}x = 20 * (y3 - y1)$
3：$y3' = \mathrm{d}y3/\mathrm{d}x = y4$
4：$y4' = \mathrm{d}y4/\mathrm{d}x = 8.4 + 2 + 8 * (y3 - y1)$

目标函数：0
边值估算：
　　　y3(x = 3)：2.14535283841153
结果：

x	y1(x)	y2(x)	y3(x)	y4(x)
3	0	-28.483675	2.14535283841154	0
0	13.0876429039712	0.00165835986955809	20	-19.8058666560522

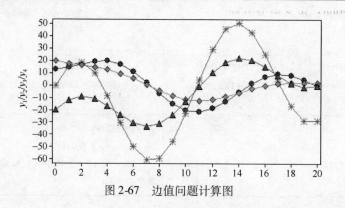

图 2-67　边值问题计算图

110

2.4.6　特殊边值问题

已知微分方程组如下，微分区间 $t = [0, 2]$；边界条件：$t = 0$ 时，$y = 1$；$t = 1$ 时，$x = 0.43235$；$t = 2$ 时，$z = -2.28072$。

$$\begin{cases} \dfrac{\mathrm{d}x}{\mathrm{d}t} = 0.25 \cdot y \cdot \left(1 - \dfrac{y}{20}\right) \\[2mm] \dfrac{\mathrm{d}y}{\mathrm{d}t} = 2 \cdot x + y - 2 \cdot z \\[2mm] \dfrac{\mathrm{d}z}{\mathrm{d}t} = 3 \cdot x + 2 \cdot y + z \end{cases} \qquad (2\text{-}82)$$

该问题的特殊点在于边界值位于不同点，常规求解边值的方法无法求解，在此采用优化拟合的方式。缺失数据用 "NAN" 替代。数据整理见表 2-46。

问题的求解实际上变为微分方程拟合，待求参数有两个，即 y 和 z 的初值。

表 2-46　微分方程拟合数据

t	x	y	z
0	NAN	1	NAN
1	0.4323539	NAN	NAN
2	NAN	NAN	-2.2807201

1stOpt 代码如下：

```
ODEStep = 0.2;
Variable t,x,y,z;
ODEFunction x' = 0.25 * Y * (1 - Y/20);
            y' = 2 * x + y - 2 * z;
            z' = 3 * x + 2 * y + z;
Data;
0    NAN 1      NAN
1    0.4323539 NAN NAN
2    NAN NAN -2.2807201
```

输出结果：

均方差（RMSE）：2.40386713070492E-11
残差平方和（SSR）：1.73357315462506E-21

参数	最佳估算
x　初值	5.00561025654443E-8
z　初值	-1.00000011263743

2.4.7　常微分方程拟合

常微分方程拟合是 1stOpt 4.0 后才有的功能，除了几个关键字不同外，与普通拟合功能相同。几个常用的关键字：

- ODEFunction：定义微分方程。
- InitialODEValue：定义初值。
- ODEAlgorithm：设定常微分方程算法。
- ODERegStep：定义步长。
- SubjectTo：设定微分方程拟合约束条件。

微分表示如下：

一阶微分 $\dfrac{\mathrm{d}y}{\mathrm{d}x}$ 可写成 y'，高阶微分 $\dfrac{\mathrm{d}^2 y}{\mathrm{d}x^2}$ 可写成 y''，依此类推，不用人为降阶。

【例 2.60】一阶微分方程。

拟合微分方程：

$$\frac{\mathrm{d}y}{\mathrm{d}x} = p_1 \cdot \exp(p_2 \cdot x) - \frac{p_3 \cdot x^{(p_4-x)}}{(x^{p_4} + p_5)^2} \qquad (2\text{-}83)$$

数据见表 2-47。

表 2-47　例 2. 60 微分方程拟合数据

x	0. 01，0. 05，0. 1，0. 15，0. 2，0. 25，0. 28，0. 3，0. 35，0. 4，0. 45，0. 5
y	0. 167，0. 721，1. 33，1. 676，1. 854，1. 921，1. 932，1. 937，1. 934，1. 935，1. 935，1. 935

1stOpt 代码如下：

```
Variable x,y;
ODEFunction y' = p1 * exp(p2 * x) -
          p3 * x^(p4 - x)/(x^p4 + p5)^2;
Data;
.01     .167
.05     .721
.1      1.33
.15     1.676
.2      1.854
.25     1.921
.28     1.932
.3      1.937
.35     1.934
.4      1.935
.45     1.935
.5      1.935
```

输出结果：

常微分方程算法：龙格-库塔-费尔博格法（Runge-Kutta-Fehlberg Method）

优化算法：通用全局优化法（UGO1）

计算结束原因：达到收敛判定标准

计算用时（时：分：秒：微秒）：00：00：29：94

均方差（RMSE）：0. 005020709979258

残差平方和（SSE）：0. 00027728281565403

相关系数（R）：0. 999906547397225

相关系数之平方（R^2）：0. 999813103527838

决定系数（DC）：0. 999813103402988

F 统计（F-Statistic）：8025. 828313515

参数	最佳估算
p1	73. 4912009714643
p2	− 15. 6279333083522
p3	1409949. 54338989
p4	− 2. 43859004084862
p5	9128. 6867360705

注意，如果代码中没有使用"InitialODEValue"给出初值，数据第一行将被自动视为初值，如果缺失对应初值数据，则该初值将被视为一待求参数。

微分方程拟合计算量大，缺省的龙格-库塔-费尔博格法（RKF45）求解精度高、适用面广，但相对于龙格-库塔法比较耗时，实际应用时根据具体情况可先用四阶龙格-库塔法试算，得到较为满意的结果后再用 RKF45 进一步计算。

【例 2. 61】 高阶微分方程组。

已知微分方程：

$$\begin{cases} \dfrac{\mathrm{d}^2 x_1}{\mathrm{d}t^2} = p_1 \cdot (x_2 - x_1) + \dfrac{\mathrm{d}x_2}{\mathrm{d}t} \cdot \dfrac{t \cdot \cos\left(\dfrac{\mathrm{d}x_1}{\mathrm{d}t} - x_2\right)}{p_2} \\[4mm] \dfrac{\mathrm{d}^2 x_2}{\mathrm{d}t^2} = p_3 \cdot (x_1 - x_2) - \dfrac{\mathrm{d}x_1}{\mathrm{d}t} \cdot t - \dfrac{\sin\left(\dfrac{\mathrm{d}x_2}{\mathrm{d}t} + x_1\right)}{p_4} \end{cases} \qquad (2\text{-}84)$$

拟合数据见表 2-48。

表 2-48　微分方程拟合数据二

t	0, 0.1, 0.2, 0.3, 0.4, 0.5, 0.6, 0.7, 0.8, 0.9, 1, 1.1
x_1	-1, -0.447, 0.149, 0.767, 1.387, 1.984, 2.539, 3.030, 3.441, 3.761, 3.981, 4.092
$x_2' = \dfrac{\mathrm{d}x_2}{\mathrm{d}t}$	-2.9, -3.474, -3.916, -4.216, -4.357, -4.324, -4.110, -3.723, -3.184, -2.500, -1.658, -0.636

1stOpt 代码如下:

```
Variable t,x1,x2′;
ODEFunction x1″ = p1 * (x2 - x1) + x2′ * t * cos((x1′ - x2))/p2;
           x2″ = p3 * (x1 - x2) - x1′ * t - sin((x2′ + x1))/p4;
Data;
0,0.1,0.2,0.3,0.4,0.5,0.6,0.7,0.8,0.9,1,1.1;
-1,-0.447,0.149,0.767,1.387,1.984,2.539,3.030,3.441,3.761,3.981,4.092;
-2.9,-3.474,-3.916,-4.216,-4.357,-4.324,-4.110,-3.723,-3.184,-2.500,-1.658,-0.636;
```

输出结果:

		参数	最佳估算
常微分方程算法:龙格-库塔-费尔博格法(Runge-Kutta-Fehlberg Method)		– – – – – – – –	– – – – – – – –
优化算法:通用全局优化法(UGO1)		p1	2.00211675003467
计算结束原因:用户中止		p2	3.83231003442367
计算用时(时:分:秒:微秒):00:00:37:594		p3	2.00354746973598
均方差(RMSE):0.0013286214119067		p4	2.87775739034647
残差平方和(SSE):3.88351668358927E-5		x1′初值	5.25341831094185
相关系数(R):0.999999911222671		x2 初值	2.00552563414669
相关系数之平方(R^2):0.999999822445351			
决定系数(DC):0.999999818551957			

结果中包括 x_1' 和 x_2 的初值估值（图 2-68）。

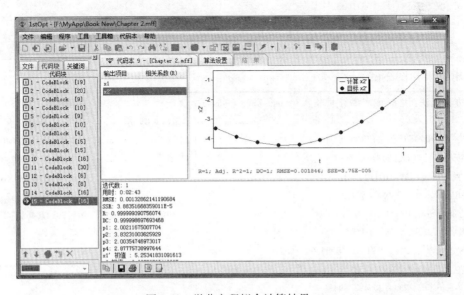

图 2-68　微分方程拟合计算结果一

【例 2.62】 微分方程组拟合。

已知微分方程组：

$$\begin{cases} \dfrac{\mathrm{d}y_1}{\mathrm{d}x} = k_1 \cdot y_1 \\[2mm] \dfrac{\mathrm{d}y_2}{\mathrm{d}x} = k_1 \cdot y_1 - k_2 \cdot y_2 \\[2mm] \dfrac{\mathrm{d}y_3}{\mathrm{d}x} = k_2 \cdot y_2 - k_3 \cdot y_3 \\[2mm] \dfrac{\mathrm{d}y_4}{\mathrm{d}x} = k_1 \cdot y_1 + k_2 \cdot y_2 + k_3 \cdot y_3 \end{cases} \quad (2\text{-}85)$$

拟合数据见表 2-49。

表 2-49　微分方程组拟合数据

x	0, 3, 28, 53, 78, 103, 183, 303, 463, 603
$y1$	0.9922, 0.9602, 0.8352, 0.5316, 0.2798, 0.1241, 0.0175, 0.0000, 0.0000, 0.0000
$y4$	0.0000, 0.0169, 0.0746, 0.2409, 0.4348, 0.6058, 0.7922, 0.8666, 0.8777, 0.8799

数据缺少 $y2$ 和 $y3$，但这并不影响正常计算。

1stOpt 代码如下：

```
Parameter k1,k2,k3;
Variable x,y1,y4;
ODEFunction y1' = k1 * y1;
          y2' = k1 * y1 - k2 * y2;
          y3' = k2 * y2 - k3 * y3;
          y4' = k1 * y1 + k2 * y2 + k3 * y3;
data;
0,3,28,53,78,103,183,303,463,603;
0.9922,0.9602,0.8352,0.5316,0.2798,0.1241,0.0175,0.0000,0.0000,0.0000;
0.0000,0.0169,0.0746,0.2409,0.4348,0.6058,0.7922,0.8666,0.8777,0.8799;
```

输出结果（图 2-69）：

常微分方程算法：龙格-库塔-费尔博格法（Runge-Kutta-Fehlberg Method)	
优化算法：通用全局优化法（UGO1）	
计算结束原因：达到收敛判定标准	
计算用时（时：分：秒：微秒）：00：05：09：515	
均方差（RMSE）：0.0534684363911388	
残差平方和（SSE）：0.0514597264220387	
相关系数（R）：0.995530888011698	
相关系数之平方（R^2）：0.99108174898536	
决定系数（DC）：0.990709937258519	
F 统计（F-Statistic）：23.4120649778941	

参数	最佳估算
k1	−0.0141381652040465
k2	0.03629115032839
k3	0.0109004605968108
y2 初值	−2.22151838445331
y3 初值	8.29247046878423

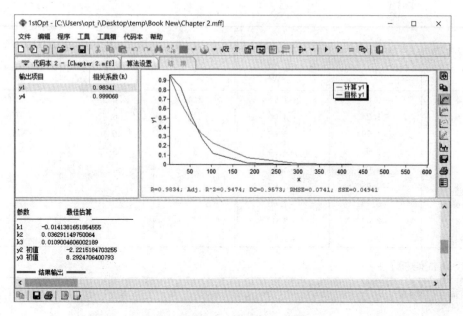

图 2-69 微分方程拟合计算结果二

【例 2.63】 多数据约束高阶微分方程。

已知微分方程:

$$\frac{\mathrm{d}^2 y}{\mathrm{d}x^2} = p_1 \cdot \cos(x) \cdot x^{p_4} - p_2 \cdot x \cdot \sin(x - a + p_3) \tag{2-86}$$

当 a 取 1 和 2 时,分别获得了两组数据(表 2-50),试根据试验数据求参数 p_1 至 p_4。对参数有如下约束:

s. t. $\begin{cases} p_1 + p_2 \geqslant 2 \\ p_2 + p_3 \leqslant 3 \end{cases}$

多数据约束高阶微分方程拟合数据见表 2-50。

表 2-50 多数据约束高阶微分方程拟合数据

	$a = 1$			$a = 3$	
x	y	$y' = \dfrac{\mathrm{d}y}{\mathrm{d}x}$	x	y	$y' = \dfrac{\mathrm{d}y}{\mathrm{d}x}$
0	1	− 2	0	− 1	2
0.2	0.58	− 1.55	0.2	− 0.59	1.96
0.4	0.33	− 1.21	0.4	− 0.19	2.11
0.6	0.16	− 0.73	0.6	0.21	2.39
0.8	0.06	− 0.42	0.8	0.71	2.59
1	0.00	− 0.15	1	1.19	2.84
1.2	− 0.02	0.00	1.2	1.82	3.52
1.4	− 0.01	0.03	1.4	2.39	3.87
1.6	− 0.01	− 0.09	1.6	3.63	4.38
1.8	− 0.05	− 0.35	1.8	4.44	3.91
2	− 0.15	− 0.81	2	4.77	3.89
2.2	− 0.40	− 1.40	2.2	5.23	3.60

续表

	$a = 1$			$a = 3$	
x	y	$y' = \dfrac{dy}{dx}$	x	y	$y' = \dfrac{dy}{dx}$
2.4	−0.65	−1.96	2.4	6.53	2.60
2.6	−1.24	−3.06	2.6	6.47	0.64
2.8	−1.79	−3.67	2.8	6.16	−1.92
3	−2.99	−4.34	3	5.45	−5.21
3.2	−4.01	−5.41			
3.4	−4.95	−6.97			
3.6	−6.74	−7.90			
3.8	−8.44	−8.09			
4	−9.16	−8.96			

1stOpt 代码如下：

```
VarConstant a = [1,3];
Variable x, y, y';
Parameter p(4);
ODEFunction y″ = p1 * cos(x) * x^p4 – p2 * x * sin(x – a + p3);
        p1 + p2 > = 2;
        p2 + p3 < = 3;
Data;
0,0.2,0.4,0.6,0.8,1,1.2,1.4,1.6,1.8,2,2.2,2.4,2.6,2.8,3,3.2,3.4,3.6,3.8,4;
1,0.58,0.33,0.16,0.06,0.00,−0.02,−0.01,−0.01,−0.05,−0.15,−0.40,−0.65,−1.24,−1.79,−2.99,−4.01,
−4.95,−6.74,−8.44,−9.16;
−2,−1.55,−1.21,−0.73,−0.42,−0.15,0.00,0.03,−0.09,−0.35,−0.81,−1.40,−1.96,−3.06,−3.67,
−4.34,−5.41,−6.97,−7.90,−8.09,−8.96;
Data;
0,0.2,0.4,0.6,0.8,1,1.2,1.4,1.6,1.8,2,2.2,2.4,2.6,2.8,3;
−1,−0.59,−0.19,0.21,0.71,1.19,1.82,2.39,3.63,4.44,4.77,5.23,6.53,6.47,6.16,5.45;
2,1.96,2.11,2.39,2.59,2.84,3.52,3.87,4.38,3.91,3.89,3.60,2.60,0.64,−1.92,−5.21;
```

输出结果：

常微分方程算法：龙格-库塔-费尔博格法（Runge-Kutta-Fehlberg Method）	
优化算法：通用全局优化法（UGO1）	
计算结束原因：达到收敛判定标准	
计算用时（时：分：秒：微秒）：00：00：22：875	
均方差（RMSE）：0.532524478121196	
残差平方和（SSE）：19.8507623858777	
相关系数（R）：0.990318220968059	
相关系数之平方（R^2）：0.980730178781342	
决定系数（DC）：0.980109235297229	
F 统计（F-Statistic）：89.2407741159852	

参数	最佳估算
p1	3.593077906536
p2	0.661506050558973
p3	−3.85810134176421
p4	0.637602095698861

【例 2. 64】 多数据微分方程组。

已知微分方程组：

$$\begin{cases} \dfrac{dy_1}{dx} = p_1 \cdot y_2 \\[2mm] \dfrac{dy_2}{dx} = y_3 \\[2mm] \dfrac{dy_3}{dx} = p_2 \cdot y_4 \\[2mm] \dfrac{dy_4}{dx} = y_5 \\[2mm] \dfrac{dy_5}{dx} = \dfrac{p_3 \cdot y_3 \cdot y_4 \cdot y_5 - p_4 \cdot y_4^3}{y_3^2} \end{cases} \qquad (2\text{-}87)$$

两组不同的初值对应两组不同的数据，用"InitialODEValue"来定义两组初值表 2-51 和表 2-52。

表 2-51　多数据微分方程拟合数据一（初值：$x = 0$，$y_1 = 0.1$，$y_2 = 1$，$y_3 = 0.5$，$y_4 = 2.5$，$y_5 = 0.6$）

x	y_1	y_2	y_3	y_4	y_5
0. 136	0. 242	1. 087	0. 715	− 0. 268	− 34. 688
0. 273	0. 396	1. 171	0. 462	− 2. 465	3. 788
0. 409	0. 559	1. 214	0. 198	− 1. 329	8. 184
0. 545	0. 726	1. 232	0. 078	− 0. 539	3. 701
0. 682	0. 895	1. 238	0. 030	− 0. 210	1. 460
0. 818	1. 064	1. 241	0. 012	− 0. 081	0. 565
0. 955	1. 233	1. 242	0. 004	− 0. 031	0. 218
1. 091	1. 403	1. 242	0. 002	− 0. 012	0. 084
1. 227	1. 572	1. 243	0. 001	− 0. 005	0. 032
1. 364	1. 741	1. 243	0. 000	− 0. 002	0. 013
1. 500	1. 911	1. 243	0. 000	− 0. 001	0. 005

表 2-52　多数据微分方程拟合数据二（初值：$x = 0$，$y_1 = 0.1$，$y_2 = 1$，$y_3 = 0.5$，$y_4 = 2.5$，$y_5 = 0.6$）

x	y_1	y_2	y_3	y_4	y_5
0. 136	2. 097	0. 923	3. 205	1. 501	− 0. 089
0. 273	2. 253	1. 374	3. 408	1. 474	− 0. 316
0. 409	2. 473	1. 852	3. 605	1. 414	− 0. 574
0. 545	2. 759	2. 357	3. 792	1. 316	− 0. 856
0. 682	3. 117	2. 886	3. 963	1. 180	− 1. 147
0. 818	3. 547	3. 437	4. 112	1. 004	− 1. 429
0. 955	4. 055	4. 006	4. 235	0. 792	− 1. 680
1. 091	4. 641	4. 590	4. 326	0. 548	− 1. 880
1. 227	5. 307	5. 184	4. 383	0. 282	− 2. 009
1. 364	6. 055	5. 784	4. 403	0. 004	− 2. 055
1. 500	6. 884	6. 383	4. 384	− 0. 274	− 2. 012

1stOpt 代码如下：

```
Parameter p(4);
InitialODEValue x = [0,0], y1 = [0.1,2], y2 = [1,0.5], y3 = [0.5,3], y4 = [2.5,1.5], y5 = [0.6,0.1];
Variable x, y1,y2, y3, y4, y5;
ODEFunctiony1′ = p1 * y2;
         y2′ = y3;
         y3′ = p2 * y4;
         y4′ = y5;
         y5′ = ( p3 * y3 * y4 * y5 – p4 * y4^3)/y3^2;
Data;
0.1360.2421.0870.715 – 0.268      – 34.688
0.2730.3961.1710.462 – 2.465        3.788
0.4090.5591.2140.198 – 1.329        8.184
0.5450.7261.2320.078 – 0.539        3.701
0.6820.8951.2380.030 – 0.210        1.460
0.8181.0641.2410.012 – 0.081        0.565
0.9551.2331.2420.004 – 0.031        0.218
1.0911.4031.2420.002 – 0.012        0.084
1.2271.5721.2430.001 – 0.005        0.032
1.3641.7411.2430.000 – 0.002        0.013
1.5001.9111.2430.000 – 0.001        0.005
Data;
0.1362.0970.9233.2051.501 – 0.089
0.2732.2531.3743.4081.474 – 0.316
0.4092.4731.8523.6051.414 – 0.574
0.5452.7592.3573.7921.316 – 0.856
0.6823.1172.8863.9631.180 – 1.147
0.8183.5473.4374.1121.004 – 1.429
0.9554.0554.0064.2350.792 – 1.680
1.0914.6414.5904.3260.548 – 1.880
1.2275.3075.1844.3830.282 – 2.009
1.3646.0555.7844.4030.004 – 2.055
1.5006.8846.3834.384 – 0.274      – 2.012
```

输出结果：

		参数	最佳估算
均方差(RMSE): 0.00257571999820954			
残差平方和(SSE): 0.000729776686009421		---------	---------
相关系数(R): 0.999999878835271		p1	1.00008656860854
相关系数之平方(R^2): 0.999999757670557		p2	0.998024737425075
决定系数(DC): 0.999999821341232		p3	4.9919369240034
F 统计(F-Statistic): 7035419.25334065		p4	3.99541080935836

【例 2.65】 缺失数据的标示及拟合。

试验数据有不规则的缺失，数据见表 2-53，"＊＊＊＊"表示该数据缺失，这种情况下该如何对下列微分方程组进行拟合呢？非常简单，用"NAN"代表无数据点即可。

微分方程组：

$$
\begin{cases}
\dfrac{\mathrm{d}x_1}{\mathrm{d}t} = x_3 \\[2mm]
\dfrac{\mathrm{d}x_2}{\mathrm{d}t} = x_4 \\[2mm]
\dfrac{\mathrm{d}x_3}{\mathrm{d}t} = (1 - k_1) \cdot \sin(k_2 \cdot t + k_4) - 2 \cdot k_3 \cdot x_3 + 2 \cdot k_3 \cdot x_4 - x_1 + x_2 \\[2mm]
\dfrac{\mathrm{d}x_4}{\mathrm{d}t} = \dfrac{k_1 \cdot \sin(k_2 \cdot t + k_4) + 2 \cdot k_3 \cdot x_3 - 2 \cdot k_3 \cdot (1 + k_5) \cdot x_4 - (1 + k_6) \cdot x_2}{k_7}
\end{cases}
$$

$$(2\text{-}88)$$

表 2-53　缺失拟合数据

t	x_1	x_2	x_3	x_4
0	0.005	-3	0	0
1	-1.445	-2.045	-1.914	1.782
2	-2.994	* * * * *	-0.346	1.273
3	* * * * *	0.550	1.784	* * * * *
4	0.974	0.576	* * * * *	-0.291
5	3.164	* * * * *	0.789	0.531
6	* * * * *	1.347	-0.862	* * * * *
7	1.346	1.951	* * * * *	0.676
8	0.393	* * * * *	-0.011	-0.903
9	* * * * *	0.808	0.043	* * * * *
10	0.687	-0.570	0.065	-1.363

1stOpt 代码如下：

```
Variable t, x(4);
ODEFunction x1' = x3;
          x2' = x4;
          x3' = (1 - k1) * sin(k2 * t + k4) - 2 * k3 * x3 + 2 * k3 * x4 - x1 + x2;
          x4' = (k1 * sin(k2 * t + k4) + 2 * k3 * x3 - 2 * k3 * (1 + k5) * x4 + x1 - (1 + k6) * x2)/k7;
Data;
0    0.005 - 3.000    0.0000.000
1    - 1.445      - 2.045      - 1.914      1.782
2    - 2.994      NAN - 0.346      1.273
3    NAN0.5501.784NAN
4    0.9740.576NAN - 0.291
5    3.164NAN0.7890.531
6    NAN1.347 - 0.862      NAN
7    1.3461.951NAN0.676
8    0.393NAN - 0.011      - 0.903
9    NAN0.8080.0430.000
10   0.687 - 0.570      0.065 - 1.363
```

输出结果：

常微分方程算法：龙格-库塔-费尔博格法（Runge-Kutta-Fehlberg Method）	参数	最佳估算
优化算法：通用全局优化算法（UGO1）	k1	2. 00613288392298
计算结束原因：达到收敛判断标准	k2	3. 02450188580288
计算用时（时：分：秒：微秒）：00：16：42：559	k4	26. 1747318905385
均方差（RMSE）：0. 204433210717985	k3	0. 0563702203847058
残差平方和（SSR）：1. 33737400462286	k5	1. 722359933554
	k6	1. 0109071592469
	k7	3. 02003444041547

【例 2. 66】 等步长拟合。

当微分数据步长不一致且间隔较大时，可用关键字"ODERegStep"使计算按给定的步长进行，对提高拟合精度有很好的帮助。在某些情况下，如微分方程算法使用一至四阶"龙格－库塔法"时，步长过大对拟合精度有很大影响。

拟合微分方程组：

$$\begin{cases} \dfrac{\mathrm{d}x}{\mathrm{d}t} = y - k_1 \cdot \cos(t + k_2) - k_3 \cdot y \\[2mm] \dfrac{\mathrm{d}y}{\mathrm{d}t} = k_4 \cdot x + y + k_5 \cdot t \end{cases} \tag{2-89}$$

等步长拟合数据见表 2-54。

表 2-54　等步长拟合数据（初值 $t = 0$，$x = 1$，$y = 1$）

t	x	y
0. 3	0. 675	2. 065
2. 1	- 0. 623	9. 552
3	8. 539	29. 316

1stOpt 代码如下：

```
ODERegStep  = 0. 3;
ODEAlgorithm = RK4;
InitialODEValue t = 0, x = 1, y = 1;
Variable t, x, y;
ODEFunction x′ = y - k1 * cos(t + k2) - y * k3;
          y′ = k4 * x + y + k5 * t;
Data;
0. 3    0. 6752. 065
2. 1    - 0. 623    9. 552
3       8. 53929. 316
```

输出结果：

使用"ODERegStep"	不使用"ODERegStep"
常微分方程算法：四阶龙格-库塔法（Fourth Order Runge-Kutta Method）	常微分方程算法：四阶龙格-库塔法（Fourth Order Runge-Kutta Method）
优化算法：通用全局优化法（UGO1）	优化算法：通用全局优化法（UGO1）
计算结束原因：用户中止	计算结束原因：用户中止
计算用时（时：分：秒：微秒）：00：00：15：703	计算用时（时：分：秒：微秒）：00：00：15：922
均方差（RMSE）：0.0214386989947079	均方差（RMSE）：0.0111158581235333
残差平方和（SSE）：0.00551541377502829	残差平方和（SSE）：0.000741373810935133
相关系数（R）：0.999998984095299	相关系数（R）：0.999999639704033
相关系数之平方（R^2）：0.999997968191629	相关系数之平方（R^2）：0.999999279408196
决定系数（DC）：0.999998061673587	决定系数（DC）：0.999999279303729
F 统计（F-Statistic）：5.12122320427093	F 统计（F-Statistic）：－36447.5765681835

参数	最佳估算	参数	最佳估算
k1	5.50432128217711	k1	5.58686555773678
k2	－1.3552990742272	k2	－1.33060029053298
k3	0.267620859873006	k3	0.263465825271026
k4	2.22570187589488	k4	2.31887169889776
k5	－0.131203327608557	k5	－0.0580247710613677

使用"ODERegStep"所得数据如下：

目标 x	计算 x	目标 y	计算 y
0.675	0.74389490394211	2.065	2.04247917833449
0	0.299319814670909	0	3.16098820012847
0	－0.236383467347927	0	4.27029976470085
0	－0.749275891831205	0	5.3371702668181
0	－1.10487986330609	0	6.41258526353131
0	－1.1372311640575	0	7.6806330650717
－0.623	－0.624838564462221	9.552	9.53732771035425
0	0.756585991279738	0	12.7234492788511
0	3.52186044747193	0	18.5541407434378
8.539	8.53423863014645	29.316	29.3205156983214

不使用"ODERegStep"所得数据如下：

目标 x	计算 x	目标 y	计算 y
0.675	0.700897895060419	2.065	2.05867690390189
－0.623	－0.624184110329092	9.552	9.54702059567901
8.539	8.53750088955258	29.316	29.3174991282418

【例2.67】复合数据的拟合。

微分方程拟合时，变量声明关键字"Variable"可定义复合型数据，如：

Variable t, x1 + x2, x2；

拟合微分方程组：

$$\begin{cases} \dfrac{\mathrm{d}x_1}{\mathrm{d}t} = k_1 \cdot x_1 + k_2 \cdot x_2 + k_5 \\[3mm] \dfrac{\mathrm{d}x_2}{\mathrm{d}t} = k_3 \cdot x_1 + k_4 \cdot x_2 + k_5 \end{cases} \tag{2-90}$$

复合拟合数据见表 2-55。

表 2-55　复合拟合数据（初值 $t=0$，$x_1=0.01$，$x_2=-1$）

t	$x_1 + \exp(x_2)$	$x_2' = \dfrac{\mathrm{d}x_2}{\mathrm{d}t}$
0.1	-0.401	0.747
0.2	-1.036	0.129
0.3	-1.641	-0.340
0.4	-2.094	-0.784
0.5	-2.658	-1.075
0.6	-3.224	-1.541
0.7	-3.817	-1.962
0.8	-4.536	-2.226
0.9	-6.048	-2.994
1	-7.070	-3.325

1stOpt 代码如下：

```
InitialODEValue t = 0, x1 = 0.01, x2 = -1;
Variable t, x1 + exp(x2), x2';
ODEFunction x1' = k1 * x1 + k2 * x2 + k5;
            x2' = k3 * x1 + k4 * x2 + k5;
Data;
0.1     -0.401      0.747
0.2     -1.036      0.129
0.3     -1.641     -0.340
0.4     -2.094     -0.784
0.5     -2.658     -1.075
0.6     -3.224     -1.541
0.7     -3.817     -1.962
0.8     -4.536     -2.226
0.9     -6.048     -2.994
1       -7.070     -3.325
```

输出结果：

均方差（RMSE）：0.124311451756304
残差平方和（SSE）：0.309066740755197
相关系数（R）：0.999147470801841
相关系数之平方（R^2）：0.998295668409715
决定系数（DC）：0.998293753008998
F 统计（F-Statistic）：212.012531077907

参数	最佳估算
k1	-0.977487871515061
k2	9.15933001093156
k5	0.417624873683557
k3	0.908685664659853
k4	-1.22762153799123

【例 2.68】 微分方程与代数方程混合拟合。

微分方程与代数方程

$$\begin{cases} \dfrac{\mathrm{d}^2 y}{\mathrm{d}t} = a \cdot y^2 \\[2mm] z = a \cdot \ln(t) + \dfrac{b}{\exp(y)} \end{cases} \tag{2-91}$$

上述方程组中包含一个二阶微分方程及一个代数方程，已知 y、z 数据见表 2-56，试求参数 a 和 b。

表 2-56　混合拟合数据

t	1, 1.1, 1.2, 1.3, 1.4, 1.5, 1.6, 1.7, 1.8, 1.9, 2, 2.1, 2.2, 2.3, 2.4, 2.5, 2.6, 2.7, 2.8, 2.9, 3
y	0.909, 0.706, 0.363, 0.079, -0.226, -0.474, -0.765, -1.183, -1.436, -1.573, -1.811, -1.937, -1.869, -2.013, -1.679, -1.668, -1.465, -1.146, -0.791, -0.586, -0.282
z	0.051, 0.276, 0.435, 0.611, 0.807, 1.119, 1.307, 1.514, 1.673, 1.847, 2.168, 2.389, 2.453, 2.693, 2.648, 2.413, 2.288, 2.271, 2.564, 2.392, 2.197

一般情况下，需要先将代数方程转换成微分方程形式后再按微分方程拟合进行计算，但有时无法求出复杂代数方程的微分形式，此时该如何处理？1stOpt 可以直接进行混合无法方程拟合，无须转换代数方程。与一般的微分方程拟合并无不同，注意计算结果，y 的一阶导数的初值也自动作为一个参数。

1stOpt 代码如下：

```
Variable t,y,z;
ODEFunction y" = a * y^2;
          z = a * ln(t) + b/exp(y);
Data;
t = 1,1.1,1.2,1.3,1.4,1.5,1.6,1.7,1.8,1.9,2,2.1,2.2,2.3,2.4,2.5,2.6,2.7,2.8,2.9,3;
y = 0.909,0.706,0.363,0.079, -0.226, -0.474, -0.765, -1.183, -1.436, -1.573, -1.811, -1.937, -1.869,
 -2.013, -1.679, -1.668, -1.465, -1.146, -0.791, -0.586, -0.282;
z = 0.051,0.276,0.435,0.611,0.807,1.119,1.307,1.514,1.673,1.847,2.168,2.389,2.453,2.693,2.648,2.413,2.288,
2.271,2.564,2.392,2.197;
```

输出结果：

均方差（RMSE）：0.0831984700806061
残差平方和（SSR）：0.27687941695014
相关系数（R）：0.995070299703546
相关系数之平方（R^2）：0.990164901352105
修正 R 平方（Adj. R^2）：0.98832790689838
确定系数（DC）：0.988515663406159
F 统计（F-Statistic）：914.598196779322

参数	最佳估算
a	1.91818630257573
b	0.147500069490836
y'初值	-3.11747278079226

如果该例缺少微分项 y 的数据而只有代数项 z 的数据该如何处理？与上述代码并无大的区别，只是计算结果中微分项 y 的初值也被视作参数。

1stOpt 代码如下：

```
Variable t,y,z;
ODEFunction y″ = a * y^2;
           z = a * ln(t) + b/exp(y);
Data;
t = 1,1.1,1.2,1.3,1.4,1.5,1.6,1.7,1.8,1.9,2,2.1,2.2,2.3,2.4,2.5,2.6,2.7,2.8,2.9,3;
z = 0.051,0.276,0.435,0.611,0.807,1.119,1.307,1.514,1.673,1.847,2.168,2.389,2.453,2.693,2.648,2.413,2.288,
2.271,2.564,2.392,2.197;
```

输出结果：

均方差（RMSE）: 0.0925846050608586	
残差平方和（SSR）: 0.171438181885503	
相关系数（R）: 0.992690506298113	
相关系数之平方（R^2）: 0.985434441294403	
修正 R 平方（Adj. R^2）: 0.983720846152569	
确定系数（DC）: 0.985403471298443	
F 统计（F-Statistic）: 363.822981662748	

参数	最佳估算
a	1.94179581143907
b	0.140079340239487
y 初值	0.998380048625012
y′初值	− 3.27263136039833

【例 2.69】 过点约束微分方程拟合。

已知微分方程：

$$\frac{\mathrm{d}y}{\mathrm{d}t} = -k \cdot y^n \tag{2-92}$$

微分方程拟合数据见表 2-57。

表 2-57　微分方程拟合数据

t	0, 20, 40, 60, 120, 180, 300
y	10, 8, 6, 5, 3, 2, 1

上述是一个非常普通的微分方程拟合问题，两个待求参数 k 和 n，与一般微分方程拟合唯一不同的是要求拟合计算点必须通过第二个和最后一个点，即有两个过点约束，用"SubjectTo"命令。

1stOpt 代码如下：

```
Variable t,y;
Parameter k,n;
SubjectTo y[20] − 8 = 0,y[300] − 1 = 0;
ODEFunction y′ = − k * y^n;
Data;
t = 0,20,40,60,120,180,300;
y = 10,8,6,5,3,2,1;
```

输出结果：

加过点约束	不加约束
均方差（RMSE）：0.263772794986548 残差平方和（SSR）：0.417456524250092 相关系数（R）：0.997392273824486 相关系数之平方（R^2）：0.994791347884778 修正 R 平方（Adj. R^2）：0.991318913141296 确定系数（DC）：0.988015602174638 F 统计（F-Statistic）：354.180940443264	均方差（RMSE）：0.125177484828994 残差平方和（SSR）：0.0940164162486783 相关系数（R）：0.998731528565726 相关系数之平方（R^2）：0.997464666151232 修正 R 平方（Adj. R^2）：0.995774443585386 确定系数（DC）：0.997300964126832 F 统计（F-Statistic）：1444.01873433912
参数　　　　　最佳估算 －－－－－－－－　　－－－－－－－－ k　　　0.00534339757163355 n　　　1.33612562125854	参数　　　　　最佳估算 －－－－－－－－　　－－－－－－－－ k　　　0.0047102004404038 n　　　1.45558751797059

2.5　其他应用

很多问题都可转化为优化问题，1stOpt 因此还可用于解决许多其他问题。

2.5.1　隐函数作图

主要使用关键字：

- PlotFunction：定义作图函数方程，也可简写为"PlotFunc"。
- Variable：定义变量及其范围。

（1）二维隐函数作图

【例 2.70】根据已知方程，试画出 x 与 y 的关系图。方程如下：

$$\ln(3.5 \cdot x^y) + x - y^x - [\sin(y - x)]^2 + 0.6 - \frac{(x + y)^{(0.1 * x)}}{x} = 0 \tag{2-93}$$

其中，$x \in [1.5, 10]$。

"StepX"用于设定计算步长数。

1stOpt 代码（二维）如下：

```
Variable x = [1.5,10], y;
StepX = 100;
PlotFunction ln(3.5 * x^y) + x - y^x - (sin(y - x))^2 + 0.6 - (x + y)^(0.1 * x)/x  =  0;
```

三维隐函数作图结果如图 2-70 所示。

（2）三维隐函数作图

【例 2.71】根据已知方程，试画出 z 与 x 和 y 的关系图。方程如下：

$$\ln(z) + \sin(x + y - z)^2 = (x - 10 - z)^3 + \cos(z)(y - 100)^2 \tag{2-94}$$

其中，$x \in [9, 13], y \in [97, 103]$。

"Mesh"用于设定空间计算密度。

1stOpt 代码如下：

```
Variable x = [9,13], y = [97,103], z;
Mesh = [30,30];
PlotFunction ln(z) + sin(x + y - z)^2 = (x - 10 - z)^3 + cos(z) * (y - 100)^2;
```

三维隐函数作图结果如图 2-71 所示。

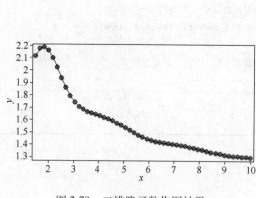

图 2-70　二维隐函数作图结果

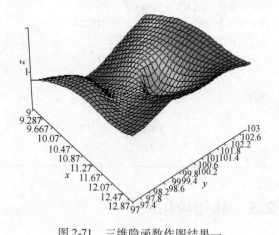

图 2-71　三维隐函数作图结果一

【例 2.72】根据已知方程，试画出 z 与 x 和 y 的关系图，方程如下：

$$z = -\frac{1}{x^2 + 1} + \frac{2}{z + y^2 + 1} + \frac{0.5 \cdot \sin(5 \cdot r)}{r} \tag{2-95}$$

其中，$x \in [-5,5], y \in [-5,5]$。

1stOpt 代码如下：

```
ConstStr r = sqrt(x^2 + y^2 + z);
Variable x = [-5,5], y = [-5,5], z;
Mesh = [50,50];
PlotFunction z = -1/(x*x+1) + 2/(z+y*y+1) + 0.5*sin(5*r)/r;
```

三维隐函数作图结果如图 2-72 所示。

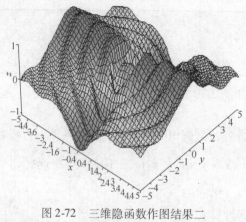

图 2-72　三维隐函数作图结果二

（3）三维隐函数实例（表2-58）

表 2-58　三维隐函数实例

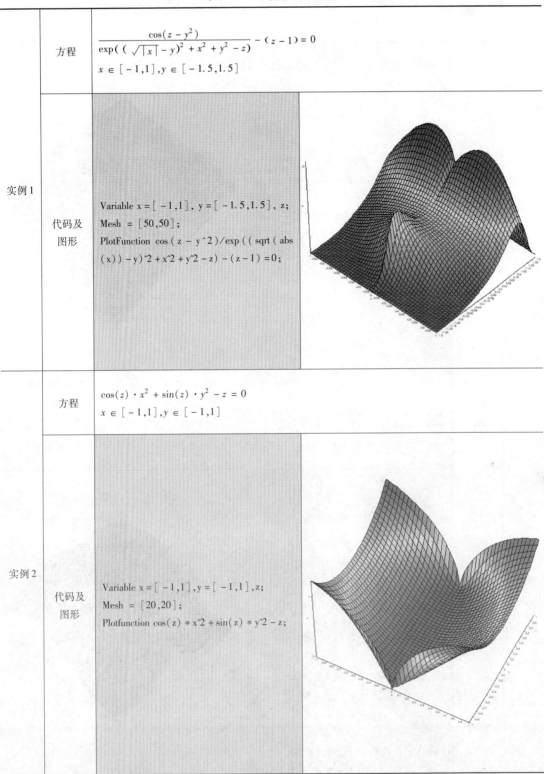

	方程	$\dfrac{\cos(z - y^2)}{\exp\left(\left(\sqrt{\lvert x \rvert} - y\right)^2 + x^2 + y^2 - z\right)} - (z - 1) = 0$ $x \in [-1, 1], y \in [-1.5, 1.5]$
实例1	代码及图形	Variable x = [-1,1], y = [-1.5,1.5], z; Mesh = [50,50]; PlotFunction cos(z - y^2)/exp((sqrt(abs(x)) - y)^2 + x^2 + y^2 - z) - (z - 1) = 0;
	方程	$\cos(z) \cdot x^2 + \sin(z) \cdot y^2 - z = 0$ $x \in [-1, 1], y \in [-1, 1]$
实例2	代码及图形	Variable x = [-1,1], y = [-1,1], z; Mesh = [20,20]; Plotfunction cos(z) * x^2 + sin(z) * y^2 - z;

127

实例3	方程	$4\cos\left[x\cdot y+\sin^2(x^z)\right]+\sinh(x-y+z)+\dfrac{x}{y}+2.5-2\cdot x^{\sin(x)}+\dfrac{y^2}{x}+\sin(z)=0$ $x\in[0.5,5],y\in[0.5,5]$	
	代码及图形	Variable x = [0.5,5] , y = [0.5,5] , z; Mesh = [40,40]; PlotFunction 4 * cos(x * y + sin(x^z)^2) + sinh(x − y + z) + x∕y + 2.5 − 2 * x^sin(x) + y^2/x + sin(z) ; 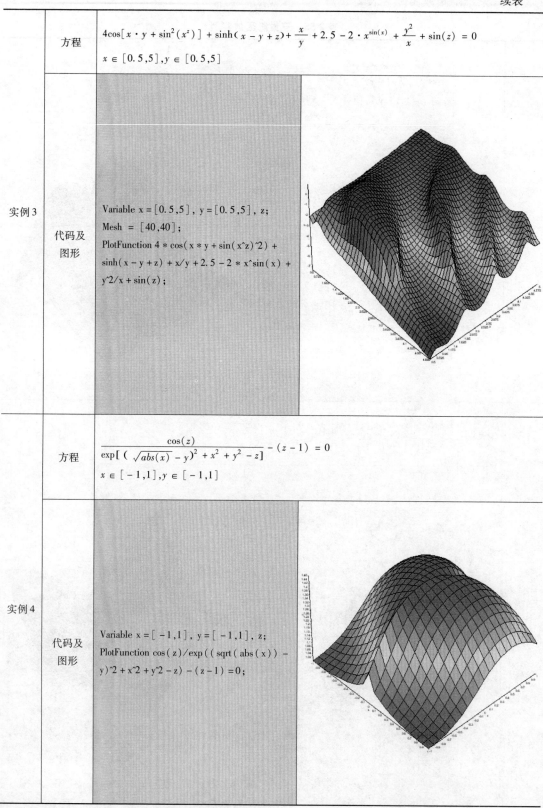
实例4	方程	$\dfrac{\cos(z)}{\exp\left[\,\left(\sqrt{abs(x)}-y\right)^2+x^2+y^2-z\right]}-(z-1)=0$ $x\in[-1,1],y\in[-1,1]$	
	代码及图形	Variable x = [−1,1] , y = [−1,1] , z; PlotFunction cos(z)∕exp((sqrt(abs(x)) − y)^2 + x^2 + y^2 − z) − (z − 1) = 0;

实例 5	方程	$z = \sin(z - x)\cos(z - y) - \cos(x + y)$ $x \in [-6,2], y \in [-6,2]$
	代码及图形	Variable x = [-6,2], y = [-6,2], z; Mesh = [40,40]; PlotFunction z = sin(z - x) * cos(z - y) - cos (x + y);
实例 6	方程	$0.5 + \dfrac{[\sin(\sqrt{x^2 + z + y^2})]^2 - 0.5 \cdot z \cdot \cosh(x + y + z^3)}{[1 + 0.001 \cdot (x^2 + y^2 + z^2)]} - z \cdot \ln(z) = 0$ $x \in [-3,3], y \in [-3,3]$
	代码及图形	Variable x = [-3,3], y = [-3,3], z; Mesh = [30,30]; PlotFunction 0.5 + (sqr(sin(sqrt(x^2 + z + y^2))) - 0.5 * z * cosh(x + y + z^3))/sqr(1 + 0.001 * (x^2 + y^2 + z^2)) - z * ln(z) = 0;

2.5.2 参数函数作图

主要使用关键字：

PlotParaFunction：定义参数函数方程。

【例 2.73】 参数函数方程如下：

$$
\begin{cases}
x = \cos(t) \cdot \left\{ \exp[\cos(t)] - 2 \cdot \cos(4 \cdot t) - \sin\left(\dfrac{t}{12}\right)^5 \right\} \\[4mm]
y = \sin(t) \cdot \left\{ \exp[\cos(t)] - 2 \cdot \cos(4 \cdot t) - \sin\left(\dfrac{t}{12}\right)^5 \right\}
\end{cases}
\tag{2-96}
$$

其中，$t = i \cdot (u + 20 \cdot i)$，$u$ 范围为 $[0, 3 \cdot p_i]$，$i = 1, \cdots\cdots, 5$。

有 5 组参数方程（$i = 1, \cdots\cdots, 5$），下面代码中使用 "For" 语句来实现。

1stOpt 代码如下：

```
ConstStr t = i * ( u + 20 * i );
Variable u = [0,3 * pi],x,y;
StepX = 1200;
PlotParaFunction For(i = 1;5)(x = cos(t) * (exp(cos(t)) - 2 * cos(4 * t) - sin(t/12)^5),
                            y = sin(t) * (exp(cos(t)) - 2 * cos(4 * t) - sin(t/12)^5));
```

参数函数作图结果如图 2-73 所示。

【例 2.74】 隐式参数方程如下：

$$
\begin{cases}
x = \sin(t - x^2) \\
y = \cos(2 \cdot t + 0.03 + y) - y \cdot x^2
\end{cases}
\tag{2-97}
$$

其中，t 范围为 $[0, 2 \cdot p_i]$。

因为参数函数方程两端均有因变项 x 和 y，构成了隐式参数方程。

1stOpt 代码如下：

```
Variable t = [0,2 * pi],x,y;
StepX = 100;
PlotParaFunction x = sin(t - x^2), y = cos(t * 2 + 0.03 + y) - y * x^2;
```

隐式参数方程作图结果如图 2-74 所示。

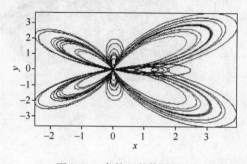

图 2-73 参数函数作图结果

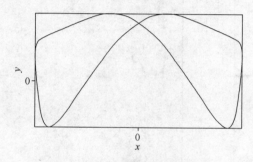

图 2-74 隐式参数方程作图结果

参数函数作图实例见表2-59。

表 2-59　参数函数作图实例

实例1	方程	$\begin{cases} x = \sin^3(t) \\ y = \cos(t - y \cdot x \cdot i \cdot 0.1) \cdot \sin(t + y \cdot x \cdot 0.1 \cdot i) \end{cases}$ $t \in [0, 2\pi]$，$i = 1, \cdots\cdots, 10$	
	代码及图形	Variable t = [0,2 * pi],x,y; StepX = 100; PlotParaFunction for(i = 1:10)(x = sin(t)^3, y = cos(t - y * x * i * 0.1) * sin(t + y * x * 0.1 * i));	
实例2	方程	$\begin{cases} x = \cos^2(t) \\ y = \cos(t - 0.2 \cdot i \cdot x \cdot y) \cdot \sin(x) \end{cases}$ $t \in [0, 2\pi]$，$i = 1, \cdots\cdots, 10$	
	代码及图形	Variable t = [0,2 * pi],x,y; PlotParaFunction for(i = 1:10)(x = cos(t)^2, y = cos(t - 0.2 * i * x * y) * sin(x));	
实例3	方程	$\begin{cases} x = r \cdot \cos(t + x^2 \cdot 0.01) \\ y = r \cdot \sin(t) \end{cases}$ $r = a^2 \cdot \cos(n \cdot t + i \cdot 0.1)$，$t \in [-\pi, \pi]$，$i = 1, \cdots\cdots, 5$	
	代码及图形	Constant a = 3,n = 6; ConstStr r = a^2 * cos(n * t + i * 0.1); Variable t = [-pi,pi],x,y; StepX = 440; PlotParaFunction for(i = 1:5)(x = r * cos(t + x^2 * 0.01),y = r * sin(t));	

实例4	方程	$\begin{cases} x = \sin^3(t) \cdot \cos^3(t) \\ y = \cos(t - y \cdot x \cdot i \cdot 0.3) \cdot \sin^2(t + y \cdot x \cdot 0.1 \cdot i) \end{cases}$ $t \in [0, 2\pi], i = 1, \cdots\cdots, 10$
	代码及图形	Variable t = [0,2 * pi],x,y; StepX = 100; PlotParaFunction for(i = 1;10)(x = sin(t)^3 * cos(t)^3, y = cos(t - y * x * i * 0.3) * sin(t + y * x * 0.1 * i)^2);
实例5	方程	$\begin{cases} x = \sin^3(t) \\ y = \cos(t - y \cdot x \cdot i \cdot 0.1) \cdot \sin^2(t + y \cdot x \cdot 0.1 \cdot i) \end{cases}$ $t \in [0, 2\pi], i = 1, \cdots\cdots, 10$
	代码及图形	Variable t = [0,2 * pi],x,y; StepX = 100; PlotParaFunction for(i = 1;10)(x = sin(t)^3, y = cos(t - y * x * i * 0.1) * sin(t + y * x * 0.1 * i)^2);

2.5.3 数据作图

主要使用关键字如下：

- PlotData：画二维点线数据图。
- PlotPoint2D：画二维点数据图。
- PlotPoint3D：画三维点数据图，数据格式为 $x - y - z$。
- PlotMeshData：画三维面数据图、矩阵数据格。

【例 2.75】PlotData 的使用，数据均作为 y 轴数据，x 轴数据自动赋予。

PlotData 数据图如图 2-75 所示。

1stOpt 代码如下：

```
PlotData;
0.22      0.0511
0.55      0.0872
0.542     0.1685
1.021     0.1951
1.633     0.2341
1.772     0.3616
1.973     0.4249
2.15      0.4597
2.21      0.4902
2.542     0.5764
```

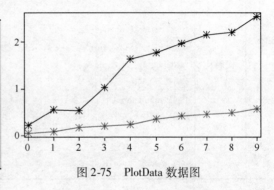

图 2-75　PlotData 数据图

【例 2. 76】PlotPoint2D 的使用，第一列数据自动作为 x 轴数据，其余均作为 y 轴数据。

PlotPoint 2D 数据如图 2-76 所示。

1stOpt 代码如下：

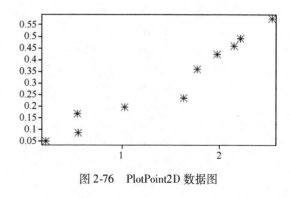

Plot Point2D；	
0. 22	0. 0511
0. 55	0. 0872
0. 542	0. 1685
1. 021	0. 1951
1. 633	0. 2341
1. 772	0. 3616
1. 973	0. 4249
2. 15	0. 4597
2. 21	0. 4902
2. 542	0. 5764

图 2-76   PlotPoint2D 数据图

【例 2. 77】PlotPoint3D 的使用，第一、二列数据分别作为 x 和 y 轴数据，第三列为 z 轴数据。

PlotPoint3D 数据图如图 2-77 所示。

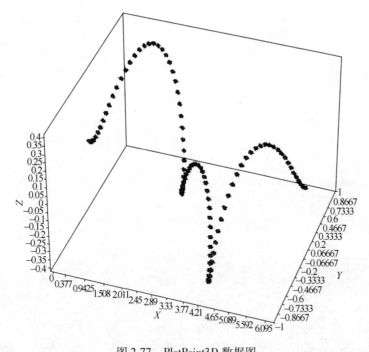

图 2-77   PlotPoint3D 数据图

1stOpt 代码如下：

PlotPoint3D；		
x	y	z
0. 0628	0. 0002	0. 0039
0. 1257	0. 0020	0. 0156

0.2513	0.0154	0.0599
0.3142	0.0295	0.0910
0.4398	0.0772	0.1650
0.5027	0.1118	0.2053
0.6283	0.2031	0.2852
0.6912	0.2590	0.3216
0.8168	0.3874	0.3796
0.8796	0.4574	0.3983
1.0053	0.6019	0.4089
1.0681	0.6729	0.3991
1.1938	0.8038	0.3479
1.2566	0.8602	0.3071
1.3823	0.9478	0.2001
1.4451	0.9765	0.1368
1.5708	1.0000	0.0000
1.6336	0.9941	−0.0695
1.7593	0.9478	−0.2001
1.8221	0.9087	−0.2574
1.9478	0.8038	−0.3479
2.0106	0.7408	−0.3788
2.1363	0.6019	−0.4089
2.1991	0.5295	−0.4084
2.3248	0.3874	−0.3796
2.3876	0.3208	−0.3536
2.5133	0.2031	−0.2852
2.5761	0.1538	−0.2459
2.7018	0.0772	−0.1650
2.7646	0.0499	−0.1264
2.8903	0.0154	−0.0599
2.9531	0.0066	−0.0345
3.0788	0.0002	−0.0039
3.1416	0.0000	0.0000
3.2673	−0.0020	−0.0156
3.3301	−0.0066	−0.0345
3.4558	−0.0295	−0.0910
3.5186	−0.0499	−0.1264
3.6442	−0.1118	−0.2053
3.7071	−0.1538	−0.2459
3.8327	−0.2590	−0.3216
3.8956	−0.3208	−0.3536
4.0212	−0.4574	−0.3983
4.0841	−0.5295	−0.4084
4.2097	−0.6729	−0.3991

4. 2726	− 0. 7408	− 0. 3788
4. 3982	− 0. 8602	− 0. 3071
4. 4611	− 0. 9087	− 0. 2574
4. 5867	− 0. 9765	− 0. 1368
4. 6496	− 0. 9941	− 0. 0695
4. 7752	− 0. 9941	0. 0695
4. 8381	− 0. 9765	0. 1368
4. 9637	− 0. 9087	0. 2574
5. 0265	− 0. 8602	0. 3071
5. 1522	− 0. 7408	0. 3788
5. 2150	− 0. 6729	0. 3991
5. 3407	− 0. 5295	0. 4084
5. 4035	− 0. 4574	0. 3983
5. 5292	− 0. 3208	0. 3536
5. 5920	− 0. 2590	0. 3216
5. 7177	− 0. 1538	0. 2459
5. 7805	− 0. 1118	0. 2053
5. 9062	− 0. 0499	0. 1264
5. 9690	− 0. 0295	0. 0910
6. 0947	− 0. 0066	0. 0345
6. 1575	− 0. 0020	0. 0156
6. 2832	0. 0000	0. 0000

【例 2. 78】PlotMeshData 的使用，从矩阵数据绘制三维面图。

1stOpt 代码如下：

```
PlotMeshData;
0. 36 ,0. 33 ,0. 31 ,0. 30 ,0. 29 ,0. 28 ,0. 27 ,0. 27 ,0. 26 ,0. 26 ,0. 26 ,0. 26 ,0. 27 ,0. 27 ,0. 28 ,0. 28
0. 29 ,0. 26 ,0. 24 ,0. 23 ,0. 22 ,0. 21 ,0. 20 ,0. 20 ,0. 20 ,0. 20 ,0. 20 ,0. 21 ,0. 21 ,0. 22 ,0. 23 ,0. 24
0. 23 ,0. 20 ,0. 18 ,0. 16 ,0. 15 ,0. 15 ,0. 14 ,0. 14 ,0. 14 ,0. 15 ,0. 16 ,0. 16 ,0. 17 ,0. 18 ,0. 19 ,0. 21
0. 19 ,0. 16 ,0. 13 ,0. 11 ,0. 10 ,0. 09 ,0. 09 ,0. 09 ,0. 10 ,0. 11 ,0. 12 ,0. 13 ,0. 15 ,0. 16 ,0. 17 ,0. 19
0. 17 ,0. 13 ,0. 10 ,0. 07 ,0. 05 ,0. 05 ,0. 05 ,0. 06 ,0. 07 ,0. 09 ,0. 10 ,0. 12 ,0. 13 ,0. 15 ,0. 16 ,0. 18
0. 15 ,0. 11 ,0. 08 ,0. 05 ,0. 03 ,0. 01 ,0. 03 ,0. 05 ,0. 06 ,0. 08 ,0. 10 ,0. 12 ,0. 13 ,0. 15 ,0. 16 ,0. 18
0. 15 ,0. 12 ,0. 09 ,0. 06 ,0. 05 ,0. 04 ,0. 05 ,0. 06 ,0. 08 ,0. 10 ,0. 11 ,0. 13 ,0. 14 ,0. 16 ,0. 17 ,0. 19
0. 16 ,0. 13 ,0. 10 ,0. 09 ,0. 08 ,0. 08 ,0. 08 ,0. 09 ,0. 10 ,0. 12 ,0. 13 ,0. 15 ,0. 16 ,0. 17 ,0. 19 ,0. 20
0. 18 ,0. 15 ,0. 13 ,0. 11 ,0. 11 ,0. 11 ,0. 11 ,0. 12 ,0. 13 ,0. 14 ,0. 15 ,0. 17 ,0. 18 ,0. 19 ,0. 20 ,0. 22
0. 20 ,0. 17 ,0. 15 ,0. 14 ,0. 14 ,0. 14 ,0. 14 ,0. 15 ,0. 16 ,0. 17 ,0. 18 ,0. 19 ,0. 20 ,0. 21 ,0. 22 ,0. 23
0. 21 ,0. 19 ,0. 17 ,0. 17 ,0. 16 ,0. 16 ,0. 17 ,0. 17 ,0. 18 ,0. 19 ,0. 20 ,0. 21 ,0. 22 ,0. 23 ,0. 24 ,0. 25
0. 23 ,0. 21 ,0. 20 ,0. 19 ,0. 19 ,0. 19 ,0. 19 ,0. 20 ,0. 20 ,0. 21 ,0. 22 ,0. 23 ,0. 24 ,0. 25 ,0. 26 ,0. 27
0. 25 ,0. 23 ,0. 22 ,0. 21 ,0. 21 ,0. 21 ,0. 21 ,0. 22 ,0. 22 ,0. 23 ,0. 24 ,0. 25 ,0. 26 ,0. 27 ,0. 28 ,0. 29
0. 27 ,0. 25 ,0. 24 ,0. 23 ,0. 23 ,0. 23 ,0. 23 ,0. 24 ,0. 24 ,0. 25 ,0. 26 ,0. 26 ,0. 27 ,0. 28 ,0. 29 ,0. 30
0. 28 ,0. 27 ,0. 26 ,0. 25 ,0. 25 ,0. 25 ,0. 25 ,0. 26 ,0. 26 ,0. 27 ,0. 27 ,0. 28 ,0. 29 ,0. 30 ,0. 31 ,0. 32
0. 30 ,0. 28 ,0. 27 ,0. 27 ,0. 27 ,0. 27 ,0. 27 ,0. 27 ,0. 28 ,0. 28 ,0. 29 ,0. 30 ,0. 30 ,0. 31 ,0. 32 ,0. 33
```

PlotMeshData 数据图如图 2-78 所示。

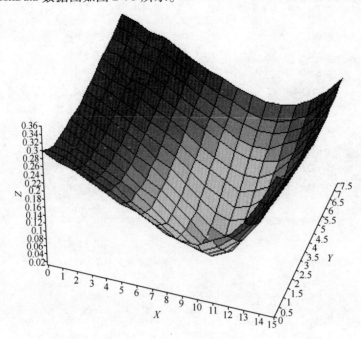

图 2-78　PlotMeshData 数据图

2.5.4　作为高级计算器使用

高级计算器可直观用于计算任意表达式之值。支持特殊计算符号如求和（Σ）、求积（Π），积分，同时也支持一些特殊函数如伽玛函数（Gamma Function）、贝塞尔函数（Bessel Function）等。

（1）一般运算

【例 2.79】试求下列各式之值。

① $f_1 = 5 \cdot \sin(\pi \cdot 6)^2 + \exp[6.45 + \ln(2.14)]$

② $f_2 = \int_0^\pi (x^{\exp(Erf(x))} + \{abs[\ln(x)]^x\}) \mathrm{d}x + \sum_{i=1}^{10}(\prod_{j=1}^{i}\{0.1 \cdot [\ln(i \cdot j)]^2\})$

③ $f_3 = \sqrt{\max(f_1^{0.1}, f_2)}$

④ $f_4 = \sum_{i=1}^{3}\sum_{j=1}^{i}\sum_{m=1}^{4}\prod_{n=1}^{m}\prod_{p=1}^{10}(f_3^{\frac{i+j+m+n+p}{1000}})$

1stOpt 代码如下：

```
f1  = 5 * sin( pi * 6 )^2 + exp( 6. 45 + ln( 2. 14 ) ) ;
f2  = int( x^( exp( Erf( x ) ) ) + ( abs( ln( x ) ) )^x, x = 0 ;pi ) + sum( i = 1 ;10 ) ( prod( j = 1 ;i ) ( 0. 1 * ln( i * j )^2 ) ) ;
f3  = sqrt( max( f1^0. 1, f2 ) ) ;
f4  = sum( i = 1 ;3 ) ( sum( j = 1 ;i ) ( sum( m = 1 ;4 ) ( prod( n = 1 ;m ) ( prod( p = 1 ;3 ) ( f3^( ( i + j + m + n + p )/1000 ) ) ) ) ) ) ;
```

输出结果：

f1 = 1353. 98290661822	f3 = 7. 8035797285662
f2 = 60. 8958565800893	f4 = 28. 5751673291515

（2）复数计算

复数计算时用关键字"Complex（）"，"i"为缺省的虚数符号。

【例 2.80】 试求下列复数之值。

①$f_1 = 5 \cdot \sin(\pi \cdot 6)^2 i + \exp[6.45 + \ln(2.14)i]$

②$f_2 = f_1 + \sin(5.6 + i)$

1stOpt 代码如下：

```
f1 = complex(5 * sin( pi * 6)^2 * i + exp(6.45 + ln(2.14) * i));
f2 = complex(f1 + cos(5.6 + i));
```

输出结果：

```
f1 = 458.254010532336 + 436.251593877789 * i
f2 = 459.450771220489 + 436.993459184124 * i
```

（3）求函数导数

【例 2.81】 已知函数：$y = x^2 + \exp(x+2) \cdot \sin(x)$，试求

① 一阶导数 $y' = \dfrac{\mathrm{d}y}{\mathrm{d}x}$ 的表达式；

② $x = 0.5$ 时的 y' 值；

③ y 的三阶导数表达式；

④ $x = 0.5$ 时的 y''' 值。

1stOpt 代码如下：

```
Conststr y = x^2 + exp(x+2) * sin(x);
Diff(y,x);
Diff(y,x=0.5);
Diff(y,x,3);
Diff(y,x=0.5,3);
```

输出结果：

```
diff(y,x) = 2 * x + (exp(x+2)) * sin(x) + exp(x+2) * (cos(x))
diff(y,x=0.5) = 2 * x + (exp(x+2)) * sin(x) + exp(x+2) * (cos(x)) = 17.53174299
diff(y,x,3) =
(exp(x+2)) * sin(x) + exp(x+2) * (cos(x)) + (exp(x+2)) * cos(x) + exp(x+2) * ((-sin(x))) + (exp(x+2)) *
cos(x) + exp(x+2) * ((-sin(x))) + (exp(x+2)) * ((-sin(x))) + exp(x+2) * ((-(cos(x))))
diff(y,x=0.5,3) =
(exp(x+2)) * sin(x) + exp(x+2) * (cos(x)) + (exp(x+2)) * cos(x) + exp(x+2) * ((-sin(x))) + (exp(x+
2)) * cos(x) + exp(x+2) * ((-sin(x))) + (exp(x+2)) * ((-sin(x))) + exp(x+2) * ((-(cos(x)))) = 9.701091063
```

2.5.5　使用脚本语言

1stOpt 支持 Basic 和 Pascal 两种脚本语言。脚本语言可直接控制代码本、代码本电子表格及 1stOpt 电子表格。

（1）控制电子表格

如图 2-79 所示，欲将三项之和放入 D 列。

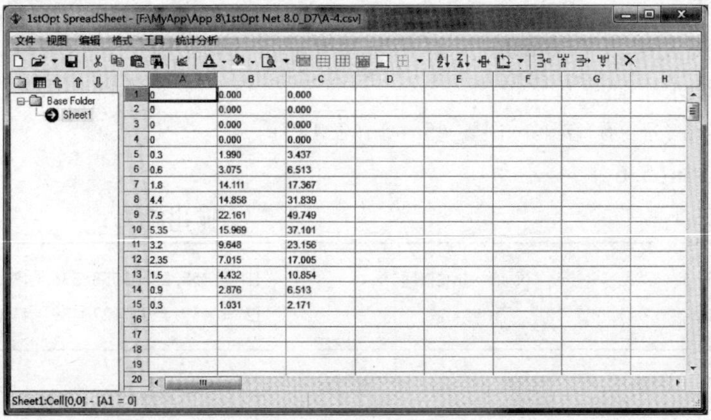

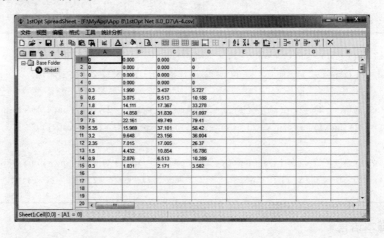

图 2-79　电子表格数据

1stOpt 代码如下：

```
StartScript [Pascal];
var i: integer;
Begin
    With Sheet1 do
        for i := 0 to 14 do
            Doubles[3,i] := doubles[0,i] + doubles[1,i] + doubles[2,i];
End;
EndScript;
```

运行结果如图 2-80 所示。

图 2-80　脚本语言控制电子表格结果

（2）控制代码本电子表格

与上面控制电子表格基本一致，仅名称不同。运行前界面如图 2-81 所示。

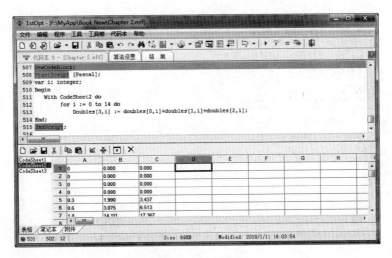

图 2-81　运行前界面 1

1stOpt 代码如下：

```
StartScript [Pascal];
Var i: integer;
Begin
    With CodeSheet2 do
        for i : = 0 to 14 do
            Doubles[3,i]: = doubles[0,i] + doubles[1,i] + doubles[2,i];
End;
EndScript;
```

运行后界面如图 2-82 所示。

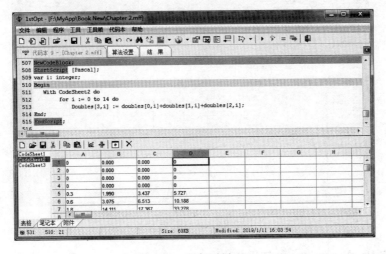

图 2-82　运行后界面 1

（3）控制代码本

代码本中增加内容。运行前界面如图 2-83 所示。

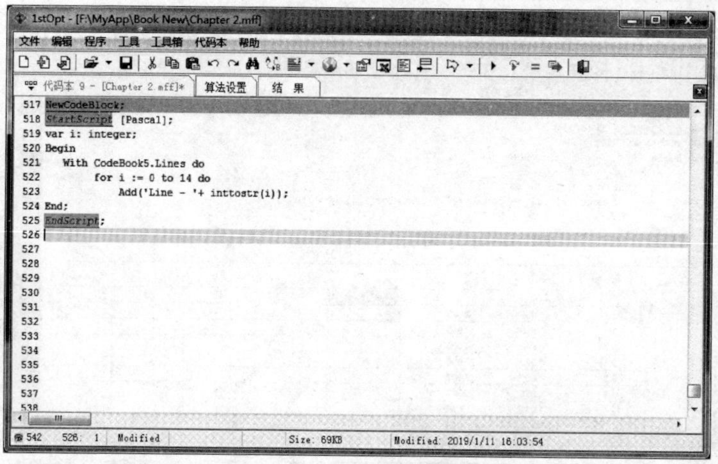

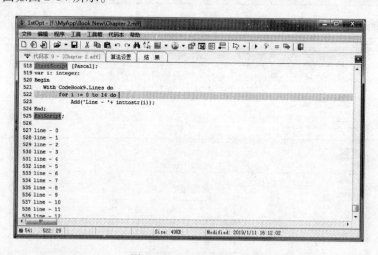

图 2-83　运行前界面 2

1stOpt 代码如下：

```
StartScript［Pascal］;
var i: integer;
Begin
    With CodeBook5. Lines do
        for i : = 0 to 14 do
            Add('Line － ' + inttostr(i) );
End;
EndScript;
```

运行后界面如图 2-84 所示。

图 2-84　运行后界面 2

2.5.6　关键字 PassParameter 的使用

PassParameter 可理解为"传递参数"，可传递返回与求解参数有关的数值。

【例 2.82】约束函数优化问题：PassParameter 在优化的同时，将给出 $x \cdot y$ 的值。

1stOpt 代码如下：

```
Parameter    x = [ 0,100 ] , y = [ 0,100 ] ;
PassParameter   x * y ;
MinFunction    9 – x – y ;
                (x – 3)^2 + (y – 2)^2 < = 16 ;
                x * y < = 14 ;
```

输出结果：

迭代数：167
计算用时(时:分:秒:毫秒)：00:00:00:78
计算中止原因:达到收敛判定标准
优化算法:标准简面体爬山法 + 通用全局优化法
函数表达式:9 – x – y
目标函数值(最小):0
x:7
y:2

传递参数(PassParameter)：
x * y:14

约束函数：
1:(x – 3)^2 + (y – 2)^2 – (16) = 0
2:x * y – (14) = 0

【例 2.83】 非线性约束拟合。

非线性约束拟合数据见表 2-60。

表 2-60　拟合数据

x	– 0.08, – 0.065, – 0.05, – 0.03, – 0.015,0.015,0.03,0.05,0.065,0.08,0
y	20.26008,19.72613,19.501619,18.72662,18.58769,18.592199,18.88372,19.5453,19.88743,20.9914,18.12336

拟合公式：
$$y = a \cdot (x - d)^4 + b \cdot (x - d)^2 + c \tag{2-98}$$

其中，x、y 为自变量和因变量；a、b、c、d 为待求参数。

约束条件：

① 参数 a 必须小于 0；

② 计算 y 与实际 Y 的最大差值的绝对值不大于 0.25，即：
$$\max(\mathrm{abs}(y_i - y'_i)) \leq 0.25, \ i = 1 \sim 11 \tag{2-99}$$

1stOpt 代码如下：

```
DataSet ;
    x = – 0.08, – 0.065, – 0.05, – 0.03, – 0.015,0.015,0.03,0.05,0.065,0.08,0 ;
    y = 20.26008,19.72613,19.501619,18.72662,18.58769,18.592199,18.88372,19.5453,19.88743,20.9914,18.12336 ;
EndRowDataSet ;
PassParameter CalY( 11 ) ,PA ;
Parameter a = [ ,0 ] ,b,c,d ;
Plot y, CalY ;
StartProgram [ Pascal ] ;
Procedure MainModel ;
var i: integer ;
    temd,temy, Maxy:double ;
Begin
```

```
temd : = 0;
for i : = 1 to 11 do begin
    temy : = a * ( x[ i ] – d )^4 + b * ( x[ i ] – d )^2 + c;
    temd : = temd + sqr( temy – y[ i ] );
    if i = 1 then MaxY : = abs( y[ i ] – temy )
    else MaxY : = Max( abs( y[ i ] – temy ), MaxY );
    CalY[ i ] : = temy;
end;
PA : = MaxY;
ObjectiveResult : = temd;
ConstrainedResult : = PA < = 0.25;
End;
EndProgram;
```

输出结果比较如下：

不加约束（去除 ConstrainedResult : = PA < = 0.25;）	有约束
迭代数：283	迭代数：814
计算用时（时：分：秒：毫秒）：00：00：00：516	计算用时（时：分：秒：毫秒）：00：00：01：219
计算中止原因：达到收敛判定标准	计算中止原因：达到收敛判定标准
优化算法：标准简面体爬山法 + 通用全局优化法	优化算法：标准简面体爬山法 + 通用全局优化法
目标函数值（最小）：0.309952381552963	目标函数值（最小）：0.325354789681984
a：– 6877.78414257241	a：– 13521.8798280647
b：385.898376776761	b：436.931945824039
c：18.4260680489247	c：18.3681739539736
d：– 0.00393418836172759	d：– 0.00344580812519686
传递参数（PassParameter）：	传递参数（PassParameter）：
caly1：20.4286253611321	caly1：20.4644107695081
caly2：19.7694556336994	caly2：19.8295546986496
caly3：19.2139955867598	caly3：19.251619
caly4：18.6850827208528	caly4：18.6695425408538
caly5：18.4732190200065	caly5：18.4262630967072
caly6：18.5635299978685	caly6：18.5152736946542
caly7：18.8613211998476	caly7：18.8400155406003
caly8：19.4904089461543	caly8：19.5059206320813
caly9：20.104521527912	caly9：20.118352178724
caly10：20.8033487243363	caly10：20.7549952476031
caly11：18.4320392738443	caly11：18.37336
pa：0.308679273844348	pa：0.25

有无约束拟合对比图如图 2-85 所示。

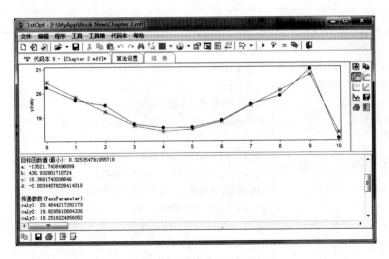

图 2-85　有无约束拟合对比图

2.5.7　关键字 SubCodeBlock 的使用

SubCodeBlock 将能使本问题代码块直接用于主模块的参数、常数和目标函数值等。

优化问题 1：

$$\min. \ 9 - x_1 - y_1 \tag{2-100}$$

$$\text{s. t.} \begin{cases} (x_1 - 3)^2 + (y_1 - 2)^2 \leqslant 16 \\ x_1 \cdot y_1 \leqslant 14 \end{cases} \qquad x_1, y_1 \in [0, 100]$$

优化问题 2：

$$\min. \ -x_1 \exp\left(-y_1 \cdot \sqrt{\frac{1}{5} \cdot \sum_{i=1}^{5} p_i^2}\right) - \exp\left(\frac{1}{5} \cdot \sum_{i=1}^{5} \cos(6 \cdot p_i)\right) + \tag{2-101}$$

$$x_1 + \exp(\text{ObjFunction})$$

$$\text{s. t.} \ p_i \in [-32.768, 32.768], \quad i = 1 \sim 5$$

优化问题 2 中要使用到优化问题 1 中求得的 x_1 和 y_1 值以及目标函数值（ObjFunction）。一般情况下需先求解问题 1，得出结果后再代入问题 2 进一步求解，在 1stOpt 中可以借助 SubCodeBlock 一步完成。

1stOpt 代码如下：

```
Parameter x1 = [0,100],y1 = [0,100];
MinFunction 9 - x1 - y1;
        (x1 - 3)^2 + (y1 - 2)^2 < =16;
        x1 * y1 < =14;


SubCodeBlock;
Parameters p(1:5) = [ -32.768, 32.768];
MinFunction  - x1 * exp( - y1 * sqrt(1/5 * sum(i = 5,p)(p^2))) - exp(1/5 * sum(i = 5,p)(cos(6 * (p)))) + x1 + exp
(ObjFunction);
```

输出结果：

迭代数:37
计算用时(时:分:秒:毫秒):00:00:00:375
计算中止原因:达到收敛判定标准
优化算法:标准差分进化算法
函数表达式:9 - x1 - y1
目标函数值(最小):0
x1:7
y1:2
约束函数:
1:(x1 - 3)^2 + (y1 - 2)^2 - (16) = 0
2:x1 * y1 - (14) = 0
= = = = = = =计算结束= = = = = =

迭代数:361
计算用时(时:分:秒:毫秒):00:00:01:781
计算中止原因:达到收敛判定标准
优化算法:标准差分进化算法
函数表达式:
-7 * exp(-2 * sqrt(1/5 * ((p1^2) + (p2^2) + (p3^2) + (p4^2) + (p5^2)))) -
exp(1/5 * ((cos(6 * (p1))) + (cos(6 * (p2))) + (cos(6
* (p3))) + (cos(6 * (p4))) + (cos(6 * (p5))))) + 7 + exp(0)
目标函数值(最小): -1.71828182845904
p1: -1.23257171502356E - 16
p2: 7.40257379257929E - 17
p3: -4.29348910045455E - 17
p4: -3.95583172994915E - 17
p5: -7.79891019495037E - 17

2.5.8 关键字 PenaltyFactor 的使用

PenaltyFactor 是罚函数系数，用于处理约束优化问题，其缺省值为 1E + 8，但有时该数值却并非最理想，此时可通过 PenaltyFactor 来进行调整。

【例 2.84】

$$\min. \cos(x) - \exp[(x - 0.5) \cdot y] \tag{2-102}$$
$$s.t.\ x^2 + y^{2 \cdot x} \leqslant 1$$

其中，$x, y \in [-10, 10]$。

1stOpt 代码一如下：

```
ParameterDomain = [ -10,10];
Algorithm = UGO1[100];
MinFunction cos(x) - exp((x - 0.5) * y);
        x^2 + y^(2 * x) < =1;
```

运行上述代码一，很难获得最优解，此时的罚函数系数为缺省的 1E + 8，如果将该系数改为 1E + 30，运行代码二，则可容易得到最优解。

1stOpt 代码二如下：

```
ParameterDomain = [ -10,10];
PenaltyFactor = 1E + 30;
Algorithm = UGO1[100];
MinFunction cos(x) - exp((x - 0.5) * y);
        x^2 + y^(2 * x) < =1;
```

输出结果：

目标函数值（最小）: -147.413159102577	
x: 0	约束函数:
y: -10	1: x^2 + y^(2 * x) - (1) = 0

2. 6　1stOpt 的编程模式

1stOpt 的快捷模式直观、简单、明了、易于掌握，可以解决大部分优化问题，但对于一些复杂的问题，如目标函数或约束函数无法用简单的表达式来表述计算，而是必须通过复杂的逻辑判断、循环运算等来实现，快捷模式无法满足，此时可采用 1stOpt 的编程模式。

1stOpt 直接支持 Basic、Pascal 和 Python 三种语言。从理论上来说，编程模式可以处理解决全部快捷模式下的问题。

编程模式的主要关键字：

- StartProgram：定义编程模式的起始行。

StartProgram [Basic] 表示用 Basic 语言。

StartProgram [Pascal] 或 StartProgram 表示用 Pascal 语言。

StartProgram [Pythonl] 表示用 Python 语言。

- EndProgram：定义编程模式的终止行。
- 在 StartProgram 和 EndProgram 之间按标准的 Delphi/Pascal、Basic 或 Python 语言编写。
- ObjectiveResult：定义目标函数，仅可有一次。
- ConstrainedResult：定义约束函数，可有多个，约束之间可用 and 相连。

下面给出两个实例演示如何使用编程模式，在优化建模篇，还有大量的编程模式应用。

2. 6. 1　约束函数优化问题

【例 2. 85】已知如下优化问题，使用快捷方式和编程模式分别实现。

$$\text{min.}\quad 10 \cdot x_1 + 9 \cdot x_2 + 8 \cdot x_3 + 7 \cdot x_4 \cdot \sin(x_1 + x_2 + x_3) \tag{2-103}$$

$$\text{s. t.}\begin{cases} [3 \cdot x_2 + 2 \cdot x_4 \cdot \cos(x_1 + x_2 + x_3 + x_4)]^2 \leqslant 90 \\ x_1 + x_2 \geqslant -30 \\ x_3 + x_4 \geqslant 30 \\ 3 \cdot x_1 + 2 \cdot x_3 \leqslant 120 \end{cases}$$

参数范围均在 [-100, 100] 之间。

1stOpt 快捷模式代码如下：

```
Parameter x(4) = [-100,100];
MinFunction 10 * x1 + 9 * x2 + 8 * x3 + 7 * x4 * sin(x1 + x2 + x3);
            (3 * x2 + 2 * x4 * cos(x1 + x2 + x3 + x4))^2 < = 90;
            x1 + x2 > = -30;
            x3 + x4 > = 30;
            3 * x1 + 2 * x3 < = 120;
```

1stOpt 编程模式 Basic 代码如下：

```
Parameter x(4) = [ -100,100];
Minimum;
StartProgram [Basic];
Sub MainModel
    ObjectiveResult = 10 * x1 + 9 * x2 + 8 * x3 + 7 * x4 * sin(x1 + x2 + x3)
    ConstrainedResult = (3 * x2 + 2 * x4 * cos(x1 + x2 + x3 + x4))^2 < = 90
    ConstrainedResult = (x1 + x2 > = -30) and (x3 + x4 > = 30) and (3 * x1 + 2 * x3 < = 120)
End Sub
EndProgram;
```

1stOpt 编程模式 Pascal 代码如下：

```
Parameter x(4) = [ -100,100];
Minimum;
StartProgram [Pascal];
Procedure MainModel;
Begin
    ObjectiveResult : = 10 * x1 + 9 * x2 + 8 * x3 + 7 * x4 * sin(x1 + x2 + x3);
    ConstrainedResult : = sqr(3 * x2 + 2 * x4 * cos(x1 + x2 + x3 + x4)) < = 90;
    ConstrainedResult : = (x1 + x2 > = -30) and (x3 + x4 > = 30) and (3 * x1 + 2 * x3 < = 120);
End;
EndProgram;
```

上面三段代码均可获得相同的结果：min. = -1589.02777245744，$x =$ [-98.78263, 68.78263, -65.84115, 99.09896]。

2.6.2 时系列模型参数优化率定

【例 2.86】此例题研究的是大肠杆菌（z）与降雨量（x）及流量（y）间的关系。表 2-60 是三次实测过程数据，共有 9 次类似数据。因为大肠杆菌不仅与降雨量及流量有关，还受其初始值影响，采用的数学模型公式如式（2-102），其中，p_1 至 p_7 为待定参数，t 表示时间。

$$z_t = \frac{p_1 + p_2 \cdot x_t + p_3 \cdot y_t + p_4 \cdot z_{t-1}}{1 + p_5 \cdot x_t + p_6 \cdot y_t + p_7 \cdot z_{t-1}} \tag{2-104}$$

原始数据见表 2-61。

表 2-61   原始数据

降雨 x	3, 4.5, 5.5, 0.5, 0.5, 1, 0.5, 1.5, 2.5, 0, 0, 0
径流 y	1.23, 2.17, 3.88, 5.90, 4.81, 3.07, 1.99, 1.36, 1.46, 2.11, 1.89, 1.35
大肠杆菌 z	43453.54, 28745.68, 16267.61, 9466.555, 8041.477, 6047.688, 4509.077, 3817.827, 2888.571, 2008.761, 2293.048, 2710.212

在此例中，每一个数据文件的第一行数值被当作初始值，使用关键字 VarConstant 用以描述各次过程的初始大肠杆菌量。

1stOpt 代码（Pascal）如下：

```
Parameter p(1:7);
Variable x, y, z;
VarConstant z0 = [27177.83, 25288.04, 7751.078, 11028.05, 10725.02, 34615.46,
                  22479.53, 18309.19, 44856.28];
StartProgram [Pascal];
Procedure MainModel;
Var  i    :integer;
     Temz : Double;
Begin
     Temz : = z0;
     for i : = 0 to Datalength - 1 do begin
         z[i] : = (p1 + p2 * x[i] + p3 * y[i] + p4 * Temz)/(1 + p5 * x[i] + p6 * y[i] + p7 * Temz);
         Temz : = z[i];
     end;
End;
EndProgram;
//x          y        z
Data    "2000 - 03 - 29"; //file 1
//1    1.0100    27177.83
1      1.2500    22469.71
1      1.5000    18596.52
0.5    1.6000    15013.49
1.5    1.4400    13300.36
```

1stOpt 代码（Basic）如下：

```
Parameter p(1:7);
Variable x, y, z;
VarConstant z0 = [27177.83, 25288.04, 7751.078, 11028.05, 10725.02, 34615.46,
                  22479.53, 18309.19, 44856.28];
StartProgram[Basic];
Sub mainmodel
Dim i as integer
Dim Temz as Double
    Temz = z0
    for i = 0 to Datalength - 1
        z[i] = (p1 + p2 * x[i] + p3 * y[i] + p4 * Temz)/(1 + p5 * x[i] + p6 * y[i] + p7 * Temz)
        Temz = z[i]
    next
End  Sub
EndProgram;
//x          y        z
Data "2000-03-29"; //file 1
//1    1.0100    27177.83
1      1.2500    22469.71
1      1.5000    18596.52
0.5    1.6000    15013.49
1.5    1.4400    13300.36
```

详细代码和数据可参考 1stOpt 附带实例"Examples \ Auto Calibration \ Time Series. mff"。时系列模型优化结果如图 2-86 所示。

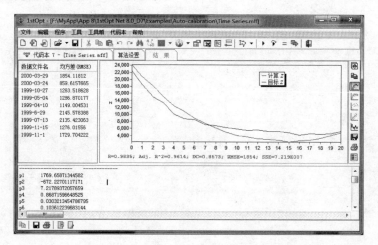

图 2-86　时系列模型优化结果

2.7　1stOpt 调用外部程序

1stOpt 已经有了快捷和编程两种模式，可以处理绝大多数优化问题。然而对于一些非常复杂的工程优化问题，即使编程模式也无法满足要求，或这些优化问题已经由其他程序语言编写，较难改写成 1stOpt 编程模式支持的三种语言 Basic、Pascal 和 Python，这时就需要 1stOpt 具有混合编程的能力，即 1stOpt 提供优化算法而外部程序则提供目标函数和约束函数的计算。自 1stOpt 3.0 版本起，它已具有完全混合编程能力，用户可用高级语言如 C + +、Fortran、Delphi/Pascal、Basic 或其他任何支持 Windows 标准动态库（. dll）或命令行执行文件（. exe）的编程语言编写任意复杂的优化问题，然后由 1stOpt 调用。

1stOpt 主要通过两种方式调用外部编译的程序，一是通过动态库（. dll）文件，二是通过命令行执行文件（. exe）。在效率上第一种调用方式要远远高于第二种方式，因此在万不得已的情况下，推荐使用动态库调用方式。

目前可使用的外部编译语言有很多，用户可根据自己的喜好特长选择相应的高级语言。下面详细介绍如何用 Visual C + +、Borland C + +、Visual Fortran、Gun Fortran、Delphi、PowerBasic 和 Free Basic 进行外部程序编写并由 1stOpt 调用求解。Visual Basic（VB）虽然很流行，但由于其是解释性语言而非真正的编译语言，不论是在计算速度还是在可移植方面都存在不足，因此不在推荐之列。

外部调用模式之最大的优点是可以充分发挥高级编程语言的能力，处理任何复杂的优化计算问题。

2.7.1　调用格式及关键字

不论是 . dll 格式还是 . exe 格式，都是由外部程序提供计算目标函数和约束函数的功能，而 1stOpt 则通过调用这些计算结果进行参数优化。图 2-87 及图 2-88 展示了 1stOpt 与外部程序互动的流程图。

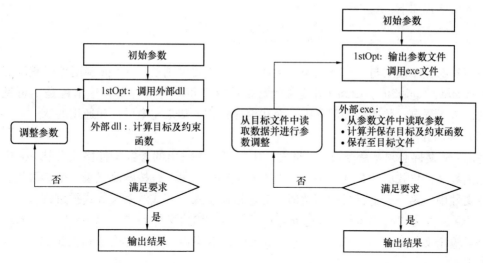

图 2-87 1stOpt 调用动态链接库流程图   图 2-88 1stOpt 调用命令行执行文件流程图

（1）调用外部 . dll 文件

如 dll 文件为"c：\ test \ dll_ test. dll"，则调用方式如下：

```
MinFunction" c：\test\dll_test. dll[ dllfunction,N1,N2]";
```

其中 dllfunction 为缺省的输出函数名，可省略，N1、N2 为不等式和等式约束数目。不等式函数形式必须写成小于等于 0 的形式。

所使用的关键字有：Parameter，PassParameter 和 MinFunction/MaxFunction。

例如：

① 如输出函数名为缺省的 dllfunction，不等式（≤0）约束为 2 个，等式约束为 0 个，则调用格式如下：

```
MinFunction"  c：\ test \ dll_ test. dll [2]";
```

② 如输出函数名为 myfunction，不等式（≤0）约束为 0 个，等式约束为 2 个，则调用格式如下：

```
MinFunction"c：\test\dll_test. dll[ myfunction,  0,  2]";
```

③ 如输出函数名为缺省的 dllfunction，不等式（≤0）及等式约束均为 0 个，则调用格式如下：

```
MinFunction"c：\test\dll_test. dll";
```

④ 如输出函数名为缺省的 dllfunction，不等式（≤0）约束为 0 个，等式约束为 4 个，则调用格式如下：

```
MinFunction"c：\test\dll_test. dll[0,4]";
```

⑤ 如输出函数名为自定义，如 myfunction，不等式（≤0）约束为 1 个，等式约束为 4

个，则调用格式如下：

```
MinFunction" c：\ test \ dll_ test. dll [myfunction, 1, 4]";
```

调用外部程序模式与 1stOpt 的编程模式的一个重要区别是：1stOpt 调用外部程序的代码中用 Constant、ConstStr、DataSet 等定义的常数或常字符串等对外部程序来说是不可见或不可用的，也无法自动传递到外部程序；而在编程模式下却是完全可视和通用的。

（2）调用外部 exe 文件

外部 exe 文件必须是命令行 exe 格式，从 1stOpt 中输出的参数文件格式及从 exe 中输出的目标函数文件格式必须是文本格式；在参数文件中，每一行按顺序记录一个参数值，在目标函数文件中，第一行记录目标函数值，然后依次记录不等式约束及等式约束值。

如 exe 文件为 "c：\ test \ exe_ test. exe"，参数输出文件为 "c：\ test \ exe_ par. txt"，目标函数输出文件为 "c：\ test \ exe_ obj. txt"，不等式及等式约束分别为 3 和 2，则调用方式如下：

```
ExeParameterFile = " c：\test\exe_par. txt";
ExeObjectiveFile = " c：\test\exe_obj. txt";
MinFunction" c：\test\exe_test. exe[3,2]";
```

例如：

① 不等式约束为 3 个，等式约束为 0 个：

```
MinFunction " c：\test\exe_test. exe[3]";
```

② 不等式约束为 0 个，等式约束为 2 个：

```
MinFunction" c：\test\exe_test. exe[0,2]";
```

③ 不等式及等式约束均为 0 个：

```
MinFunction" c：\test\exe_test. exe";
```

2.7.2　C + +编译目标 dll 文件

输出函数格式如下：

```
Extern " C" void __declspec( dllexport)__stdcall
Dllfunction( double *para, double *objfun, double *confun1, double *confun2, double *passpara)
{
    //加入目标及约束函数计算代码
}
```

其中：
- dllfunction：缺省输出函数名，可自己命名。
- para：从 1stOpt 传入的参数数组，下标从 0 开始。
- conFun1，ConFun2：不等式及等式约束数组，下标从 0 开始。

- objFun：目标函数值。
- passPara：返回传递参数数组，下标从 0 开始。

【例 2.87】 函数优化问题。

$$\min. \ 9 - x - y \qquad (2\text{-}105)$$

$$\mathrm{s.\,t.} \begin{cases} (x-3)^2 + (y-2)^2 \leqslant 16 \\ x \cdot y \leqslant 14 \end{cases}$$

其中 x、y 范围均在 $[0, 100]$ 之间。

① 编写 C + + 源代码如下：

```
#include <windows. h>
#include <math. h>


Extern "C" void __declspec(dllexport) __stdcall
Dllfunction(double *para, double *objfun, double *confun1, double *confun2, double *passpara)
{
  *objfun   =   9 - para[0] - para[1];
  confun1[0]   =   pow((para[0] -3),2) + pow((para[1] -2),2) -16;
  confun1[1]   =   para[0] * para[1] -14;
}
```

② 保存文件，可以保存为 “c：\ projects \ cplus_ test1. cpp”。

③ 用 Borland　C + +5.5 编译器编译成动态库文件，如 C + + 编译器位于 “d：\ Borland　C \ bin”，则编译命令如下：

```
"d:\Borland C\bin\bcc32" -tWM -tWD"c:\projects\cplus_test1. cpp"
```

④ 执行上述命令，在 “d：\ Borland　C \ bin \ ” 目录下可生成动态库文件 “cplus_ test1. dll”。

⑤ 1stOpt 调用代码如下：

```
Parameter x[0,100],y[0,100];
MinFunction " d:\Borland C\bin\ cplus_test1.dll[2]";
```

⑥ 1stOpt 快捷代码如下：

```
Parameter x[0,100],y[0,100];
MinFunction 9 - x - y;
        (x -3)^2 + (y -2)^2 < =16;
        x * y < =14;
```

执行上述第 5、6 步，均可得到相同结果：$\min = 0$，$x = 7$，$y = 2$。

2.7.3　Visual Fortran（VF）编译目标 dll 文件

Visual　Fortran 是使用广泛的 Fortran 编译器。VF 命令行编译器执行文件名为 DF. exe，如要将 VF 源文件 “c：\ projects \ VF_ test1. f90” 编译成动态库文件，其命令如下：

```
DF. exe /dll" c: \ projects \ VF_ test1. f90"
```

输出函数格式定义如下：

```
Subroutine dllfunction(para, objfun, confun1, confun2, passpara)
! dec $ attributes dllexport, stdcall :: dllfunction
! dec $ attributes alias: "dllfunction" :: dllfunction
! dec $ attributes reference :: para, objfun, confun1, confun2
integer, parameter :: fp = selected_real_kind(15,300)
real(fp) :: para(0:1), confun1(0:0), confun2(0:0), passpara(0:0)
real(fp) :: objfun

End subroutine
```

其中：

- dllfunction：缺省输出函数名，可自己命名。
- para：从 1stOpt 传入的参数数组，下标从 0 开始。
- objfun：目标函数值。
- confun1，confun2：不等式及等式约束数组，下标从 0 开始。
- passpara：返回传递参数数组，下标从 0 开始。

语句 "real（fp）:: para（0:1），confun1（0:0），confun2（0:0），passpara（0:0）" 要根据实际情况变动，如参数数为 3，不等式约束为 4，等式约束为 2，传递参数为 20，则上述语句要改为：

```
real(fp) :: para(0:2), confun1(0:3), confun2(0:1), passpara(0:19)
```

【例 2.88】 约束优化问题。

$$\text{min.} \quad -x_1 \cdot x_2 - x_2 \cdot x_3 - x_3 \cdot x_1 \tag{2-106}$$

$$\text{s. t.} \begin{cases} 0.5(x_1 - 3)^2 + x_2^2 + x_3^3 - 1 \leqslant 0 \\ \dfrac{x_1}{0.5 + x_2^2} + 2x_3 - 4 \leqslant 0 \\ x_1 + x_2 + x_3 = 3 \end{cases}$$

步骤如下：

① 编写 Fortran 源代码如下：

```
Subroutine dllfunction(para, objfun, confun1, confun2, passpara)
! dec $ attributes dllexport, stdcall :: dllfunction
! dec $ attributes alias: "dllfunction" :: dllfunction
! dec $ attributes reference :: para, objfun, confun1, confun2
integer, parameter :: fp = selected_real_kind(15,300)
real(fp) :: para(0:2), confun1(0:1), confun2(0:0), passpara(0:0)
real(fp) :: objfun
real temd
Integer i
    objfun = -para(0) * para(1) - para(1) * para(2) - para(2) * para(0)
    confun1(0) = 0.5 * (para(0) -3) ** 2 + para(1) ** 2 + para(2) ** 3 -1
    confun1(1) = para(0)/(0.5 + para(1) ** 2) +2 * para(2) -4
    confun2(0) = para(0) + para(1) + para(2) -3
End subroutine
```

② 保存文件，可以保存为"c：\ projects \ VFortran_ test1. f90"。

③ 编译成动态库文件，如 VF 编译器位于"C：\ Program Files \ Microsoft Visual Studio \ DF98 \ BIN"，则编译命令如下：

```
C:\Program Files\Microsoft Visual Studio\DF98\BIN\DF. exe /dll
"c:\projects\VFortran_test1. f90"
```

④ 执行上述命令，产生一动态库文件"Vfortran_ test1. dll"。

⑤ 1stOpt 中调用命令如下：

```
Parameter x(3);
MinFunction "c:\Projects\VFortran_Test. dll[2,1]";
```

⑥ 快捷模式代码如下：

```
MinFunction  - x1 * x2 - x2 * x3 - x3 * x1;
            0.5 * (x1 - 3)^2 + x2^2 + x3^3 - 1 < = 0;
            x1/(0.5 + x2^2) + 2 * x3 - 4 < = 0;
            x1 + x2 + x3 = 3;
```

两种模式均可得到相同的输出结果：

目标函数值（最小）：- 2.34512297572644

x1：1.93394964369396

x2：0.506937411738282

x3：0.559112944567762

2.7.4　Gun Fortran 编译目标 dll 文件

Gun Fortran（GFortran）是开源、免费、跨平台的 Fortran 编译器，支持 Fortran95/2003 标准，其官方网站为 http：//gcc. gnu. org/。

GFortran 仅提供命令行编译器，详细命令可参考其使用指南和相关参考书。Gfortran 编译器执行文件名为 Gfortran. exe，如要将 Fortran 源文件"c：\ projects \ GF_ test1. f90"编译成动态库文件，命令如下：

```
GFortran. exe  - o"c:\projects\GF_test1. dll" - s - shared - mrtd - fno - underscoring"c:\projects\GF_test1. f90"
```

输出函数格式定义如下：

```
Subroutine dllfunction( para, objfun, confun1, confun2, passpara)
Integer, parameter :: fp = selected_real_kind(15,300)
real(fp) :: para(0:1), confun1(0:0), confun2(0:0), passpara(0:0)
Real(fp) :: objfun

End subRoutine
```

其中：

- dllfunction：缺省输出函数名，可自己命名。
- para：从 1stOpt 传入的参数数组，下标从 0 开始。

- objfun：目标函数值。
- confun1，confun2：不等式及等式约束数组，下标从 0 开始。
- passpara：返回传递参数数组，下标从 0 开始。

语句"real（fp）:: para（0:1），confun1（0:0），confun2（0:0），passpara（0:0）"
要根据实际情况变动，如参数数为 3，不等式约束为 4，等式约束为 2，传递参数为 20，则
上述语句要改为：

real(fp)::para(0:2),confun1(0:3),confun2(0:1),passpara(0:19)

【例 2.89】无约束优化问题。

$$\min. \sum_{i=1}^{n-1} \{100 \cdot (x_i^2 - x_{i+1})^2 + [x_i + \sin(x_{i+1}) - 1]^2\} \tag{2-107}$$

其中，$n = 10$，10 个变量范围均在 [-5, 10] 之间。

步骤如下：

① 编写 Fortran 源代码如下：

```fortran
Subroutine dllfunction(para, objfun, confun1, confun2, passpara)
Integer, parameter :: fp = selected_real_kind(15,300)
real(fp) :: para(0:1), confun1(0:0), confun2(0:0), passpara(0:0)
real(fp) :: objfun
real temd
Integer i
    temd = 0.0
    Do i = 0, 8
        temd = temd + 100.0*(para(i)**2.0 - para(i+1))**2.0 + (para(i) + sin(para(i+1)) - 1.0)**2.0
    EndDo
    objfun = temd
End subroutine
```

② 保存文件，可以保存为"c：\ projects \ Gfortran_ test1. f90"。

③ 编译成动态库文件，如 GFortran 编译器位于"d：\ gfortran \ bin"，则编译命令
如下：

d:\gfortran\bin\gfortran. exe-o" c:\projects\gfortran_test1. dll" -s-shared-mrtd-fno-underscoring" c:\projects\gfortran_test1. f9"

命令编译界面如图 2-89 所示。

图 2-89　Gfortran 编译界面

④ 执行上述命令，可在"c：\ projects"目录下产生一动态库文件"gfortran_test1. dll"。

⑤ 1stOpt 中调用命令如下：

```
Constant n = 10;
Parameter x(1:n)[ -5,10];
MinFunction "c:\Projects\GFortran_Test. dll";
```

⑥ 快捷模式代码如下：

```
Constant n = 10;
Parameter x(1:n)[ -5,10];
Minimum;
Function sum(i = 1:n-1)(100 * (x[i]^2 - x[i+1])^2 + (x[i] + sin(x[i+1]) -1)^2);
```

两种模式均可得到相同的结果：min. = 3. 70328593254089

【例 2. 90】拟合问题。

拟合公式：

$$y = p_1 + (p_2 - p_1) \cdot [1 - \exp(-p_3 \cdot x)] \tag{2-108}$$

拟合数据见表 2-62。

表 2-62　拟合数据

x	15，30，45，60，75，90，105，120，135，495
y	0. 489，0. 427，0. 373，0. 327，0. 285，0. 250，0. 218，0. 191，0. 167，0. 005

步骤如下：

① Fortran 源代码如下：

```
Subroutine dllfunction( para,objfun,confun1,confun2,passpara)
    integer,parameter::fp = selected_real_kind(15,300)
    real(fp)::para(0:2),confun1(0:0),confun2(0:0),passpara(0:0)
    real(fp)::objfun
    real::x(0:9) = (/15.000,30.000,45.000,60.000,75.000,90.000,105.000,120.000,135.000,495.000/)
    real::y(0:9) = (/0.489,0.427,0.373,0.327,0.285,0.250,0.218,0.191,0.167,0.005/)
    integer i
    real temd,temy
    temd = 0.0
    do i = 0,9
        temy = para(0) + (para(1) - para(0)) * (1 - exp( - para(2) * x(i)))
        temd = temd + (temy - y(i)) * *2.0
        passpara(i) = y(i)
        passpara(i + 10) = temy
    enddo
    objfun = temd
End    subroutine
```

② 保存文件，可以保存为"c：\ projects \ Gfortran_ reg. f90"。

③ 编译成动态库文件，如 GFortran 编译器位于"d：\ gfortran \ bin"，则编译命令如下：

```
d：\gfortran\bin\gfortran. exe-o"c：\projects\gfortran_reg. dll"-s-shared-mrtd-fno-underscoring"c：\projects\gfortran_reg. f90"
```

④ 执行上述命令，可在"c：\ projects"目录下产生一动态库文件"gfortran_ reg. dll"。

⑤ 1stOpt 中调用命令如下：

```
Parameter p(3)；
PassParameter ObsY(10)，CalY(10)；
Plot ObsY，CalY；
MinFunction"c：\projects\gfortran_reg. dll"；
```

运行结果界面如图 2-90 所示。

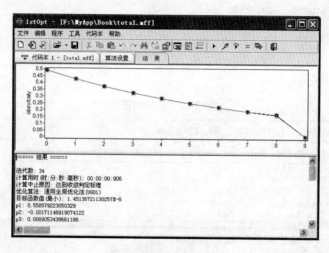

图 2-90　运行结果界面

⑥ 快捷模式代码如下：

```
RowDataSet；
    x = 15，30，45，60，75，90，105，120，135，495；
    y = 0. 489，0. 427，0. 373，0. 327，0. 285，0. 250，0. 218，0. 191，0. 167，0. 005；
EndRowDataSet；
MinFunction Sum(x，y)((p2 + (p3 - p2) * (1 - exp( - p1 * x)) - y)^2)；
```

两种模式均可得到相同的结果：min. = 1. 45142373499332E - 6

2.7.5　Delphi 编译目标 dll 文件

Delphi 是优秀的 Windows 平台下的软件开发环境，面向对象、易于使用、真编译，可创建高效的动态链接库，从 3. 0 版到 2011 版，均可用于与 1stOpt 混合编程。下面以 Delphi2007 为样本。

输出函数格式定义如下：

```
library DllProject;

uses SysUtils, Classes, Math, Consts;

type
    TVector = array[0..1] of Double;
    PVector = ^TVector;

procedure dllfunction(para: pvector; var objfun: double; confun1, confun2, passpara: pvector); stdcall;
begin
    //加入目标及约束函数计算代码
end;

exports dllfunction;

begin
end.
```

其中：

- DllProject：Dll 库文件名，可自己命名。
- dllfunction：缺省输出函数名，可自己命名。
- para：从 1stOpt 传入的参数数组，下标从 0 开始，
- conFun1，ConFun2：不等式及等式约束数组，下标从 0 开始。
- objFun：目标函数值。
- passpara：返回传递参数数组，下标从 0 开始。
- "TVector = array [0..1] of Double;"：定义的数组上限值应取 para、conFun1、con-Fun2 及 passpara 数组上限值最大者再减去 1，如数组上限最大值为 10，则定义变为：

TVector = array [0..9] of Double;

【例 2.91】约束优化问题。

下面以一约束函数优化问题为实例，讲解如何用 Delphi 2007 创建外部动态链接库和如何从 1stOpt 中调用。

优化问题定义：除一个目标函数外，还有一个等式约束和两个不等式约束，参数范围自由。

$$\text{min. } x_1^2 + x_2 \tag{2-109}$$

$$\text{s. t. } \begin{cases} x_1^2 + x_2^2 - 9 = 0 \\ x_1 + x_2^2 - 1 \leqslant 0 \\ x_1 + x_2 - 1 \leqslant 0 \end{cases}$$

用 Delphi 2007 创建上述优化问题的动态链接库步骤如下：

① 启动 Delphi2007，在如图 2-91 所示的界面中选择 DLL Wizar 命令，单击 OK 按钮。

② Delphi 2007 自动产生如图 2-92 所示的代码。

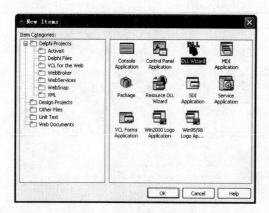

图 2-91　Delphi 工程选项

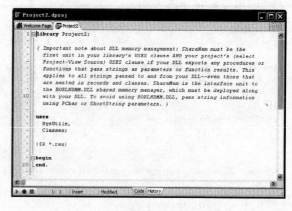

图 2-92　Delphi 动态库自动生成

③ 添加如下代码：

```
library DllProject;
uses SysUtils, Classes, Math, Consts;
type
        TVector = array[0..1] of Double;
        PVector = ^TVector;
procedure dllfunction(para:pvector;var objfun:double;confun1,confun2,passpara:pvector);stdcall;
begin
        objfun: = sqr(para[0]) + para(1);
        confun2[0]: = sqr(para[0]) + sqr(para[1]);
        confun1[0]: = para[0] + sqr(para[1]) - 1;
        confun1[1]: = para[0] + para[1] - 1;
end;


exports dllfunction;
begin
end.
```

Delphi 动态库代码如图 2-93 所示。

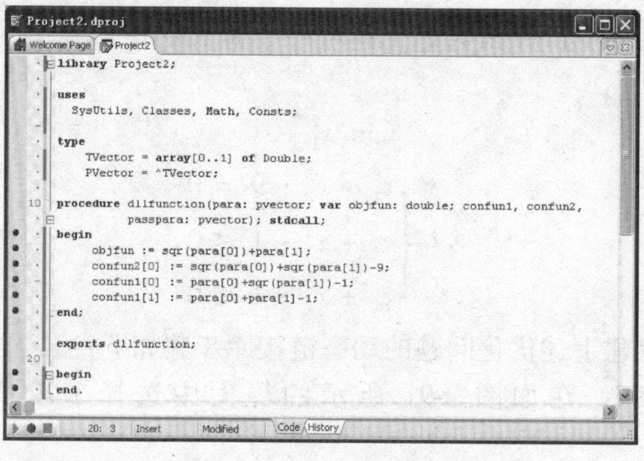

图 2-93　Delphi 动态库代码

④ 编译生成动态库，如 "C：\ Projects \ Project2. dll"。

⑤ 从 1stOpt 中调用，其代码如下：

```
Parameter x1,x2;
MinFunction "C:\Projects\Project2. dll[2,1]";
```

执行后输出结果：min = 3. 7913455，x1 = - 2. 3722817，x2 = - 1. 836375

⑥ 与快捷模式进行比较：两者的结果是完全相同的，如图 2-94 所示。

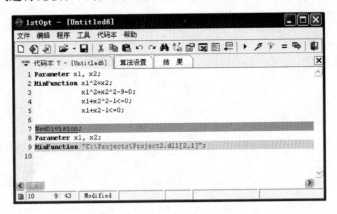

图 2-94　快捷模式与外部调用模式

【例 2. 92】 带约束的拟合问题。

拟合公式：
$$y = \frac{b_1(x^2 + b_2 x)}{x^2 + b_3 x + b_4}$$
(2-110)

约束：$b_1 + b_2 + b_3 + b_4 = 1$

拟合数据见表 2-63。

表 2-63　拟合数据

x	4. 0000, 2. 0000, 1. 0000, 0. 5000, 0. 2500, 0. 1670, 0. 1250, 0. 1000, 0. 0833, 0. 0714, 0. 0625
y	0. 1957, 0. 1947, 0. 1735, 0. 1600, 0. 0844, 0. 0627, 0. 0456, 0. 0342, 0. 0323, 0. 0235, 0. 0246

Delphi 代码可在 Delphi 3. 0 至 Delphi 2011 任意版本中编译通过。

数据拟合外部动态库源代码如下：

```
library Pascal_Demo2_Reg;

uses SysUtils,Classes,Math,Consts;

type
    TVector = array[0..3]of Double;
    PVector = ~TVector;

const x:array[0..10] of double =
    (4. 0000,2. 0000,1. 0000,0. 5000,0. 2500,0. 1670,0. 1250,0. 1000,0. 0833,0. 0714,0. 0625);
    y:array[0..10]of double =
    (0. 1957,0. 1947,0. 1735,0. 1600,0. 0844,0. 0627,0. 0456,0. 0342,0. 0323,0. 0235,0. 0246);
```

```
procedure dllfunction( para:pvector;var objfun:double;confun1,confun2,passpara:pvector);stdcall;
var i,p:integer;
    temD,CalY:double;
begin
    temD:=0;
    for i:=0 to 10 do begin
        CalY:=para[0]*(sqr(x[i])+x[i]*para[1])/(sqr(x[i])+x[i]*para[2]+para[3]);
        temD:=temD+sqr(CalY-y[i]);
        passpara[i]:=x[i];
        passpara[i+11]:=y[i];
        passpara[i+22]:=CalY;
    end;
    confun2[0]:=para[0]+para[1]+para[2]+para[3]-1;
    objfun:=temD;
end;

exports dllfunction;

begin
end.
```

如编译完成的动态链接库为"C：\ Projects \ Pascal_ Demo2_ Reg"，则 1stOpt 调用动态库代码如下：

```
Parameter b1,b2,b3,b4;
PassParameter X(0:10),ObsY(0:10),CalY(0:10);
Plot X[x],ObsY,CalY;
MinFunction" F:\MyApp\App\1stopt\Examples\Mix Program\Pascal_Demo2_Reg. dll";
```

上述代码中，"PassParameter"定义了三个一维数组，即自变量 x，因变量（目标）ObsY 和因变量（计算）CalY，数组长度与拟合数据长度一致。注意上述源码中如何计算并返回这三个数组："PassParameter"不论定义几个一维数组，在 Delphi 源码中都累加为一个一维数组"passpara"，此例中，下标 0 至 10 的"passpara"为 x，11 至 21 为 ObsY，22 至 32 为 CalY。语句"Plot X［x］，ObsY，CalY；"表示以 X 为横坐标、ObsY 和 CalY 为纵坐标作图。运行上述代码可动态显示计算结果和图形变化如图 2-95 所示。

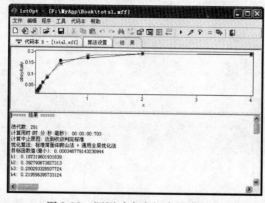

图 2-95　调用动态库拟合结果展示

2.7.6　PowerBasic 编译目标 dll 文件

PowerBasic 是当今 Basic 家族众多产品中一款功能非常强大的 Windows 开发工具，其官方网站为 http：//www. powerbasic. com/。

PowerBasic 编译器允许用熟悉的 Basic 语言编写基于 Dos 或 Windows 工业标准的动态链接库（DLL）和可执行程序（EXE）。虽然 PowerBasic（PB）与流行的微软 Visual Basic（VB）都属 Basic 家族，但它们根本的不同之处是 VB 属于解释性语言而 PB 为编译性语言，通常 PB 编译的代码在性能上比 VB 编译的代码快 3 倍以上，同时 PB 产生的可执行文件比 VB 生成的可执行文件小很多且也不需要外部文件的运行支持。

本节以 PB 8.0 为例，介绍如何创建符合 1stOpt 接口的动态链接库。

输出函数格式定义如下：

```
#Compile Dll
#Dim All
#Include" Win32api. inc"

Sub dllfunction StdCall Alias" dllfunction" ( ByVal para As Double Ptr, ByRef objfun As Double, ByVal confun1 As Double Ptr,
ByVal confun2 As Double Ptr, ByVal passpara As Double Ptr) Export
    '加入目标及约束函数计算代码
End Sub
```

其中：

- Compile Dll：PB 命令，编译成动态库文件。
- dllfunction：缺省输出函数名，可自己命名。
- para：从 1stOpt 传入的参数数组，下标从 0 开始。
- confun1，confun2：不等式及等式约束数组，下标从 0 开始。
- objfun：目标函数值。
- passpara：返回传递参数数组，下标从 0 开始。

【例 2.93】整数约束优化问题。

$$\min. \ x_1^{0.1} + x_2 + x_3 + x_4 + x_5 + x_6 + x_7 \tag{2-111}$$

$$\text{s. t.} \begin{cases} x_1 + x_4 + x_5 + x_6 + x_7 \geqslant 50 \\ x_1 + x_2 + x_5 + x_6^{0.2} + x_7 \geqslant 50 \\ x_1 + x_2^{0.4} + x_3 + x_6 + x_7 \geqslant 50 \\ x_1 + x_2 + x_3 + x_4 + x_7 \geqslant 50 \\ x_1 + x_2 + x_3 + x_4 + x_5 \geqslant 80 \\ x_2 + x_3 + x_4 + x_5 + x_6 \geqslant 90 \\ x_3 + x_4 + x_5 + x_6 + x_7^{-0.12} \geqslant 100 \end{cases}$$

其中参数均为大于 1 的正整数，而 x_1 范围为 [5，10]。该优化问题有 1 个目标函数，7 个不等式约束函数。

操作步骤如下：

① 启动 PB 可视编译器 PBEdit. Exe，并输入代码如下：

```
#Compile Dll
#Dim All
#Include" Win32api. inc"

Sub dllfunction StdCall Alias" dllfunction" ( ByVal para As Double Ptr, ByRef objfun As Double, _
    ByVal confun1 As Double Ptr, ByVal confun2 As Double Ptr, ByVal passpara As Double Ptr) Export
    objfun = @ para[0]^0. 1 + @ para[1] + @ para[2] + @ para[3] + @ para[4] + @ para[5] + @ para[6]
    @ confun1[0] = 50 – (@ para[0] + @ para[3] + @ para[4] + @ para[5] + @ para[6])
    @ confun1[1] = 50 – (@ para[0] + @ para[1] + @ para[4] + @ para[5]^0. 2 + @ para[6])
    @ confun1[2] = 50 – (@ para[0] + @ para[1]^0. 4 + @ para[2] + @ para[5] + @ para[6])
    @ confun1[3] = 50 – (@ para[0] + @ para[1] + @ para[3] + @ para[6])
    @ confun1[4] = 80 – (@ para[0] + @ para[1] + @ para[2] + @ para[3] + @ para[4])
    @ confun1[5] = 90 – (@ para[1] + @ para[2] + @ para[3] + @ para[4] + @ para[5])
    @ confun1[6] = 100 – (@ para[2] + @ para[3] + @ para[4] + @ para[5] + @ para[6]^( –0. 12))
End Sub
```

注意上面代码中不等式约束均由 "≥" 形式变为 "≤0" 的形式。

② 将文件保存为 "PowerBasic_ Demo1. bas"，并编译成动态库文件 "PowerBasic_ Demo1. dll"（图 2-96）。

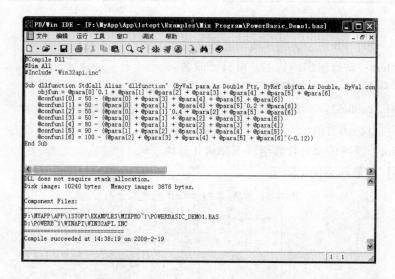

图 2-96　PowerBasic 动态库代码界面

③ 1stOpt 调用代码如下：

```
Parameter x1[5,10,0], x(2:7) = [1, ,0];
Algorithm = SM2[50];
MinFunction" F:\MyApp\App\1stopt\Examples\Mix Program\PowerBasic_Demo1. dll[7]";
```

④ 为便于比较，下面给出快捷模式和编程模式的代码。

快捷模式：

```
Parameter x1[5,10,0];
ParameterDomain = [0,0];
MINfunction x1^0.1 + x2 + x3 + x4 + x5 + x6 + x7;
          x1 + x4 + x5 + x6 + x7 > = 50;
          x1 + x2 + x5 + x6^0.2 + x7 > = 50;
          x1 + x2^0.4 + x3 + x6 + x7 > = 50;
          x1 + x2 + x3 + x4 + x7 > = 50;
          x1 + x2 + x3 + x4 + x5 > = 80;
          x2 + x3 + x4 + x5 + x6 > = 90;
          x3 + x4 + x5 + x6 + x7^( -0.12) > = 1000;
```

编程模式：

```
Parameter x1[5,10,0],x(2:7) = [1,,0];
Algorithm = SM2[50];
Minimum;
StartProgram [Basic];
Sub MainModel
    ObjectiveResult = x1^0.1 + x2 + x3 + x4 + x5 + x6 + x7
    ConstrainedResult = 50 – (x1 + x4 + x5 + x6 + x7) < =0
    ConstrainedResult = 50 – (x1 + x2 + x5 + x6^0.2 + x7) < =0
    ConstrainedResult = 50 – (x1 + x2^0.4 + x3 + x6 + x7) < =0
    ConstrainedResult = 50 – (x1 + x2 + x3 + x4 + x7) < =0
    ConstrainedResult = 80 – (x1 + x2 + x3 + x4 + x5) < =0
    ConstrainedResult = 90 – (x2 + x3 + x4 + x5 + x6) < =0
    ConstrainedResult = 100 – (x3 + x4 + x5 + x6 + x7^( -0.12)) < =0
End Sub
EndProgram;
```

　　上面两种模式运行都可以得到相同的最优结果：min. = 102.174618943088，但参数组值却不是唯一的。

　　三种模式中，快捷模式无疑是最简单易懂的，编程模式次之，调用外部动态库模式相对来说比较麻烦，却有着无可比拟的优势：不加约束地充分发挥高级语言的编程能力，创建任意难度的目标函数文件。

2.7.7　Free Basic 编译目标 dll 文件

　　Free Basic（FB）是一款开源免费的 Basic 编译器，被称为 Basic 语言界的黑马，完全兼容 Quick Basic，易学易用，跨平台，能够产生高品质的原生本地机器码，运行速度快，真编译，无须外部运行库支持。其官方网站为 http：//www. freebasic. net/。

　　FB 仅提供命令行编译器，详细命令可参考其使用指南和相关参考书。FB 编译器执行文件名为 FBC. exe，如要将源文件"c：\ projects \ FB_ test1. bas"编译成动态库文件，命令如下：

```
fbc. exe – dll" c：\ projects \ FB_ test1. bas";
```

输出函数格式定义如下：

```
'dllfunction:缺省函数名
'Para:从 1stOpt 传入的参数
'ConFun1,ConFun2:不等式及等式约束
'ObjFun:目标函数值
'PassPara:传递返回数


sub dllfunction stdcall alias" dllfunction"( byval para as double ptr,byref objfun as double,byval confun1 as double ptr,byval con-
fun2 as doubie ptr,byval passpara as double ptr)export


end sub
```

其中：

- dllfunction：缺省输出函数名，可自己命名。
- para：从 1stOpt 传入的参数数组，下标从 0 开始。
- confun1，confun2：不等式及等式约束数组，下标从 0 开始。
- objfun：目标函数值。
- passpara：返回传递参数数组，下标从 0 开始。

取本篇例 2.87 相同约束优化问题：

操作步骤如下：

① Free Basic 代码如下：

```
sub dllfunction stdcall alias "dllfunction"( byval para as double ptr, byref objfun as double, byval confun1 as double ptr, byval
confun2 as double ptr, byval passpara as double ptr) export
    objfun = - para[0] * para[1] - para[1] * para[2] - para[2] * para[0]
    confun1[0] = 0.5 * ( para[0] -3)^2 + para[1]^2 + para[2]^3 -1
    confun1[1] = para[0]/(0.5 + para[1]^2) +2 * para[2] -4
    confun2[0] = para[0] + para[1] + para[2] -3
end sub
```

保持为 "c：\ FB_ Test1. bas"

② 编译成动态库文件，如 FB 编译器位于 "C：\ Free Basic \ BIN"，则编译命令如下：

```
C：\ Free Basic \ BIN \ fbc. exe-dll" C：\ FB_ Test1. bas"
```

③ 执行上述命令，产生一动态库文件 "FB_ Test1. dll"。

④ 1stOpt 中调用命令如下：

```
Parameter x(3);
MinFunction" c:\FB_Test1. dll[2,1]";
```

⑤ 快捷模式代码如下：

MinFunction $-x1*x2-x2*x3-x3*x1$;

　　　　　　$0.5*(x1-3)^2+x2^2+x3^3-1<=0$;

　　　　　　$x1/(0.5+x2^2)+2*x3-4<=0$;

　　　　　　$x1+x2+x3=3$;

两种模式均可得到相同的结果： -2.345129

2.7.8　1stOpt 外部程序编辑器（IDE）

1stOpt 自带有一外部程序编辑器（IDE），可用于编写、编译外部高级程序语言以生成可供 1stOpt 调用的动态库文件（dll 文件），该 IDE 含有 Delphi、FreeBasic、C++、Visual Fortran、PowerBasic 和 Gun Fortran 动态库模板，可方便用户创建动态库文件。

① 启动 IDE：在菜单栏中选择"工具"→"外部程序编辑器"命令，或按快捷键 F7，或单击工具栏中按钮 图，即可启动 IDE（图2-97）。

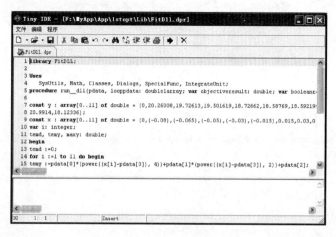

图 2-97　1stOpt 外部程序编辑器

② 添加新工程文件：选择"文件"→"新建"命令，在弹出的对话框中可选择编程语言，如图 2-98 所示。

③ 编译器设定：在"编译器设定"对话框中选择编译器，包括路径及编译器名，如图 2-99所示。

图 2-98　"新文件"对话框

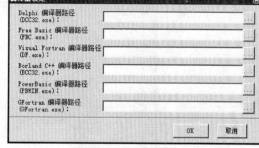

图 2-99　编译器路径设定

④ 预设模板：选择不同的语言，将会产生不同的动态库文件模板。

如选择 Delphi，自动产生代码：

```pascal
//Delphi/Pascal source file

library DllProject2;

uses SysUtils,Classes,Math,Consts;
//Activex,Messages,Sysconst,Sysinit,Typinfo,Windows,Consts,Forms,Dialogs,Stdctrls

Const n_n = 1;//n_n:参数、不等式及等式约束数目之大者减1

type
    TVector = array[0..n_n] of Double;
    PVector = ^TVector;

//dllfunction:缺省函数名
//Para:从1stOpt 传入的参数
//ConFun1,ConFun2:不等式及等式约束
//ObjFun:目标函数值
//PassPara:传递返回数

procedure dllfunction(para:pvector;var objfun:double;confun1,confun2,passpara:pvector);stdcall;
begin

end;

exports dllfunction;

begin
end.
```

编译器代码语言编辑界面如图 2-100 所示。

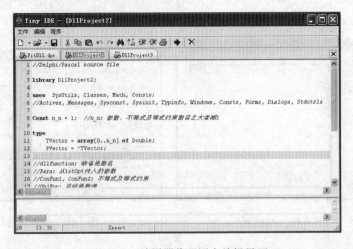

图 2-100　编译器代码语言编辑界面

选择 C + + ，产生如下代码：

```
//C + + source ile

//dllfunction:缺省函数名
//Para:从 1stOpt 传入的参数
//ConFun1,ConFun2:不等式及等式约束
//ObjFun:目标函数值
//PassPara:传递返回数

#include < windows. h >
#include < math. h >

extern "C" void__declspec(dllexport)__stdcall
dllfunction( double * para,double * objfun,double * confun1,double * confun2,double * passpara)
{

}
```

编译器代码 C + +语言编辑界面如图 2-101 所示。

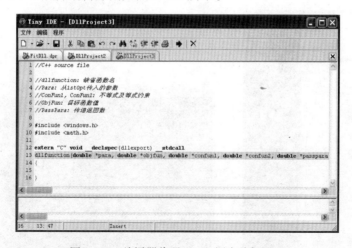

图 2-101 编译器代码 C + +语言编辑界面

⑤ 生成动态库文件：填写目标函数及约束函数后，保存文件，如果编译器设定正确，单击"编译"按钮，可生成供 1stOpt 调用的 dll 文件。

2.8 1stOpt 开发版应用

1stOpt 开发版除包括企业版所有功能外，还提供了 1stOpt 的核心计算引擎供用户二次开发，计算引擎库主要提供两种调用方式：Dos 命令行 . exe 格式和动态库（. dll）格式，通过编写代码可以开发出与 1stOpt 桌面版具有同等全局优化能力的产品。

1stOpt 开发版安装完成后，在安装文件夹里有两个文件：FOptCMD. exe 和 FOptDLL. dll，前者是 Dos 命令行执行文件，可在 Dos 模式下直接运行也可由其他高级语言在后台调用；后

者是动态库计算引擎文件，不能单独运行，要由其他高级语言调用。进行二次开发时，这两个文件不能单独分离出去使用，必须有相应的文件支持。

本示范案例如下，用户使用时根据自己的配置做相应的改变：

① FOptCMD. exe 和 FOptDLL. dll 位于："G：\ MyApp \ App7_ 7.0 \ FOpt \ "。

② 求解问题代码文件为："C：\ MyTest \ question1. txt"。

③ 计算结果输出文件为："C：\ MyTest \ out1. txt"。

2.8.1 命令行文件 FOptCMD. exe

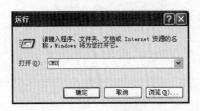

图 2-102 命令行启动一

该命令行文件读取用户提供的欲求解问题的代码文本文件及要输出的计算结果文件名。

1. 直接在 Dos 窗口运行

启动 Dos 运行窗口：可以从"开始"菜单选择"运行"命令，在弹出的对话框中输入 CMD 启动；如图2-102所示，也可选择"所有程序"→"附件"→"命令提示符"命令启动（图 2-103）。打开的窗口如图 2-104 所示。注意如果是 Win7 以后的系统，该 CMD 程序（Dos 窗口程序）要以管理员身份启动。

图 2-103　Win7 命令行启动

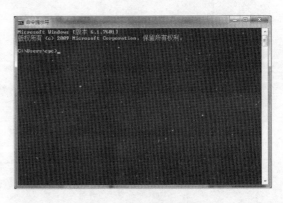

图 2-104　命令行 Dos 窗口

基本格式：FOptCMD "question1. txt" "out1. txt"

● problem. txt：自定义求解问题代码文件，代码格式与 1stOpt 桌面版要求完全一样。

● output. txt：自定义计算结果输出文件名，如果该名为空，则缺省名为"Opt_ Output. txt"。

"problem. txt"与"output. txt"可以包含全路径如：

```
FOptCMD" c：\MyTest\question1. txt" " c：\MyResult\out1. txt"
```

上述执行命令中，求解代码文件 question1. txt 位于路径 c：\ MyTest，结果文件 out1. txt

输出至文件夹 c：\ MyResult。

另外，1stOpt 桌面版的文件格式 . mff 也可以作为输入文件。不论是 . mff 文件格式还是 . txt 文本格式，如果同一文件中含有多个求解问题代码，不同问题以 NewCodeBlock 为分隔符，则缺省情况下会自动求解第一个问题代码，如果想求解同一文件中的其他问题代码，命令如下：

```
FOptCMD" c：\ MyTest\ problem. txt [2]" " c：\ MyResult\ output. txt"
```

括号中的数字表示求解的代码块，2 表示第二个问题代码。

（1）函数优化例

【例 2.94】

$$\min. \sum_{i=1}^{10} ((x_{i-1}^2)^{x_i^2+1} + (x_i^2)^{x_{i-1}^2+1}) \tag{2-112}$$

启动记事本，在图 2-105 窗口中输入代码如下：

```
Constant n = 10;
Parameter x(n);
MinFunction Sum(i=2;n)((x[i-1]^2)^(x[i]^2+1)+(x[i]^2)^(x[i-1]^2+1));
```

图 2-105　命令行 Dos 窗口

保存该文档为：C：\ MyTest\ question1. txt。

假如 FOptCMD. exe 位于路径 G：\ MyApp\ App7_ 7.0 \ FOpt，计算结果预计输出到与问题代码文件相同的文件夹，即 C：\ MyTest \，输出文件名为 out1. txt，在 Dos 窗口输入：

```
FOptCMD" C：\ MyTest\ question1. txt" " C：\ MyTest\ out1. txt"
```

输入窗口如图 2-106 所示。

图 2-106　Dos 窗口执行命令

运行界面如图 2-107 所示。

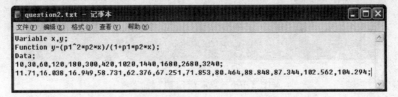

图 2-107　Dos 窗口执行结果

除了上面 Dos 窗口屏幕显示，结果文件也被同时保存在 C：\ MyTest \ out1. txt，用户可用记事本软件或其他软件打开查看，也可以自编程序读取该结果文本中的信息。

（2）数据拟合例

【例 2. 95】拟合方程如下：

$$y = \frac{p_1^2 \cdot p_2 \cdot x}{1 + p_1 \cdot p_2 \cdot x} \tag{2-113}$$

其中，自变量 x，因变量 y，p_1、p_2 为待求参数，拟合数据见表 2-64。

表 2-64　拟合数据

x	10,30,60,120,180,300,420,1020,1440,1680,2680,3240
y	11. 71,16. 038,16. 949,58. 731,62. 376,67. 251,71. 853,80. 464,88. 848,87. 344,102. 562,104. 294

启动记事本，在打开的窗口（图 2-108）中输入代码如下：

Variable x,y;

Function y = (p1^2 * p2 * x)/(1 + p1 * p2 * x) ;

Data;

10,30,60,120,180,300,420,1020,1440,1680,2680,3240;

11. 71,16. 038,16. 949,58. 731,62. 376,67. 251,71. 853,80. 464,88. 848,87. 344,102. 562,104. 294;

图 2-108　命令行 Dos 窗口

保存该文档为：C：\ MyTest \ question2. txt。

输出文件名为 out2. txt，在 Dos 窗口输入：

FOptCMD" C：\MyTest\question2. txt" " C：\MyTest\out2. txt"

输入界面如图 2-109 所示。

图 2-109　Dos 窗口拟合问题执行命令

运行界面如图 2-110 所示。

图 2-110　Dos 窗口拟合问题执行结果

与前述示例相同，除了上面屏幕结果显示，结果文件也被保存在 C：\ MyTest \ out2. txt 中，用户可以根据需求对该文件进行进一步的解析分析。

（3）ConEmu 命令行模拟器

ConEmu 是一款免费开源的 Dos 命令行模拟器，具有多页面，支持复制、粘贴功能，使用方便，经常使用的 Dos 命令行可用 ConEmu 来替代（图 2-111、图 2-112）。该软件下载地址为 https：//conemu. github. io/。

图 2-111　ConEmu 软件输入命令

171

图 2-112　ConEmu 软件计算结果显示

2. 高级语言调用 FOptCMD. exe

所有高级语言均可直接调用命令行 FOptCMD. exe 文件。下面以 MS Visual Studio 2010（C#、VB. Net、VC + +）、Visual Basic 6.0、Delphi 和 Matlab 语言为例，介绍如何由这些高级语言来调用命令行 FOptCMD. exe 文件。

（1）C#调用 FOptCMD. exe

在 MS Visual Studio 2010 中，新建一个 C#的"Windows Form Application"，在 Form 上放置两个按钮（图 2-113），代码中引用 using System. Diagnostics。

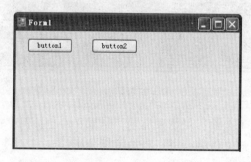

图 2-113　C#设计界面

① 方式一：Process. Start（）命令。

双击 button1 按钮，在打开的界面中输入如下命令：

```
Private void button1_Click_1( object sender,EventArgs e)
{
    Process. Start( @ " G:\MyApp\App7__7.0\FOpt\FOptCMD. exe" ,@ " C:\MyTest\question1. txt" + @ " C:\Mytest\out1. txt" ) ;
}
```

该命令中"@"指全路径。执行过程中 Dos 窗口会出现并在计算结束后自动消失。

② 方式二。

双击 button2 按钮，在打开的界面中输入如下命令：

```
Private void button2_Click( object sender, EventArgs e)
{
    string programName = @ "G:\MyApp\App7__7.0\FOpt\FOptCMD.exe";
    Process proc = new Process( );
    proc.StartInfo.CreateNoWindow = true;//true;
    proc.StartInfo.FileName = programName;
    proc.StartInfo.UseShellExecute = false;
    proc.StartInfo.Arguments = @ "C:\MyTest\question1.txt" + @ "C:\Mytest\out1.txt";
    proc.Start( );
    proc.WaitForExit( );
    proc.Close( );
}
```

上面命令中：

"proc.WaitForExit ( );"：一直等到"FOptCMD.exe"计算结束；

"proc.StartInfo.CreateNoWindow = true;"：Dos 窗口不显示。

（2）VB.Net 调用 FOptCMD.exe

在 MS Visual Studio 2010 中，新建一个 VB.Net 的"Windows Form Application"应用程序，在 Form 上放置两个按钮，如图 2-114 所示。

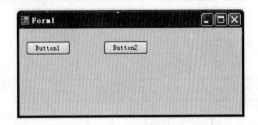

图 2-114　VB.Net 设计界面

① 方式一：Process.Start（）命令。

双击 Button1 按钮，在打开的界面中输入如下命令：

```
Private Sub Button1_Click( sender As System.Object, eAs System.EventArgs) Handles Button2.Click
Shell( "G:\MyApp\App7__7.0\FOpt\FOptCMD.exe" + "C:\MyTest\question1.txt" + "C:\MyTest\out1.txt",
AppWinStyle.NormalFocus)
End Sub
```

该命令中，AppWinStyle.NormalFocus：执行过程中 Dos 窗口会出现并在计算结束后自动消失；如果不想显示 Dos 执行窗口，可改为 AppWinStyle.Hide。

② 方式二。

双击 Button2 按钮，在打开的界面中输入如下命令：

```
Private Sub Button2_Click(sender As System. Object,e As System. EventArgs)Handles Button2. Click
        Dim p As New Process
        p. StartInfo. FileName = "G:\MyApp\App7__7. 0\FOpt\FOptCMD. exe"
        'p. StartInfo. Arguments = "G:\MyApp\App7__7. 0\FOpt\test. txt G:\MyApp\App7__7. 0\FOpt\out. txt"
        p. StartInfo. Arguments = "C:\MyTest\question1. txt" + "C:\MyTest\out. txt"
        p. StartInfo. UseShellExecute = False
        p. StartInfo. CreateNoWindow = True
        p. Start( )
        p. WaitForExit( )
        p. Close( )
    End  Sub
```

上面命令中：

"p. WaitForExit（ ）;"：一直等到"FOptCMD. exe"计算结束；

"p. StartInfo. CreateNoWindow = true;"：Dos 窗口不显示，如果想显示将"true"改为"false"即可。

（3） Visual C + +调用 FOptCMD. exe

① 方式一：WinExec（ ）命令。

命令代码如下：

```
WinExec("G:\\MyApp\\App7_7. 0\\FOpt\\FOptCMD. exe C:\\MyTest\\question1. txt C:\\MyTest\\out1. txt",SW_SHOW);
```

参数"SW_ SHOW"可改为"SW_ HIDE"

② 方式二：system（ ）命令。

命令代码如下：

```
system("G:\\MyApp\\App7__7. 0\\FOpt\\FOptCMD. exe C:\\MyTest\\question1. txt C:\\MyTest\\out1. txt");
```

（4） Visual Basic 6. 0 调用 FOptCMD. exe

Visual Basic 6. 0 可用 Shell（ ）和 WinExec（ ）函数来执行命令行文件调用。

① Sheel（ ）函数。

格式：Shell（pathname [, windowstyle]）

Shell 函数的语法含有下面这些命名参数：

pathname 必要参数：Variant（String），要执行的程序名，以及任何必需的参数或命令行变量，可能还包括目录或文件夹，以及驱动器。

Windowstyle 可选参数：Variant（Integer），表示在程序运行时窗口的样式。如果 Windowstyle 省略，则程序是以具有焦点的最小化窗口来执行的。

Windowstyle 命名参数值见表 2-65。

表 2-65　Windowstyle 命名参数值

常量	值	描述
vbHide	0	窗口被隐藏，且焦点会移到隐式窗口
VbNormalFocus	1	窗口具有焦点，且会还原到它原来的大小和位置

常量	值	描述
VbMinimizedFocus	2	窗口会以一个具有焦点的图标来显示
VbMaximizedFocus	3	窗口是一个具有焦点的最大化窗口
VbNormalNoFocus	4	窗口会被还原到最近使用的大小和位置，而当前活动的窗口仍然保持活动
VbMinimizedNoFocus	6	窗口会以一个图标来显示。而当前活动的的窗口仍然保持活动

Shell（）函数示例。

```
Shell("G:\Myapp\App7__7.0\FOpt\FOptCMD.exe" + "c:\MyTest\question1.txt" + "c:\MyTest\out1.txt"),0
```

②　WinExec（）函数。

VB 声明代码如下：

```
Declare Function WinExec Lib"kernel32"Alias"WinExec"(ByVal lpCmdLine As String,ByVal nCmdShow As Long)As Long
说明:运行指定的程序。
返回值:Long,大于 32 表示成功。
```

参数见表 2-66。

表 2-66　参数类型及说明

参数	类型及说明
lpCmdLine	String，包含要执行的命令行
nCmdShow	Long，定义了以怎样的形式启动程序的常数值。参考 ShowWindow 函数的 nCmdShow 参数

WinExecl（）函数示例如下：

```
在 Module 模块申明函数,语句如下:
Declare Function WinExec Lib"kernel32"Alias"WinExec"(ByVal lpCmdLine As String,ByVal nCmdShow As Long)As Long

在"Form1"上放置按钮,双击,输入下面代码
Private Sub Command1_Click()
    Dim i As Integer
    i = WinExec("G:\Myapp\App7__7.0\FOpt\FOptCMD.exe" + "c:\MyTest\question1.txt" + "c:\MyTest\out1.txt",1)
End Sub
```

（5）Delphi 调用 FOptCMD.exe

Delphi 执行命令行 exe 的最简单指令有：WinExec（）和 ShellExecute（）两个函数。

①　WinExec（）。

函数原型。

WinExec（LPCSTR lpCmdLine，UINT uCmdShow）；

参数说明：lpCmdLine：以 0 结尾的字符串，命令行参数。

- uCmdShow：新的应用程序的运行方式。其取值如下：
- SW_ HIDE：隐藏。
- SW_ MAXIMIZE：最大化。

- SW_ MINIMIZE：最小化，并把 Z order 顺序在此窗口之后（即窗口下一层）的窗口激活。
- SW_ RESTORE：激活窗口并还原为初始化大小 SW_ SHOW 以当前大小和状态激活窗口。
- SW_ SHOWDEFAULT：以默认方式运行。
- SW_ SHOWMAXIMIZED：激活窗口并最大化。
- SW_ SHOWMINIMIZED：激活窗口并最小化。
- SW_ SHOWMINNOACTIVE：最小化但不改变当前激活的窗口。
- SW_ SHOWNA：以当前状态显示窗口但不改变当前激活的窗口。
- SW_ SHOWNOACTIVATE：以初始化大小显示窗口但不改变当前激活的窗口。
- SW_ SHOWNORMAL：激活并显示窗口，如果是最大（小）化，窗口将会还原。第一次运行程序时应该使用这个值。

如要用记事本打开"C：\ HDC. TXT"，以正常方式运行，输入命令代码如下：

```
WinExec("notepad c:\\hdc. txt",SW_SHOWNORMAL);
```

如果调用成功，这个函数会返回一个不小于 31 的值，否则调用失败，其返回值的意义如下：

- 0 系统内存或资源不足。
- ERROR_ BAD_ FORMAT. EXE：文件格式无效（比如不是 32 位应用程序）。
- ERROR_ FILE_ NOT_ FOUND：指定的文件没有找到。
- ERROR_ PATH_ NOT_ FOUND：指定的路径没有找到。

这个函数和 system（）非常类似，只能运行 EXE 文件。

② ShellExecute（）。

函数原型：

```
HINSTANCE ShellExecute(HWND hwnd,LPCTSTR lpOperation,LPCTSTR lpFile,LPCTSTR lpParameters,LPCTSTR lpDirectory,INT nShowCmd);
```

参数说明：

- hwnd：窗口的句柄。
- lpOperation：进行的操作，如"open","print","explore"分别对应"打开","打印","游览",也可以为空（""），此时表示进行默认的操作。
- lpFile：要操作的文件。
- lpParameters：如果 lpFile 指定的是一个可执行文件则表示参数。
- lpDirectory：操作进行的目录 nShowCmd 程序的运行方式，其取值见上例WinExec（）。

如果这个函数调用成功，将返回实例的句柄，如果不成功，返回值包含错误信息，由于类型比较多，这里就不一一列举了，详见 WinApi 的帮助。这样，上面的例子就可以改变为（假设窗口的句柄为 Handle）

```
ShellExecute(Handle,"open","notepad","c:\\hdc. txt","",SW_SHOWNORMAL);
```

WinExec（） 函数示例代码如下：

```
WinExec( PAnsiChar(′FOptCMD. exe" c: \MyTest\question1. txt" " c: \MyTest\out1. txt"′) ,SW_Show);
```

ShellExecute（） 函数示例代码如下：

```
ShellExecute( Handle,′open′,PAnsiChar(′FOptCMD. exe′),PAnsiChar(′" c: \MyTest\question1. txt" " c: \MyTest\out1. txt "′),
nil,SW_Show);
```

注意，使用 ShellExecute （） 函数时要在代码单元 Uses 节加上 ShellAPI 单元函数。SW_ Show不运行，是 Dos 窗口可视，如果改为 SW_ Hide，则 Dos 窗口自动隐藏不可视。如果是 Delphi XE 及以后的版本，ShellExecute （） 命令中的 PAnsiChar 要用 PWideChar 来代替。

上述两个命令一旦执行，FOptCMD. exe 将作为一个独立线程进行运算直至结束，而此段时间内调用的主程序可以进行别的工作。如果调用主程序等 FOptCMD. exe 运行结束后再执行别的任务，上面两个 Windows 的现成命令则无法满足要求，下面自定义函数专门用于执行命令行文件并等待其运行结束后才能执行其他命令。

WinExecAndWait（） 函数代码如下：

```
Function WinExecAndWait( FileName:string;Visibility:integer):cardinal;
Var
  zAppName:       array[0..512] of char;
  zCurDir:        array[0..255] of char;
  WorkDir:        string;
  StartupInfo:TStartupInfo;
  ProcessInfo:TProcessInformation;
Begin
  StrPCopy( zAppName,FileName);
  GetDir(0,WorkDir);
  StrPCopy( zCurDir,WorkDir);
  FillChar( StartupInfo,Sizeof( StartupInfo),#0);
  StartupInfo. cb        : = Sizeof( StartupInfo);
  StartupInfo. dwFlags   : = STARTF_USESHOWWINDOW;
  StartupInfo. wShowWindow: = Visibility;
  if not CreateProcess( nil,
  zAppName,                    // pointer to command line string
  nil,                         // pointer to process security attributes
  nil,                         // pointer to thread security attributes
  true,                        // handle inheritance flag
  CREATE_NEW_CONSOLE or        // creation flags
  NORMAL_PRIORITY_CLASS,
  nil,                         // pointer to new environment block
  nil,                         // pointer to current directory name,PChar
  StartupInfo,        //   pointer to STARTUPINFO
  ProcessInfo)      then       //   pointer to PROCESS_INF
  Result   : =   INFINITE // -1
  else
  begin
  WaitforSingleObject( ProcessInfo. hProcess,INFINITE);
  GetExitCodeProcess( ProcessInfo. hProcess,Result);
  CloseHandle( ProcessInfo. hProcess);// to prevent memory leaks
  CloseHandle( ProcessInfo. hThread);
  end;
end;
```

WinExecAndWait（）函数示例代码如下：

```
WinExecAndWait( PAnsiChar('FOptCMD. exe"c: \MyTest\question1. txt" "c: \MyTest\out1. txt"') ,SW_Show);
```

（6）Matlab 调用 FOptCMD.exe

Matlab 调用外部命令行 exe 文件的基本形式为：system（'exe 文件 + 参数'）。仍以前面两个例子做演示。

【例 2.96】函数优化。

在 Matlab 命令行窗口（图 2-115）输入如下代码：

```
system('"G:\MyApp\App7__7.0\FOpt\FOptCMD. exe""C:\MyTest\question1. txt""C:\MyTest\out1. txt"')
```

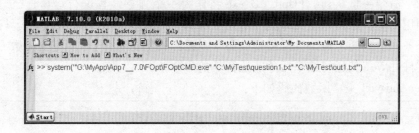

图 2-115　Matlab 函数优化命令

按 Enter 键执行此命令，界面如图 2-116 所示。

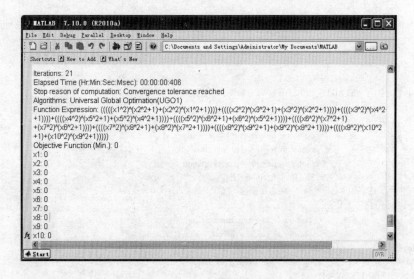

图 2-116　Matlab 函数优化结果显示

【例 2.97】数据拟合。

在 Matlab 命令行窗口（图 2-117）输入如下代码：

```
system('"G:\MyApp\App7__7.0\FOpt\FOptCMD. exe""C:\MyTest\question2. txt""C:\MyTest\out2. txt"')
```

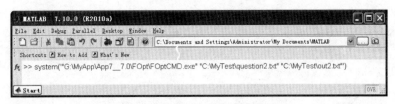

图 2-117　Matlab 数据拟合命令

按 Enter 键执行，运行界面如图 2-118 所示。

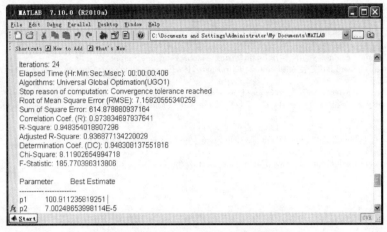

图 2-118　Matlab 函数优化结果显示

2.8.2　动态库文件调用（FOptDLL. dll）

库文件"FOptDLL. dll"主要有以下几个调用函数接口：

① COptEngin（I_ File，O_ File：PChar）：过程类型，StdCall 调用方式，I_ File，O_ File 分别为求解问题输入文件名及计算结果输出文件名，字符串型。

② COptEngin_ RunCount：函数类型，StdCall 调用方式，返回迭代计算数，整数型。

③ COptEngin_ Obj：函数类型，StdCall 调用方式，返回实时计算目标函数，双精度实数型。

④ COptEngin_ Stop（Stop_ Run：boolean）：过程类型，StdCall 调用方式，Stop_ Run：布尔型，是否中止计算。

为确保正常运行请尽量把调用 FOptDLL. dll 的主 . exe 程序与库文件 FOptDLL. dll 放在同一文件夹里。

1. C#调用 FOptDLL. dll

创建一个 C#新 Windows 应用工程项目，放置 4 个按钮，如图 2-119 所示。

图 2-119　C#调用动态库设计界面

注意，需要在程序声明中使用 System. Runtime. InteropServices 命名空间。

C#完整调用代码如下：

```
using    System;
using    System. Collections. Generic;
using    System. ComponentModel;
using    System. Data;
using    System. Drawing;
using    System. Linq;
using    System. Text;
using    System. Windows. Forms;
using    System. Runtime. InteropServices;

namespace    WindowsFormsApplication3
{
    public    partial    class    Form1 : Form
    {
        [ DllImport( "FOptdll. dll", EntryPoint = "COptEngin", CharSet = CharSet. Ansi, PreserveSig = false, CallingConvention = CallingConvention. StdCall) ]
        private    static    extern    void    COptEngin( string    input_F, string    output_F);
        [ DllImport( "FOptdll. dll", EntryPoint = "COptEngin_RunCount", CharSet = CharSet. Ansi, CallingConvention = CallingConvention. StdCall) ]
        private    static    extern    int    COptEngin_RunCount();
        [ DllImport( "FOptdll. dll", EntryPoint = "COptEngin_Obj", CharSet = CharSet. Ansi, CallingConvention = CallingConvention. StdCall) ]
        private    static    extern    double    COptEngin_Obj();
        [ DllImport( "FOptdll. dll", EntryPoint = "COptEngin_Stop", CharSet = CharSet. Ansi, PreserveSig = false, CallingConvention    =    CallingConvention. StdCall) ]
        private    static    extern    void    COptEngin_Stop( bool    Stop_Run);


        public    Form1()
        {
            InitializeComponent();
        }

        private    void    button1_Click( object    sender, EventArgs    e)
        {
            COptEngin( @"C: \MyTest\question1. txt", @"C: \MyTest\out1. txt");
        }

        private    void    button2_Click( object    sender,    EventArgs    e)
        {
            int    p;
            string    s;
            p = COptEngin_RunCount();
            s = Convert. ToString( p);
            MessageBox. Show( s);
        }

        private    void    button3_Click( object    sender, EventArgs    e)
        {
            double    p;
            string    s;
            p = COptEngin_Obj();
            s = Convert. ToString( p);
            MessageBox. Show( s);
        }

        private    void    button4_Click( object    sender, EventArgs    e)
        {
            DialogResult    dr = MessageBox. Show( "停止计算?", "停止计算确认", MessageBoxButtons. YesNo, MessageBoxIcon. Question);
            if( dr = = DialogResult. Yes)
            {
                COptEngin_Stop( true);
            }
        }
    }
}
```

2. VB. Net 调用 FOptDLL. dll

启动 VS Studio，创建新的 VB. Net 工程，在"Form1"上放置四个按钮如图 2-120 所示，有两种引用动态库 FOptDLL. dll 输出函数的方式：一是传统的与 VB6.0 兼容的引用方式；另一种是与 C#类似的方式。

图 2-120　VB. Net 调用动态库设计界面

第一种方式代码如下：

```
Imports System. Runtime. InteropServices

Public Class Form1
    Declare Sub COptEngin Lib "FOptDLL. dll" (ByVal Input_F As String, ByVal Output_F As String)
    Declare Function COptEngin_RunCount Lib "FOptDLL. dll" () As Integer
    Declare Function COptEngin_Obj Lib "FOptDLL. dll" () As Double
    Declare Sub COptEngin_Stop Lib "FOptDLL. dll" (ByVal Stop_Run As Boolean)

    Private Sub Button1_Click(sender As System. Object, e As System. EventArgs) Handles Button1. Click
        COptEngin("C:\MyTest\question2. txt", "C:\MyTest\out1. txt")
    End Sub
    Private Sub Button2_Click(sender As System. Object, e As System. EventArgs) Handles Button2. Click
        Dim p As Integer
        p = COptEngin_RunCount()
        MsgBox(p)
    End Sub
    Private Sub Button3_Click(sender As System. Object, e As System. EventArgs) Handles Button3. Click
        Dim d As Double
        d = COptEngin_Obj()
        MsgBox(d)
    End Sub

    Private Sub Button4_Click(sender As System. Object, e As System. EventArgs) Handles Button4. Click
        Dim Is_Stop As Boolean
        Is_Stop = False
        If MsgBox("Stop to run?", vbOKCancel) = vbOK Then
            Is_Stop = True
            COptEngin_Stop(Is_Stop)
        End If
    End Sub
End Class
```

第二种方式代码如下：

```
Imports System. Runtime. InteropServices

Public Class Form1
    < DllImport( "FOptdll. dll" ,    EntryPoint: = "COptEngin" ,    CharSet: = CharSet. Ansi,    PreserveSig: = False, Calling-
Convention: = CallingConvention. StdCall) >
    Private Shared Sub COptEngin( input_F As String, output_F As String)
    End Sub
    < DllImport( "FOptdll. dll" ,    EntryPoint: = "COptEngin_RunCount" ,    CharSet: = CharSet. Ansi, CallingConvention: =
CallingConvention. StdCall) >
    Private Shared Function COptEngin_RunCount( ) As Integer
    End Function
    < DllImport( "FOptdll. dll" ,    EntryPoint: = "COptEngin_Obj" ,    CharSet: = CharSet. Ansi, CallingConvention: = Call-
ingConvention. StdCall) >
    Private Shared Function COptEngin_Obj( ) As Double
    End Function
    < DllImport( "FOptdll. dll" ,    EntryPoint: = "COptEngin_Stop" ,    CharSet: = CharSet. Ansi,    PreserveSig: = False,
CallingConvention: = CallingConvention. StdCall) >
    Private Shared Sub COptEngin_Stop( ByVal is_pause As Boolean)
    End Sub

    Private Sub Button1_Click( sender As System. Object, e As System. EventArgs) Handles Button1. Click
        COptEngin( "C:\MyTest\question2. txt", "C:\MyTest\out1. txt" )
    End Sub
    Private Sub Button2_Click( sender As System. Object, e As System. EventArgs) Handles Button2. Click
        Dim p As Integer
        p = COptEngin_RunCount( )
        MsgBox( p)
    End Sub
    Private Sub Button3_Click( sender As System. Object, e As System. EventArgs) Handles Button3. Click
        Dim d As Double
        d = COptEngin_Obj( )
        MsgBox( d)
    End Sub

    Private Sub Button4_Click( sender As System. Object, e As System. EventArgs) Handles Button4. Click
        Dim Is_Stop As Boolean
        Is_Stop = False
        If MsgBox( "Stop to run?", vbOKCancel) = vbOK Then
            Is_Stop = True
            COptEngin_Stop( Is_Stop)
        End If
    End Sub
End Class
```

3. Visual Basic 6. 0 调用 FOptDLL. dll

启动 VB 6.0，在 "Form1" 上放置四个按钮如图 2-121 所示。

图 2-121 VB 6.0 调用动态库设计界面

VB 6.0 代码如下：

```
Option Explicit
Private Declare Sub COptEngin Lib "FOptDLL. dll" (ByVal Input_F As String, ByVal Output_F As String)
Private Declare Function COptEngin_RunCount Lib "FOptDLL. dll" () As Integer
Private Declare Function COptEngin_Obj Lib "FOptDLL. dll" () As Double
Private Declare Sub COptEngin_Stop Lib "FOptDLL. dll" (ByVal Stop_Run As Boolean)

Private Sub Command1_Click()
    Call COptEngin("c:\MyTest\question1. txt", "c:\MyTest\out1. txt")
End Sub

Private Sub Command2_Click()
    Dim p As Integer
    p = COptEngin_RunCount
    MsgBox (p)
End Sub

Private Sub Command3_Click()
    Dim d As Double
    d = COptEngin_Obj
    MsgBox (d)
End Sub

Private Sub Command4_Click()
    If MsgBox("确定停止计算", vbOKCancel) = vbOK Then COptEngin_Stop (True)
End Sub
```

4. Delphi 调用 FOptDLL. dll

在主程序单元的 implementation 前加 Delphi 5 至 Delphi 2007 语句：

```
Function COptEngin_RunCount: Integer; StdCall; External 'FOptDll. dll';
Function COptEngin_Obj: Double; StdCall; External 'FOptDll. dll';
Procedure COptEngin_Stop(Stop_Run: boolean); StdCall; External 'FOptDll. dll';
Procedure COptEngin(I_File, O_File: PChar); stdcall; External 'FOptDll. dll';
```

对于 Delphi XE 及之后的版本，将上面代码中的 PChar 改为 PAnsiChar。

Delphi 调用动态库设计界面如图 2-122 所示。

183

图 2-122　Delphi 调用动态库设计界面

单击"执行"按钮输入代码：

```
procedure TForm1. Button1Click( Sender: TObject) ;
begin
    COptEngin( 'C:\MyTest\question1. txt', 'C:\MyTest\out1. txt') ;
end;
```

单击"迭代数"按钮输入代码：

```
procedure TForm1. Button2Click( Sender: TObject) ;
var p: integer;
begin
    p : = COptEngin_RunCount;
    Showmessage( InttoStr( p) ) ;
end;
```

单击"目标函数"按钮输入代码：

```
procedure TForm1. Button3Click( Sender: TObject) ;
var Obj: Double;
begin
    Obj : = COptEngin_Obj;
    Showmessage( FloattoStr( Obj) ) ;
end;
```

单击"中止计算"按钮输入代码：

```
procedure TForm1. Button4Click( Sender: TObject) ;
begin
    if MessageDlg( 'Stop to run dll model?', mtConfirmation, [ mbYes, mbNo], 0) = mrYes then
        COptEngin_Stop( true) ;
end;
```

第 3 章　1stOpt 工具箱

3.1　公式自动搜索拟合工具箱

已知自变量和因变量的数据，而其模型公式却未知，1stOpt 提供的拟合公式自动搜索匹配功能专门用于解决此类问题。

公式自动搜索主要用于在模型公式未知时，从公式库中搜寻与数据匹配最好的公式，并按结果好坏排列给出公式列表。对于二维和三维数据，函数库分别包含了 6800 和 2800 余种不同类型的公式，此外还可自动产生指定数目的公式库；而对于自变量高于三维情况，公式库（图 3-1）均由工具箱自动生成，基本规则如下：

- 二维：x 表示自变量，y 表示因变量，p_1，p_2，p_3，……表示参数。
- 三维：x、y 表示自变量，z 表示因变量，p_1，p_2，p_3，……表示参数。
- 高于三维：x_1，x_2，x_3，……表示自变量，y 表示因变量，p_1，p_2，p_3，……表示参数。

- 参数以字母 p 表示，下标从 1 开始，必须连续，如有三个参数，只能定义为 p_1、p_2、p_3，而不能定义为 p_1、p_3、p_4。

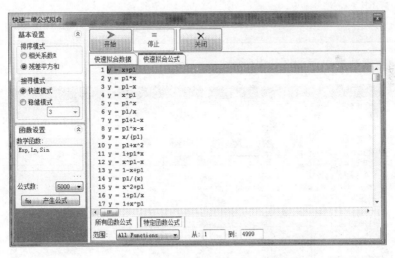

图 3-1　公式自动搜索拟合工具公式库

产生公式时可设定最大公式数及常用的数学函数，缺省状态下只包括指数函数 exp（）和自然对数函数 ln（），用户可以自行添加。

数据录入界面最右侧一列数据是因变量，自变量数据可单击"增加自变量"按钮 ✚ₓ 添加并输入相应的数据。

自动搜索时有两种模式："快速模式"和"稳健模式"，前者速度快但效果略差，后者相反，效果较好但速度下降。不论何种模式，搜索得出的公式都不能保证 100% 为最优解，因此最好选定公式后再用常规拟合方法进行验证。如果模型参数还有一定的物理意义限制，则还应进行相应的约束处理。

进行快速搜索时，仅需关键字 Data 即可，数据可竖排也可横排，横排时以";"号结束。

公式自动搜索拟合数据见表 3-1。

表 3-1　公式自动搜索拟合数据

x	15，30，45，60，75，90，105，120，135，495
y	0.489，0.427，0.373，0.327，0.285，0.250，0.218，0.191，0.167，0.005

1stOpt 代码如下：

竖排格式	横排格式
Data；	Data；
15　0.489	300,780,1080,1320,1560,1860,2100,2520,3000,3600,4200,4800,5400,6000,6600,7200,11040；
30　0.427	.270，.419，.480，.520，.557，.593，.616，.654，.682，.713，.736，.756，.768，.783，.797，
45　0.373	.807，.843；
60　0.327	
75　0.285	
90　0.250	
105　0.218	
120　0.191	
135　0.167	
495　0.005	

公式自动搜索数据界面如图 3-2 所示。

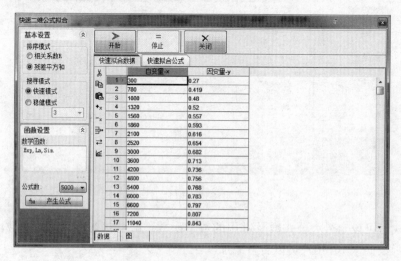

图 3-2　公式自动搜索数据界面

公式自动生成结果如图 3-3 所示。

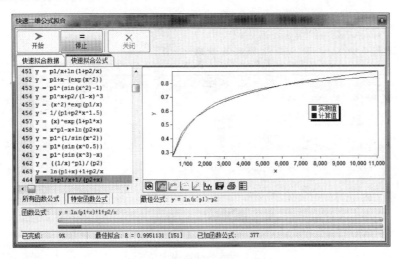

图 3-3　公式自动生成结果

3.2　神经网络工具箱 NeuralPower

NeuralPower 是一款可视化强易于使用的人工神经网络工具箱，适用于多种数学问题，如多元回归拟合、预测、模式识别、分类、决策支持、时间系列建模等。NeuralPower 最早为独立的软件，自 7.0 版起集成进了 1stOpt 作为一个工具箱。NeuralPower 具有以下特点：

① 支持多文件数据用于训练：其他类似神经网络产品一般只支持一个文件数据，有时就无法满足实际需求，比如 Rainfall-runoff example。

② 支持正常和网格两种数据格式：其他类似产品均不支持"网格"形式数据。

③ 实时、可视化监控训练过程，图形模式下可以调节每一个训练控制参数。

④ 可视化神经网络结构设计。

⑤ 输入因子重要度评估功能。

⑥ 单步训练学习功能。

⑦ 支持训练过程的终止、暂停和热启动，自定义连接权重。

⑧ 隐含层数及每层的神经元节点数无上限数限制，每个隐含层可有不同的转换函数。

⑨ 包括 6 种最常用的转换函数，此外还可自定义转换函数。

⑩ 训练收敛快，如对著名的异或问题（XOR），仅需三次迭代计算就能收敛至 0。

⑪ 极易处理时间系列问题。

⑫ 最优输入组合问题及二维、三维图形分析。

⑬ 类似 Excel 界面的数据输入模块。

3.2.1　基本模块

NeuralPower 由三个基本模块组成：数据处理组织模块；学习训练模块；应用模块。数据处理组织模块是缺省启动模块。

（1）数据处理组织模块

数据处理组织模块界面如图 3-4 所示。

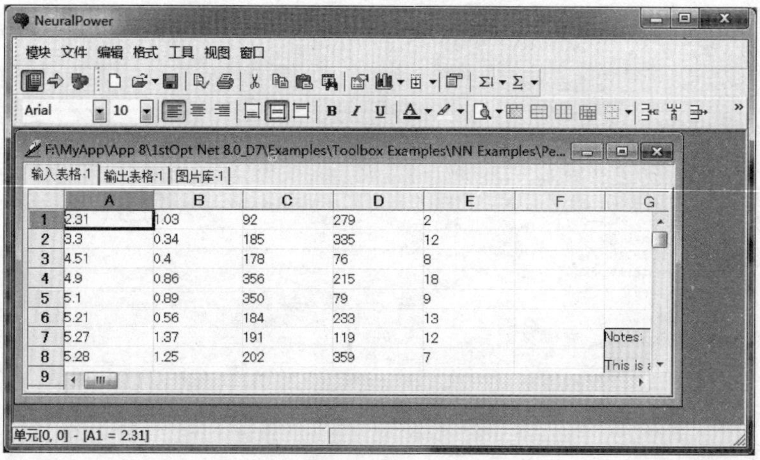

图 3-4　数据处理组织模块界面

电子表格形式的数据处理组织模块主要用于数据的前处理及构筑神经网络训练及应用专用数据文件。

（2）界面

类似于 Excel，数据处理模块可用于神经网络专用文件的输入输出和编辑修改。其中，InputSheet 和 OutputSheet 专门分别用于训练数据的输入和对应的输出部分；ChartStore 用于图形的保存、展示和编辑，图形可以是直接用电子表格数据作图而来，也可以是训练或应用模块中的图形。

（3）文件格式

① NeuralPower 数据格式（.ogy）：可输入任何数据或字符，如果该文件准备用于学习训练，除了列标题外不要用非实数的字符，对布尔型变量用 0 或 1 来代替。

② Excel 文件格式（.xls）：直接读写 Excel 数据文件，仅读取数据，其他信息都将被忽略。如果 Excel 文件表单（worksheets）超过两个，只有前两个表单的数据被读取，分别读入输入和输出表格中。

③ Lotus 1-2-3 文件格式（.wks，.wk1）及 Quattro Pro 文件格式（.wq1）：直接读取。

④ 文本格式（.csv，.txt）：直接读取和保存。

⑤ Dbase 文件格式（.dbf）：保存和读取 Dbase 格式文件。

⑥ MS Access 文件格式（.mdb）：保存和读取 Access 格式文件。

⑦ NeuralPower 网络文件格式（.par）：载入 NeuralPower 网络文件，查看网络连接权重。

3.2.2　学习训练模块

训练模块是人工神经网络最重要的环节，其目的就是通过样本数据进行训练获取最优网络连接权重，使模拟计算出的输出值与实测输出值吻合最好，训练获得的网络权重文件也可用于应用模块，进行预测、评估、输入项目重要度分析等各种工作。

（1）训练文件

进行学习训练时，需要载入训练数据文件（.ogy），如果是针对同一问题且数据结构也相同的前提下，可以同时载入多个数据文件用于训练。其中选中的文件用于训练，而未选中的文件则用于测试和验证。图 3-5 为训练文件数据载入及设定。

缺省状况下，训练开始时的物理权重值是随机赋值的，此外用户也可以在上次训练的基础上继续：载入上次训练时保存的网络文件（.par），即可在上次训练的基础上开始训练，这样可以缩短训练时间。重启动时载入的（.par）网络文件与本次训练的样本文件数据结构必须一致。

训练数据类型有两种：“正常数据”和"网格数据"。

① 正常数据类型：同一文件内输入数据长度与输出数据长度一致，每一组输入与

图 3-5　训练文件数据载入及设定

对应的输出组成一个对应模式（图 3-6）。多数据训练文件时，在保证相同文件内输入输出数据长度一致的前提下，各数据文件的数据长度可以不同。

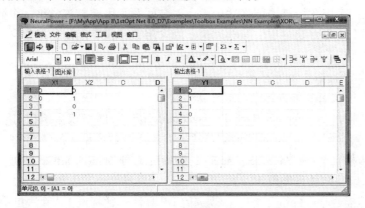

图 3-6　正常数据类型

② 网格数据类型：一个训练文件中所有输入和输出数据构成一个模式，输入数据的行列数与输出数据的行列数可以不同（图 3-7）。多数据训练文件时，不同训练文件的输入数据行列数必须一致，同理，输出数据的行列数也须一样。

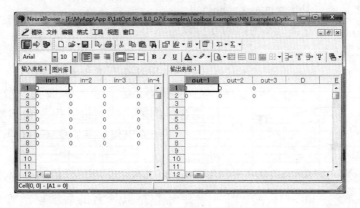

图 3-7　网格数据类型

（2）神经网络结构设计（图 3-8）

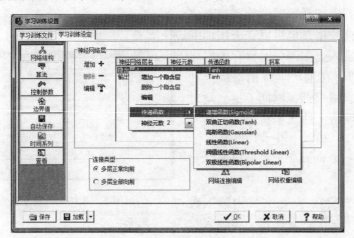

图 3-8　神经网络结构设计

一般而言，一个隐含层神经网络适用于大多数问题，因此首先尝试一个隐含层，根据计算结果再尝试两个或更多隐含层。虽然理论上隐含层数：没有限制，但隐含层数目的增加意味着计算量的增大。

（3）训练学习算法

NeuralPower 中共有 8 种训练学习算法：

① 增量逆传播（Incremental Back Propagation，IBP）：网络权重值在每一个模式训练后调整，该算法是经典标准的 BP 神经网络算法，尤其适合数据量大的情况。

② 批量逆传播（Batch Back Propagation，BBP）：基于全部训练模式数据，网络权重值在每一次迭代运算后整体进行调整。

③ 快速逆传播（Quickprop，QP）：改进的 BP 算法，比标准 BP 算法更快。

④ 麦考特算法（Levenberg-Marquardt，LM）：高效经典优化算法。

⑤ 准牛顿（BFGS）。

⑥ 共轭梯度法（CGM）。

⑦ 遗传算法（Genetic Algorithms）。

⑧ 差分进化算法（Differential·Evolution）。

每种算法有自身的特点，不同的问题可以尝试不同的算法。

（4）连接类型

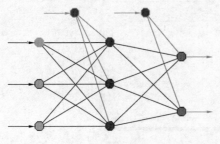

图 3-9　多层正常向前

NeuralPower 有两种连接类型：

① 多层正常向前：一般至少包括一个隐含层，从隐含层到输出层，每层仅收到其紧邻上一层的输入，每层的输出仅对其紧邻下一层起作用，如图 3-9 所示。

② 多层全部向前：每层的输出不仅至其紧邻下一层，还包括其所有的后续层，如图3-10所示。两个隐含层的示例如图 3-11 所示。

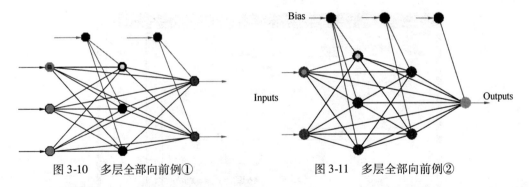

图 3-10　多层全部向前例①　　　　　　图 3-11　多层全部向前例②

（5）转换函数

转换函数 ξ（μ_k）定义神经元由输入到输出的函数转换关系，共有 6 个缺省转换函数见表 3-2、图 3-12。用户自定义转换函数如图 3-13 所示。

表 3-2　缺省转换函数

函数名称	输出范围	公式
递增函数（Sigmoid）	0 ~ 1	$\xi(\mu_k) = \dfrac{1}{1 + \exp(-\alpha\mu_k)}$
双曲正切函数（Tanh）	− 1 ~ 1	$\xi(\mu_k) = \dfrac{1 - \exp(-\alpha\mu_k)}{1 + \exp(-\alpha\mu_k)}$
高斯函数（Gaussian）	0 ~ 1	$\xi(\mu_k) = e^{(-\alpha\cdot\mu_2)^2}$
线性函数（Linear）	− ∝ ~ + ∝	$\xi(\mu_k) = \alpha\mu_k$
阈值线性函数（Threshold Linear）	0 ~ 1	$\begin{cases} \xi(\mu_k) = 0 & (\mu_k < 0) \\ \xi(\mu_k) = 1 & (\mu_k > 1) \\ \xi(\mu_k) = \alpha\mu_k & (0 \leq \mu_k \leq 1) \end{cases}$
双极线性函数（Bipolar Linear）	− 1 ~ 1	$\begin{cases} \xi(\mu_k) = -1 & (\mu_k < -1) \\ \xi(\mu_k) = 1 & (\mu_k > 1) \\ \xi(\mu_k) = \alpha\mu_k & (-1 \leq \mu_k \leq 1) \end{cases}$

注：α 为转换函数的斜率（Slope）。

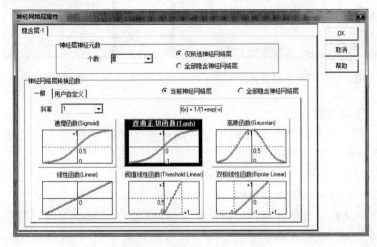

图 3-12　6 种神经元转换函数

图 3-13　用户自定义转换函数

双曲正切函数 Tanh 可作为大多数转换函数的缺省首选。对一些比较特殊的问题如分类，如果输出值为非 0 即 1，则可考虑双极线性函数（Bipolar Linear）作为输出层的转换函数。

（6）网络连接编辑

如图 3-14 所示，网络连接编辑器提供方便、可视化的神经元节点连接编辑，用户可以非常容易地连接或断开节点间的连接。

（7）连接权重值编辑

缺省状态下网络连接权重值是随机赋值的，不过用户可以通过权重值编辑器自行赋值，如图 3-15 所示。

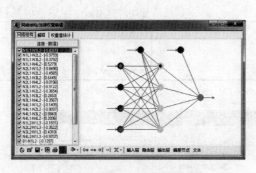

图 3-14　可视化网络连接编辑

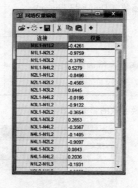

图 3-15　网络连接权重编辑器

（8）算法及控制参数设定

在"算法"和"控制参数"设定面板中可设定各相关的参数，所有这些参数也可以在训练过程中动态修改，如图 3-16 所示。

（9）边界值设定

边界值包括所有输入和输出项目的上下边界值，或可能的最大/最小值，这些边界值有可能并未包含在训练数据集里，却有可能在将来预测应用时会遇到。通过调整边界值训练在某些时候会收敛很快。缺省状态下，边界值为训练数据集中每一项目的最大/最小值。"边界值"面板如图 3-17 所示。

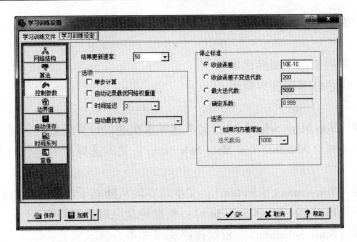

图 3-16　"控制参数"设定面板

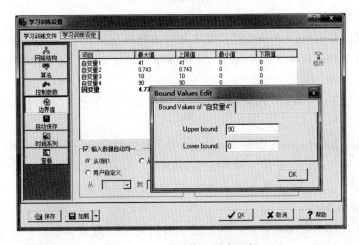

图 3-17　"边界值"设定面板

（10）遗传算法（GA）

遗传算法是学习训练算法之一，其各控制参数可在"算法"设定面板中设置（图3-18）。

图 3-18　"算法"设定面板

遗传算法主要有以下参数：

① 种群数。

② 交叉率：不同染色体交换比率。

③ 变异率：染色体基因变异概率。

选择方式如下：

① 最优选择（Top Mate Selection）：父本选择本次迭代计算最好的，母本则随机选择。

② 绝对最优选择（Absolute Top Mate Selection）：父本选择所有迭代计算中最好的，母本则随机选择。

③ 竞赛选择（Tournament Selection）：父本母本均从随机子群中选择最好的。

④ 轮盘选择（Roulette Wheel Selection）：根据轮盘原理选择样本。

⑤ 排序选择（Rank Selection）：根据排序选择样本。

⑥ 随机选择（Random Selection）：随机选择样本。

交叉方式如下：

① 均匀交叉（Uniform Crossover）：父本和母本随机交叉。

② 单点交叉（One Point Crossover）：随机选择一个交叉点，父本和母本在该点交叉形成两个子体。

③ 两点交叉（Two Points Crossover）：随机选择两个交叉点，父本和母本在该两点处交叉形成两个子体。

④ 中间交叉（Intermediate Crossover）：使用下列线性组合形成新的子体：

$$子体 1 号 = 父本 - b \times (父本 - 母本)$$
$$子体 2 号 = 母本 + b \times (父本 - 母本)$$

其中，b 为 0 或 1。

⑤ 线性交叉（Line Crossover）：与上述"中间交叉"方式类似，只是参数 b 值对两个子体取值都一样。

⑥ 上述随机（Random of Above）。

（11）时间系列

NeuralPower 可以很容易地处理时间系列问题，详见实例应用一节"降雨-径流模型"范例。

"时间系列"面板如图 3-19 所示。

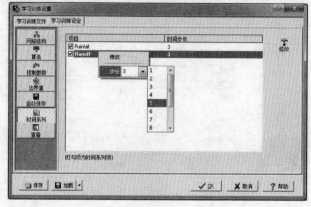

图 3-19　"时间系列"设定面板

（12）自动保存

学习训练过程中，网络文件或学习训练指标如均方差（RMSE）、相关系数（R）和确定系数（DC）等均可设定是否自动定时保存（图 3-20）。

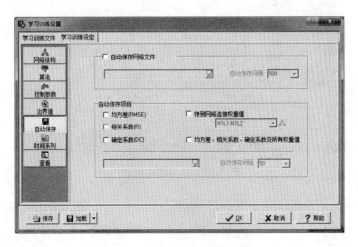

图 3-20　"自动保存"设定面板

（13）查看

训练学习过程中，可设定输出项目的可视化与否，是否激活监视窗口以便实时查看均方差（RMSE）、相关系数（R）、确定系数（DC）或任意连接权重等随训练学习的变化过程。"查看"设定面板如图 3-21 所示。

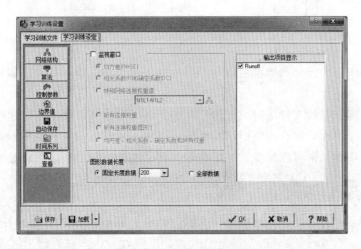

图 3-21　"查看"设定面板

"图形数据长度"指图形监视窗口在训练过程中显示的最大数据长度，当图形数据长度大于该数值时，位于前列的数据将被自动删除；"全部数据"指在图形上显示所有的数据。

（14）项目文件

项目文件（.pjs）包括训练数据文件及各参数设定等，便于用户能快速载入。

（15）训练过程

在学习训练过程中可以实时查看所有输出实测值（红线）和输出计算值（绿线）。当训练达到判断指标时会自动停止训练，用户也可以随时终止训练过程（图 3-22）。

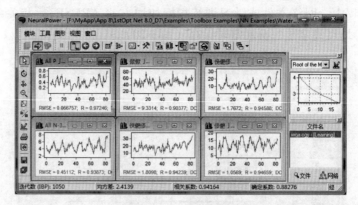

图 3-22　学习训练过程

学习训练工具栏中按钮作用如图 3-23 所示。

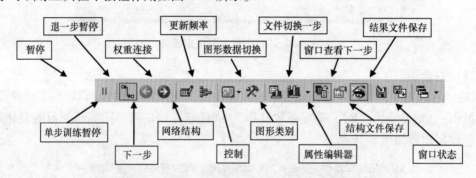

图 3-23　学习训练工具栏

在训练过程中，大部分参数都可以动态修改如学习速率、学习算法、隐含层神经元节点数等。

学习结果如网络结构文件（.par）和计算结果可以设定成每隔一定迭代数后自动保存也可以任意时刻手动保存。保存的网络结构文件将可用于后续的应用模块如验证和预测等，因此如果认为学习训练结果可以接受，一定请保存网络结构文件，反之可以重新设定各参数后再次训练。

3.2.3　应用模块

在应用模块，训练时保存的网络结构文件（.par）将被载入用于下面各种分析：查询/预测、优化分析、二维/三维分析、误差三维图、重要度分析。在进行上述工作前，一定要先载入该网络结构文件（.par）。

（1）查询/预测

在"查询/预测"设定面板（图 3-24）中可进行预测验证等计算。数据可以直接在表格里输入也可从文件中读入。如果网络结构存在时间序列，对应于输入数据，输出数据的起始资料必须提前输入（与时间序列对应）。

（2）优化

用于发现确定指定输出项目达到最大或最小值所对应的输入项目组合。可调整参数包括

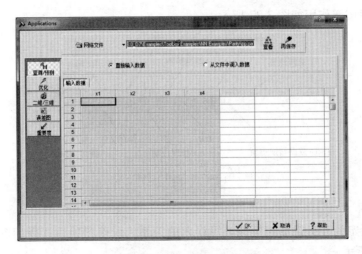

图 3-24　"查询/预测"设定面板

可变输入项目的起始、终止和变化度值，以及固定输入项目的值。优化功能仅适用于正常数据格式（非网格格式）和无时间系列的应用。

（3）二维/三维分析

该功能用于建立和分析输出项目与输入项目间的二维和三维关系。该功能仅适用于正常数据格式（非网格格式）和无时间系列的应用，如图 3-25 和图 3-26 所示。

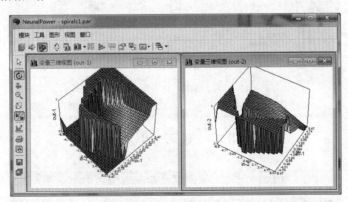

图 3-25　应用模块二维-三维分析 1

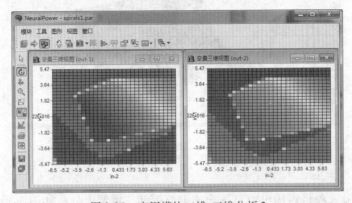

图 3-26　应用模块二维-三维分析 2

应用工具栏按钮作用如图 3-27 所示。

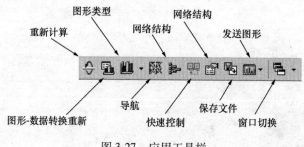

图 3-27　应用工具栏

（4）误差图

图形显示指定的连接权重与模拟计算误差的关系。误差图项目选择如图 3-28 所示，效果图如图 3-29 所示。

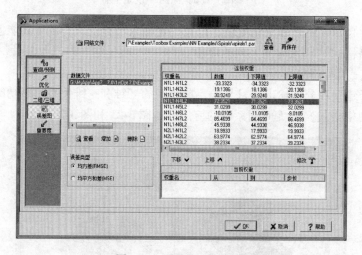

图 3-28　误差图项目选择

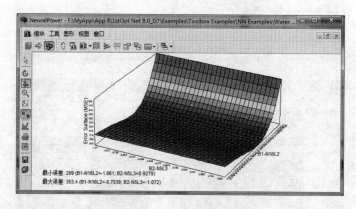

图 3-29　三维误差效果图

（5）重要度分析

计算每一个输入项目对输出项目影响的重要程度。重要度分析如图 3-30 所示。

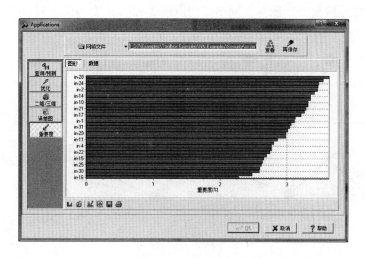

图 3-30　重要度分析

3.2.4　实例应用

下面几个实例用于演示 NeuralPower 如何解决实际问题。所有实例数据文件均包含在 NN Examples 文件夹中。

（1）异或问题（XOR）

异或问题（XOR problem）是一非常经典的神经网络测试题，两个输入，一个输出，4 组样本数据。

操作步骤如下：

① 进入训练模块，载入文件 XOR 数据文件 xor. ogy。

输入 1	输入 2	输出
1	0	1
1	1	0
0	1	1
0	0	0

② 单击 OK 按钮开始训练，即使其他全部缺省设置，学习训练也会很快收敛。为更好地了解各训练控制参数，在此尝试改变不同的设置：在"学习训练设定"面板，缺省网络结构如图 3-31 所示。

将隐含层神经元节点数由 2 变为 1，连接类型由"多层正常向前"变为"多层全部向

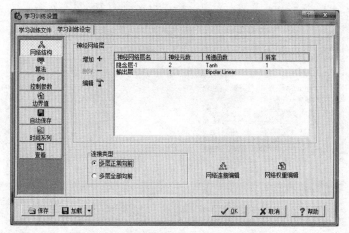

图 3-31　网络结构设定

前"，单击"网络连接编辑"图标，网络结构由图 3-32（a）变为图 3-32（b）。图 3-32（b）可以说是目前最简捷的 XOR 问题的神经网络结构，只有 7 个连接（缺省的为 9 个）。

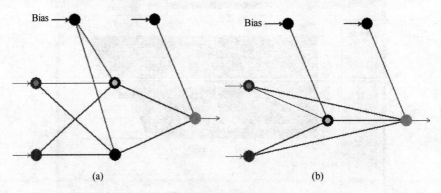

图 3-32　网络结构

③ 单击 OK 按钮开始训练，学习几乎瞬间收敛完成（图 3-33）。

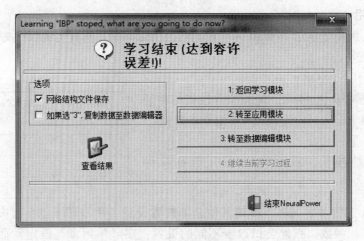

图 3-33　训练结束

④ 单击"查看结果"图标，打开图 3-34 所示的界面。

⑤ 保存网络结构文件为 xor. par，选择相同模块，网络文件 xor. par 将被自动载入

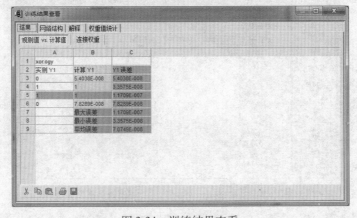

图 3-34　训练结果查看

（图 3-35）。

图 3-35　预测应用

在"X1"和"X2"列输入任意数据，单击 OK 按钮可以预测计算输出值。

⑥ 打开"优化"设定面板，单击 OK 按钮，可获取最大输出或最小输出值所对应的输入值（图 3-36）。

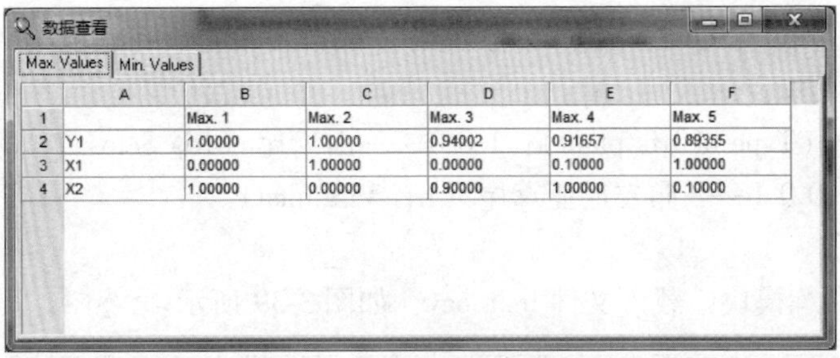

	A	B	C	D	E	F
1		Max. 1	Max. 2	Max. 3	Max. 4	Max. 5
2	Y1	1.00000	1.00000	0.94002	0.91657	0.89355
3	X1	0.00000	1.00000	0.00000	0.10000	1.00000
4	X2	1.00000	0.00000	0.90000	1.00000	0.10000

图 3-36　应用模块优化计算

⑦ 选择"二维/三维"设定面板，从"输入项目"列表栏将两项输入项目均移至"选择项目"列表中，单击 OK 按钮，将得到如图 3-37 所示的三维图。

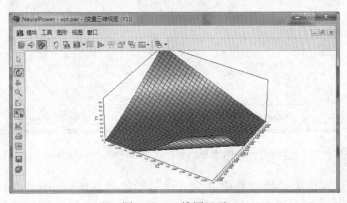

图 3-37　三维图显示

⑧ 选择"重要度"设定面板（图 3-38），可查看每一输入项目的重要度。

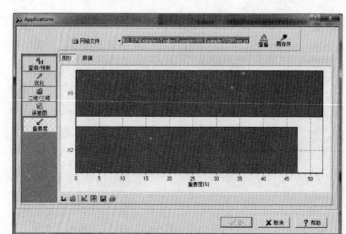

图 3-38　重要度分析

（2）植物分类问题（Iris）

Iris 是非常经典的模式识别问题，也经常用于人工神经网络的测试。该数据含有 3 种不同的 Iris 植物，共 150 组样本，每组样本有 4 个属性。测试的目的是根据属性来判断植物类别，每种植物都有 50 组样本。

植物属性：萼片长（Sepal length）、萼片宽（Sepal width）、花瓣长（Petal length）、花瓣宽（Petal width）。

鸢尾植物种类（Type of Iris plant）：1 0 0——山鸢尾（Iris Setosa）；0 1 0——变色鸢尾（Iris Versicolour）；0 0 1——弗吉尼亚鸢尾（Iris Virginica）。

操作步骤如下：

① 进入学习训练模块，载入文件 irsh. ogy，如图 3-39 所示。

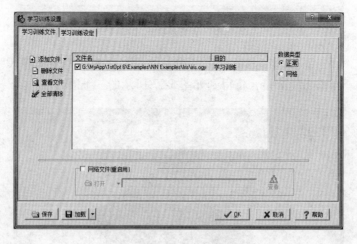

图 3-39　训练文件载入

② 学习训练设定面板选择"算法"为"增量逆传播（Incremental Back Propagation）"，其他缺省设置即可，单击 OK 按钮开始训练。经过一段时间，模拟计算结果几近完美

（图 3-40），达到百分之百吻合。

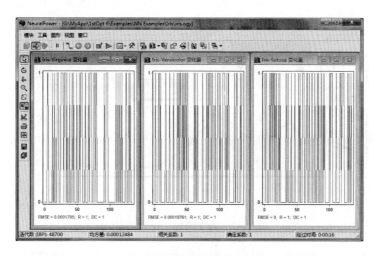

图 3-40　训练计算过程

③ 选择保持网络文件为 Iris. par，再进入应用模块。

④ 在应用模块可进行应用验证和预测以及三维展示等操作（图 3-41）。

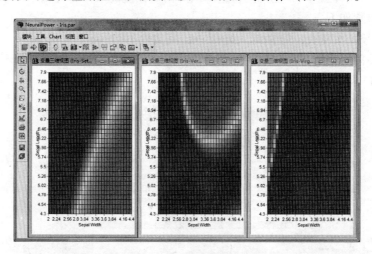

图 3-41　应用模块三维图分析

（3）降雨—径流水文模型问题

该例（NN Example \ Rainfall-runoff）为一个实际的降雨—径流模型问题。因为影响因子众多，流域自然降雨与径流的关系是非常复杂的，如图 3-42 所示为典型的降雨径流关系示意图，很明显，由降雨而引发的径流总有一定的时间滞后，这也是很难直接建立降雨径流关系的重要原因之一，基于此，通过时间系列来构筑降雨—径流关系。

$$Q_t = f(R_t, R_{t-1} \cdots R_{t-m}, Q_{t-1}, Q_{t-2} \cdots Q_{(t-n)})$$

式中，Q_t 为 t 时刻径流量；Q_{t-1} 为 $t-1$ 时刻径流量；Q_{t-2} 为 $t-2$ 时刻径流量；Q_{t-n} 为 $t-n$ 时刻径流量；n 为径流最大滞后步长。

R_t 为 t 时刻降雨；R_{t-1} 为 $t-1$ 时刻降雨；R_{t-m} 为 $t-m$ 时刻降雨；m 为降雨最大滞后步长。

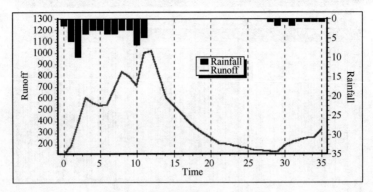

图 3-42　典型降雨—径流关系

使用 NeuralPower，可以非常容易地解决上述时间系列模拟计算问题。NeuralPower 一个独特的优点是可以同时处理多个数据文件，而其他神经网络软件一般一次只能处理一个数据文件。在本示例中，一共有 9 次同一流域实测的降雨和对应的径流过程，因为每次产流过程的条件不同及其独立性，因而也无法将这 9 次降雨—径流的数据合并为一个单一的训练数据文件。按操作步骤如下：

① 进入学习训练模块，分别调入降雨—径流文件 RR1. ogy，RR2. ogy…RR9. ogy，每个文件代表一次降雨—径流过程。取消选中最后一个文件 RR9. ogy，即该文件不用于训练而用于验证（图 3-43）。

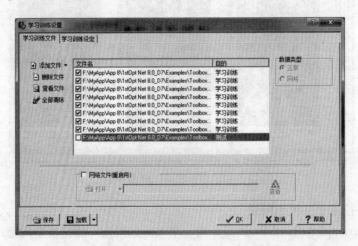

图 3-43　降雨—径流模型多文件学习训练设定界面

② 选择“时间系列”设定面板，“降雨”和“径流”两项均选中，时间滞后步长根据该流域的实际情况两项目均定为 6（图 3-44）。其他网络结构（图 3-45）如隐含层数、每层神经元节点数、转换函数和学习算法等可自行设定。

③ 单击 OK 按钮开始训练，从右侧文件列表栏可随意切换查看不同场次的降雨—径流模拟计算结果（图 3-46）。

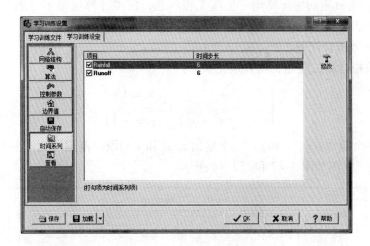

图 3-44　时间系列设定

图 3-45　网络结构设定

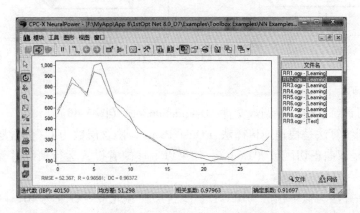

图 3-46　降雨—径流模拟计算结果

④ 因为该例为真正的实际降雨—径流工程问题，模拟计算结果不可能与实测值完全吻合，可以在认为满足要求的前提下中止学习训练过程。

（4）三维函数拟合问题

这是一函数拟合测试问题，函数定义如下：

$$\begin{cases} z = x^2 + y^2 & (p = 1) \\ z = -(x^2 + y^2) & (p = -1) \end{cases} \tag{3-1}$$

该问题有 3 个输入：x、y 和 p，一个输出 z。x 和 y 的取值范围均为 $[-4,4]$，p 值为 1 或 -1。二维及三维图如图 3-47 和图 3-48 所示。

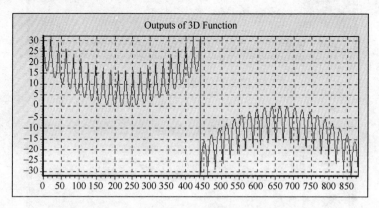

图 3-47 二维函数图

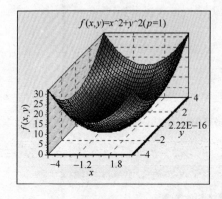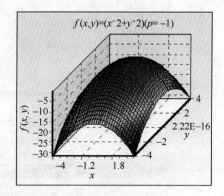

图 3-48 三维函数图

操作步骤如下：

① 加入学习训练模块，并调入文件 3D-Function. ogy（图 3-49）。

② 缺省的训练算法是快速逆传播法（QuickProp），隐含层数为 1，隐含层神经元节点数是 3，转换函数是双曲正切函数（Tanh）。如果以上述缺省设置运行训练过程，将很难收敛到好的结果。

③ 改变训练算法为拟牛顿法（BFGS），隐含层神经元节点数变为 10，网络连接类型由"多层正常向前（Normal Feed Forward）"改为"多层全部向前（MultiLayer Full Feed Forward）"（图 3-50）。

206

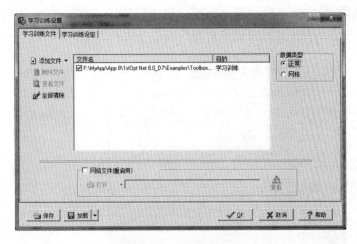

图 3-49　学习训练文件

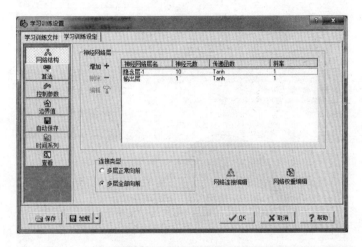

图 3-50　网络结构

④ 执行训练学习过程，经过一定的迭代可获得较好的拟合结果（图 3-51），保存训练后的网络文件，如为：3dfunction. par，再选择至应用模块。

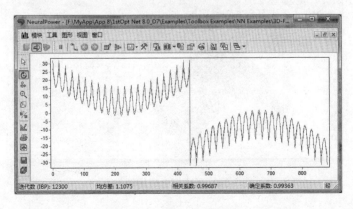

图 3-51　训练计算结果

⑤ 在应用模块"二维/三维"设定面板（图 3-52）中选择 X 和 Y 选项，从 –1 至 1 改变 P 值，与实际三维图相比较可看见非常完美的拟合结果（图 3-53 和图 3-54）。

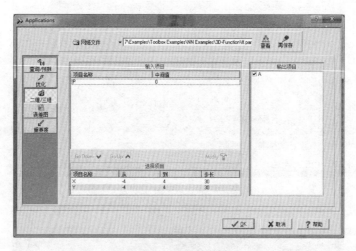

图 3-52　应用计算

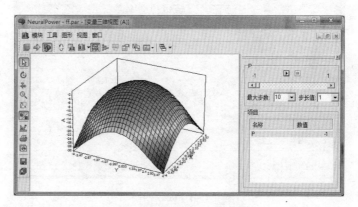

图 3-53　函数拟合应用结果 1

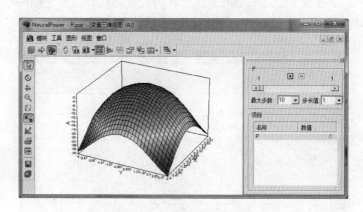

图 3-54　函数拟合应用结果 2

3.3　多层自回归拟合网络工具箱

3.3.1　多层自回归拟合网络工具箱简介

多层自回归拟合网络 Multi-Layer Fitting Network，MFN）方法是一种多输入-多输出拟合及分类方法。与神经网络（NN）及支持向量机（SVM）相比，其最大特点是计算效率高，同等数据量的情况下计算效率为 NN 或 SVM 的十倍甚至上百倍，即使普通的个人台式电脑也可轻松地处理大量数据（超十万）。MFN 主要用于多变量模式识别问题，如回归拟合及数据分类等。MFN 的使用方便，用户需要选择和调节的参数少。另外，注意使用 MFN 时，不论是拟合还是分类问题要求的输入变量数必须大于等于 2 个。

3.3.2　MFN 数据录入

数据录入如图 3-55 所示，训练数据和预测数据（如果有）可分别录入，用于训练的输出和输入数据必须录入，用于预测的输出数据可有可无，输入数据必须有。输出项目缺省状态是一个，可以单击侧面工具栏中的"增加输出变量"按钮以增加输出项。

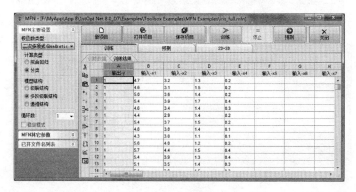

图 3-55　MFN 数据录入

3.3.3　MFN 应用例

1. MFN 数据分类

以著名的"iris"数据为例，该问题属于分类问题。单击"打开项目"按钮，选择 iris _ full. mfn 文件载入，如图 3-55 所示，单击"训练"按钮得到如图 3-56 所示的训练结果，再单击"预测"按钮，可得到如图 3-57 所示的预测结果，训练和预测精度均高于 99%。

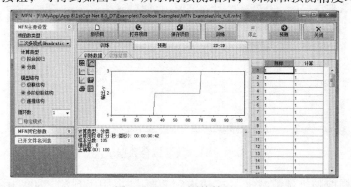

图 3-56　MFN 训练结果

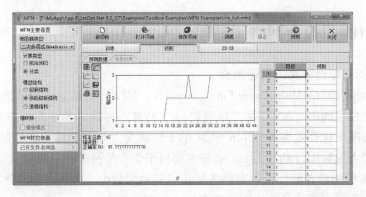

图 3-57　MFN 预测结果

在 2D-3D 应用页面还可进行二维-三维图形分析显示，可直观展示不同属性与目标值之间的关系，如图 3-58 所示。

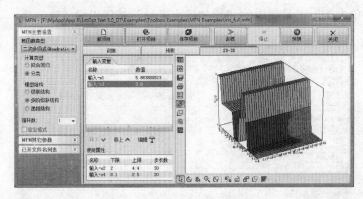

图 3-58　MFN 二维-三维图形展示

2. MFN 数据拟合

MFN 也可用于数据拟合。单击"打开项目"按钮，选择 Boston House Price. mfn 文件，如图 3-59 所示。

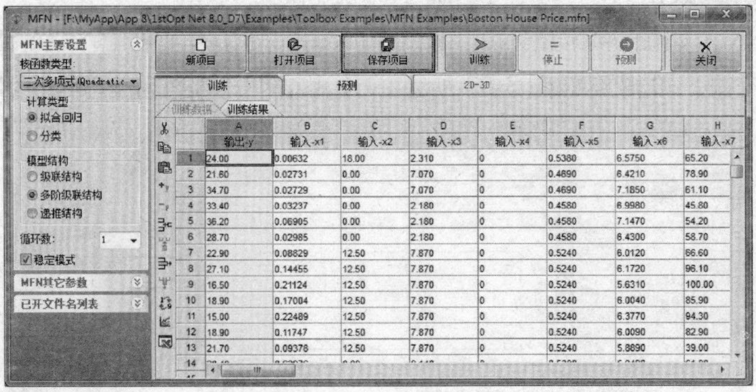

图 3-59　MFN 数据拟合数据录入

单击右侧"提取随机预测数据"按钮设定 20% 数据用于预测，80% 用于训练。为防止计算溢出错误，选中"稳定模式"选项，单击"训练"铵钮，可得到如图 3-60 所示的拟合结果，再单击"预测"按钮，可得到如图 3-61 所示的预测结果。

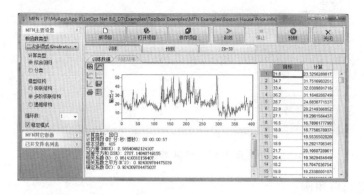

图 3-60　MFN 数据拟合结果

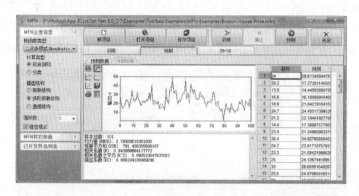

图 3-61　MFN 数据预测结果

3.4　支持向量机与聚类工具箱

3.4.1　支持向量机简介

　　支持向量机（Support Vector Machine，SVM）方法是 20 世纪 90 年代初由 Vapnik 等人根据统计学习理论提出的一种新的机器学习方法。SVM 突出的优点表现在：基于统计学习理论中结构风险最小化原则和 VC 维理论，具有良好的泛化能力，即由有限的训练样本得到的小的误差能够保证使独立的测试集仍保持小的误差。支持向量机的求解问题对应的是一个凸优化问题，因此局部最优解一定是全局最优解。该函数的成功应用，将非线性问题转化为线性问题求解。分类间隔的最大化，使得支持向量机算法具有较好的鲁棒性。由于 SVM 自身的突出优势，因此被越来越多的研究人员作为强有力的学习工具，以解决模式识别、回归估计等领域的难题。

3.4.2　支持向量机数据录入

　　数据录入如图 3-62 所示，训练数据和预测数据（如果有）可分别录入，目标栏数据必须录入。

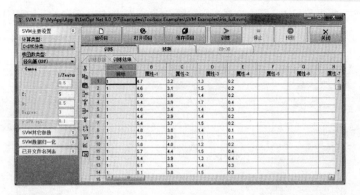

图 3-62　SVM 数据录入

3.4.3　支持向量机应用例

1. 支持向量机数据分类

以著名的 iris 数据为例，该问题属于分类问题。单击"打开项目"按钮，选择 iris_full.svm 文件载入，如图 3-62 所示，单击"训练"按钮得到如图 3-63 所示的训练结果，再单击"预测"按钮，可得到如图 3-64 所示的预测结果，训练和预测精度均高于 99%。

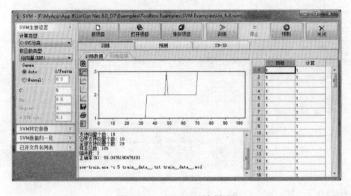

图 3-63　SVM 训练结果

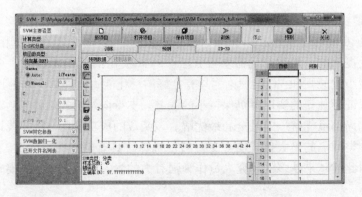

图 3-64　SVM 预测结果

在 2D-3D 应用页面还可进行二维-三维图形分析显示，可直观展示不同属性与目标值之间的关系，如图 3-65 所示。

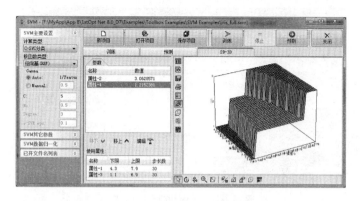

图 3-65　SVM 二维-三维图形展示

2. 支持向量机数据拟合

SVM 也可用于数据拟合。单击"打开项目"按钮，选择 reg1.svm 文件，如图 3-66 所示。

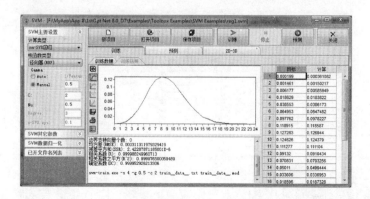

图 3-66　SVM 数据拟合数据录入

单击"训练"按钮，可得到如图 3-67 所示拟合结果，再单击"预测"按钮，可得到如图 3-68 所示的预测结果。

图 3-67　SVM 数据拟合结果

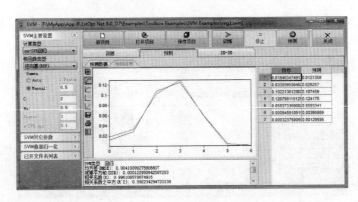

图 3-68　SVM 数据预测结果

3.4.4　聚类简介

聚类是指将物理或抽象对象的集合分成由类似的对象组成的多个类的过程。由聚类所生成的簇是一组数据对象的集合，这些对象与同一个簇中的对象彼此相似，与其他簇中的对象相异。聚类分析起源于分类学，但是聚类不等于分类。聚类与分类的不同在于，聚类所要求划分的类是未知的，而分类则是已知的。聚类分析也是数据挖掘中的重要概念和方法。

本聚类工具箱中的聚类方法除包括基本的"K 均值聚类"和"模糊 C 均值聚类"外，还包括其他六种方法：

① 基于优化的 K 均值聚类算法。
② 基于优化的模糊 C 均值聚类。
③ 基于投影寻踪的 K 均值聚类算法。
④ 基于投影寻踪的模糊 C 均值聚类。
⑤ 基于优化投影寻踪的 K 均值聚类算法。
⑥ 基于优化投影寻踪的模糊 C 均值聚类。

3.4.5　聚类数据录入

数据包括测试数据和预测数据，预测数据可以没有。目标列数据如果有可直接录入（图 3-69），反之如果没有则可空缺。

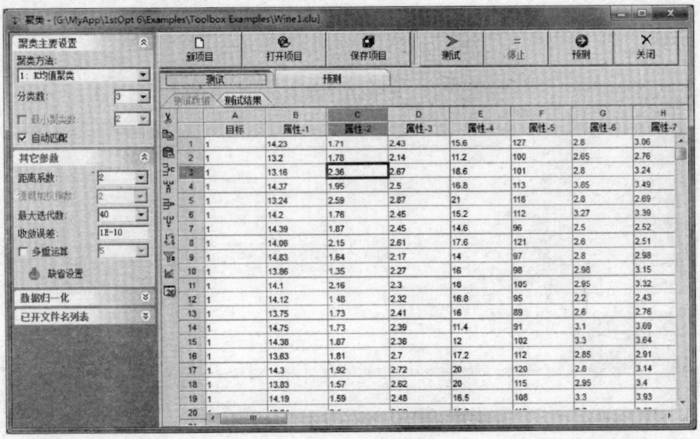

图 3-69　聚类数据录入

聚类结果如图 3-70 和图 3-71 所示。

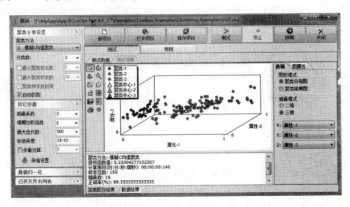

图 3-70　聚类结果 1

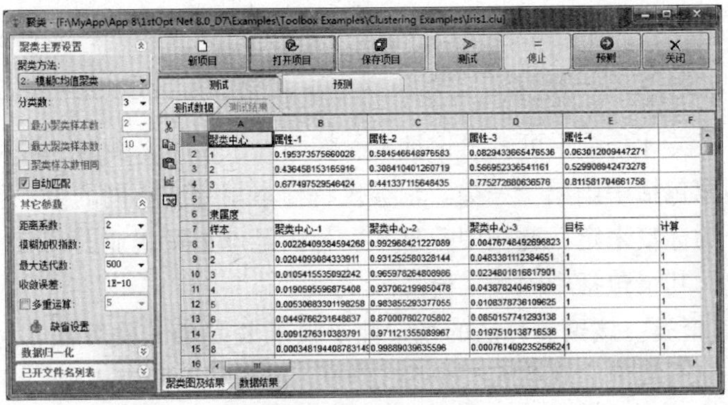

图 3-71　聚类结果 2

3.4.6　聚类应用例

通过聚类分析亚洲足球队 2005—2010 年间大型杯赛的战绩情况，见表 3-3。根据战绩分成 3 类。

表 3-3　亚洲足球队在 2005—2010 年间大型杯赛的战绩情况

国家	2006 世界杯	2010 世界杯	2007 亚洲杯	国家	2006 世界杯	2010 世界杯	2007 亚洲杯
中国	50	50	9	乌兹别克斯坦	40	40	5
日本	28	9	4	泰国	50	50	9
韩国	17	15	3	越南	50	50	5
伊朗	25	40	5	阿曼	50	50	9
沙特	28	40	2	巴林	40	40	9
伊拉克	50	50	1	朝鲜	40	32	17
卡塔尔	50	40	9	印度尼西亚	50	50	9
阿联酋	50	40	9				

① K 均值聚类：三个分类中心是随机取值的，并不是每次都能得到最好的解，也可以在"其他参数"设置里选择"多重运算"选项，会自动记录多次随机赋值运算得到的最好

结果，该例的最好目标函数为：3.34481630609491。因为该聚类分析没有目标值，不同次数计算即使目标函数值一样，但分类标签值有可能不同，这属于正常情况，不影响分类，表 3-4 给出两组结果。

表3-4 K 均值聚类计算结果

样本编号	聚类结果-1	聚类结果-2	样本编号对应国家	样本编号	聚类结果-1	聚类结果-2	样本编号对应国家
1	2	1	中国	9	1	3	乌兹别克斯坦
2	3	2	日本	10	2	1	泰国
3	3	2	韩国	11	2	1	越南
4	1	3	伊朗	12	2	1	阿曼
5	1	3	沙特	13	2	1	巴林
6	2	1	伊拉克	14	2	1	朝鲜
7	2	1	卡塔尔	15	2	1	印度尼西亚
8	2	1	阿联酋				

从表 3-4 两组聚类计算结果可看出，日本、韩国属于一类，伊朗、沙特、乌兹别克斯坦属于一类，剩余国家包括中国属于一类。聚类仅将样本划分成不同的组，至于组的区别则要根据实际情况赋予的标签来定，此例中，日本、韩国足球无疑属亚洲一流，伊朗、沙特、乌兹别克斯坦属二流，其余包括中国属三流。

② 模糊 C 均值聚类：该聚类算法的稳定性要强于 K 均值聚类算法，每次单一计算都可得到稳定的解。目标函数值为 0.726273595832009，聚类结果同表 3-4。

③ 基于优化的 K 均值聚类算法：通过优化算法实现 K 均值聚类，该算法除了可以获得表 3-4 中稳定结果外，还可以进行额外的分析计算，比如上述聚类计算结果中"一流"只有两个国家，"二流"有三个国家，"三流"则是剩余的十个国家，如果要求每个聚类组包含的样本数有最低要求如不少于四个，该如何计算？经典的 K 均值聚类和模糊 C 均值聚类无法加这种约束，而基于优化算法却可以很容易处理：在"分类数"设置里选择"最小聚类样本数"选项，取值为"3"，如图 3-72 所示。

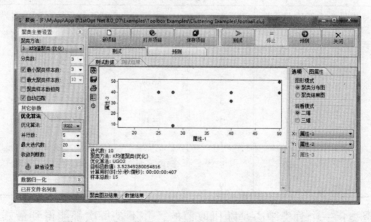

图 3-72 基于优化的 K 均值聚类计算设定及结果

从表 3-5 的计算结果可看出：日本、韩国、伊朗和沙特属一组，卡塔尔、阿联酋、乌兹别克斯坦、巴林和朝鲜属一组，中国、伊拉克、泰国、越南、阿曼和印度尼西亚又属一组。

表 3-5　基于优化的 K 均值聚类计算结果

样本编号	聚类结果-1	样本编号对应国家	样本编号	聚类结果-1	样本编号对应国家
1	1	中国	9	2	乌兹别克斯坦
2	3	日本	10	1	泰国
3	3	韩国	11	1	越南
4	3	伊朗	12	1	阿曼
5	3	沙特	13	2	巴林
6	1	伊拉克	14	2	朝鲜
7	2	卡塔尔	15	1	印度尼西亚
8	2	阿联酋			

3.5　TSP 及有序排列计划工具箱

3.5.1　TSP 工具箱

旅行商问题（Travelling Salesman Problem，TSP）：给定一系列城市和每对城市之间的距离，求解访问每一座城市一次并回到起始城市的最短回路。该问题是一个组合优化中著名的 NP 困难问题，在运筹学和理论计算机科学中应用较多。

TSP 工具箱基本界面如图 3-73 所示，支持 x-y 距离坐标数据及矩阵形式距离数据，不同数据集可以同时放在同一或不同表单中，以空白列分开，表格定位到哪个数据集，就计算该 TSP 问题（图 3-74）。"样本数据"可以方便地产生任意数字城市间的样本数据，便于用户测试。

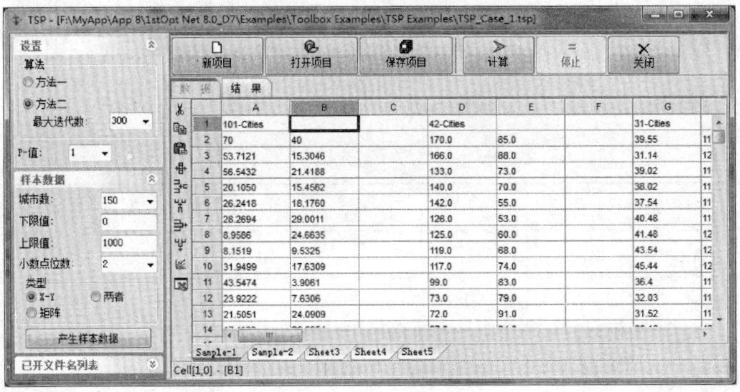

图 3-73　TSP 工具箱基本界面

有两种算法供用户选择，第一种方法速度快效果略差，第二种方法计算时间长效果相对更好。计算结果如图 3-75 所示，输出结果包括坐标连接图形、路径顺序号、连接距离和总距离等。

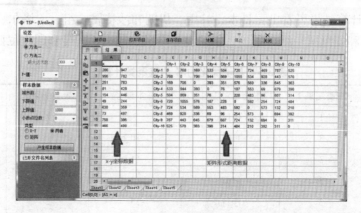

图 3-74　TSP 录入数据类型

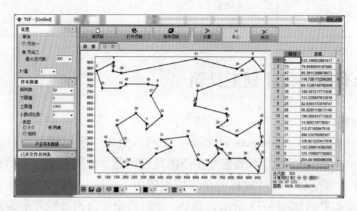

图 3-75　TSP 计算结果

3.5.2　有序排列计划工具箱

有序排列计划工具箱主要用于解决如工厂工序排列问题。5 块电路板分别按 10 道工序涂色，见表 3-6，不同数字代表不同颜色，每块电路板的涂色顺序必须按既定顺序，不能颠倒，不同电路板相同颜色时可以同时涂，涂色机器涂不同颜色时需要更换染料源，该更换程序烦琐、耗时，成本很高，试问如何安排涂料色的顺序使得涂色机器更换次数最少？

表 3-6　电路板涂色问题数据

	工序-1	工序-2	工序-3	工序-4	工序-5	工序-6	工序-7	工序-8	工序-9	工序-10
电路板-1	9	2	12	9	8	11	12	5	4	8
电路板-2	8	6	2	10	2	12	8	9	13	10
电路板-3	4	13	7	1	14	3	15			
电路板-4	15	5	8							
电路板-5	13	8	4	1	2	4	2	2	6	

问题输入界面如图 3-76 所示，单击"计算"按钮，计算结果如图 3-77 所示，涂色机器更换次数最少为 28 次，涂色顺序结果不唯一。计算完成后在"模拟演示"页面可进行动态模拟演示，如图 3-78 所示。

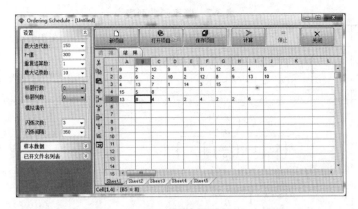

图 3-76　电路板涂色问题数据输入界面

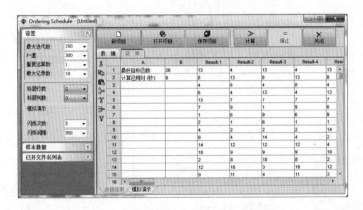

图 3-77　电路板涂色问题计算结果

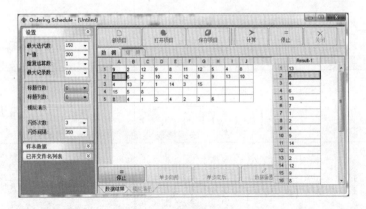

图 3-78　计算结果模拟演示

3.6　概率分布工具箱

3.6.1　支持的概率分布函数

目前，概率分布工具箱共支持 73 种函数，包括概率分布函数（PDF）及累积函数（CDF）。表 3-7 为概率函数列表。

表 3-7　概率函数列表

序号	函数名	分布函数（PDF）	累积函数（CDF）
1	Beta	$y = \dfrac{1 \cdot (x-a)^{(a_1-1)} \cdot (b-x)^{(a_2-1)}}{\beta(a_1,a_2) \cdot (b-1)^{(a_1+a_2-1)}}$	$y = \text{ibeta}\left[a_1,a_2,\dfrac{(x-a)}{(b-a)}\right]$
2	三参数 Burr	$y = \dfrac{\alpha \cdot k \cdot \left(\dfrac{x}{\beta}\right)^{(\alpha-1)}}{\left\{\beta \cdot \left[1+\left(\dfrac{x}{\beta}\right)^{\alpha}\right]^{(k+1)}\right\}}$	$y = 1 - \left[1+\left(\dfrac{x}{\beta}\right)^{\alpha}\right]^{-k}$
3	四参数 Burr	$y = \dfrac{\alpha \cdot k \cdot \left[\dfrac{(x-\gamma)}{\beta}\right]^{(\alpha-1)}}{\left(\beta \cdot \left\{1+\left[\dfrac{(x-\gamma)}{\beta}\right]^{\alpha}\right\}^{(k+1)}\right)}$	$y = 1 - \left\{1+\left[\dfrac{(x-\gamma)}{\beta}\right]^{\alpha}\right\}^{-k}$
4	Cauch	$y = \dfrac{1}{\pi \cdot \sigma \cdot \left\{1+\left[\dfrac{(x-\mu)}{\sigma}\right]^{2}\right\}}$	$y = \dfrac{1 \cdot \arctan\left[\dfrac{(x-\mu)}{\sigma}\right]}{\pi} + 0.5$
5	一参数 Chi-Square	$y = \dfrac{x^{\left(\frac{v}{2}-1\right)} \cdot \exp\left(\dfrac{-x}{2}\right)}{\left[2^{\left(\frac{v}{2}\right)} \cdot \Gamma\left(\dfrac{v}{2}\right)\right]}$	$y = \dfrac{\text{iGamma}\left(\dfrac{v}{2},\dfrac{x}{2}\right)}{\Gamma\left(\dfrac{v}{2}\right)}$
6	二参数 Chi-Square	$y = \dfrac{(x-\gamma)^{\left(\frac{v}{2}-1\right)} \cdot \exp\left[\dfrac{-(x-\gamma)}{2}\right]}{\left[2^{\left(\frac{v}{2}\right)} \cdot \Gamma\left(\dfrac{v}{2}\right)\right]}$	$y = \dfrac{\text{iGamma}\left[\left(\dfrac{v}{2}\right),\dfrac{(x-\gamma)}{2}\right]}{\Gamma\left(\dfrac{v}{2}\right)}$
7	Cosine	$y = \dfrac{1 \cdot \left[1+\cos\left(\dfrac{(x-\alpha)}{\beta}\right)\right]}{(2 \cdot \pi \cdot \beta)}$	$y = \dfrac{1 \cdot \left\{\pi+\dfrac{(x-\alpha)}{\beta}+\sin\left[\dfrac{(x-\alpha)}{\beta}\right]\right\}}{(2 \cdot \pi)}$
8	三参数 Dagum	$y = \dfrac{\alpha \cdot k \cdot \left(\dfrac{x}{\beta}\right)^{(\alpha \cdot k-1)}}{\left\{\beta \cdot \left[1+\left(\dfrac{x}{\beta}\right)^{\alpha}\right]^{k+1}\right\}}$	$y = \left[1+\left(\dfrac{x}{\beta}\right)^{-\alpha}\right]^{-k}$
9	四参数 Dagum	$y = \dfrac{\alpha \cdot k \cdot \left(\dfrac{(x-\gamma)}{\beta}\right)^{(\alpha \cdot k-1)}}{\left(\beta \cdot \left\{1+\left[\dfrac{(x-\gamma)}{\beta}\right]^{\alpha}\right\}^{k+1}\right)}$	$y = \left\{1+\left[\dfrac{(x-\gamma)}{\beta}\right]^{-\alpha}\right\}^{-k}$
10	二参数 Erlang	$y = \dfrac{x^{(m-1)} \cdot \exp\left(\dfrac{-x}{\beta}\right)}{[\beta^{m} \cdot \Gamma(m)]}$	$y = \dfrac{\text{iGamma}\left(m,\dfrac{x}{\beta}\right)}{\Gamma(m)}$
11	三参数 Erlang	$y = \dfrac{(x-\gamma)^{(m-1)} \cdot \exp\left[\dfrac{-(x-\gamma)}{\beta}\right]}{[\beta^{m} \cdot \Gamma(m)]}$	$y = \dfrac{\text{iGamma}\left[m,\dfrac{(x-\gamma)}{\beta}\right]}{\Gamma(m)}$

续表

序号	函数名	分布函数（PDF）	累积函数（CDF）
12	Error	$y = \dfrac{c_1 \cdot \exp(-\mid c_0 \cdot z \mid^k)}{\sigma}$ $c_0 = \sqrt{\dfrac{\Gamma\left(\dfrac{3}{k}\right)}{\Gamma\left(\dfrac{1}{k}\right)}}$ $c_1 = \dfrac{k \cdot c_0}{\left[2 \cdot \Gamma\left(\dfrac{1}{k}\right)\right]}, \ z = \dfrac{(x-\mu)}{\sigma}$	$y = \text{if}\begin{cases} x \geqslant \mu, \\ 0.5 \cdot \left[1 + \text{iGamma}\left(\dfrac{1}{k}, \mid c_0 \cdot z \mid^k\right)\right], \\ 0.5 \cdot \left[1 - \text{iGamma}\left(\dfrac{1}{k}, \mid c_0 . z \mid^k\right)\right] \end{cases}$ $z = \dfrac{(x-\mu)}{\sigma}$
13	Error-Function	$y = \dfrac{h \cdot \exp\left[-(h \cdot x)^2\right]}{\sqrt{\pi}}$	$y = \Phi\left(\sqrt{2 \cdot h \cdot x}\right)$
14	一参数 Exponential	$y = \lambda \cdot \exp(-\lambda \cdot x)$	$y = 1 - \exp(-\lambda \cdot x)$
15	二参数 Exponential	$y = \lambda \cdot \exp\left[-\lambda \cdot (x-\gamma)\right]$	$y = 1 - \exp\left[-\lambda \cdot (x-\gamma)\right]$
16	F-distribution	$y = \dfrac{1 \cdot \sqrt{\dfrac{(v_1 \cdot x)^{v_1} \cdot v_2^{v_2}}{(v_1 \cdot x + v_2)^{v_1+v_2}}}}{\left[x \cdot \beta\left(\dfrac{v_1}{2}, \dfrac{v_2}{2}\right)\right]}$	$y = \text{ibeta}\left[\dfrac{v_1}{2}, \dfrac{v_2}{2}, \dfrac{v_1 \cdot x}{(v_1 \cdot x + v_2)}\right]$
17	二参数 Fatigue-Life	$y = \dfrac{\left(\sqrt{\dfrac{x}{\beta}} + \sqrt{\dfrac{\beta}{x}}\right) \cdot \varphi\left[\dfrac{1 \cdot \left(\sqrt{\dfrac{x}{\beta}} - \sqrt{\dfrac{\beta}{x}}\right)}{\alpha}\right]}{(2 \cdot \alpha \cdot x)}$ $y = \Phi\left[\dfrac{1 \cdot \left(\sqrt{\dfrac{x}{\beta}} - \sqrt{\dfrac{\beta}{x}}\right)}{\alpha}\right]$	
18	三参数 Fatigue-Life	$y = \dfrac{\left[\sqrt{\dfrac{(x-\gamma)}{\beta}} + \sqrt{\dfrac{\beta}{(x-\gamma)}}\right] \cdot \varphi\left[\dfrac{1 \cdot \left(\sqrt{\dfrac{(x-\gamma)}{\beta}} - \sqrt{\dfrac{\beta}{(x-\gamma)}}\right)}{\alpha}\right]}{\left[2 \cdot \alpha \cdot (x-\gamma)\right]}$ $y = \Phi\left[\dfrac{1 \cdot \left(\sqrt{\dfrac{(x-\gamma)}{\beta}} - \sqrt{\dfrac{\beta}{(x-\gamma)}}\right)}{\alpha}\right]$	
19	FoldedNormal	$y = \dfrac{1 \cdot \left\{\exp\left[\dfrac{-(x-\alpha)^2}{(2 \cdot \beta^2)}\right] + \exp\left[\dfrac{-(x+\alpha)^2}{(2 \cdot \beta^2)}\right]\right\}}{(\beta \cdot \sqrt{2 \cdot \pi})}$ $y = \Phi\left[\dfrac{(\alpha+x)}{\beta}\right] - \Phi\left[\dfrac{(\alpha-x)}{\beta}\right]$	
20	二参数 Frechet	$y = \dfrac{\alpha \cdot \left(\dfrac{\beta}{x}\right)^{\alpha+1} \cdot \exp\left[-\left(\dfrac{\beta}{x}\right)^{\alpha}\right]}{\beta}$	$y = \exp\left[-\left(\dfrac{\beta}{x}\right)^{\alpha}\right]$

221

续表

序号	函数名	分布函数（PDF）	累积函数（CDF）
21	三参数 Frechet	$y = \dfrac{\alpha \cdot \left[\dfrac{\beta}{(x-\gamma)}\right]^{\alpha+1} \cdot \exp\left\{-\left[\dfrac{\beta}{(x-\gamma)}\right]^{\alpha}\right\}}{\beta}$	$y = \exp\left\{-\left[\dfrac{\beta}{(x-\gamma)}\right]^{\alpha}\right\}$
22	二参数 Gamma	$y = \dfrac{x^{\alpha-1} \cdot \exp\left(\dfrac{-x}{\beta}\right)}{\left[\beta^{\alpha} \cdot \Gamma(\alpha)\right]}$	$y = \dfrac{\text{iGamma}\left(\alpha, \dfrac{x}{\beta}\right)}{\Gamma(\alpha)}$
23	三参数 Gamma	$y = \dfrac{(x-\gamma)^{\alpha-1} \cdot \exp\left[\dfrac{-(x-\gamma)}{\beta}\right]}{\left[\beta^{\alpha} \cdot \Gamma(\alpha)\right]}$	$y = \dfrac{\text{iGamma}\left[\alpha, \dfrac{(x-\gamma)}{\beta}\right]}{\Gamma(\alpha)}$
24	Generalized Extreme Value	$y = \text{if}\left\{\begin{array}{l} k=0, \dfrac{1 \cdot \exp[-z-\exp(-z)]}{\sigma}, \\ \dfrac{1 \cdot \exp\left[-(1+k\cdot z)^{\frac{1}{k}}\right] \cdot (1+k\cdot z)^{-1-\frac{1}{k}}}{\sigma} \end{array}\right\} \quad z = \dfrac{(x-\mu)}{\sigma}$ $y = \text{if}\left\{k=0, \exp[-\exp(-z)],\ \exp\left[(1+k\cdot z)^{\frac{-1}{k}}\right]\right\}, z = \dfrac{(x-\mu)}{\sigma}$	
25	三参数 Generalized Gamma	$y = \dfrac{k \cdot x^{(k\cdot\alpha-1)} \cdot \exp\left[-\left(\dfrac{x}{\beta}\right)^{k}\right]}{\left[\beta^{k\cdot\alpha} \cdot \Gamma(\alpha)\right]}$	$y = \text{iGamma}\left[\alpha, \left(\dfrac{x}{\beta}\right)^{k}\right]$
26	四参数 Generalized Gamma	$y = \dfrac{k \cdot (x-\gamma)^{(k\cdot\alpha-1)} \cdot \exp\left\{-\left[\dfrac{(x-\gamma)}{\beta}\right]^{k}\right\}}{\beta^{k\cdot\alpha}\Gamma(\alpha)}$	$y = \text{iGamma}\left\{\alpha, \left[\dfrac{(x-\gamma)}{\beta}\right]^{k}\right\}$
27	Generalized Logistic	$y = \text{if}\left(k=0, \dfrac{\exp(-z)}{\{\sigma \cdot [1+\exp(-z)^2]\}},\ \dfrac{(1+k\cdot z)^{\left(-1-\frac{1}{k}\right)}}{\left\{\sigma \cdot \left[1+(1+k\cdot z)^{\left(\frac{-1}{k}\right)}\right]^2\right\}}\right)$ $z = \dfrac{(x-\mu)}{\sigma}$ $y = \text{if}\left\{k=0, \dfrac{1}{(1+\exp(-z))},\ \dfrac{1}{\left[1+(1=k\cdot z)^{\left(\frac{-1}{k}\right)}\right]}\right\}, z = \dfrac{(x-\mu)}{\sigma}$	
28	Generalized Pareto	$y = \text{if}\left\{k=0, \dfrac{1 \cdot \exp\left[\dfrac{-(x-\mu)}{\sigma}\right]}{\sigma},\ \dfrac{1 \cdot \left[1+\dfrac{k\cdot(x-\mu)}{\sigma}\right]^{\left(-1-\frac{1}{k}\right)}}{\sigma}\right\}$ $y = \text{if}\left\{k=0, 1-\exp\left[\dfrac{-(x-\mu)}{\sigma}\right],\ 1-\left[1+\dfrac{k\cdot(x-\mu)}{\sigma}\right]^{\left(\frac{-1}{k}\right)}\right\}$	
29	Geometric	$y = p \cdot (1-p)^{x}$	$y = 1-(1-p)^{(x+1)}$
30	Gumbel Max	$y = \dfrac{1 \cdot \exp\left\{\dfrac{-(x-\mu)}{\sigma} - \exp\left[\dfrac{-(x-\mu)}{\sigma}\right]\right\}}{\sigma}$	$y = \exp\left\{-\exp\left[\dfrac{-(x-\mu)}{\sigma}\right]\right\}$
31	Gumbel Min	$y = \dfrac{1 \cdot \exp\left\{\dfrac{(x-\mu)}{\sigma} - \exp\left[\dfrac{(x-\mu)}{\sigma}\right]\right\}}{\sigma}$	$y = 1-\exp\left\{-\exp\left[\dfrac{(x-\mu)}{\sigma}\right]\right\}$

序号	函数名	分布函数（PDF）	累积函数（CDF）
32	HalfNormal	$y = \dfrac{1 \cdot \sqrt{\dfrac{2}{\pi}} \cdot \exp\left[\dfrac{-(x-\mu)^2}{(2 \cdot \sigma^2)}\right]}{\sigma}$	$y = 2 \cdot \Phi\left[\dfrac{(x-\mu)}{\sigma}\right] - 1$
33	Hyperbolic Secant	$y = \dfrac{\mathrm{sech}\left[\dfrac{\pi \cdot (x-\mu)}{2\sigma}\right]}{2\sigma}$	$y = \dfrac{2 \cdot \arctan\left\{\exp\left[\dfrac{\pi \cdot (x-\mu)}{2\sigma}\right]\right\}}{\pi}$
34	二参数 Inverse Gaussian	$y = \sqrt{\dfrac{\lambda}{(2 \cdot \pi \cdot x^3)}} \cdot \exp\left\{\dfrac{-[\lambda \cdot (x-\mu)^2]}{(2 \cdot \mu \cdot \mu \cdot x)}\right\}$ $y = \Phi\left[\sqrt{\dfrac{\lambda}{x}} \cdot \left(\dfrac{x}{\mu} - 1\right)\right] + \Phi\left[-\sqrt{\dfrac{\lambda}{x}} \cdot \left(\dfrac{x}{\mu} + 1\right)\right] \cdot \exp\left(\dfrac{2 \cdot \lambda}{\mu}\right)$	
35	三参数 Inverse Gaussian	$y = \sqrt{\dfrac{\lambda}{[2 \cdot \pi \cdot (x-\gamma)^3]}} \cdot \exp\left\{\dfrac{-[\lambda \cdot (x-\gamma-\mu)^2]}{2 \cdot \mu \cdot \mu \cdot (x-\gamma)}\right\}$ $y = \Phi\left\{\sqrt{\dfrac{\lambda}{(x-\gamma)}} \cdot \left[\dfrac{(x-\gamma)}{\mu} - 1\right]\right\} + \Phi\left\{-\sqrt{\dfrac{\lambda}{(x-\gamma)}} \cdot \left[\dfrac{(x-\gamma)}{\mu} + 1\right]\right\} \cdot \exp\left(\dfrac{2 \cdot \lambda}{\mu}\right)$	
36	Johoson-SB	$y = \dfrac{\delta \cdot \exp\left(\dfrac{-1\left\{\gamma + \delta \cdot \ln\left[\dfrac{z}{(1-z)}\right]\right\}^2}{2}\right)}{[\lambda \cdot \sqrt{2 \cdot \pi} \cdot z \cdot (1-z)]}, \quad z = \dfrac{(x-\xi)}{\lambda}$ $y = \Phi\left(\gamma + \delta \cdot \ln\left\{\dfrac{(x-\xi)}{\lambda \cdot \left[1 - \dfrac{(x-\xi)}{\lambda}\right]}\right\}\right)$	
37	Johoson-SU	$y = \dfrac{\delta \cdot \exp\left\{\dfrac{-1 \cdot [\gamma + \delta \cdot \ln(z + \sqrt{z \cdot z + 1})]^2}{2}\right\}}{(\lambda \cdot \sqrt{2 \cdot \pi} \cdot \sqrt{z \cdot z + 1})}, \quad z = \dfrac{(x-\xi)}{\lambda}$ $y = \Phi[\gamma + \delta \cdot \ln(z + \sqrt{z \cdot z + 1})], \quad z = \dfrac{(x-\xi)}{\lambda}$	
38	Kumaras-wamy	$y = \dfrac{\alpha_1 \cdot \alpha_2 \cdot z^{\alpha_1 - 1} \cdot (1 - z^{\alpha_1})^{\alpha_2 - 1}}{(b-a)}$ $z = \dfrac{(x-a)}{(b-a)}$	$y = 1 - \left\{1 - \left[\dfrac{(x-a)}{(b-a)}\right]^{\alpha_1}\right\}^{\alpha_2}$
39	Laplace	$y = \dfrac{\lambda \cdot \exp[-\lambda \cdot \exp(-\lambda \cdot |x-\mu|)]}{2}$ $y = \mathrm{if}\left\{x < \mu, \dfrac{1 \cdot \exp[-\lambda \cdot (\mu - x)]}{2}, 1 - \dfrac{1 \cdot \exp[-\lambda \cdot (x-\mu)]}{2}\right\}$	
40	一参数 Levy	$y = \dfrac{\sqrt{\dfrac{\sigma}{2\pi}} \cdot \exp\left(\dfrac{-0.5 \cdot \sigma}{x}\right)}{x^{\frac{3}{2}}}$	$y = 2 - 2 \cdot \Phi\left(\sqrt{\dfrac{\sigma}{x}}\right)$

续表

序号	函数名	分布函数（PDF）	累积函数（CDF）
41	二参数 Levy	$y = \dfrac{\sqrt{\dfrac{\sigma}{2\pi}} \cdot \exp\left[\dfrac{-0.5 \cdot \sigma}{(x-\gamma)}\right]}{(x-\gamma)^{\frac{3}{2}}}$	$y = 2 - 2 \cdot \Phi\left[\sqrt{\dfrac{\sigma}{(x-\gamma)}}\right]$
42	Lindley	$y = \dfrac{\alpha^2 \cdot (x+1) \cdot \exp(-\alpha \cdot x)}{(\alpha+1)}$	$y = 1 - \dfrac{[\alpha \cdot (x+1)+1] \cdot \exp(-\alpha \cdot x)}{(\alpha+1)}$
43	Logarithmic	$y = \dfrac{-\theta^x}{[x \cdot \ln(1-\theta)]}$	$y = 1 + \dfrac{\mathrm{ibeta}(x+1,0,\theta)}{\ln(1-\theta)}$
44	LogGamma	$y = \dfrac{[\ln(x)]^{(\alpha-1)} \cdot \exp\left[\dfrac{-\ln(x)}{\beta}\right]}{[x \cdot \beta^\alpha \cdot \Gamma(\alpha)]}$	$y = \dfrac{\mathrm{iGamma}\left(\alpha, \dfrac{\ln x}{\beta}\right)}{\Gamma(\alpha)}$
45	Logistic	$y = \dfrac{\exp\left[\dfrac{-(x-\mu)}{\sigma}\right]}{\sigma \cdot \left\{1 + \exp\left[\dfrac{-(x-\mu)}{\sigma}\right]\right\}^2}$	$y = \dfrac{1}{\left\{1 + \exp\left[\dfrac{-(x-\mu)}{\sigma}\right]\right\}}$
46	二参数 Log-Logistic	$y = \dfrac{\alpha \cdot \left(\dfrac{x}{\beta}\right)^{(\alpha-1)} \cdot \left[1 + \left(\dfrac{x}{\beta}\right)^\alpha\right]^{-2}}{\beta}$	$y = \dfrac{1}{\left[1 + \left(\dfrac{\beta}{x}\right)^\alpha\right]}$
47	三参数 Log-Logistic	$y = \dfrac{\alpha \cdot \left[\dfrac{(x-\gamma)}{\beta}\right]^{(\alpha-1)} \cdot \left\{1 + \left[\dfrac{(x-\gamma)}{\beta}\right]^\alpha\right\}^{-2}}{\beta}$	$y = \dfrac{1}{\left\{1 + \left[\dfrac{\beta}{(x-\gamma)}\right]^\alpha\right\}}$
48	二参数 Lognormal	$y = \dfrac{\exp\left\{\dfrac{-1 \cdot \left[\dfrac{\ln(x)-\mu}{\sigma}\right]^2}{2}\right\}}{(x \cdot \sigma \sqrt{2 \cdot \pi})}$	$y = \Phi\left\{\dfrac{[\ln(x)-\mu]}{\sigma}\right\}$
49	三参数 Lognormal	$y = \dfrac{\exp\left\{\dfrac{-1 \cdot \left[\dfrac{\ln(x-\gamma)-\mu}{\sigma}\right]^2}{2}\right\}}{[(x-\gamma \cdot \sigma \cdot \sqrt{2 \cdot \pi})]}$	$y = \Phi\left\{\dfrac{[\ln(x-\gamma)-\mu]}{\sigma}\right\}$
50	Log Pearson-3	$y = \dfrac{1 \cdot \left\{\dfrac{[\ln(x)-\gamma]}{\beta}\right\}^{(\alpha-1)} \cdot \exp\left\{\dfrac{-[\ln(x)-\gamma]}{\beta}\right\}}{[x \cdot \lvert\beta\rvert \cdot \Gamma(\alpha)]}$ $y = \dfrac{\mathrm{iGamma}\left\{\alpha, \dfrac{[\ln(x)-\gamma]}{\beta}\right\}}{\Gamma(\alpha)}$	
51	Nakagami	$y = \dfrac{2 \cdot m^m \cdot x^{2 \cdot m-1} \cdot \exp\left(\dfrac{-m \cdot x^2}{\omega}\right)}{[\Gamma(m) \cdot \omega^m]}$	$y = \mathrm{iGamma}\left(m, \dfrac{m \cdot x \cdot x}{\omega}\right)$

序号	函数名	分布函数（PDF）	累积函数（CDF）
52	Normal	$y = \dfrac{\exp\left\{\dfrac{-1 \cdot \left[\dfrac{(x-\mu)}{\sigma}\right]^2}{2}\right\}}{(\sigma \cdot \sqrt{2 \cdot \pi})}$	$y = \Phi\left[\dfrac{(x-\mu)}{\sigma}\right]$
53	Pareto	$y = \dfrac{\alpha \cdot \beta^\alpha}{x^{\alpha+1}}$	$y = 1 - \left(\dfrac{\beta}{x}\right)^\alpha$
54	Pareto2	$y = \dfrac{\alpha \cdot \beta^\alpha}{(x+\beta)^{\alpha+1}}$	$y = 1 - \left[\dfrac{\beta}{(x+\beta)}\right]^\alpha$
55	二参数 Pearson Type-3	$y = \dfrac{\beta^\alpha \cdot x^{\alpha-1} \cdot \exp(-\beta \cdot x)}{\Gamma(\alpha)}$	$y = 1 - \text{iGamma}\left[\alpha, \dfrac{\beta \cdot x}{\Gamma(\alpha)}\right]$
56	三参数 Pearson Type-3	$y = \dfrac{\beta^\alpha \cdot (x-\gamma)^{\alpha-1} \cdot \exp[-\beta \cdot (x-\gamma)]}{\Gamma(\alpha)}$	$y = 1 - \text{iGamma}\left[\alpha, \dfrac{\beta \cdot (x-\gamma)}{\Gamma(\alpha)}\right]$
57	二参数 Pearson Type-5	$y = \dfrac{\exp\left(\dfrac{-\beta}{x}\right)}{\left[\beta \cdot \Gamma(\alpha) \cdot \left(\dfrac{x}{\beta}\right)^{\alpha+1}\right]}$	$y = 1 - \dfrac{\text{iGamma}\left(\alpha, \dfrac{\beta}{x}\right)}{\Gamma(\alpha)}$
58	三参数 Pearson Type-5	$y = \dfrac{\exp\left[\dfrac{-\beta}{(x-\gamma)}\right]}{\left\{\beta \cdot \Gamma(\alpha) \cdot \left[\dfrac{(x-\gamma)}{\beta}\right]^{\alpha+1}\right\}}$	$y = 1 - \dfrac{\text{iGamma}\left[\alpha, \dfrac{\beta}{(x-\gamma)}\right]}{\Gamma(\alpha)}$
59	三参数 Pearson Type-6	$y = \dfrac{\left(\dfrac{x}{\beta}\right)^{\alpha_1-1}}{\left[\beta \cdot \beta(\alpha_1,\alpha_2) \cdot \left(1+\dfrac{x}{\beta}\right)^{\alpha_1+\alpha_2}\right]}$	$y = \text{ibeta}\left[\alpha_1, \alpha_2, \dfrac{x}{(x-\gamma+\beta)}\right]$
60	四参数 Pearson Type-6	$y = \dfrac{\left(\dfrac{x-\gamma}{\beta}\right)^{\alpha_1-1}}{\left[\beta \cdot \beta(\alpha_1,\alpha_2) \cdot \left(1+\dfrac{x-\gamma}{\beta}\right)^{\alpha_1+\alpha_2}\right]}$	$y = \text{ibeta}\left\{\alpha_1, \alpha_2, \dfrac{(x-\gamma)}{[(x-\gamma+\beta)]}\right\}$
61	Pert	$y = \dfrac{1 \cdot (x-a)^{a_1-1} \cdot (b-x)^{a_2-1}}{\beta(a_1,a_2) \cdot (b-a)^{a_1+a_2-1}}$ $a_1 = \dfrac{(4 \cdot m + b - 5 \cdot a)}{(b-a)}, a_2 = \dfrac{(5 \cdot b - a - 4 \cdot m)}{(b-a)}$	$y = \text{ibeta}(a_1, a_2, z)$ $a_1 = \dfrac{(4 \cdot m + b - 5 \cdot a)}{(b-a)}, a_2 = \dfrac{(5 \cdot b - a - 4 \cdot m)}{(b-a)}, z = \dfrac{(x-a)}{(b-a)}$
62	Phased Bi Exponential	$y = \text{if}\left\{\begin{array}{l}(x \geqslant \gamma_1)\,\text{and}\,(x \leqslant \gamma_2), \lambda_1 \cdot \exp[-\lambda_1 \cdot (x-\gamma_1)], \\ \lambda_2 \cdot \exp[-\lambda_2 \cdot (x-\gamma_2) - \lambda_1 \cdot (\gamma_2-\gamma_1)]\end{array}\right\}$	$y = \text{if}\left\{\begin{array}{l}(x \geqslant \gamma_1)\,\text{and}\,(x \leqslant \gamma_2), 1 - \exp[-\lambda_1 \cdot (x-\gamma_1)], \\ 1 - \exp[-\lambda_2 \cdot (x-\gamma_2) - \lambda_1 \cdot (\gamma_2-\gamma_1)]\end{array}\right\}$

序号	函数名	分布函数（PDF）	累积函数（CDF）
63	Phased Bi Weibull	$$y = \text{if}\left(\begin{array}{c} (x \geqslant \gamma_1)\,\text{and}\,(x \leqslant \gamma_2), \\ \dfrac{\alpha_1 \cdot \left[\dfrac{(x-\gamma_1)}{\beta_1}\right]^{\alpha_1} \cdot \exp\left\{-\left[\dfrac{(x-\gamma_1)}{\beta_1}\right]^{\alpha_1}\right\}}{\beta_1}, \\ \dfrac{\alpha_2 \cdot \left[\dfrac{(x-\gamma_1)}{\beta_2}\right]^{\alpha_2-1} \cdot \exp\left\{-\left[\dfrac{(x-\gamma_1)}{\beta_2}\right]^{\alpha_2}\right\}}{\beta_2} \end{array} \right)$$ $$\beta_2 = \dfrac{\gamma_1 - \gamma_2}{\left[\left(\dfrac{\gamma_1-\gamma_2}{\beta_1}\right)^{\alpha_1}\right]^{-\alpha_2}}$$	$$y = \text{if}\left(\begin{array}{c} (x \geqslant \gamma_1)\,\text{and}\,(x \leqslant -\gamma_2), \\ 1-\exp\left\{-\left[\dfrac{(x-\gamma_1)}{\beta_1}\right]^{\alpha_1}\right\},\ 1-\exp\left\{-\left[\dfrac{(x-\gamma_1)}{\beta_2}\right]^{\alpha_2}\right\} \end{array}\right)$$ $$\beta_2 = \dfrac{(\gamma_2-\gamma_1)}{\left\{\left[\dfrac{(\gamma_2-\gamma_1)}{\beta_1}\right]^{\alpha_1}\right\}^{-\alpha_2}}$$
64	Power Function	$$y = \dfrac{\alpha \cdot (x-a)^{(\alpha-1)}}{(b-a)^{\alpha}}$$	$$y = \left[\dfrac{(x-a)}{(b-a)}\right]^{\alpha}$$
65	一参数 Rayleigh	$$y = \dfrac{x \cdot \exp\left[\dfrac{-1 \cdot \left(\dfrac{x}{\sigma}\right)^2}{2}\right]}{\sigma^2}$$	$$y = 1 - \exp\left[\dfrac{-1 \cdot \left(\dfrac{x}{\sigma}\right)^2}{2}\right]$$
66	二参数 Rayleigh	$$y = \dfrac{(x-\gamma) \cdot \exp\left\{\dfrac{-1 \cdot \left[\dfrac{(x-\gamma)}{\sigma}\right]^2}{2}\right\}}{\sigma^2}$$	$$y = 1 - \exp\left\{\dfrac{-1 \cdot \left[\dfrac{(x-\gamma)}{\sigma}\right]^2}{2}\right\}$$
67	Reciprocal	$$y = \dfrac{1}{\{x \cdot [\ln(b)-\ln(a)]\}}$$	$$y = \dfrac{\ln(x)-\ln(a)}{\ln(b)-\ln(a)}$$
68	Rice	$$y = \dfrac{x \cdot \exp\left[\dfrac{-(x^2+v^2)}{(2 \cdot \sigma^2)}\right] \cdot \text{bess i}_0\left(\dfrac{x \cdot v}{\sigma^2}\right)}{\sigma^2}$$ $$y = 1 - \left[1 + \exp\left\{\dfrac{-\left[\left(\dfrac{v}{\sigma}\right)^2 + \left(\dfrac{x}{\sigma}\right)^2\right]}{2}\right\} \cdot \text{bess i}_0\left(\dfrac{v \cdot x}{\sigma \cdot \sigma}\right)\right]$$	
69	Student's-t	$$y = \dfrac{1 \cdot \Gamma\left[\dfrac{(v+1)}{2}\right] \cdot \left[\dfrac{v}{(v+x \cdot x)}\right]^{\frac{(v+1)}{2}}}{\sqrt{\pi \cdot v} \cdot \Gamma\left(\dfrac{v}{2}\right)}$$ $$y = \text{if}\left[x < 0,\ \dfrac{1}{2} - \dfrac{1 \cdot \text{ibeta}\left(\dfrac{1}{2},\dfrac{v}{2},z\right)}{2},\ \dfrac{1}{2} + \dfrac{1 \cdot \text{ibeta}\left(\dfrac{1}{2},\dfrac{v}{2},z\right)}{2},\ z = \dfrac{x^2}{(v+x^2)}\right]$$	

序号	函数名	分布函数（PDF）	累积函数（CDF）
70	Triangular	$$y = \text{if}\left\{(x \geq a)\,\text{and}\,(x \leq m),\frac{2 \cdot (x-a)}{[(m-a)\cdot(b-a)]},\frac{2\cdot(b-x)}{[(b-m)\cdot(b-a)]}\right\}$$ $$y = \text{if}\left\{(x \geq a)\,\text{and}\,(x \leq m),\frac{(x-a)^2}{[(m-a)\cdot(b-a)]},1-\frac{(b-x)^2}{[(b-m)\cdot(b-a)]}\right\}$$	
71	Uniform	$$y = \frac{1}{(b-a)}$$	$$y = \frac{(x-a)}{(b-a)}$$
72	二参数 Weibull	$$y = \frac{\alpha \cdot \left(\frac{x}{\beta}\right)^{\alpha-1}\cdot \exp\left[-\left(\frac{x}{\beta}\right)^{\alpha}\right]}{\beta}$$	$$y = 1 - \exp\left[-\left(\frac{x}{\beta}\right)^{\alpha}\right]$$
73	三参数 Weibull	$$y = \frac{\alpha \cdot \left[\frac{(x-\gamma)}{\beta}\right]^{\alpha-1}\cdot \exp\left\{-\left[\frac{(x-\gamma)}{\beta}\right]^{\alpha}\right\}}{\beta}$$	$$y = 1 - \exp\left\{-\left[\frac{(x-\gamma)}{\beta}\right]^{\alpha}\right\}$$

3.6.2　概率分布计算

（1）算法设置

算法设置（图 3-79）可设定概率分布的计算模式（最大似然法或最小二乘法）及优化算法等。

（2）函数选择

有 6 种函数（图 3-80）选择方式：全部函数；有边界分布函数；无边界分布函数；非负分布函数；高级分布函数；用户选择。

图 3-79　算法设置　　　　图 3-80　函数选择

（3）数据录入

数据可以直接输入也可从 .txt 和 .csv 格式文件直接导入，不同的数据集可以写在相同的表格里（图 3-81）。

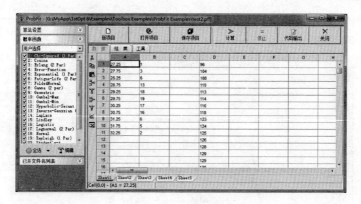

图 3-81　数据录入

（4）计算

从数据表格里选择要计算的数据，单击"计算"按钮即可，计算结果按好坏顺序排列给出（图 3-82）。

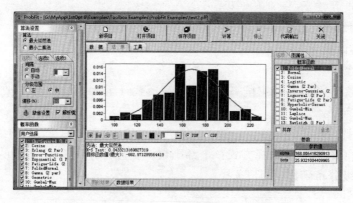

图 3-82　计算结果显示

（5）工具面板

工具面板可以方便地查看不同函数所对应的具体函数公式以及相应的图形（图 3-83 和图 3-84）。

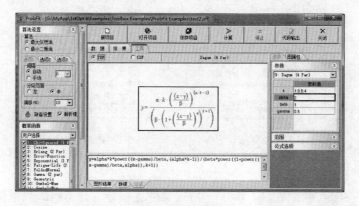

图 3-83　分布函数公式

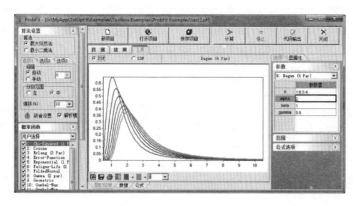

图 3-84　分布函数图形

（6）代码输出

选定数据（图 3-85）后单击"代码输出"按钮，选择分布函数（图 3-86），可以输出概率分布计算的标准 1stOpt 优化求解代码。

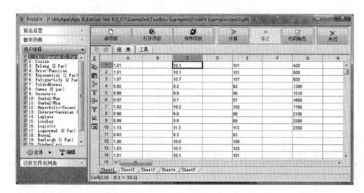

图 3-85　选定数据　　　　　　　　　　图 3-86　函数选择

生成的代码如下，包括最大似然法、最小二乘法及作图代码。

```
NewCodeBlock"Gumbel-Max: Maximum Likelihood Method";
Constant x = [8.7,9,9.2,9.3,9.4,9.5,9.6,9.7,9.8,9.9,10,10.1,10.2,10.3,10.5,10.6,10.7,10.8,11,11.3];
Constant p = [1,1,1,1,3,1,1,3,3,4,2,4,4,4,1,1,2,1,1,1];
Parameter sigma = 1[0,],mu = (10 + 8.7)/2[8.7, 11.3];
ConstStr f = GumbelMaxPDF(x,sigma,mu);
Plot x[x], f;
//MaxFunction Prod(x,p)(power(f,p));
MaxFunction Sum(x,p)(ln(f) * p);


NewCodeBlock "Gumbel-Max: Least Square Method";
Constant x = [8.7,9,9.2,9.3,9.4,9.5,9.6,9.7,9.8,9.9,10,10.1,10.2,10.3,10.5,10.6,10.7,10.8,11,11.3];
Constant y_cdf = [0.025,0.05,0.075,0.1,0.175,0.2,0.225,0.3,0.375,0.475,0.525,0.625,0.725,0.825,0.85,0.875,
0.925,0.95,0.975,1];
Parameter sigma = 1[0,],mu = (10 + 8.7)/2[8.7, 11.3];
ConstStr f1 = GumbelMaxCDF(x,sigma,mu),f2 = GumbelMaxPDF(x,sigma,mu);
```

```
Plot x[x], y_cdf, f1, f2[y2];
MinFunction Sum(x,y_cdf)((f1-y_cdf)^2);

NewCodeBlock;
Inherit sigma, mu;
Variable x = [8.7,11.3], y;
PlotFunc y = GumbelMaxPDF(x, sigma, mu);
```

3.7　投影寻踪工具箱

3.7.1　简介

投影寻踪法（Projection Pursuit，PP）的基本思想是把高维数据投影到低维子空间上，寻找能反映出高维数据结构特征的投影，以达到分析高维数据的目的。如将 m 维因子空间投影到一维子空间上后再寻找其与变量 Y 的关系，不仅可以使数据点较为集中，便于考察数据结构特征，而且可以在平面上作图以直观了解变量 Y 与因子投影量之间的变化趋势，为研究人员提供分析高维数据的思路。该方法的主要特点有：

① 投影寻踪方法是将高维数据投影到低维空间上，因此，在低维空间上处理分析高维数据，可以避免"维数祸根"带来的问题。

② 与数据结构特征无关的或关系较小的变量干扰，能被投影寻踪方法排除。

③ 投影寻踪方法可解决一定程度上的非线性问题。

由于投影寻踪方法在处理高维数据时具有稳健性好、抗干扰性强和准确度高等特点，因此，其理论方法在多个领域得到了长期的研究和应用。目前，投影寻踪方法已广泛应用于工业、农业、水利、医学以及遥感等领域。

3.7.2　基本建模步骤

基本建模步骤如下：

① 样本评价指标集的归一化处理。

设各指标值的样本集为 $\{x(i,j) \mid i = 1 \sim n, j = 1 \sim p\}$，其中 $x(i,j)$ 为第 i 个样本第 j 个指标值，n、p 分别为样本的个数和指标的数目。为消除各指标值的量纲和统一各指标值的变化范围，可采用归一化处理，例如对于越大越优的指标，可采用式（3-2）：

$$x_{i,j} = \frac{x_{i,j}^* - \mathrm{Min}(x_j)}{\mathrm{Max}(x_j) - \mathrm{Min}(x_j)} \text{ 或 } x_{i,j} = \frac{x_{i,j}^*}{\mathrm{Max}(x_j)} \tag{3-2}$$

式中，$\mathrm{Max}(x_j)$、$\mathrm{Min}(x_j)$ 分别为第 j 个指标值的最大和最小值；$x_{i,j}^*$ 为原数据；$x_{i,j}$ 为指标特征值归一化后的序列。

② 构造投影指标函数 $Q(a)$。

PP 方法就是把 p 维数据 $\{x(i,j) \mid j = 1 \sim p\}$ 综合成以 $a = \{a(1), a(2), a(3), \cdots\cdots, a(p)\}$ 为投影方向的一维投影值 $z(i)$：

$$z_i = \sum_{j=1}^{p} a_j x_{i,j} \quad i = 1 \cdots n \tag{3-3}$$

然后根据 $\{z(i) \mid i = 1 \sim n\}$ 的一维散布图进行分类。式中（3-3）a 为单位长度向量。

综合投影指标值时，要求投影值 $z(i)$ 的散布特征应为：局部投影点尽可能密集，最好凝聚成若干个点团，而在整体上投影点团之间尽可能散开。因此，投影指标函数可以表达成：

$$Q(a) = S_z D_z$$

式中，S_z 为投影值 $z(i)$ 的标准差；D_z 则为投影值 $z(i)$ 的局部密度，即：

$$S_z = \sqrt{\frac{\sum_{i=1}^{n}[z(i) - \bar{z}]^2}{n-1}}, \quad D_z = \sum_{i=1}^{n}\sum_{j=1}^{p}[R - r(i,j)] \cdot u[R - r(i,j)] \tag{3-4}$$

式中，$E(z)$ 为序列 $\{z(i) \mid i = 1 \sim n\}$ 的平均值；R 为局部密度的窗口半径，R 可以根据试验来确定，一般可取值为 $0.1S_z$；$r(i,j)$ 表示样本之间的距离，$r(i,j) = |z(i) - z(j)|$；$u(t)$ 为一单位阶跃函数，当 $t=0$ 时，其值为 1；当 $t<0$ 时，其函数值为 0。

③ 优化投影指标函数。

当各指标值的样本集给定时，投影指标函数 $Q(a)$ 只随着投影方向的变化而变化。不同的投影方向反映不同的数据结构特征，最佳投影方向就是最大可能暴露高维数据某类特征结构的投影方向，因此可以通过求解投影指标函数最大化问题来估计最佳投影方向，即：

最大化目标函数：$\text{Max.}\ Q(a) = S_z D_z$

约束条件：$\sum_{j=1}^{p} a_j^2 = 1$

3.7.3 应用实例：历史洪水样本进行分类

长江下游南京站的历史 10 次洪水样本及 5 个洪水要素见表 3-8。

表 3-8 长江下游南京站的历史 10 次洪水样本及 5 个洪水要素

年份（年）	洪峰水位（m）	洪水位超过9m的天数（天）	最大洪峰流量（m³/s）	5—9月洪水平均流量（m³/s）	流量与历时综合指标	投影值	投影值排序		
							序号	投影值	年份（年）
1954	10.22	87	92600	8891	7800	-1.8411	1	-1.8411	1954
1969	9.20	8	67700	5447	1710	-0.1452	2	-1.3320	1998
1973	9.19	7	70000	6623	3280	-0.3391	3	-0.6506	1996
1980	9.20	10	64000	6340	2730	-0.1452	4	-0.6095	1983
1983	9.99	27	72600	6641	3560	-0.6095	5	-0.5655	1995
1991	9.70	17	63800	5576	1930	-0.1452	6	-0.3391	1973
1992	9.06	13	67700	5295	1575	-0.1452	7	-0.1452	1980
1995	9.66	23	75500	6162	2390	-0.5655	8	-0.1452	1991
1996	9.89	34	75100	6206	2702	-0.6506	9	-0.1452	1992
1998	10.14	81	82100	7773	5283	-1.3320	10	-0.1452	1969

采用投影寻踪数据的录入及参数设定如图 3-87 所示，计算结果如图 3-88 和图 3-89 所示。

由上面计算结果可得出：①样本按洪水强度从大到小排序的年份依次为 1954、1998、1996、1983、1995、1973、1980、1991、1992 和 1969；②1954 年和 1998 年属于同一级洪水，可判为特大洪水；1996 年、1983 年和 1995 年属于同一级洪水，可判为大洪水；1980、

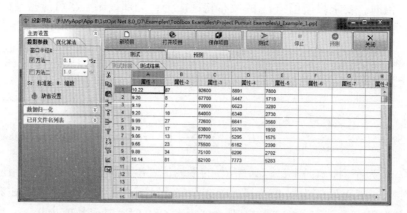

图 3-87　投影寻踪数据录入及参数设定

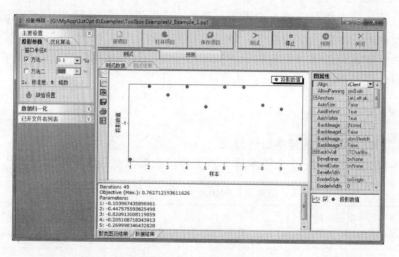

图 3-88　计算结果 1

图 3-89　计算结果 2

1991、1992 和 1969 属于同一级洪水，可判为中等洪水；1973 年的洪水介于大洪水与中等洪水之间。

3.8　圆-椭圆拟合工具箱

圆-椭圆拟合工具箱可以非常方便地进行圆和椭圆的拟合计算，见表 3-9。

表 3-9　圆-椭圆拟合类型、方法及选项

名称	类型和方法	对话框
圆拟合	类型： ① 任意位置圆； ② 中心圆。 方法： ① 直接计算； ② 代数距离法； ③ 几何距离法； ④ 垂直距离法	
椭圆拟合	类型： ① 任意椭圆（平移旋转）； ② 平移椭圆（平移无旋转）； ③ 中心旋转椭圆； ④ 中心标准椭圆。 方法： ① 代数距离法； ② 几何距离法； ③ 最小平方中值法； ④ 垂直距离法	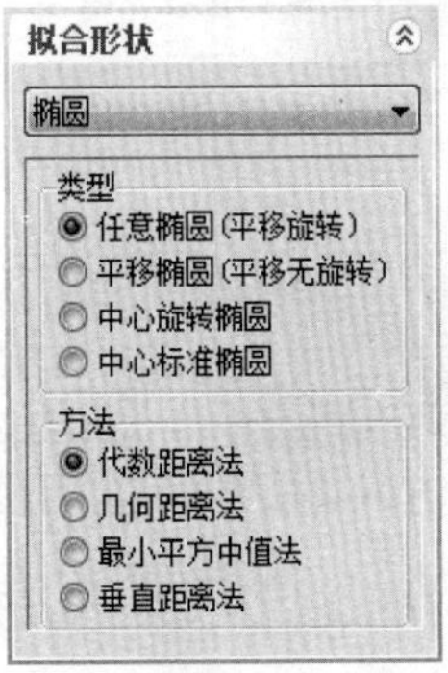
选项	① 数据剔除：按指定点数或百分比自动剔除最差点； ② 优化算法设定：设定优化计算方法参数	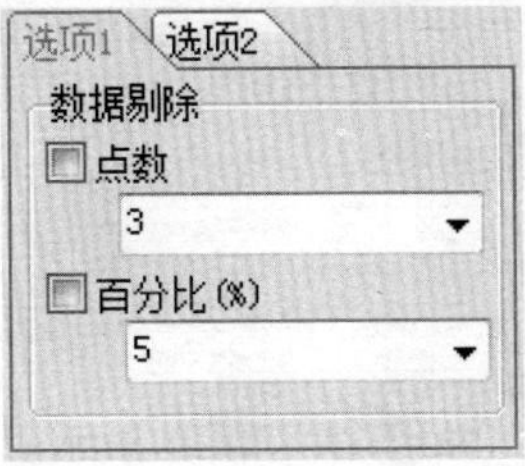 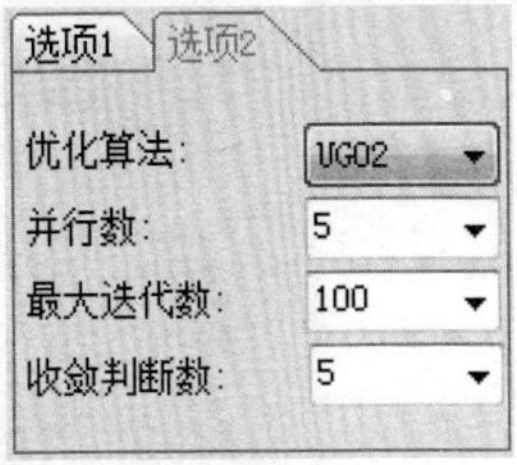

拟合计算时，可以直接输入数据或载入文件数据，不同的圆/椭圆数据可以写在同一表格同一文件中，不同数据集最好相隔一列。鼠标指向数据将作为计算数据。

椭圆计算数据及选项如图 3-90 所示，计算结果如图 3-91 和图 3-92 所示。

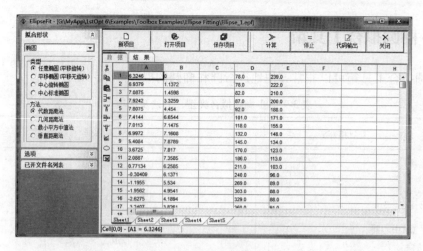

图 3-90　椭圆计算数据及选项

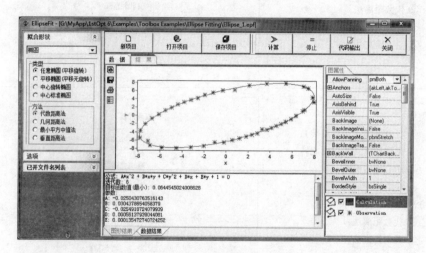

图 3-91　椭圆计算结果 1

图 3-92　椭圆计算结果 2

第4章 运筹学应用

1stOpt 的特点是数值优化计算，因为许多建模问题最终都归结为优化求解计算问题，因而 1stOpt 可广泛用于运筹学和工程优化问题。

4.1 运输问题

有三节铁路货车车厢，其最大允许装载质量均为分别位 7t、9t、19t，现欲用这三节车厢运输 16 个箱子。表 4-1 列出了这些箱子的质量，单位为 t。应如何将箱子分配到各个车厢中使装载量最大的车厢的装载量最小？同时每节车厢实际载重均不超过最大允许载重。

表 4-1 箱子质量

箱号	1	2	3	4	5	6	7	8	9	10	11	12	13	14	15	16
质量	3.4	0.6	0.8	1.7	1.6	0.5	1.3	2.1	2.5	3.1	1.4	1.3	3.3	0.9	2.5	2.5

设与箱子数相同的 16 个决策变量 p_i、$i = 1 \cdots\cdots 16$，对应于三节车厢，每个 p_i 取整数值 1、2 或 3，分别代表三节车厢，共有 16 个整数变量，取值范围为 [1,3]。

下面是 Basic 和 Pascal 两种编程模式以及快捷模式代码，快捷模式中使用了极大极小多目标优化函数"MinMax"。

编程模式 Basic 代码如下：

```
Algorithm = SM2[30];
Constant w = [3.4,0.6,0.8,1.7,1.6,0.5,1.3,2.1,2.5,3.1,1.4,1.3,3.3,0.9,2.5,2.5];
Constant c = [7,9,19];
IntParameter p(16) = [1,3];
PassParameter v(3);
Minimum;
StartProgram[Basic];
Sub MainModel
dim i as integer
dim ww(3) as double
    for i = 1 to 3
        ww(i) = 0
    next
    for i = 1 to 16
        if p(i) = 1 then
            ww(1) = ww(1) + w(i)
        elseif p(i) = 2 then
            ww(2) = ww(2) + w(i)
```

```
        elseif p(i) = 3 then
            ww(3) = ww(3) + w(i)
        end if
    next
    for i = 1 to 3
        v(i) = ww(i)
    next
    ObjectiveResult = ww(3)
    ConstrainedResult = for(i = 1:3)(ww(i) <= c(i))
End Sub
EndProgram;
```

编程模式 Pascal 代码如下：

```
Algorithm = SM2[30];
Constant w = [3.4,0.6,0.8,1.7,1.6,0.5,1.3,2.1,2.5,3.1,1.4,1.3,3.3,0.9,2.5,2.5];
Constant c = [7,9,19];
IntParameter p(16) = [1,3];
PassParameter v(3);
Minimum;
StartProgram [Pascal];
Procedure MainModel;
var i: integer;
    ww: array[1..3] of double;
Begin
    for i := 1 to 3 do
        ww[i] := 0;
    for i := 1 to 16 do
        if p[i] = 1 then ww[1] := ww[1] + w[i]
        else if p[i] = 2 then ww[2] := ww[2] + w[i]
        else if p[i] = 3 then ww[3] := ww[3] + w[i];
    for i := 1 to 3 do
        v[i] := ww[i];
    ObjectiveResult := ww[3];
    ConstrainedResult := for(i = 1:3)(ww[i] <= c[i]);
End;
EndProgram;
```

快捷模式代码如下：

```
Algorithm = SM2[30];
Constant w = [3.4,0.6,0.8,1.7,1.6,0.5,1.3,2.1,2.5,3.1,1.4,1.3,3.3,0.9,2.5,2.5];
Constant c = [7,9,19];
IntParameter p(16) = [1,3];
ConstStr For(j = 1:3)(f[j] = Sum(i = 1:16)(if(p[i] = j,w[i],0)));
PassParameter f(3);
MinMax f(3);
    For(i = 1:3)(f[i] <= c[i]);
```

输出结果：

计算中止原因：达到收敛判定标准	p4：2　　　p10：3	p16：3
优化算法：快速简面体爬山法 + 通用全局优化法	p5：3　　　p11：2	
目标函数值（最小）：13.5	p6：2　　　p12：3	传递参数（PassParameter）：
p1：1	p7：1　　　p13：2	v1：7
p2：1	p8：2　　　p14：1	v2：9
p3：1	p9：3　　　p15：3	v3：13.5

上面代码中，快捷模式最为简练，其中语句"For(j＝1:3)(f[j]＝Sum(i＝1:16)(if(p[i]＝j,w[i],0)));"中，使用 if 函数判断以求出每节车厢的货物质量并进行约束处理"For(i＝1:3)(f[i]<＝c[i]);"。

计算结果表示参数值 p 为 1 的货物装第一节车厢，2、3 的则分别装第 2、3 节车厢，最小装载量为 13.5t，传递参数给出的是每节车厢最终的装载量。

4.2　供应商问题

已知 3 个供应商 A1、A2、A3 给 4 个销售商 B1、B2、B3、B4 提供产品，产量、需求量和运输费用见表 4-2，试求总运费最少的运输方案及总费用？

表 4-2　供销运输费用数据

运输费用		销售商				产量
		B1	B2	B3	B4	
供应商	A1	6	2	6	7	30
	A2	4	9	5	3	25
	A3	8	8	1	5	21
需求量		15	17	22	12	

设二维数组变量 $x(3，4)$ 代表每一供应商送往销售商的产品，如果用 Cost$(3，4)$ 代表运输费用，Warehouse、Customer 分别代表供应商的供给量和销售商的需求量，则目标函数为：

$$\text{Min.} \quad \sum_{i=1}^{3} \sum_{j=1}^{4} \text{Cost}_{i,j} \cdot x_{i,j} \tag{4-1}$$

约束条件如下：

产能约束：$\sum_{j=1}^{4} x_{i,j} \leqslant \text{Warehouse}_i \quad i=1,2,3$

需求约束：$\sum_{i=1}^{3} x_{i,j} \geqslant \text{Customer}_j \quad j=1,2,3,4$

上述模型是一线性规划问题。下面同时给出了 1stOpt、Lingo 和 GAMS 的求解代码。1stOpt 代码中使用"Algorithm = LP;"来设定算法为线性算法。

1stOpt 代码如下：

```
Constant Cost(3,4) = [6,2,6,7,                      //运输费用
                  4,9,5,3,
                  8,8,1,5],
        Warehouse = [30,25,21],                     //供给
        Customer = [15,17,22,12];                   //需求
Algorithm = LP;
Parameter x(3,4) = [0,30,0];
MinFunction Sum(i=1:3)(Sum(j=1:4)(Cost[i,j] * x[i,j]));   //目标函数
        For(i=1:3)(Sum(j=1:4)(x[i,j]) < = Warehouse[i]);  //供给约束
        For(j=1:4)(Sum(i=1:3)(x[i,j]) > = Customer[j]);   //需求约束
```

Lingo 代码如下：

```
! 3 Warehouse, 4 Customer Transportation Problem;
sets:
  Warehouse /1..3/: a;
  Customer /1..4/: b;
  Routes( Warehouse, Customer) : c, x;
endsets
! Here are the parameters;
data:
  a = 30, 25, 21;
  b = 15, 17, 22, 12;
  c = 6, 2, 6, 7,
      4, 9, 5, 3,
      8, 8, 1, 5;
enddata
! The objective;
[OBJ] min = @sum( Routes: c * x);
! The supply constraints;
@for( Warehouse(i): [SUP]
  @sum( Customer(j): x(i,j)) < = a(i));
! The demand constraints;
@for( Customer(j): [DEM]
  @sum( Warehouse(i): x(i,j)) = b(j));
```

GAMS 代码：

```
SETS
    I   canning plants   / A1, A2, A3/
    J   markets          / B1, B2, B3, B4/ ;
PARAMETERS
    A(I)供应商供给量
    /   A1   30
        A2   25
        A3   21 /
    B(J)销售商需求量
    /   B1   15
        B2   17
        B3   22
        B4   12 / ;
TABLE D(I,J)费用
              B1        B2        B3        B4
    A1        6         2         6         7
    A2        4         9         5         3
    A3        8         8         1         5;
VARIABLES
    X(I,J)
    Z        ;
POSITIVE VARIABLE X ;
EQUATIONS
    COST
    SUPPLY(I)
    DEMAND(J)    ;
COST ..      Z  = E =  SUM((I,J), D(I,J) * X(I,J)) ;
SUPPLY(I) .. SUM(J, X(I,J))  = L =  A(I) ;
DEMAND(J) .. SUM(I, X(I,J))  = G =  B(J) ;
MODEL TRANSPORT /ALL/ ;
SOLVE TRANSPORT USING LP MINIMIZING Z ;
```

输出结果：

该线性规划的最小（Min）为：161 参数最优解为： 　x1_1：2 　x1_2：17 　x1_3：1	x1_4：0 x2_1：13 x2_2：0 x2_3：0 x2_4：12	x3_1：0 x3_2：0 x3_3：21 x3_4：0

根据计算结果，可得运输方案见表 4-3。相比 Lingo 和 GAMS，1stOpt 代码显得更加简练和易懂。

表 4-3　运输方案（t）

产地＼销售地	B1	B2	B3	B4	合计
A1	2	17	1	0	20
A2	13	0	0	12	25
A3	0	0	21	0	21
合计	15	17	22	12	

4.3　石油管线规划问题

某石油天然气开采点 S 与需铺设供油管道的城市坐标及各城市日需天然气量见表 4-4。铺设日输天然气管道的费用为 5 万元/（1 万 m^3·1km），试设计费用最省的管道铺设方案。

表 4-4　问题背景数据

开采点/城市	坐标		日天然气需求量（万 m^3）
	x（km）	y（km）	
S	0	0	
C_1	20	−60	5
C_2	45	150	24
C_3	50	250	11
C_4	80	160	7
C_5	100	100	2
C_6	140	−250	8
C_7	160	300	13
C_8	200	−130	10

图 4-1 为开采点及城市分布图。从开采点 S 出发，经过每一个城市 C_i 且并不需要最终返回。此问题初看起来是最短路径问题，但由于涉及铺设管道的费用，不仅与距离有关而且与输气能力成正比，比如开采点 S 与第一个相连城市间管道的输气能力等于全部 8 座城市天然气需求量的和，第一城市与第二城市间管道的输气能力等于后 7 座城市需气量之和，依此类

推，最后一座城市与倒数第二座城市间的输气能力仅需满足最后一座城市的需求即可，可见管道的输气能力从开采点到最终一座城市是依次递减的，因此，该问题并不是简单的最短路问题。下面以两种方式进行求解：一种是以最短路径为目标函数来求最小费用，另一种则直接以最小费用为目标函数。

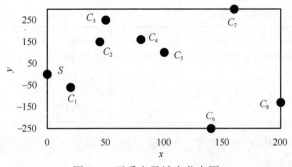

图 4-1　开采点及城市分布图

（1）最短路径法：以最短路径为管道铺设方案

目标函数：开采点与第一座城市的距离加上每相邻两城市间的距离。

$$\text{min.} \sqrt{(x_{p_1}-0)^2+(y_{p_1}-0)^2}+\sum_{i=1}^{7}\left(\sqrt{(x_{p_i}-x_{p_{i+1}})^2+(y_{p_i}-y_{p_{i+1}})^2}\right) \tag{4-2}$$

其中，p_i 为待求整数型参数，$i=1\cdots\cdots 8$，参数范围为 $[1,8]$。

1stOpt 代码如下：

```
Constant n = 8；
Constant x(0：n) = [0,20,45,50,80,100,140,160,200]，
        y(0：n) = [0,-60,150,250,160,100,-250,300,-130]；
Parameter p(n) = [1,n]；
Exclusive = True；
MinFunction Sum(i = 1：n-1)(sqrt((x[p[i]]-x[p[i+1]])^2 +((y[p[i]]-y[p[i+1]])^2))) +
        sqrt((x[p[1]]-0)^2 +((y[p[1]]-0)^2))；
```

输出结果：

目标函数值(最小)：993. 531890833706	p3：8	p6：2
p1：1	p4：5	p7：3
p2：6	p5：4	p8：7

上面快捷模式代码短小精悍易于理解，但仅给出了开采点和城市的连接顺序，而管道铺设费用还得单独进行计算，见表 4-5。

表 4-5　最短路径管道铺设费用计算表

开采点/城市		X 坐标	Y 坐标	距离(km) （1）	输气能力 （万 m³） （2）	费用(万元) （1）×（2）×5
开采点 S		0	0	0		
城市序号	1	20	-60	63. 246	80	25298. 4
	6	140	-250	224. 722	75	84270. 75
	8	200	-130	134. 164	67	44944. 94
	5	100	100	250. 799	57	71477. 715
	4	80	160	63. 246	55	17392. 65
	2	45	150	36. 401	48	8736. 24
	3	50	250	100. 125	24	12015
	7	160	300	120. 830	13	7853. 95
合计				993. 532		271989. 22

下面代码在编程模式下实现，虽然比上面的快捷模式代码烦琐了些，却可以实时计算距离、费用等一切想知道的数据，并可动态图形显示。

1stOpt 编程模式代码如下：

```
Constant n = 8;                                                      //城市数
Constant x(0:n) = [0,20,45,50,80,100,140,160,200],                   //开采点及城市 x 坐标
        y(0:n) = [0,-60,150,250,160,100,-250,300,-130],              //开采点及城市 y 坐标
        Requre(0:n) = [0,5,24,11,7,2,8,13,10];                       //各城市需气量
Parameter p(n) = [1,n];                                              //定义参数
Exclusive = True;
PassParameter px(0:n), py(0:n);                                      //传递排序后的坐标
PassParameterDis(n),TF;                                              //传递距离及总费用
Plot px[x], py;
StartProgram [Pascal];
Procedure MainModel;
var temd, temd1, td, tr: double;
    i, j: integer;
Begin
    tr := 0;
    for i := 1 to n do                                              //总需气量
        tr := tr + Requre[i];
    temd := 0;
    px[0] := 0;
    py[0] := 0;
    for i := 1 to n do begin
        if i = 1 then td := sqrt((x[p[i]] - x[0])^2 + (y[p[i]] - y[0])^2)   //开采点与城市1距离
        else td := sqrt((x[p[i]] - x[p[i-1]])^2 + (y[p[i]] - y[p[i-1]])^2); //相邻城市距离
        Dis[i] := td;                                              //相邻城市距离
        temd := temd + td;                                        //距离和
        temd1 := temd1 + td * tr * 5;                             //费用和
        tr := tr - Requre[p[i]];                                  //需气量递减
        px[i] := x[p[i]];                                        //排序后 x 坐标
        py[i] := y[p[i]];                                        //排序后 y 坐标
    end;
    tf := temd1;                                                 //实际费用
    ObjectiveResult := temd;                                    //目标函数
End;
EndProgram;
```

输出结果：

目标函数值(最小)：	传递参数(PassParameter)：		
993.531890833706	px0：0	py0：0	dis1：63.2455532033676
p1：1	px1：20	py1：-60	dis2：224.722050542442
p2：6	px2：140	py2：-250	dis3：134.164078649987
p3：8	px3：200	py3：-130	dis4：250.798724079689
p4：5	px4：100	py4：100	dis5：63.2455532033676
p5：4	px5：80	py5：160	dis6：36.4005494464026
p6：2	px6：45	py6：150	dis7：100.124921972504
p7：3	px7：50	py7：250	dis8：120.830459735946
p8：7	px8：160	py8：300	tf：271989.22246282

241

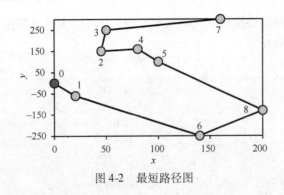

图 4-2 最短路径图

如图 4-2 所示，最短路径顺序为：0→1→6→8→5→4→2→3→7，此时总路径长为 993.532km，总费用为 271989.222 万元。

（2）最小费用法：以费用最少为管道铺设方案

目标函数：开采点与第一座城市的距离与输气能力与铺设费用乘积加上每相邻两城市间的距离与输气能力与费用的乘积：

$$\min. \ 5 \cdot \left\{ C_1 \cdot \sqrt{(x_{p_1} - 0)^2 + (y_{p_1} - 0)^2} + \sum_{i=1}^{7} \left[C_{i+1} \cdot \sqrt{(x_{p_i} - x_{p_{i+1}})^2 + (y_{p_i} - y_{p_{i+1}})^2} \right] \right\} \qquad (4\text{-}3)$$

其中，p_i 为待求整数型参数，C_i 为 i 段连接管道的输气能力，$i = 1 \cdots 8$，参数范围为 $[1, 8]$。

C_i 是计算过程中的一个动态变化量，表示开采点和城市或城市间需要保证的输气能力，连接排序越靠前的城市对应的 C 值越大。该优化问题只能在编程模式下完成。

1stOpt 代码如下：

```
Constant n = 8;                                          //城市数
Constant x(0:n) = [0,20,45,50,80,100,140,160,200],       //开采点及城市 x 坐标
    y(0:n) = [0,-60,150,250,160,100,-250,300,-130],       //开采点及城市 y 坐标
    Requre(0:n) = [0,5,24,11,7,2,8,13,10];                //各城市需气量
Parameter p(n) = [1,n,0];                                 //定义参数
Exclusive = True;
PassParameter px(0:n), py(0:n);                           //传递排序后的坐标
PassParameter Dis(n), TF;                                 //传递城市间及总距离
Plot px[x], py;
StartProgram [Pascal];
Procedure MainModel;
var temd, temd1, td,C: double;
    i, j, k: integer;
Begin
    C := 0;
    for i := 1 to n do                                   //总需气量
        C := C + Requre[i];
    temd := 0;
    px[0] := 0;
    py[0] := 0;
    temd1 := 0;
    for i := 1 to n do begin
        if i = 1 then td := sqrt((x[p[i]] - x[0])^2 + (y[p[i]] - y[0])^2)   //开采点与城市 1 距离
        else td := sqrt((x[p[i]] - x[p[i-1]])^2 + (y[p[i]] - y[p[i-1]])^2);  //相邻城市距离
        Dis[i] := td;                                    //相邻城市距离
        temd := temd + td * C * 5;                        //费用和
        temd1 := temd1 + td;                              //距离和
        C := C - Requre[p[i]];                            //需气量递减
        px[i] := x[p[i]];                                 //排序后 x 坐标
        py[i] := y[p[i]];                                 //排序后 y 坐标
    end;
    tf := temd1;                                          //实际距离
    ObjectiveResult := temd;                              //目标函数
End;
EndProgram;
```

输出结果：

目标函数值（最小）：	传递参数（PassParameter）：	py0：0	dis1：156.604597633658
188315.856967774	px0：0	py1：150	dis2：36.4005494464026
p1：2	px1：45	py2：160	dis3：94.8683298050514
p2：4	px2：80	py3：250	dis4：120.830459735946
p3：3	px3：50	py4：300	dis5：208.806130178211
p4：7	px4：160	py5：100	dis6：250.798724079689
p5：5	px5：100	py6：−130	dis7：134.164078649987
p6：8	px6：200	py7：−250	dis8：224.722050542442
p7：6	px7：140	py8：−60	tf：1227.19492007139
p8：1	px8：20		

如图 4-3 所示，费用最省路径顺序为：0→2→4→3→7→5→8→6→1，此时总路径长为 1227.195km，总费用为 188315.857 万元。

两种方法计算结果对比见表 4-6 和表 4-7，最短路径法铺设管道总距离为 993.53km，费用达 271989 万元；最小费用法距离虽然增加了 23.518%，但费用却降低了 30.763%。

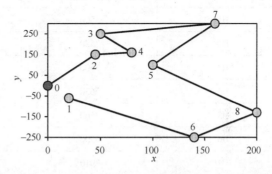

图 4-3　最小费用路径图

表 4-6　两种方法计算结果

最短路径法				最小费用法			
城市顺序	距离（km）	输气能力（万 m³）	费用（万元）	城市顺序	距离（km）	输气能力（万 m³）	费用（万元）
1	63.246	80	25298.221	2	156.605	80	62641.839
6	224.722	75	84270.769	4	36.401	56	10192.154
8	134.164	67	44944.966	3	94.868	49	23242.741
5	250.799	57	71477.636	7	120.830	38	22957.787
4	63.246	55	17392.527	5	208.806	25	26100.766
2	36.401	48	8736.132	5	250.799	23	28841.853
3	100.125	24	12014.991	6	134.164	13	8720.665
7	120.830	13	7853.980	1	224.722	5	5618.051

表 4-7　最终结果对比

	最短路径法（1）	最小费用法（2）	$\dfrac{(1)-(2)}{(1)} \times \%$
总路径（km）	993.53189	1227.19492	−23.518
总费用（万元）	271989.22246	188315.85696	30.763

4.4 化学制品集合覆盖问题

某种光学仪器，要求提供波长在 3500 ~ 6400Å 之间的辐射，为此，设计者必须选择若干具有不同波长范围的化学制品。每种化学制品能提供辐射的波长范围是有限的。表 4-8 列出了各种化学制品提供辐射的波长范围及使用成本。为了使得光学仪器提供辐射的波长范围满足 3500 ~ 6400Å，同时又使得成本最少，设计者应该选择哪些化学制品？

表 4-8　化学制品波长及成本数据

化学制品	波长范围		成本（Cost）
	下限（Lower）	上限（Upper）	
H1	3500	3655	4
H2	3520	3905	3
H3	3600	3658	1
H4	3650	4075	4
H5	3660	3915	1
H6	3900	4449	6
H7	3910	4095	2
H8	3950	4160	3
H9	3995	4065	1
H10	4000	4195	2
H11	4000	4200	2
H12	4210	4405	2
H13	4320	4451	2
H14	4350	4500	2
H15	4420	5400	9
H16	4450	4800	3
H17	4450	4570	1
H18	5200	6000	9
H19	5600	6200	8
H20	6010	6400	8
H21	6015	6250	2

建模分析：

① 第一种制品必须要；

② 所选中的相邻制品，前者的上限必须与后者的下限相接或有重合部分，即 $\text{Upper}[i-1] - \text{Lower}[i] \geq 0$,如果不满足则给予以惩罚值，在此取 1000。

③ 所选中的相邻制品，后者上限与前者上限的差之和再加上第一种制品的上限应 ≥ 6400，即保证覆盖整个区间。

因为第一种制品必选，因此从 2 开始设 20 个 0 – 1 参数变量 x_i，$i = 2$，3，4，…，21，0 表示不选该制品，1 则选用。

1stOpt 代码如下：

```
Algorithm = SM3;                                      //定义算法
Constant Lower = [3500,3520,3600,3650,3660,3900,3910,3950,3995,4000,   //制品下界值
      4000,4210,4320,4350,4420,4450,4450,5200,5600,6010,6015],
   Upper = [3655,3905,3658,4075,3915,4449,4095,4160,4065,4195,4200,4405,   //制品上界值
      4451,4500,5400,4800,4570,6000,6200,6400,6250],
   Cost = [4,3,1,4,1,6,2,3,1,2,2,2,2,2,9,3,1,9,8,8,2];   //成本
BinParameter x(2:21);                                 //定义 0 – 1 变量
StartProgram [Pascal];
Procedure MainModel;
var i, j: integer;
    temd, temd1: double;
Begin
    temd := 0; temd1 := 0; j := 1;
    for i := 2 to 21 do begin
        if x[i] = 1 then begin                        //如果选用
            temd := temd + Cost[i];                   //成本累加
            if Lower[i] - Upper[j] > 0 then temd := temd + 1000;   //相邻制品无交集
            temd1 := temd1 + Upper[i]-Upper[j];       //相邻制品上界差之和
            j := i;                                   //选取点标记
        end;
    end;
    ObjectiveResult := temd;                          //目标函数
    ConstrainedResult := 3665 + temd1 > = 6400;       //约束函数
End;
EndProgram;
```

输出结果：

目标函数值(最小)：43	x8：0	x15：1
x2：1	x9：0	x16：0
x3：0	x10：0	x17：0
x4：0	x11：0	x18：1
x5：0	x12：0	x19：1
x6：1	x13：0	x20：1
x7：0	x14：0	x21：0

即选择第 1、2、6、15、18、19、20 种化学制品，此时总费用为 43，覆盖示意图如图 4-4 所示。

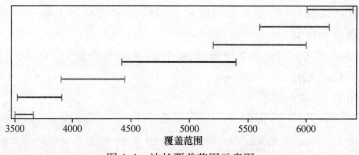

图 4-4   波长覆盖范围示意图

4.5   校址覆盖问题

某地为方便学生上学，拟在新建的居民小区增设若干所小学，已知被选校址代号以及能覆盖的居民小区编号见表 4-9，问：

① 覆盖所有的小区至少应建多少所小学？

② 若考虑建校费用，如何在保证覆盖所有小区的前提下费用最少？

表 4-9   校址及覆盖小区数据

备选校址代号	居民小区编号	建校费用(万元)
A	1,5,7	300
B	1,2,5	350
C	1,3,5,8	400
D	2,4,5	280
E	3,6	200
F	4,6,8	330

设 0 – 1 变量 x_i 代表备选校址，$i = 1 \cdots\cdots 6$，x_i 为 0 时表示不选择该校址，为 1 时则选择。

根据备选校址及其对应的覆盖居民小区编号，可以构建如表 4-10 所示的二维表格 $P_{i,j}$，$i = 1 \cdots\cdots 6$，$j = 1 \cdots\cdots 8$；$P_{i,j}$ 为 1 时，表示 i 校址覆盖 j 小区，反之没有覆盖。模型如下：

目标函数：$$\min. \sum_{i=1}^{6} x_i \tag{4-4}$$

约束函数：$\displaystyle\sum_{i=1}^{6} k_i \begin{cases} \text{if } x_i = 1 \text{ then } k_i = P_{i,j} \\ \text{else } k_i = 0 \end{cases} j = 1 \cdots 8$

表 4-10   校址覆盖小区二维表格

校址	小　区							
	1	2	3	4	5	6	7	8
A	1	0	0	0	1	0	1	0
B	1	1	0	0	1	0	0	0

续表

校址	小　区							
	1	2	3	4	5	6	7	8
C	1	0	1	0	1	0	0	1
D	0	1	0	1	1	0	0	0
E	0	0	1	0	0	1	0	0
F	0	0	0	1	0	1	0	1

1stOpt 代码如下：

```
Constant P(6,8) = [1,0,0,0,1,0,1,0,
      1,1,0,0,1,0,0,0,
      1,0,1,0,1,0,0,1,
      0,1,0,1,1,0,0,0,
      0,0,1,0,0,1,0,0,
      0,0,0,1,0,1,0,1];
BinParameter x(6);                          //定义 0-1 变量
ConstStr k = if(x[i] > 0,P[i,j],0);
MinFunction Sum(x)(x);                      //目标函数
      For(j = 1;8)(Sum(i = 1;6)(k) > = 1);  //约束函数
```

输出结果（两组）：

目标函数值(最小)：4	目标函数值(最小)：4
x1：1	x1：1
x2：1	x2：0
x3：1	x3：0
x4：0	x4：1
x5：0	x5：1
x6：1	x6：1

即最少需建 4 所小学，分别位于 A、B、C 和 F，或 A、D、E 和 F。

考虑建校费用时，仅需将目标函数改为：

$$\min. \quad \sum_{i=1}^{6} c_i \cdot x_i \tag{4-5}$$

其中 c_i 为第 i 所学校的建校费用。

1stOpt 代码如下：

```
Constant P(6,8) = [1,0,0,0,1,0,1,0,
      1,1,0,0,1,0,0,0,
      1,0,1,0,1,0,0,1,
      0,1,0,1,1,0,0,0,
      0,0,1,0,0,1,0,0,
      0,0,0,1,0,1,0,1],
      C(6) = [300,350,400,280,200,330];      //费用
```

BinParameter x(6);	//定义 0-1 变量
ConstStr k = if(x[i] >0,P[i,j],0);	
MinFunction Sum(x,c)(x∗c);	//目标函数
For(j=1;8)(Sum(i=1:6)(k) >=1);	//约束函数

输出结果：

目标函数值(最小)：1110	
x1：1	x4：1
x2：0	x5：1
x3：0	x6：1

即也需建 4 所小学，分别位于 A、D、E 和 F，总费用为 1110 万元。

4.6　项目承包问题

现有五个工程项目正在招标，有五个承包商来投标，他们对于各个工程项目提出的承包费用见表 4-11，试建模求解：

① 每个承包商最多可以承包一项工程的前提下确定使总承包费用最省的最优承包方案。

② 每个承包商最多可以承包两项工程的前提下确定新的最优承包方案。

表 4-11　承包费用表

承包商	项目-1	项目-2	项目-3	项目-4	项目-5
承包商-1	4	5	6	7	4
承包商-2	2	4	6	8	6
承包商-3	6	6	6	1	3
承包商-4	5	3	4	7	5
承包商-5	8	2	6	3	4

设项目数为 n、承包商数为 m，以 $P_{i,j}$ 表示第 i 个承包商承包第 j 个项目，$P_{i,j}$ 为 0-1 整数，若等于 0，表示没有承包该项目，反之若为 1，则表示承包了该项目。因此，参数数共有 $m \times n$ 个，模型如下：

$$\min. \sum_{i=1}^{m} \sum_{j=1}^{n} P_{i,j} \cdot F_{i,j} \tag{4-6}$$

$$s.t. \begin{cases} \sum_{j=1}^{n} P_{i,j} \leq k & i = 1,2,\cdots,m \\ \sum_{i=1}^{m} P_{i,j} \leq 1 & j = 1,2,\cdots,n \end{cases}$$

其中，$F_{i,j}$ 为第 i 个承包商承包第 j 个项目的费用。

下面同时给出编程及快捷两种模式求解代码，代码中用到了通配符"Constant k = ?;"，计算时将会要求输入动态常数 k 的值，当输入 1 时为第一种方案，2 则为第二种方案（图 4-5）。

图 4-5 "动态常数输入"对话框

编程模式代码如下:

```
Constant k = ?;                                          //最多可承包项
Constant m = 5, n = 5;
Algorithm = SM2;                                         //承包费用矩阵
Constant F(m,n) = [4,5,6,7,4,
                2,4,6,8,6,
                6,6,6,1,3,
                5,3,4,7,5,
                8,2,6,3,4];
Parameter p(m,n) = [0,1,0];                              //定义 m × n 个 0-1 变量
StartProgram [Pascal];
Procedure MainModel;
var i,j: integer;
     td: double;
Begin
   td := 0;
   for i := 1 to m do
       for j := 1 to n do
           td := td + p[i,j] * F[i,j];                   //费用相加
   ObjectiveResult := td;
   ConstrainedResult := For(i=1:m)(Sum(j=1:n)(p[i,j]) < =k);   //每个承包商最多能选 n 个项目
   ConstrainedResult := For(i=1:n)(Sum(j=1:m)(p[j,i]) =1);     //每个项目只有一次选择机会
End;
EndProgram;
```

快捷模式代码如下:

```
Constant k = 1;                                          //最多可承包项
Constant m = 5, n = 5;
Algorithm = LP;                                          //定义线性算法
Constant F(m,n) = [4,5,6,7,4,                            //承包费用矩阵
                2,4,6,8,6,
                6,6,6,1,3,
                5,3,4,7,5,
                8,2,6,3,4];
Parameter p(m,n) = [0,1,0];                              //定义 0-1 变量
MinFunction Sum(i=1:m)(Sum(j=1:n)(p[i,j] * f[i,j]));     //目标函数
        For(i=1:m)(Sum(j=1:n)(p[i,j]) < =k);             //横向:每个承包商最多能选 n 个项目
        For(i=1:n)(Sum(j=1:m)(p[j,i]) =1);               //纵向:每个项目只有一次选择机会
```

输出结果：

第一种方案（k = 1）		第二种方案（k = 2）	
该线性规划的最小(Min)为:13 参数最优解为： p1_1: 0 p1_2: 0 p1_3: 0 p1_4: 0 p1_5: 1 p2_1: 1 p2_2: 0 p2_3: 0 p2_4: 0 p2_5: 0 p3_1: 0	p3_2: 0 p3_3: 0 p3_4: 1 p3_5: 0 p4_1: 0 p4_2: 0 p4_3: 1 p4_4: 0 p4_5: 0 p5_1: 0 p5_2: 1 p5_3: 0 p5_4: 0 p5_5: 0	该线性规划的最小(Min)为:12 参数最优解为： p1_1: 0 p1_2: 0 p1_3: 0 p1_4: 0 p1_5: 1 p2_1: 1 p2_2: 0 p2_3: 0 p2_4: 0 p2_5: 0 p3_1: 0	p3_2: 0 p3_3: 0 p3_4: 1 p3_5: 1 p4_1: 0 p4_2: 0 p4_3: 1 p4_4: 0 p4_5: 0 p5_1: 0 p5_2: 1 p5_3: 0 p5_4: 0 p5_5: 0

上面计算结果可归纳为表 4-12 和表 4-13 的承包方案，1 和 0 分别表示承包和不承包。

表 4-12　第一种承包方案表

承包商	项目-1	项目-2	项目-3	项目-4	项目-5
承包商-1	0	0	0	0	1
承包商-2	1	0	0	0	0
承包商-3	0	0	0	1	0
承包商-4	0	0	1	0	0
承包商-5	0	1	0	0	0

表 4-13　第二种承包方案表

承包商	项目-1	项目-2	项目-3	项目-4	项目-5
承包商-1	0	0	0	0	0
承包商-2	1	0	0	0	0
承包商-3	0	0	0	1	1
承包商-4	0	0	1	0	0
承包商-5	0	1	0	0	0

4.7　生产安排问题

某公司跟用户签订了 9 个月的交货合同及各月每百台的生产费用见表 4-14，该公司的最大生产能力为每月 10 百台，该厂的存库能力为 7 百台，在进行生产的月份，工厂要固定支出费用 4 万元，仓库的保管费每百台每月 0.2 万元，假设开始时及 8 月交货后都无存货，问各月应生产多少台产品，才能满足交货任务的前提下，使得总费用最小？

表 4-14 生产安排数据

月份	合同数量 C（百台）	生产费用 V（万元/百台）	月份	合同数量 C（百台）	生产费用 V（万元/百台）
1	7	2	6	6	1.6
2	2	1.9	7	10	1.8
3	6	1.8	8	7	2
4	7	1.6	9	3	2.2
5	9	1.4			

设 p_i 代表 i 月生产台数，整数型，范围为 $[0, 10]$ 百台，当 p_i 为 0 时表示不生产。

目标函数：

$$\min. \sum_{i=1}^{9} p_i \cdot v_i \tag{4-7}$$

约束条件：

$$\begin{cases} \mathrm{Max}D \leqslant 7 \\ \mathrm{Acu}D = 0 \end{cases}$$

其中，$\mathrm{Max}D$：最大库存；$\mathrm{Acu}D$：最终累积库存。

1stOpt 代码如下：

输出结果：

```
Constant C = [7,2,6,7,9,6,5,7,3];//合同生产数量
Constant V = [2,1.9,1.8,1.6,1.4,1.6,1.8,2,2.2];
IntParameter p(9) = [0,10];
StartProgram [Pascal];
Procedure MainModel;
var i: integer;
    temd: double;
    AcuD: double;//库存
    MaxD: double;//最大库存
Begin
    temd := 0;
    AcuD := 0;
    MaxD := 0;
    for i := 1 to 9 do begin
        temd := temd + p[i] * v[i];
        if p[i] > 0 then temd := temd + 4;
        if temd1 + p[i] < C[i] then temd := temd + 10000;
        AcuD := AcuD + p[i] - c[i];
        if temd1 > 0 then temd := temd + AcuD * 0.2;
        MaxD := Max(MaxD, AcuD);
    end;
    ObjectiveResult := temd;
    ConstrainedResult := (MaxD <= 7);
    ConstrainedResult := AcuD = 0;
End;
EndProgram;
```

目标函数值(最小): 116.2
p1: 9
p2: 0
p3: 6
p4: 7
p5: 10
p6: 10
p7: 0
p8: 10
p9: 0

即 1—9 月每月生产台数为 9,0,6,7,10,10,0,10,0 台,费用为 116.2 百万元。

4.8 生产基地选址问题

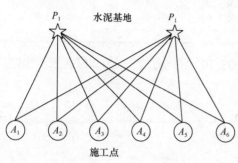

图 4-6 选址分布示意图

已知某建筑工地有 6 个施工点，每个点的坐标位置（x，y）、水泥日用量见表 4-15。有两个临时水泥生产基地，其坐标分别为 P_1（4.5，0.8）和 P_2（1.8，6.7），日生产量分别为 21t 和 18t，问：

① 假设从水泥基地到各施工点均直线连接（图 4-6），试制订每天供应计划，即如何从两个水泥基地向施工点供应，使得总千米数最小。

② 如果放弃目前的两个水泥基地而重新修建两个水泥生产基地，生产能力仍为 21t 和 18t，如何选址？

表 4-15　施工点坐标及水泥需求量

项目	施工点					
	A_1	A_2	A_3	A_4	A_5	A_6
X 坐标	1.2	9.0	0.6	6.0	2.8	8.0
Y 坐标	1.3	1.0	5.2	4.5	7.2	7.5
水泥需求量	4	3	6	7	10	8

设决策变量 P_{ij} 代表第 i 个水泥基地向第 j 个施工点的水泥运送量，都为整数，上限值不超过最大生产量 21t，$i = 1，2，j = 1，\cdots\cdots，6$，则目标函数是水泥运送量 P_{ij} 与距离 L_{ij} 的乘积之和最小。

目标函数：
$$\min. \sum_{i=1}^{2} \sum_{j=1}^{6} p_{i,j} \cdot L_{i,j} \tag{4-8}$$

约束条件：
$$\begin{cases} \sum_{i=1}^{2} p_{i,j} = D_j \quad j = 1,\cdots\cdots,6 \\ \sum_{j=1}^{6} p_{i,j} \leqslant C_i \quad i = 1,2 \end{cases}$$

其中，C_i：第 i 个生产基地的产能，$i = 1，2$；D_j：第 j 个施工点的水泥需求量，$j = 1，\cdots\cdots，6$。

① 生产基地已定的情况。

1stOpt 代码如下：

Algorithm = LP;	//设定线性算法
Parameterp(2,6) = [0,21,0];	//定义决策变量
Constant x = [1.2,9.0,0.6,6.0,2.8,8.0],	//施工点 x 坐标
$\quad$ y = [1.3,1.0,5.2,4.5,7.2,7.5],	//施工点 y 坐标
$\quad$ d = [4,3,6,7,10,8],	//施工点水泥需求量
$\quad$ C = [21,18];	//生产基地产能
Constant Px(2) = [4.5,0.8], Py = [1.8,6.7];	//生产基地坐标
MinFunctionSum(i=1:2)(Sum(j=1:6)(p[i,j] * sqrt((x[j]-px[i])^2) + (y[j]-py[i])^2));	//目标函数
$\quad$ For(j=1:6)(Sum(i=1:2)(p[i,j]) = d[j]);	//需求约束
$\quad$ For(i=1:2)(Sum(j=1:6)(p[i,j]) < = C[i]);	//产能约束

② 生产基地未定的情况：生产基地坐标 p_x、p_y 作为待求参数

1stOpt 代码如下：

Algorithm = DE1;	//设定非线性算法
Parameterp(1:2,1:6) = [0,21,0], px(2), py(2);	//定义决策变量
Constant x = [1.2,9.0,0.6,6.0,2.8,8.0],	//施工点 x 坐标
$\quad$ y = [1.3,1.0,5.2,4.5,7.2,7.5],	//施工点 y 坐标
$\quad$ d = [4,3,6,7,10,8],	//施工点水泥需求量
$\quad$ C = [21,18];	//生产基地产能
MinFunction Sum(i=1:2)(Sum(j=1:6)(p[i,j] * sqrt((x[j]-px[i])^2) + (y[j]-py[i])^2));	//目标函数
$\quad$ For(j=1:6)(Sum(i=1:2)(p[i,j]) = d[j]);	//需求约束
$\quad$ For(i=1:2)(Sum(j=1:6)(p[i,j]) < C[i]);	//产能约束

第一种情况是线性规划问题，可采用线性算法（LP）快速求解；第二种情况由于生产基地坐标未知，构成混合整数优化问题，目标函数是非线性的，最优结果需多算几次才能获得。

输出结果：

生产基地确定		生产基地未定	
该线性规划的最小（Min）	p1_5：3	目标函数值(最小)：	p2_2：3
为:224.92	p1_6：8	115.11	p2_3：0
	p2_1：4	p1_1：4	p2_4：7
	p2_2：0	p1_2：0	p2_5：0
参数最优解为：	p2_3：6	p1_3：6	p2_6：8
p1_1：0	p2_4：0	p1_4：0	px1：2.60945087806144
p1_2：3	p2_5：7	p1_5：10	px2：8
p1_3：0	p2_6：6	p1_6：0	py1：4.44999999384139
p1_4：7		p2_1：0	py2：4.45000001722679

结果中，pi_j 表示第 i 个生产基地第 j 个施工点的水泥供应量，$i = 1$，2；$j = 1$，……，6。从结果看，重新布置生产基地后，运输费用将整体降低近一半。

4.9　物流配送中心选址问题

如图 4-7 所示，一物流系统由 3 个生产基地、2 个物流配送中心、3 个需求客户组成，

其坐标数据见表4-16。

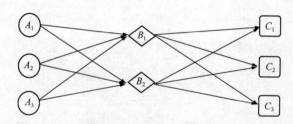

图 4-7　物流配送示意图

表 4-16　物流系统数据

项目		坐标		生产基地产能	客户需求量
		x	y		
生产基地	A_1	0	0	300	
	A_2	100	100	200	
	A_3	50	250	200	
物流配送中心	B_1	200	200		
	B_2	250	100		
客户	C_1	200	0		200
	C_2	300	150		100
	C_3	250	300		300

做一些假设：

① 所有供给客户的货物必须先经过物流配送中心转运到客户，不能直接运输到客户。

② 从生产基地到物流配送中心以及从物流配送中心到客户的运输费与运输量和运输距离成正比，即运输费 (C) ＝ 运输距离 (D) × 运输量 (S)，其中运输距离 (D) 为两点之间的直线距离。

问题：

① 如何配送使得总成本最小？

② 现在两个物流配送中心位置是否合适？确定两个物流配送中心的最优位置以使整个系统完成配送的总成本最小？

解：① 设决策变量 k_{ij} 代表第 i 个生产基地至第 j 个物流中心的配送量，w_{jm} 代表第 j 个物流中心至第 m 个客户的配送量，则：

目标函数：

$$\text{min.} \sum_{i=1}^{3} \sum_{j=1}^{2} \left[k_{i,j} \cdot \sqrt{(xa_i - xb_i)^2 + (ya_i - yb_i)^2} \right] + \tag{4-9}$$

$$\sum_{j=1}^{2} \sum_{m=1}^{3} \left[w_{j,m} \cdot \sqrt{(xb_j - xc_m)^2 + (yb_j - yc_m)^2} \right]$$

约束条件如下：

产能约束：$\sum\limits_{j=1}^{2} k_{i,j} \leq \text{Capacity}_i \quad i = 1,2,3$

需求约束：$\sum\limits_{j=1}^{2} w_{m,j} = \text{Need}_m \quad m = 1,2,3$

配送中心进出相等约束：$\sum\limits_{i=1}^{3} k_{i,j} = \sum\limits_{m=1}^{3} w_{j,m} \quad j = 1,2$

其中，x_a、y_a 为生产基地坐标；x_b、y_b 为物流中心坐标；x_c、y_c 为客户坐标。

1stOpt 代码如下：

```
Algorithm = SM3;                                                    //算法设定
Constant Xa = [0,100,50], Ya = [0,100,250],                        //生产基地坐标
         Xc = [200,300,250], Yc = [0,150,300],                     //客户坐标
         Xb = [200,250], Yb = [200,100];                           //物流中心坐标
Constant Capacity = [350,300,100], Need = [200,100,300];           //产能与需求
Parameter k(3,2) = [0,300,0], w(2,3) = [0,600,0];                  //整数变量定义
MinFunction Sum(i = 1:3)(Sum(j = 1:2)(k[i,j] * sqrt(sqr(Xa[i]-Xb[j]) + sqr(Ya[i]-Yb[j])))) +   //目标函数
         Sum(j = 1:2)(Sum(m = 1:3)(W[j,m] * sqrt(sqr(Xb[j]-Xc[m]) + sqr(Yb[j]-Yc
[m])))));
                                                                    //产能约束
         For(i = 1:3)(Sum(j = 1:2)(k[i,j]) < = Capacity[i]);       //需求约束
         For(m = 1:3)(Sum(j = 1:2)(w[j,m]) = Need[m]);             //平衡约束
         For(j = 1:2)(Sum(i = 1:3)(k[i,j]) = sum(m = 1:3)(w[j,m]));
```

输出结果：

目标函数值(最小)：175920.074869009	k3_1：100	w2_1：200
k1_1：0	k3_2：0	w2_2：100
k1_2：200	w1_1：0	w2_3：0
k2_1：200	w1_2：0	
k2_2：100	w1_3：300	

② 问题 2 仅需在问题 1 的基础上将物流中心的坐标 x_b、y_b 视为待求变量即可。从计算结果可看出，一个物流中心与一个客户坐标位置一样，即重合。

1stOpt 代码如下：

```
Algorithm = SM3;                                                    //算法设定
Constant Xa = [0,100,50], Ya = [0,100,250],                        //生产基地坐标
         Xc = [200,300,250], Yc = [0,150,300];                     //客户坐标
Constant Capacity = [350,300,100], Need = [200,100,300];           //产能与需求
Parameter xb(2), yb(2), k(3,2) = [0,300,0], w(2,3) = [0,600,0];    //变量定义
MinFunction Sum(i = 1:3)(Sum(j = 1:2)(k[i,j] * sqrt(sqr(Xa[i]-Xb[j]) + sqr(Ya[i]-Yb[j])))) +   //目标函数
         Sum(j = 1:2)(Sum(m = 1:3)(W[j,m] * sqrt(sqr(Xb[j]-Xc[m]) + sqr(Yb[j]-Yc
[m])))));
                                                                    //产能约束
         For(i = 1:3)(Sum(j = 1:2)(k[i,j]) < = Capacity[i]);       //需求约束
         For(m = 1:3)(Sum(j = 1:2)(w[j,m]) = Need[m]);             //平衡约束
         For(j = 1:2)(Sum(i = 1:3)(k[i,j]) = sum(m = 1:3)(w[j,m]));
```

输出结果：

目标函数值(最小)：140673.139269515	k1_2：200	w1_2：0
xb1：249.999689519354	k2_1：200	w1_3：300
xb2：146.33975783674	k2_2：100	w2_1：200
yb1：299.999668611725	k3_1：100	w2_2：100
yb2：31.6244837654685	k3_2：0	w2_3：0
k1_1：0	w1_1：0	

物流配送中心选址示意图如图4-8所示。

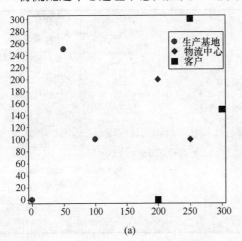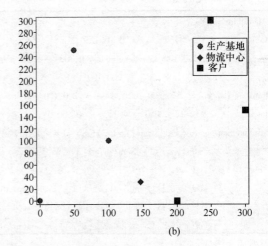

图 4-8　物流配送中心选址示意图

(a)问题1分布示意图；(b)问题2分布示意图

4.10　商场位置选择问题

某集团拟在某市东、西、南、北建立 4 座超市，有 10 个候选位置 $A_j(j=1,2,3,\cdots,10)$，考虑到各地区居民的消费水平及居民居住密集度，规定如下：

① 东区由 A_1、A_2、A_3 三个点中至多选择两个。

② 西区由 A_4、A_5 两个点中至少选一个。

③ 南区由 A_6、A_7 两个点中至少选一个。

④ 北区由 A_8、A_9、A_{10} 三个点中至少选两个。

A_j 各点的设备投资及每年可获利润由于地点不同而不一样，预测情况见表4-17（单位：万元），总投资额不能超过720万元，问应选择哪几个位置建立超市，可使年利润为最大？

表 4-17　A_j 各点投资与利润情况

项目	A_1	A_2	A_3	A_4	A_5	A_6	A_7	A_8	A_9	A_{10}
投资额(B)	100	120	150	80	10	90	80	140	160	180
利润(P)	35	40	50	22	20	30	25	48	58	61

设 0 – 1 变量 $x_i = 1(A_i$点被选用) 或 $0(A_i$点没被选用)，于是可建立如下的数学模型：

目标函数: $\max \sum_{i=1}^{10} x_i \cdot P_i$ (4-10)

投资总额约束: $\sum_{i=1}^{10} x_i \cdot B_i \leqslant 720$

东区至多两个超市约束: $\sum_{i=1}^{3} x_i \leqslant 2$

西区至少一个超市约束: $\sum_{i=4}^{5} x_i \geqslant 1$

南区至少一个超市约束: $\sum_{i=6}^{7} x_i \geqslant 1$

北区至少两个超市约束: $\sum_{i=8}^{10} x_i \geqslant 2$

超市总数目约束: $\sum_{i=8}^{10} x_i = 4$

1stOpt 代码如下:

```
Constant C = [100,120,150,80,10,90,80,140,160,180],      //投资额
        P = [35,40,50,22,20,30,25,48,58,61];             //利润
BinParameter x(10);                                      //0-1 变量
MaxFunction Sum(i=1:10)(x[i]*P[i]);                      //目标函数
        Sum(i=1:10)(x[i]*C[i]) <=720;                    //总投资额约束
        x1+x2+x3 <=2;                                    //东区约束
        x4+x5 >=1;                                       //西区约束
        x6+x7 >=1;                                       //南区约束
        x8+x9+x10 >=2;                                   //北区约束
        Sum(i=1:10)(x[i])=4;                             //超市数目约束
```

输出结果:

该线性规划的最大 (Max) 为: 171	x3: 0	x7: 0
参数最优解为:	x4: 1	x8: 0
x1: 0	x5: 0	x9: 1
x2: 0	x6: 1	x10: 1

即 4 座超市各建在 A_4、A_6、A_9 和 A_{10} 位置,获最大利润 171 万元。

4.11 线规的选择

在电机设计生产中,为防止导线线规太粗(导线太硬,工艺不便),一般要用多根细导线并绕组成,这多根导线可以是不同规格的,原则是多根并绕的导线的截面面积要尽量接近于设计截面面积(即线规)。为了工艺的方便,一般并绕导线的线规不超过 2 种(可以有多根)。已知 30 种导线的线规直径见表 4-18,给定设计的截面面积为 2.61 mm^2,线规种类 $n = 2$,如何选择合适的线规?

表 4-18　导线线规直径 R（mm）

序号	1	2	3	4	5	6	7	8	9	10
直径	0.53	0.56	0.60	0.67	0.71	0.75	0.80	0.83	0.85	0.53
序号	11	12	13	14	15	16	17	18	19	20
直径	0.90	0.95	1.00	1.06	1.12	1.18	1.25	1.30	1.40	1.50
序号	21	22	23	24	25	26	27	28	29	30
直径	1.56	1.60	1.70	1.80	1.90	2.00	2.12	2.24	2.36	2.50

方法一：30 种类型中选取 $n=2$ 种，每种线材的根数可以大于 1，这两种线材面积之和应与设计需求值 2.61mm^2 间差距最小。设 P_i、K_i 分别为 0-1 和整数变量，$i=1$，……，30，$P_i=1$ 表示选用，0 不选用；K_i 为选用的根数，根据已知数据，线材最小直径为 0.53mm，对应的面积为 0.2206mm^2，设计面积为 2.61mm^2，因此根数 K_i 上限值为 $2.61/0.2206 \approx 12$。

目标函数：$\min. \left| \sum_{i=1}^{30} \left[k_i \cdot p_i \cdot \left(\frac{R_i}{2} \right)^2 \cdot \pi \right] - 2.61 \right|$　　　　　　　　(4-11)

约束条件：$\sum_{i=1}^{30} p_i = n$

其中，R_i 为第 i 个线材的直径。

1stOpt 代码如下：

```
Algorithm = SM3[50];                                              //定义算法
Constant n = 2;                                                   //线材种类
ConstantR = [0.50,0.53,0.56,0.60,0.67,0.71,0.75,0.80,0.83,0.85,0.90,0.95,1.00,1.06,   //线材直径
1.12,1.18,1.25,1.30,1.40,1.50,1.56,1.60,1.70,1.80,1.90,2.00,2.12,2.24,2.36,2.50];
BinParameter p(30);                                              //是否选用 0-1 变量
IntParameter K(30) = [0,12];                                     //选用根数整数变量
MinFunction abs(sum(R,p,K)(k * pi * (R/2)^2 * p) - 2.61);        //目标函数
        sum(p)(p) = n;                                           //约束函数
```

输出结果：

目标函数值（最小）:	p8: 0	p17: 0	p26: 0	k5: 2	k14: 3	k23: 4
0.000593141928317387	p9: 0	p18: 0	p27: 0	k6: 11	k15: 7	k24: 3
p1: 1	p10: 0	p19: 0	p28: 0	k7: 3	k16: 8	k25: 3
p2: 0	p11: 0	p20: 0	p29: 0	k8: 9	k17: 10	k26: 9
p3: 1	p12: 0	p21: 0	p30: 0	k9: 8	k18: 8	k27: 9
p4: 0	p13: 0	p22: 0	k1: 2	k10: 4	k19: 5	k28: 4
p5: 0	p14: 0	p23: 0	k2: 10	k11: 8	k20: 7	k29: 7
p6: 0	p15: 0	p24: 0	k3: 9	k12: 4	k21: 10	k30: 2
p7: 0	p16: 0	p25: 0	k4: 10	k13: 9	k22: 3	

即取 1、3 号线材（对应 $p_1 = 1$，$p_3 = 1$），相应的根数为 2、9（对应 $k_1 = 2$，$k_3 = 9$），此时组成的截面面积为 2.609406858mm^2。

该方法共有 60 个待求参数，参数数目过多增加了求解难度。

方法二：设 P_i、K_j 均为整数变量，$i = 1$，……，30，$j = 1$，2，P_i 范围为 $[0, 2]$，K_j 范围为 $[0, 12]$，$P_i = 0$ 表示不选用，$P_i = 1$、2 表示选用的两种标识；K_j 为对应于 $P_i = 1$、2 的根数。该方法求解变量减少了近一半，结果也唯一。

目标函数：

$$\text{min.} \left| \sum_{i=1}^{30} \left[\overline{K_i} \cdot \overline{P_i} \cdot \left(\frac{R_i}{2} \right)^2 \cdot \pi \right] - 2.61 \right| \begin{cases} \text{if } P_i > 0 \text{ then } \overline{P_i} = 1 \\ \text{else } \overline{P_i} = 0 \\ \text{if } P_i = 0 \text{ then } \overline{K_i} = 0 \\ \text{else } \overline{K_i} = k_i \end{cases} \tag{4-12}$$

约束条件：$\sum_{i=1}^{30} \overline{P_i} = n \begin{cases} \text{if } P_i > 0 \text{ then } \overline{P_i} = 1 \\ \text{else } \overline{P_i} = 0 \end{cases}$

1stOpt 代码如下：

```
Algorithm = SM3[50];                                              //定义算法
Constant R = [0.50,0.53,0.56,0.60,0.67,0.71,0.75,0.80,0.83,0.85,0.90,0.95,1.00,1.06,1.12,   //线材直径
      1.18,1.25,1.30,1.40,1.50,1.56,1.60,1.70,1.80,1.90,2.00,2.12,2.24,2.36,2.50];
IntParameter p(30) = [0,2], K(2) = [1,12];                       //定义整数变量
MinFunction abs(sum(R,p)(if(p=0,0,if(p=1,k1,k2)) * pi * (R/2)^2 * if(p>0,1,0)) - 2.61);   //目标函数
      sum(p)(if(p=0,0,1)) = 2;                                   //约束函数
```

输出结果：

目标函数值（最小）：	p6：0	p13：0	p20：0	p27：0
0.000593141928317387	p7：0	p14：0	p21：0	p28：0
p1：1	p8：0	p15：0	p22：0	p29：0
p2：0	p9：0	p16：0	p23：0	p30：0
p3：2	p10：0	p17：0	p24：0	k1：2
p4：0	p11：0	p18：0	p25：0	k2：9
p5：0	p12：0	p19：0	p26：0	

即取 1、3 号线材（对应 $p_1 = 1$，$p_3 = 2$），相应的根数为 2、9（对应 $k_1 = 2$，$k_3 = 9$）。

方法三：设 P_i、K_i 均为整数变量，$i = 1$，2，P_i 范围为 $[1, 30]$，K_i 范围为 $[0, 12]$，P_i 值代表选用第 P_i 线材；K_i 为对应于 $P_i = 1$、2 的根数。该方法优化求解变量为 4 个。

目标函数：$\text{Min.} \left| \sum_{i=1}^{2} \left[k_i \cdot \left(\frac{R_{p_i}}{2} \right)^2 \cdot \pi \right] - 2.61 \right|$ (4-13)

1stOpt 代码（编程模式）如下：

```
Algorithm = SM2[50];
Constant R = [0.50,0.53,0.56,0.60,0.67,0.71,0.75,0.80,0.83,0.85,0.90,0.95,1.00,1.06,1.12,1.18,
        1.25,1.30,1.40,1.50,1.56,1.60,1.70,1.80,1.90,2.00,2.12,2.24,2.36,2.50];
IntParameter p(2) = [1,29], K(2) = [0,12];
StartProgram [Pascal];
Procedure MainModel;
Begin
    ObjectiveResult := abs(k1 * pi * (R[p1]/2)^2  + k2 * pi * (R[p2]/2)^2 - 2.61);
End;
EndProgram;
```

上述代码也可用快捷模式实现。

1stOpt 代码（快捷模式）如下：

```
Algorithm = SM2[50];
Constant R = [0.50,0.53,0.56,0.60,0.67,0.71,0.75,0.80,0.83,0.85,0.90,0.95,1.00,1.06,1.12,1.18,1.25,1.30,
        1.40,1.50,1.56,1.60,1.70,1.80,1.90,2.00,2.12,2.24,2.36,2.50];
IntParameter p(2) = [1,30], K(2) = [0,12];
MinFunction abs(k1 * pi * (R[p1]/2)^2 + k2 * pi * (R[p2]/2)^2 - 2.61);
```

均可得相同结果：

目标函数值（最小）：0.000593141928317511	目标函数值（最小）：0.000593141928317511
p1：3	p1：1
p2：1	p2：3
k1：9	k1：2
k2：2	k2：9

4.12 业务处理问题

某公司在各地有4项业务选定了4名业务员分别处理，由于各业务员的能力和经验不同，4位业务员处理这4项业务的费用也不一样，见表4-19。下面两种情况下，怎么样分派任务才能使总的业务费用最少？

① 每个业务员必须也只能处理一项业务。

② 每个业务员可以处理最多两项业务。

表4-19 业务处理费用表

业务员	业务			
	1	2	3	4
A	1100	800	1000	700
B	600	500	300	800
C	400	800	1000	900
D	1100	1000	500	200

① 每个业务员必须也只能处理一项业务。

设整数型决策变量 P_i，$i = 1$，……，4，i 代表业务员，P_i 代表业务项，范围为 $[1, 4]$

目标函数：$\min. \displaystyle\sum_{i=1}^{4} F_{i,p_i}$ 　　　　　　　　　　　　　　　　　　　　　（4-14）

因为每个业务员处理业务不能重复，因此代码中用关键字 Exclusive = True；确保决策变量取值不同。

1stOpt 代码如下：　　　　　　　　　　　　　　输出结果：

```
ConstantF(4,4) = [1100,800,1000,700,
            600,500,300,800,
            400,800,1000,900,
            1100,1000,500,200];
Parameter p(4) = [1,4];
Exclusive = True;
MinFunction Sum(i = 1:4)(F[i,p[i]]);
```

目标函数值（最小）：1700
p1：2
p2：3
p3：1
p4：4

即：业务员 A（p_1）处理业务 2，业务员 B（p_2）处理业务 3，业务员 C（p_3）处理业务 1，业务员 D（p_4）处理业务 4，此时最小费用为 1700。

② 假如每人最多可处理两项样业务。

设 P_{ij} 为 0-1 型决策变量，$i = 1$，……，4，代表业务员，$j = 1$，……，4，代表业务项，P_{ij} 为 0 表示 i 业务员不做 j 项业务，反之为 1 表示做 j 项业务。

目标函数：$\min. \displaystyle\sum_{i=1}^{4}\sum_{j=1}^{4} F_{i,j} \cdot P_{i,j}$ 　　　　　　　　　　　　　　　（4-15）

每人所做项目不多于 2 项约束：$\displaystyle\sum_{j=1}^{4} P_{i,j} \leqslant 2$

所做项目总和等于 4 项约束：$\displaystyle\sum_{i=1}^{4}\sum_{j=1}^{4} P_{i,j} = 4$

1stOpt 代码如下：　　　　　　　　　　　　　　输出结果：

```
Algorithm = SM2[50];
Constant F(4,4) = [1100,800,1000,700,
            600,500,300,800,
            400,800,1000,900,
            1100,1000,500,200];
BinParameter p(4,4);
MinFunction
Sum(i = 1:4)(Sum(j = 1:4)(p[i,j] * F[i,j]));
For(i = 1:4)(Sum(j = 1:4)(p[i,j]) < = 2);
Sum(i = 1:4)(Sum(j = 1:4)(p[i,j])) = 4;
```

目标函数值（最小）：1400
p1_ 1：0
p1_ 2：0
p1_ 3：0
p1_ 4：0
p2_ 1：0
p2_ 2：1
p2_ 3：1
p2_ 4：0
p3_ 1：1

p3_ 2：0
p3_ 3：0
p3_ 4：0
p4_ 1：0
p4_ 2：0
p4_ 3：0
p4_ 4：1

即：业务员 A 不处理任何业务，业务员 B 处理业务 2 和 3，业务员 C 处理业务 1，业务员 D 处理业务 4。

4.13 服务员聘用问题

某饭店一周中每天需要不同数目的雇员，周一至周日所需员工数见表 4-20。现规定每个应聘者需连续工作 5 天，试确定聘用方案，即周一至周日每天聘用多少人，使在满足需要的条件下聘用总人数最少？

表 4-20 一周日需员工数

星期	一	二	三	四	五	六	日
所需人数	40	50	50	60	90	100	80

分析：

① 决策变量：设周一至周日每天聘用的人数分别为 x_1，x_2，……，x_7。

② 目标函数：聘用总人数，即：$x_1 + x_2 + \cdots + x_7$。

③ 约束条件：约束条件由每天需要的人数确定，由于每人每天连续工作 5 天，因此周一工作的雇员应是周四到周一聘用的，按需要至少 40 人，则有：

周一：$x_4 + x_5 + x_6 + x_7 + x_1 \geq 40$

类似有：

周二：$x_5 + x_6 + x_7 + x_1 + x_2 \geq 50$

周三：$x_6 + x_7 + x_1 + x_2 + x_3 \geq 50$

周四：$x_7 + x_1 + x_2 + x_3 + x_4 \geq 60$

周五：$x_1 + x_2 + x_3 + x_4 + x_5 \geq 90$

周六：$x_2 + x_3 + x_4 + x_5 + x_6 \geq 100$

周七：$x_3 + x_4 + x_5 + x_6 + x_7 \geq 80$

上面七天重复计算的表述在代码中可用 For 关键字循环来实现，使用 Wrap 函数自动返回正确的周期数，如 Wrap（8，7）将返回 1，Wrap（9，7）返回 2。

1stOpt 代码如下：

```
Constant R = [40,50,50,60,90,100,80];
IntParameter x(7);
MinFunction Sum(i = 1:7,x)(x);
        For(i = 1:7)(Sum(j = 0:4)(x[Wrap(j + i + 3,7)]) > = R[i]);
```

使用线性算法可得唯一结果，而使用非线性算法可得多组结果，目标函数值都一样，均为 100。输出结果：

线性算法	非线性算法
该线性规划的最小（Min）为：100	目标函数值（最小）：100
x1：0	x1：0
x2：20	x2：12
x3：20	x3：33
x4：30	x4：16
x5：20	x5：30
x6：10	x6：9
x7：0	x7：0

线性算法	非线性算法
约束函数： 1：x4 + x5 + x6 + x7 + x1 − 40 ＝ 20 2：x5 + x6 + x7 + x1 + x2 − 50 ＝ 0 3：x6 + x7 + x1 + x2 + x3 − 50 ＝ 0 4：x7 + x1 + x2 + x3 + x4 − 60 ＝ 10 5：x1 + x2 + x3 + x4 + x5 − 90 ＝ 0 6：x2 + x3 + x4 + x5 + x6 − 100 ＝ 0 7：x3 + x4 + x5 + x6 + x7 − 80 ＝ 0	约束函数： 1：x4 + x5 + x6 + x7 + x1 − 40 ＝ 15 2：x5 + x6 + x7 + x1 + x2 − 50 ＝ 1 3：x6 + x7 + x1 + x2 + x3 − 50 ＝ 4 4：x7 + x1 + x2 + x3 + x4 − 60 ＝ 1 5：x1 + x2 + x3 + x4 + x5 − 90 ＝ 1 6：x2 + x3 + x4 + x5 + x6 − 100 ＝ 0 7：x3 + x4 + x5 + x6 + x7 − 80 ＝ 8

4.14　坐席安排问题

某部门 8 个员工 4 个办公室，需将员工分成 4 组，每两人一组使用一间办公室。已知员工间的相处融洽度见表 4-21，融洽度等级从 1 ~ 10。10 表示两人相处很好、0 最差，如何安排员工坐席使部门最和谐？

表 4-21　员工融洽度表

员工	一	二	三	四	五	六	七	八
一	0	9	3	4	2	1	5	6
二	9	0	1	7	3	5	2	1
三	3	1	0	4	4	2	9	2
四	4	7	4	0	1	5	5	2
五	2	3	4	1	0	8	7	6
六	1	5	2	5	8	0	2	3
七	5	2	9	5	7	2	0	4
八	6	1	2	2	6	3	4	0

部门最和谐也即员融洽度总和最大。设 x_i 为排他整数决策变量，$i = 1$，……，8，目标即为求出 x_1 至 x_8 的值，使得组合 (x_1, x_2)，(x_3, x_4)，(x_5, x_6)，(x_7, x_8) 融洽度总和最大。以 $C_{i,j}$ 代表员工间融洽度。

目标函数：$\max \sum_{i=1}^{4} C_{x_{2 \cdot i-1}, x_{2 \cdot i}}$　　　　　　　　　　(4-16)

1stOpt 代码如下：

```
Constant Rating(1:8,1:8) =
                [0,9,3,4,2,1,5,6,
                9,0,1,7,3,5,2,1,
                3,1,0,4,4,2,9,2,
                4,7,4,0,1,5,5,2,
                2,3,4,1,0,8,7,6,
                1,5,2,5,8,0,2,3,
                5,2,9,5,7,2,0,4,
                6,1,2,2,6,3,4,0];
Parameter x(1:8) = [1,8];
Exclusive = True;
MaxFunction Sum(i = 1:4)(Rating[x[2*i−1],x[2*i]]);
```

输出结果：

目标函数值（最大）：30
x1：6
x2：5
x3：7
x4：3
x5：1
x6：8
x7：4
x8：2

即员工（5，6），（7，3），（1，8），（4，2）一个房间，此时融洽度最高，为 30。

上面运行代码中，如果将 MaxFunction 改为 MinFunction，则可求得席位最不和谐的安排方案。

4.15 水量分配问题

分配水资源量为 7 个单位，供给 3 个用户，各用户得到不同水量的经济效益见表 4-22，求效益最高的水资源量分配方案。

表 4-22 经济效益表

用户	用水单位							
	0	1	2	3	4	5	6	7
A1	0	5	15	40	80	90	95	100
A2	0	5	15	40	60	70	73	75
A3	0	4	26	40	45	50	51	53

设 $B_{i,j}$ 代表第 i 个用户获得 j 个用水单位的效益，$i = 1$，2，3，$j = 1$，……，7；P_i 代表第 i 个用户获得的用水单位，模型构成如下：

目标函数：$\max. \sum_{i=1}^{3} B_{i,P_i}$ 　　　　　　　　　　　　　　　　　　(4-17)

用水单位总和约束：$\sum_{i=1}^{3} P_i = 7$

下面分别给出编程模式下的 Basic 和 Pascal 代码以及快捷模式代码。

Basic 代码如下：

```
Algorithm = SM2[3];
Constant B(1:3, 0:7) = [0,5,15,40,80,90,95,100,
                0,5,15,40,60,70,73,75,
                0,4,26,40,45,50,51,53];
IntParameter p(1:3) = [0,7];
Maximum;
StartProgram [Basic];
Sub MainModel
    ObjectiveResult = B(3,p(3)) + B(1,p(1)) + B(2,p(2))
    ConstrainedResult = p(3) + p(1) + p(2) = 7
End Sub
EndProgram;
```

Pascal 代码如下：

```
Algorithm = SM2[3];
Constant B(1:3, 0:7) = [0,5,15,40,80,90,95,100,
                0,5,15,40,60,70,73,75,
                0,4,26,40,45,50,51,53];
IntParameter p(1:3) = [0,7];
Maximum;
StartProgram[Pascal];
Procedure MainModel;
Begin
    ObjectiveResult : = Benefit[3,p[3]] + Benefit[1,p[1]] + Benefit[2,p[2]];
    ConstrainedResult : = p[3] + p[1] + p[2] = 7;
End;
EndProgram;
```

快捷模式代码如下：

```
Algorithm = SM2[30];
Constant Benefit(1:3, 0:7) = [0,5,15,40,80,90,95,100,
                0,5,15,40,60,70,73,75,
                0,4,26,40,45,50,51,53];
IntParameter p(1:3) = [0,7];
MaxFunction Sum(i = 1:3)(Benefit[i,p[i]]);
        Sum(p)(p) = 7;
```

输出结果：

迭代数：7
计算用时（时：分：秒：毫秒）：00:00:00:47
计算中止原因：达到收敛判定标准
优化算法：快速简面体爬山法 + 通用全局优化法
目标函数值（最大）：120
p1：4
p2：3
p3：0

即第一个用户用 4 个水量单位，第二个用户 3 个水量单位，第三个用户无用水，最大效益为 120。

假如要求每一用户至少分得一个用水单位，结果又怎样？最简单的方法是将 IntParameter p (1：3) = [0, 7]；改为 IntParameter p (1：3) = [1, 7]；即可保证每个用户有一个用水单位，此时结果 P = [4, 1, 2]，最大效益为 111。

上面三段代码均可得到相同的结果。相比而言，快捷模式代码简洁、明了、易懂，不需 Basic 和 Pascal 语言基础。

4.16　物品交易效应最大化问题

比尔与杰克分别拥有 5 件和 4 件物品，每种物品在他们各自手中的效用见表 4-23，如何交换手中的商品，使两人效用和的乘积最大，且交换后两人各自的效用和都有所提高。

表 4-23　物品效用表

序号		比尔拥有效用（BF）	杰克拥有效用（JF）
比尔物品	1	2	4
	2	5	2
	3	2	7
	4	2	2
	5	4	1

续表

序号		比尔拥有效用（BF）	杰克拥有效用（JF）
杰克物品	6	10	1
	7	1	1
	8	6	3
	9	2	2

设 P_i 为 [1，9] 间排他整数变量，物品交换前比尔的效用和为 $2+5+2+2+4=15$，杰克的效用和为 $1+1+3+2=7$。

目标函数：$\max \sum_{i=1}^{6} \left(BF_{p_i} \cdot JF_{p_i} \right)$ （4-18）

约束：$\begin{cases} \sum_{i=1}^{6} BF_{p_i} \geqslant 15 & \text{（比尔交换后效用大于交换前效用）} \\ \sum_{i=1}^{4} JF_{p_i} \geqslant 7 & \text{（杰克交换后效用大于交换前效用）} \end{cases}$

其中，RF 为比尔物品效用，JF 为杰克物品效用。

1stOpt 代码如下：

```
Constant n = 9, n1 = 6;
Constant BF = [2,5,2,2,4,10,1,6,2],
        JF = [4,2,7,2,1,1,1,3,2];
Parameter p(n) = [1,n];
Exclusive = True;
PassParameter BillSum, JackSum;
Maximum;
StartProgram [Pascal];
Procedure MainModel;
var k: integer;
    bill_sum, jack_sum: double;
Begin
    bill_sum : = 0;
    jack_sum : = 0;
    for k : = 1 to n do begin
        if k < n1 then
            bill_sum : = bill_sum + BF[p[k]]
        else
            jack_sum : = jack_sum + JF[p[k]];
    end;
    BillSum : = bill_sum;
    JackSum : = jack_sum;
    ObjectiveResult : = bill_sum * jack_sum;
End;
EndProgram;
```

也可用快捷模式代码。

1stOpt 代码如下：

Constant n = 9;
Constant BF = [2,5,2,2,4,10,1,6,2],
　　　　 JF = [4,2,7,2,1,1,1,3,2];
Parameter p(n) = [1,n];
ConstStr　f1 = Sum(i = 1:5)(BF[p[i]]),
　　　　 f2 = Sum(i = 6:9)(JF[p[i]]);
Exclusive = True;
MaxFunction f1 * f2;
　　　　 f1 > = 15;
　　　　 f2 > = 7;	

输出结果：

目标函数值(最大): 390 p1: 7 p2: 2 p3: 6 p4: 8 p5: 5 p6: 9 p7: 4 p8: 1 p9: 3	传递参数(PassParameter): billsum: 26 jacksum: 15

即杰克的 6、7、8 与比尔的 1、3、4 互换，得最大效应 26 ×15 = 390。

4.17　八皇后问题

八皇后问题是数学家高斯于 1850 年提出的著名的优化组合问题，即在 8 ×8 格的国际象棋上摆放 8 个皇后，要求皇后不能互相攻击，即任意两个皇后都不处于同一行、同一列或同一斜线上。问如何摆设？

如果皇后数目不定为 n，则变为更具普遍意义的 n 皇后问题。解决这种问题的算法有多种，如递归回溯法等。下面给出两种 1stOpt 求解方法，第一种是线性模式，第二种则为非线性模式，前者求解变量数比后者多一倍，但由于是线性问题，求解仍很容易；后者代码更为简练，但由于是非线性的，当皇后数 n 过大时求解时间大幅增加，成功概率也难以保证 100%。

1stOpt 代码（线性）如下：

Algorithm = LP;
Constant n = ?;
BinParameter x(1:n*n);
MinFunction Sum(i = 1:n*n)(x[i]);
　　For(i = 1:n)(Sum(j = 1 + n*(i-1):n*i)(x[j]) = 1);
　　For(i = 1:n)(Sum(j = 1:n)(x[i + (j-1)*n]) = 1);
　　For(i = 1:n-1)(Sum(j = 1:i+1)(x[i + 1 + (j-1)*(n-1)]) < =1);
　　For(i = 1:n-2)(Sum(j = 1:i+1)(x[n*n-i-(j-1)*(n-1)]) < =1);
　　For(i = 1:n-1)(Sum(j = 1:i+1)(x[n-i + (j-1)*(n+1)]) < =1);
　　For(i = 1:n-2)(Sum(j = 1:i+1)(x[n*(n-1) + i + 1-(j-1)*(n+1)]) < =1);
	//定义线性算法
	//输入皇后数
	//定义 0-1 变量
	//目标函数
	//约束

1stOpt 代码（非线性）如下：

Constant n = ?;
IntParameter x(1:n) = [1,n];
ConstStr f = if(x[i] = x[j],1,if(abs(x[i] - x[j]) = abs(i-j),1,0));
Exclusive = True;
MinFunction Sum(i = 1:n-1)(Sum(j = i+1:n)(f));
	////输入皇后数
	//定义 0 - 1 变量
	
	//变量是排他型
	//约束

当皇后数 $n = 14$ 和 30 时的分布示意：

$n = 14$	$n = 30$

4.18　田忌赛马问题

我国古代"田忌赛马"的故事流传甚广，讲的是战国时期齐王和大将田忌赛马。齐王和田忌的三匹马都分上中下三等，田忌的上中下和齐威王的上中下三匹马每次比赛，田忌均负。于是田忌向谋士孙膑问计，孙膑给出的策略是用田忌的下等马对齐威王的上等马、上等马对中等马、中等马对下等马对赛，终于以三比二战胜齐威王。这虽是一个简单的故事，但实则是现代优化组合理论的经典问题。

故事中比赛双方都仅有三匹马，如何进行最优组合对大多数人来说都是一简单的推理判断问题，但当马匹数较多时，靠手工推算，就很难达到要求了。表 4-24 给出了双方 10 匹马的功力，试建模给出：

① 田忌 10 盘比赛取胜盘数最多的组合？

② 盘数上保证 6 盘胜利的最稳妥组合？

③ 如果双方马匹功力临场都有 15% 的左右变动，取胜盘数最多的最稳妥组合是什么？

表 4-24　马匹功力表

马匹	1	2	3	4	5	6	7	8	9	10
齐王	8.4	0.9	7.4	1.1	8.8	3.5	8.2	2.4	2.1	5.6
田忌	3.9	2.2	5.1	2.0	1.6	3.1	9.3	6.3	3.7	5.9

① 取胜盘数最多。

设 P_i 为田忌对应于齐王马匹 1，2，3，……，10 的马匹号数，$i = 1$，2，3，……，10，只要田忌的第 P_i 马功力胜过齐王的第 i 匹马，则视为取胜盘数，由此：

目标函数：$\max \sum\limits_{i=1}^{10} m_i \begin{cases} \text{if } T_{P_i} - Q_i > 0 \text{ then } m_i = 1 \\ \text{else } m_i = 0 \end{cases}$　　　　　　　　(4-19)

1stOpt 代码如下：

```
Constant n = 10;
Constant Q = [8.4,0.9,7.4,1.1,8.8,3.5,8.2,2.4,2.1,5.6],
         T = [3.9,2.2,5.1,2.0,1.6,3.1,9.3,6.3,3.7,5.9];
Parameter P(n) = [1,n,0];
Exclusive = True;
MaxFunction Sum(i=1:n)(if(T[p[i]] - Q[i]>0,1,0));
```

输出结果（多解）：

目标函数值（最大）：7

p1：7

p2：5

p3：8

p4：4

p5：3

p6：9

p7：2

p8：6

p9：1

p10：10

即最多可胜 7 盘，组合有多种，表 4-25 是一种。

表 4-25　最多胜 7 盘组合

	马匹号	7	5	8	4	3	9	2	6	1	10
田忌	功力	9.3	1.6	6.3	2.0	5.1	3.7	2.2	3.1	3.9	5.9
齐王	马匹号	1	2	3	4	5	6	7	8	9	10
	功力	8.4	0.9	7.4	1.1	8.8	3.5	8.2	2.4	2.1	5.6
功力差		0.9	0.7	-1.1	0.9	-3.7	0.2	-6	0.7	1.8	0.3

② 保证 6 盘胜利的最稳妥组合。

该情况可理解为在保证取胜 6 盘的前提下，取胜盘数功力差之和最大。

目标函数：$\max \sum\limits_{i=1}^{10} (T_{P_i} - Q_i) \cdot k \begin{cases} \text{if } T_{P_i} - Q_i > 0 \text{ then } k = 1 \\ \text{else } k = 0 \end{cases}$　　　　(4-20)

约束条件：取胜盘数大于等于 6。

1stOpt 代码如下：

```
Constant n = 10;
Constant Q = [8.4,0.9,7.4,1.1,8.8,3.5,8.2,2.4,2.1,5.6],
         T = [3.9,2.2,5.1,2.0,1.6,3.1,9.3,6.3,3.7,5.9];
Parameter P(n) = [1,n,0];
Exclusive = True;
MaxFunction Sum(i=1:n)((T[p[i]] - Q[i])*(if(T[p[i]] - Q[i]>0,1,0)));
         Sum(i=1:n)(if(T[p[i]] - Q[i]>0,1,0)) > =6;
```

输出结果（多解）：

目标函数值（最大）：18.6

p1：2

p2：8

p3：6

p4：7

p5：5

p6：1

p7：4

p8：3

p9：9

p10：10

即马匹对阵形式见表 4-26。

表 4-26　胜 6 盘对阵形式

田忌马匹号	2	8	6	7	5	1	4	3	9	10
齐王马匹号	1	2	3	4	5	6	7	8	9	10

③ 马匹功力 15% 的左右变动取胜盘数最多的稳妥组合。

当马匹功力左右 15% 变动时，田忌取胜最稳妥的考虑策略是自己的马功力均降 15%，而对方齐王的马匹功力均升 15%，因此只需修改第一种情况的代码。

1stOpt 代码如下：

```
Constant n = 10；
Constant Q = [8.4,0.9,7.4,1.1,8.8,3.5,8.2,2.4,2.1,5.6]，
         T = [3.9,2.2,5.1,2.0,1.6,3.1,9.3,6.3,3.7,5.9]；
Parameter P(n) = [1,n,0]；
Exclusive = True；
MaxFunction Sum(i = 1:n)(if(0.85 * T[p[i]] − 1.15 * Q[i] >0,1,0))；
```

输出结果（多解）：

目标函数值（最大）：6

p1：10
p2：4
p3：5
p4：8
p5：1
p6：3
p7：2
p8：9
p9：6
p10：7

马匹对阵形式见表 4-27。

表 4-27　马匹功力 15% 的左右变动取胜盘数最多的稳妥组合

田忌马匹号	10	4	5	8	1	3	2	9	6	7
齐王马匹号	1	2	3	4	5	6	7	8	9	10

4.19　水库捕鱼计划问题

有一个个人承包经营的中型水库，为了提高经济效益，保证优质鱼类有良好的生活环境，必须对水库的闲杂鱼类做一次彻底清理，因此须放水清库。水库现有水位为 15m，自然放水每天水位降低 0.5m，经与当地协商水库水位最低降低至 5m，这样预计须 20 天时间水位可达目标。据估计库内尚有鲈鱼 25000 余 kg，鲜活鲈鱼在该地市场上，若日供应量在 500kg 以下，其价格为 36 元/kg；日供应量在 500～1000kg，其价格则降至 34 元/kg；日供应量超过 1000kg，其价格则降至 30 元/kg 以下；日供应量达到 1500kg，处于饱和。捕捞鲈鱼的成本水位于 15m 时，为 30 元/kg；当水位降至 5m 时，为 4 元/kg。同时随水位的下降，鲈鱼自然死亡及捕捞造成损失增加，至最低水位 5m 时损失率为 15%。请你为承包人设计一个捕捞方案：如何捕捞鲜活鲈鱼投放市场，效益最佳？

设 P_i 为每天要捕捞的鱼量，P_i 大于 1500kg 的部分，因超过最大需求量，将不会产生任何收益，模型构建如下：

目标函数：

$$\max \sum_{i=1}^{21} (P_i \cdot d - C_i) \quad \begin{cases} \text{if } P_i \leqslant 500 \text{ then } d = 36 \\ \text{else } P_i \leqslant 100 \text{ then } d = 34 \\ \text{else } d = 30 \end{cases} \quad (4\text{-}21)$$

约束条件：$T - \sum_{i=1}^{21} (1 + R_i) \cdot p_i \geqslant 0$

其中，C_i 为捕捞成本；d 为鱼价格；T 为全部鱼量；R_i 为每天损失率。

假设每天水位降速均匀为 0.5m，捕捞成本呈线性递减，损失率则呈线性递增，可得到表 4-28 的数据。

表 4-28　捕鱼相关数据

天数	1	2	3	4	5	6	7	8	9	10
水位（H）	15	14.5	14	13.5	13	12.5	12	11.5	11	10.5
捕捞成本（C）	30	28.7	27.4	26.1	24.8	23.5	22.2	20.9	19.6	18.3
损失率（R）	0	0.75	1.5	2.25	3	3.75	4.5	5.25	6	6.75
天数	11	12	13	14	15	16	17	18	19	20
水位（H）	10	9.5	9	8.5	8	7.5	7	6.5	6	5.5
捕捞成本（C）	17	15.7	14.4	13.1	11.8	10.5	9.2	7.9	6.6	5.3
损失率（R）	7.5	8.25	9	9.75	10.5	11.25	12	12.75	13.5	14.25

1stOpt 代码如下：

```
Constant T = 25000,                                                      //全部鱼
H = [15,14.5,14,13.5,13,12.5,12,11.5,11,10.5,10,9.5,9,8.5,8,7.5,7,6.5,6,5.5,5],   //水位
C = [30,28.7,27.4,26.1,24.8,23.5,22.2,20.9,19.6,18.3,17,15.7,14.4,13.1,11.8,10.5,9.2,7.9,6.6,5.3,4],  //成本
R = [0,0.75,1.5,2.25,3,3.75,4.5,5.25,6,6.75,7.5,8.25,9,9.75,10.5,11.25,12,12.75,13.5,14.25,15];  //死亡率
IntParameter p(21) = [0,2000];
PassParameter LeftFish;
Maximum;
StartProgram [Pascal];
Procedure MainModel;
var i: integer;
    d, d1, d2: double;
Begin
    d := T;
    d1 := 0;
    for i := 1 to 21 do begin
        d := d - p[i] - d * R[i]/100;                                    //所剩鱼
        if p[i] < = 500 then d2 := 36
        else if p[i] < = 1000 then d2 := 34
        else d2 := 30;
        d1 := d1 + Min(p[i], 1500) * d2 - p[i] * C[i];                   //收益
    end;
    LeftFish := d;                                                       //剩鱼量
    ObjectiveResult := d1;                                               //目标函数
    ConstrainedResult := d > = 0;                                        //约束函数
End;
EndProgram;
```

代码需多运行几次，所得最好结果如下：

目标函数值（最大）：246328.4	p6：500	p12：1000	
p1：0	p7：1000	p13：1000	p18：499
p2：1	p8：1000	p14：1000	p19：337
p3：499	p9：1000	p15：1000	p20：0
p4：500	p10：1000	p16：1000	p21：0
p5：500	p11：1000	p17：1000	

4.20 炼油厂加工问题

一家石油公司炼油厂提供两种无铅汽油燃料：无铅高级汽油和无铅普通汽油。炼油厂购买四种不同的石油原料，每种石油原料的化学成分分析、价格及购买上限见表 4-29。

表 4-29　石油原料信息表

原料种类	含化学成分的比率			价格 （$PX = PY$）	购买上限 （UpBound）
	A	B	C		
1	0.90	0.07	0.03	if $x \leqslant 1000$ then $P = 0.85$ else if $x \leqslant 2000$ then $P = 0.80$ else if $x \leqslant 3000$ then $P = 0.75$ else $P = 0.70$	4000
2	0.70	0.20	0.10	if $x \leqslant 1500$ then $P = 0.65$ else if $x \leqslant 3000$ then $P = 0.60$ else if $x \leqslant 5000$ then $P = 0.55$ else $P = 0.50$	6000
3	0.10	0.70	0.20	if $x \leqslant 1000$ then $P = 0.80$ else if $x \leqslant 2500$ then $P = 0.75$ else if $x \leqslant 4000$ then $P = 0.70$ else $P = 0.65$	5000
4	0.60	0.30	0.10	if $x \leqslant 1200$ then $P = 1.00$ else if $x \leqslant 2400$ then $P = 0.95$ else if $x \leqslant 3500$ then $P = 0.90$ else $P = 0.70$	5000

① 无铅高级汽油的售价是 1.05 美元/加仑，它应至少含有 60% 的 A 成分，20% 的 B 成分，而不能超过 10% 的 C 成分。

② 无铅普通汽油的售价是 0.90 美元/加仑，它应至少含有 50% 的 A 成分，15% 的 B 成分，而不能超过 15% 的 C 成分。

③ 公司预测：无铅高级汽油的销售量为 7000 加仑，无铅普通汽油的销售量为 9000 加仑。

试建立优化模型，确定每种汽油中各种原料的用量（取整数），使得公司获得最大的利润；设 x_i、y_i 分别代表两种高级和普通两种汽油中四种原料的用量，$i = 1$，……，4，则模型如下：

目标函数为总销量售价减去原材料购买价：

$$\max. \ 7000 \times 1.05 - \sum_{i=1}^{4} (x_i \cdot PX_i) + 9000 \times 0.9 - \sum_{i}^{4} y_i \cdot PX_i \tag{4-22}$$

其中，PX_i 为原材料购买梯度价格。

约束 1：高级汽油总量约束 $\sum_{i=1}^{4} x_i = 7000$

约束 2：普通汽油总量约束 $\sum_{i=1}^{4} y_i = 9000$

约束 3：材料购买上限约束 $x_i + y_i \leqslant \mathrm{UpBound}_i \ i = 1, \cdots, 4$

其中，$\mathrm{UpBound}_i$ 原材料购买上限

约束 4：成分要求约束

高级汽油 A 成分含量约束：$\sum_{i=1}^{4} A_i \cdot x_i \geqslant 0.6 \cdot \sum_{i=1}^{4} x_i$

高级汽油 B 成分含量约束：$\sum_{i=1}^{4} B_i \cdot x_i \geqslant 0.2 \cdot \sum_{i=1}^{4} x_i$

高级汽油 C 成分含量约束：$\sum_{i=1}^{4} C_i \cdot x_i \leqslant 0.1 \cdot \sum_{i=1}^{4} x_i$

普通汽油 A 成分含量约束：$\sum_{i=1}^{4} A_i \cdot y_i \geqslant 0.5 \cdot \sum_{i=1}^{4} y_i$

普通汽油 B 成分含量约束：$\sum_{i=1}^{4} B_i \cdot y_i \geqslant 0.15 \cdot \sum_{i=1}^{4} y_i$

普通汽油 C 成分含量约束：$\sum_{i=1}^{4} C_i \cdot y_i \leqslant 0.15 \cdot \sum_{i=1}^{4} y_i$

因为模型中原材料购买价格是非线性的，因此含有价格因子的目标函数也是非线性的。虽然都是线性约束，也只能由非线性算法来完成；同时由于所求变量均为整数，故本模型是非线性整数规划问题。

1stOpt 代码如下：

```
Constant A = [0.90,0.70,0.10,0.60],                                              //A 化学成分
         B = [0.07,0.20,0.70,0.30],                                              // B 化学成分
         C = [0.03,0.10,0.20,0.10],                                              // C 化学成分
         UpBound = [4000,6000,5000,5000];                                        //购买上限
ConstStr PX(4) = [if(x[i] <= 1000,0.85,if(x[i] < 2000,0.8,if(x[i] <= 3000,0.75,0.70))),    //高级汽油材料价格
              if(x[i] <= 1500,0.65,if(x[i] < 3000,0.60,if(x[i] <= 5000,0.55,0.50))),
              if(x[i] <= 1000,0.8,if(x[i] < 2500,0.75,if(x[i] < 4000,0.70,0.65))),
              if(x[i] < 1200,1,if(x[i] <= 2400,0.95,if(x[i] < 3500,0.9,0.85)))];
ConstStr PY(4) = [if(y[i] <= 1000,0.85,if(y[i] < 2000,0.8,if(y[i] <= 3000,0.75,0.70))),    //普通汽油材料价格
              if(y[i] <= 1500,0.65,if(y[i] < 3000,0.60,if(y[i] <= 5000,0.55,0.50))),
              if(y[i] <= 1000,0.8,if(y[i] < 2500,0.75,if(y[i] < 4000,0.70,0.65))),
              if(y[i] < 1200,1,if(y[i] <= 2400,0.95,if(y[i] < 3500,0.9,0.85)))];
Parameter x(4)[0,,0], y(4)[0,,0];                                                //材料用量
MaxFunction 7000 * 1.05 - Sum(i=1:4)(x[i] * PX[i]) + 9000 * 0.9 - Sum(i=1:4)(y[i] * PY[i]);  //目标函数
         Sum(i=1:4,x)(x) = 7000;                                                 //高级汽油销量约束
         Sum(i=1:4,y)(y) = 9000;                                                 //普通汽油销量约束
         For(i=1:4)(x[i] + y[i] <= UpBound[i]);                                  //材料购买上限约束
         Sum(i=1:4)(A[i] * x[i]) >= 0.6 * Sum(i=1:4)(x[i]);                       //高级汽油 A 成分约束
         Sum(i=1:4)(B[i] * x[i]) >= 0.2 * Sum(i=1:4)(x[i]);                       //高级汽油 B 成分约束
         Sum(i=1:4)(C[i] * x[i]) <= 0.1 * Sum(i=1:4)(x[i]);                       //高级汽油 C 成分约束
         Sum(i=1:4)(A[i] * y[i]) >= 0.5 * Sum(i=1:4)(y[i]);                       //普通汽油 A 成分约束
         Sum(i=1:4)(B[i] * y[i]) >= 0.15 * Sum(i=1:4)(y[i]);                      //普通汽油 B 成分约束
         Sum(i=1:4)(C[i] * y[i]) <= 0.15 * Sum(i=1:4)(y[i]);                      //普通汽油 C 成分约束
```

代码需多运行几次，所得最好结果如下：

目标函数值（最大）：5163.9	y1：4000
x1：0	y2：201
x2：5799	y3：4240
x3：0	y4：559
x4：1201	

即高级汽油购买第 2、4 种材料各 5799 和 1201 加仑，普通汽油购买 4 种原材料的量分别为 4000、201、4240 和 559 加仑，此时获最大利润 5163.9 美元。

4.21 避难转移最优路径问题

在洪水、地震、台风等自然灾害发生前后或重大安全生产事故灾难发生时，为最大限度地减少人员伤亡、财产损失，维护社会稳定，常需要组织民众从受灾地或可能受灾地转移至安全地或应急避难所，简称为避难转移。

路径的选择是避难转移的主要任务，是一项复杂的运筹学网络图论问题。对于一般民众而言，往往仅从自身考虑，基于其主观原始的简单判断来抉择转移路径，无长远的全局宏观概念，可行度不高；而对于大多数职能管理部门，由于缺乏相关的基础研究，也仅是通过简

单的试算、推理来决定，对于错综复杂的网络路径问题，没有严密的科学推导和相应的理论支撑体系。本案例探讨研究并建立避难转移最优路径模型及其求解方法。

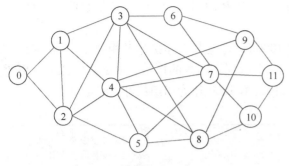

图 4-9 所示为道路网络，节点 0、11 分别为起点和终点，各相连节点（市镇）间除距离不同外，由于环境、路况等迥异，各路段行进速度和通容量也各不相同，具体数据见表 4-30。现在要解决的问题就是要确定将总人口 R 从 0 点全部转移至 11 点所需时间最小应走的路径，即最优路径。不同于最短路径，一般是以所选路径的总长度为目标函数，这里

图 4-9　道路网络概化示意图

的最优路径是以完成转移任务所用时间最短为目标函数，因而不仅要考虑各路段长，各段行进速度、通容量和总人口 R 值的大小都是必须考虑的因子，其复杂度远高于最短路径问题。

表 4-30　各连接节点间距离、通容量和速度

节点连接	节点间信息			节点连接	节点间信息		
	距离 D （km）	通容量 Q （人/时）	速度 v （km/h）		距离 D （km）	通容量 Q （人/时）	速度 v （km/h）
$0 \leftrightarrow 1$	4	2500	3.6	$4 \leftrightarrow 7$	2.9	3300	3.6
$0 \leftrightarrow 2$	6	3500	5.5	$4 \leftrightarrow 8$	3.1	2800	4.1
$1 \leftrightarrow 2$	2.5	5000	4.2	$4 \leftrightarrow 9$	8.5	3600	6.5
$1 \leftrightarrow 3$	3.8	2800	2.9	$5 \leftrightarrow 7$	3.3	2100	5.4
$1 \leftrightarrow 4$	3	2000	4.6	$5 \leftrightarrow 8$	7.2	3400	3.8
$2 \leftrightarrow 3$	4.4	3300	3.5	$6 \leftrightarrow 7$	6.4	3600	3.5
$2 \leftrightarrow 4$	2.1	1500	5.1	$6 \leftrightarrow 9$	1.9	2700	4.3
$2 \leftrightarrow 5$	1.8	2500	2.9	$7 \leftrightarrow 10$	2.7	2600	2.9
$3 \leftrightarrow 4$	1.4	4200	3.7	$7 \leftrightarrow 11$	5.2	1300	3.8
$3 \leftrightarrow 6$	7.2	2300	3.8	$8 \leftrightarrow 9$	6.8	3540	5
$3 \leftrightarrow 7$	5.6	3520	3.6	$8 \leftrightarrow 10$	3.5	3260	2.5
$3 \leftrightarrow 8$	6.5	5500	6.4	$9 \leftrightarrow 11$	3.8	2950	4.9
$4 \leftrightarrow 5$	0.8	2100	2.5	$10 \leftrightarrow 11$	1.3	3420	2.8

（1）最短路径法

最短路径问题是网络图论中的典型问题，与避难转移问题有相似之处，出于对比，首先对该问题进行介绍并求解。以图 4-9 为例，最短路径问题是找出从 0 点到 11 点的行进次序使得该路径距离最短。目前最常用的最短路径的解法是动态规划法，其基本出发点是将网络路径节点根据位置分布进行分段，在各个阶段选取一个恰当的决策，使由这些决策组成的一个决策序列所决定的一条路线总路程最短。而在实际中，由于网络的复杂性，有时很难将网络节点明确划分为不同的段，图 4-9 即为一例。下面将最短路径问题转化成易于描述、更具普遍意义的全局优化问题。其模型构造如下：

目标函数：$\min. \ D = \sum_{i=0}^{n=11} D_{i,i+1}$ 　　　　　　　　　　　　　（4-23）

其中，$D_{i,i+1}$ 为节点 $(i, i+1)$ 间距离。

以 P 代表某一方案的路径节点组合号，$P \in [0, 11]$，且为整数，因为出发点和终点号为固定已知，即 $P_0 = 0$，$P_{11} = 11$，则仅需确定 P_1 至 P_{10} 的值，即有 10 个决策变量，取值范围也变为 $[1, 10]$。对于一特定的随机路径，P_1 至 P_{10} 为 1 至 10 间任意整数值，其目标函数是路径总长。

目标函数的求解过程如下。MDataSet [1000]；定义节点连接号及距离 D，如果两节点间没有连接，则将采用数据 1000，该数据实际上起到罚函数的作用，根据具体情况可更改，本例中有连接的最大节点间距离不超过 10，因此取 1000 作为罚函数可以满足要求。

最短路径问题的 1stOpt 代码如下：

```
Constant n = 10;                                    //决策变量数
IntParameter P(1:n) = [1,n];                        //定义变量取值范围
MDataSet[1000];                                     //距离矩阵数据
     i,j,D =
     0   1   4
     0   2   6
     1   2   2.5
     1   3   3.8
     1   4   3
     2   3   4.4
     2   4   2.1
     2   5   1.8
     3   4   1.4
     3   6   7.2
     3   7   5.6
     3   8   6.5
     4   5   0.8
     4   7   2.9
     4   8   3.1
     4   9   8.5
     5   7   3.3
     5   8   7.2
     6   7   6.4
     6   9   1.9
     7   10  2.7
     7   11  5.2
     8   9   6.8
     8   10  3.5
     9   11  3.8
     10  11  1.3
EndMDataSet;
Algorithm = SM2[50];                                //算法设置
MinFunction Sum(i=1:n-1)(D[P[i],P[i+1]]) +          //1—10 点间距离
        D[0,P[1]] +                                 //0—1 点间距离
        D[P[n],n+1];;                               //10—11 点间距离
```

代码需多运行几次，所得最好结果如下：

目标函数值（最大）：5163.9	y1：4000
x1：0	y2：201
x2：5799	y3：4240
x3：0	y4：559
x4：1201	

即最短路径为 0→1→4→7→10→11，路径总长为 13.9km。

（2）单路径避难转移

单路径即从出发点只有一个出发源。最短路径问题的目标函数值是路径长度，仅需考虑所选路径各两点间是否相连和距离大小，而对于转移问题，目标函数值是所选路径转移所需时间最少，由式（4-24）至式（4-26）构成：

$$T = T_1 + T_2 \tag{4-24}$$

$$T_1 = \frac{R}{Q} \tag{4-25}$$

$$T_2 = \sum_{i=0}^{n} \left(\frac{L_i}{v_i} \right) \tag{4-26}$$

其中，T_1 为出发点置空时间；R 为总人口；Q 为所选路径各段中最小通容量，或称之为控制通容量，单位为人/时；T_2 为路途行程时间；n 为所选路径的总段数；L_i、v_i 分别为所选路径第 i 段的长度和速度，单位分别为 km 和 km/h。

由上面公式可看出，目标函数总时间由置空时间 T_1 和行程时间 T_2 组成，因而影响因素远较上节中最短路径问题复杂，包括转移总人口、控制通容量、各段间距离和速度。特别是控制通容量，是防止所选路径某段拥挤堵塞应考虑的重要因子，而其只有在整个路径预知的前提下才能比较得出。仅从这一点来看，最短路径问题经典的 Dijkstra 标号法就难以满足要求。如图 4-9 所示，由出发点 0 到终点 11 有多种路径方案，不同的方案对应不同的 T_1 和 T_2。类似于上节最短路径问题，以 P 代表某一方案的节点组合号，$P \in [0, 11]$，且为整数，因 $P_0 = 0$，$P_{11} = 11$ 为已知，仅需确定 P_1 至 P_{10} 的值，即 10 个决策变量，范围为 [1, 10]。对于一特定的随机路径，其时间目标函数求解过程如下：

① 从 0 到 10 循环，循环符号 i，判断两节点间 (P_i, P_{i+1}) 是否相连，如果有任一处不相连，类似于罚函数，给目标函数赋予一很大值，如 10E+5，结束目标函数计算，否则继续。

② 从 0 到 10 循环，由各节点间 (P_i, P_{i+1}) 的通容量得到该路径控制通容量 Q。

③ 由公式（4-25）计算置空时间 T_1。

④ 从 0 到 10 循环，由公式（4-26）计算行程时间 T_2（如两节点号相同，该两节点间行程时间取为 0）。

⑤ 由公式（4-24）计算目标函数 T。

出发点人口 R 值的不同将影响目标函数中的置空时间 T_1，进而左右最终路径的选择。通过简单的试算，如 R 值为 100，将得最优路径 0→2→4→9→11；而 R 值为 1000 时，最优路径为 0→2→5→7→10→11，见表 4-31，对应于不同的 R 值，共得到 4 种方案，记为（1）~（4）。对于不同方案间准确 R 值的确定，建立如下优化模型，其出发点是：对于该 R 值，两方案间的时间差最小，即：

$$\min. \left| \frac{R}{Q_i} + t_i - \left(\frac{R}{Q_{i+1}} + t_{i+1} \right) \right| \quad i \in 1,2,3 \tag{4-27}$$

其中，R 为待求值；Q_i、Q_{i+1}，t_i、t_{i+1} 分别为方案 i 和 $i+1$ 的控制通容量和行程时间。

避难转移问题的 1stOpt 代码如下：

```
Constant n = 10, P = 14000;              //决策变量及人口数
Parameters Joints(1:n) = [1,n,0];        //定义变量取值范围
MDataSet[1000];
```

```
        i,j,Distance,Q,V =
        01    4    25003.6                         //距离、通容量、速度矩
        02    6    35005.5                         //阵数据
        12    2.5  50004.2
        13    3.8  28002.9
        14    3    20004.6
        23    4.4  33003.5
        24    2.1  15005.1
        25    1.8  25002.9
        34    1.4  42003.7
        36    7.2  23003.8
        37    5.6  35203.6
        38    6.5  55006.4
        45    0.8  21002.5
        47    2.9  33003.6
        48    3.1  28004.1
        49    8.5  36006.5
        57    3.3  21005.4
        58    7.2  34003.8
        67    6.4  36003.5
        69    1.9  27004.3
        710   2.7  26002.9
        711   5.2  13003.8
        89    6.8  35405
        810   3.5  32602.5
        911   3.8  29504.9
        10 11  1.3  34202.8
    EndMDataSet;
    PassParameter MQ, RoutDist, T1, T2;               //返回值
    Algorithm = SM2[150];
    Minimum = True;
    StartProgram;
    Var i : integer;
        temT, temDist, MinQ : Double;
        IsBreak: boolean;
    Begin
        IsBreak := false;                              //判断节点间连接与否
        if (Distance[0,Joints[1]] = 1000) or (Distance[Joints[n], n+1] = 1000) then
            IsBreak := true;
        if Not IsBreak then begin
            for i := 1 to n −1 do begin
                if Distance[Joints[i],Joints[i+1]] = 1000 then begin
                    IsBreak := true;
                    Break;
                end;
            end;
        end;
        if IsBreak then temT := 10E+5                   //无连接时赋值
        else begin                                      //求控制通容量
            MinQ := Min(Q[0,Joints[1]], Q[Joints[n], n+1]);
            for i := 1 to n −1 do begin
                if Joints[i] <> Joints[i+1] then
                    MinQ := Min(MinQ, Q[Joints[i], Joints[i+1]]);
            end;
            temT := 0;
            for i := 1 to n − 1 do begin                //1—10 点间行程时间
                if Joints[i] = Joints[i+1] then temT := temT
                else temT := temT +
                    Distance[Joints[i],Joints[i+1]]/V[Joints[i],Joints[i+1]];
            end;
            temT := temT + Distance[0,Joints[1]]/V[0,Joints[1]] +   //0—11 点间行程时间
                    Distance[Joints[n], n+1]/V[Joints[n], n+1];
            T1 := temT;                                 //行程时间
            T2 := P/MinQ;                               //置空时间
            temT := temT + P/MinQ;                      //总时间
        end;
        MQ := MinQ;
        FunctionResult := temT;
        temDist := 0;
        for i := 1 to n − 1 do
            temDist := temDist + Distance[Joints[i],Joints[i+1]];   //行程距离
        RoutDist := temDist + Distance[0,Joints[1]] + Distance[Joints[n],n+1];
    End;
    EndProgram;
```

以方案（1）和（2）为例，将 $Q_1 = 1500$，$Q_2 = 2100$，$t_1 = 3.5859$，$t_2 = 3.7180$ 代入公式（4-27），由 1stOpt 得 $R = 694$。其他类似。计算结果见表 4-31 和图 4-10。

表 4-31　单一路径最优路线

最短路径		移动序号	行程（km）	控制通容量（人/时）	时间（h）		
					路途行程	置空	合计
		0→1→4→7→10→11	13.9	2000	3.9642	0~7.5	3.9642~11.4642
最优路径	方案（1） $R < 694$	0→2→4→9→11	20.4	1500	3.5859	0~0.462	3.5859~4.0479
	方案（2） $694 \leqslant R < 7956$	0→2→5→7→10→11	15.1	2100	3.7180	0.3305~3.7881	4.0485~7.5061
	方案（3） $7956 \leqslant R < 12978$	0→2→3→4→9→11	24.1	2950	4.8096	2.6969~4.3990	7.5066~9.2086
	方案（4） $R \geqslant 12978$	0→2→3→8→10→11	21.7	3260	5.2280	23.9810	29.2089

　　单路径转移最优方案的选取，根据转移总人口 R 值的不同而变化。如 R 值为 15000，取最优方案（4），为 0 →2→3→8→10→11，全部从 0 点移至 11 点，总历时为 5.2280 + 15000/3260 = 9.8292（h），总历程 21.7km；而如果 R 值为 5000，最优路径为方案（2），为 0→2→5→7→10→11，总历时和总历程分别为 3.7180 + 5000/2100 = 6.099（h）和 15.1km。作为对比，最短路径 0→1→4→7→10→11 在 R 值为 15000 和 5000 时的总历时分

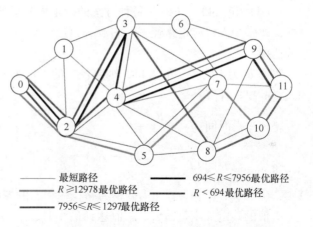

图 4-10　单路径不同 R 值下的转移路线方案

别为 3.9642 + 15000/2000 = 11.4642 和 3.9642 + 5000/2000 = 6.4642（h），总历程均为 13.9km。虽然最短路径总历程最小，但由于其控制通容量小，加之各节点间行进速度的差异，因而总历时均大于两种 R 值情况下的最优方案总历时。

（3）双路径避难转移

对于转移问题，如图 4-9 所示，很明显，由出发点 0 可选择两条路径同时进行人员转移，比之单路径，整体上将明显缩短转移时间。双路径有以下要求：

① 假定节点内部无路径冲突。

② 两条路径不能有重合段（避免路径冲突）。

③ 两条路径各自的转移总历时应尽量相同或相差最小，亦即能同时全部转移至目的地。

取总人口 $R = 15000$ 为例。由上节单路径研究可知，对于第一条路径的选择，根据总人口 R 值的不同，有 4 种方案；在求路径二时，为保证上述两路径不能有重合段的要求，

可假设路径一方案中各节点间的连接断开，由此，可采用上节单路径求解的相同方法求解路径二。如以路径一中的方案（2）为例，由于在路径一中该方案的 R 值范围为 [694, 7956]，则在路径二中 R 值相应范围为 [15000 – 694, 15000 – 7965]，或 [7044, 14306]。经过简单的试验，如当路径二的 R 值为 7950 时，可得最优路径 $0\rightarrow1\rightarrow4\rightarrow9\rightarrow11$，而当 R 值为 14000 时，最优路径为 $0\rightarrow1\rightarrow3\rightarrow4\rightarrow9\rightarrow11$。针对路径一的 4 种方案，用上述方法共可得到 5 套路径二方案，见表 4-32，记为（a）……（e）。

表 4-32　双路径情况下路径二最优方案

最优方案	对应路径一方案	R 值范围	移动序号	行程距离（km）	最小通容量（人/时）	行程时间（h）
（a）	（1）	$R \geqslant 14306$	$0\rightarrow1\rightarrow3\rightarrow4\rightarrow7\rightarrow10\rightarrow11$	16.1	2500	5.0007
（b）	（2）	$14306 > R \geqslant 7044$	$0\rightarrow1\rightarrow4\rightarrow9\rightarrow11$	19.3	2000	3.8465
（c）			$0\rightarrow1\rightarrow3\rightarrow4\rightarrow9\rightarrow11$	21.5	2500	4.8830
（d）	（3）	$7044 > R \geqslant 2022$	$0\rightarrow1\rightarrow4\rightarrow7\rightarrow10\rightarrow11$	13.9	2000	3.9642
（e）	（4）	$R < 2022$	$0\rightarrow1\rightarrow4\rightarrow9\rightarrow11$	19.3	2000	3.8465

由上面分析可知，双路径共有 5 种组合方案，即（1）-（a）、（2）-（b）、（2）-（c）、（3）-（d）和（4）-（e）。每种方案的行走序号已知，行程时间固定，因而总人口 R 值的分配，即多少人口应走路径一、多少人口应走路径二，由此而产生的置空时间将决定最终方案的选择。

假定 R_1 为走路径一的人口，则路径二的人口为 $15000 - R_1$，各路径总时间由式（4-28）和式（4-29）计算：

$$路径一总时间：f_1 = \frac{R_1}{Q_1} + t_1 \tag{4-28}$$

$$路径二总时间：f_2 = \frac{(15000 - R_1)}{Q_2} + t_2 \tag{4-29}$$

其中，Q_1、Q_2，t_1、t_2，f_1、f_2 分别为路径一和二的控制通容量、行程时间和总时间。

R_1 值的确定准则是使 f_1、f_2 值达到最小时，f_1、f_2 中的最大值最小；同时，即使因为取整数的关系很难保证 f_1 和 f_2 相等，也应使两者差值最小，即两条路线能尽量同时完成转移任务。此为典型的带约束最大最小多目标优化问题，由此建立以下优化模型：

$$\text{minmax}\ (f_1, f_2) \tag{4-30}$$

s. t. $\quad f_1 = f_2$

用 1stOpt 中专门求解最大最小多目标优化问题的函数 MinMax。以方案（2）-（b）为例，由表 4-33 可知，$t_1 = 3.7180$，$Q_1 = 2100$，R_1 范围为 [694, 7956] 且为整数；由表 4-30 可知，$t_2 = 3.8465$，$Q_2 = 2000$，则 1stOpt 的求解代码如下：

```
ParameterR1  = [694,7956,0];
ConstStr f1  = R1/2100 + 3.7180,
      f2  = (15000 – R1)/2000 + 3.8465;
MinMax (f1, f2);
      f1  = f2;
```

计算结果为 $R_1 = 7815$，由此可求得该方案路径一和二各自的分配人口，进而求出各自的总历时等；对其他组合方案，采用相同的计算方法，计算成果见表 4-33。

表 4-33　双路径组合方案结果对比

组合方案	人口（人）		行程时间（h）		置空时间（h）		总历时（h）			
	路线一①	路线二②	路线一③	路线二④	路线一⑤	路线二⑥	路线一⑦=③+⑤	路线二⑧=④+⑥	最大 Max(⑦,⑧)	时间差 |⑦-⑧|
(1)-(a)	694	14306	3.5859	5.0007	0.4627	5.7224	4.0485	10.7231	10.7231	6.6746
(2)-(b)	7815	7185	3.7180	3.8465	3.7214	3.5925	7.4394	7.439	7.4394	0.0004
(2)-(c)	7956	7044	3.7180	4.8830	3.7886	2.8176	7.5066	7.7006	7.7006	0.194
(3)-(d)	7956	7044	4.8096	3.9642	2.6970	3.522	7.5066	7.4862	7.5066	0.0204
(4)-(e)	12978	2022	5.2280	3.8465	3.9810	1.011	9.2090	4.8575	9.2090	4.3515

由表 4-33 可看出，组合"（2）-（b）"最大时间列中的时间值最小，同时由于该组合方案时间差最小，因而也最可能同时转移至终点。因此，如图 4-11 所示，最终确定的最优路线为：

① 路径一：分配人口 7815，行走序号 0→2→5→7→10→11，用时 7.4394h。

② 路径二：分配人口 7185，行走序号 0→1→4→9→11，用时 7.439h。

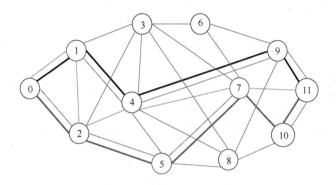

图 4-11　双路径最优组合路线

人口全部从 1 点转移至 11 点最终用时取两路径用时之长者，即 7.4394h。

同时出于安全考虑，还可确定备选方案，即次最优组合，见表 4-34，组合（3）-（d）为次优方案，如图 4-11 所示，最优路线为：

① 路径一：分配人口 7956，行走序号 0→2→3→4→9→11，用时 7.5066h；

② 路径二：分配人口 7044，行走序号 0→1→4→7→10→11，用时 7.4862h。

图 4-11 所示备选方案中，路径一的"2-3"连接段与路径二的"1-4"段相交，如果是平面相交，则会产生路径冲突问题，该方案的路径二需重新确定，其方法是将"1-4"段视为断开，再用上述相同的方法求解新的路径二。计算结果见表 4-34 及图 4-12。

表 4-34　考虑平面交叉的备选方案

	移动序号	分配人口（人）	行程（km）	控制通容量（人/时）	置空时间（h）	行程时间（h）	总历时（h）
路径一	0→2→3→4→9→11	8178	24.1	2950	2.7722	4.8096	7.5818
路径二	0→1→2→5→7→10→11	6822	15.6	2100	3.2486	4.3335	7.5821

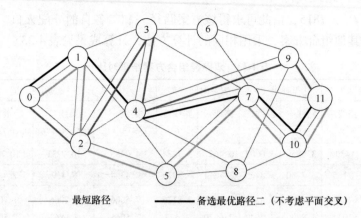

——— 最短路径　　　　　———— 备选最优路径二（不考虑平面交叉）

图 4-12　备选双路径最优组合路线

避难转移最优路径的确定是一项复杂的系统工程，受以下四大因素影响：转移总人口数；各连接节点间路径长度及路况等环境因素决定的行进速度；所选路径的控制通容量；如果是同时多路径转移情况，还需考虑多路径间不重合、平面不相交的条件约束。

通过将复杂的网络动态规划问题转换成更具普遍意义的全局优化问题，从理论和实践双层面探讨并建立了单路径、双路径避难转移最优路线模型。该模型不仅能确定最优、次最优路径，还能精确划分不同路径的人口分配，并可扩展至多路径。此外，模型的求解模式也可应用到其他诸多领域，如物资运输、选址问题、输气输水管网优化设计、城市交通规划等。

第5章　趣味优化问题

5.1　填数字游戏

问题1：把1至9填入下列空格，使等式成立，空格里的数字不能重复。

$$\frac{\square}{\square\square} + \frac{\square}{\square\square} + \frac{\square}{\square\square} = 1$$

1stOpt 代码如下：

```
Parameter x(0:8) = [1,9];
Exclusive = True;
MinFunction Sqr(Sum(i = 0:2)(x[3 * i]/(10 * x[3 * i + 1] +
x[3 * i + 2])) - 1);
```

输出结果（多解）：

目标函数值（最小）：0	x4：1
x0：7	x5：2
x1：6	x6：5
x2：8	x7：3
x3：9	x8：4

即有式（5-1）成立：$\dfrac{7}{68} + \dfrac{9}{12} + \dfrac{5}{34} = 1$ 　　　　　　(5-1)

问题2：将 $1 \sim 3n$ 的自然数不重复、不漏地填入式（5-2）、式（5-3）中，使其成立。

如 $n = 1$ 时：$\dfrac{x_1}{x_2 + x_3} = \dfrac{3}{1 + 2} = 1$ 　　　　　　(5-2)

$n = 2$ 时：$\dfrac{x_1}{x_2 + x_3} + \dfrac{x_4}{x_5 + x_6} = \dfrac{1}{5 + 2} + \dfrac{6}{4 + 3} = 1$ 　　(5-3)

n 最大可能值为多少？此时 x_1，x_2，$\cdots$，x_{3n} 值为多少？

1stOpt 代码如下：

```
Constant n = ?;
Parameter x(3 * n) = [1,3 * n];
Exclusive = True;
MinFunction (Sum(i = 0:n - 1)(x[3 * i + 1]/(x[3 * i + 2] +
x[3 * i + 3])) - 1)^2;
```

输出结果（多解）：

目标函数值（最小）：0	x8：15	x16：8
x1：6	x9：19	x17：18
x2：21	x10：1	x18：16
x3：13	x11：7	x19：2
x4：5	x12：17	x20：14
x5：9	x13：4	x21：10
x6：11	x14：20	
x7：3	x15：12	

上述代码求得的最大 n 值为7，此时有：

$$\frac{6}{21 + 13} + \frac{5}{9 + 11} + \frac{3}{15 + 19} + \frac{1}{7 + 17} + \frac{4}{20 + 12} + \frac{8}{18 + 16} + \frac{2}{14 + 10} = 1$$

问题3：用 $1 \sim 18$ 这18个数组成两个方程组等式如式（5-4），每个数只能也必须用一次，如何求解？

$$\begin{cases} \dfrac{\square}{\square\square} + \dfrac{\square}{\square\square} + \dfrac{\square}{\square\square} = 1 \\ \dfrac{\square}{\square\square} + \dfrac{\square}{\square\square} + \dfrac{\square}{\square\square} = 0.5 \end{cases} \tag{5-4}$$

若以 $x_4 = 6$，$x_5 = 16$，$x_6 = 15$ 为例：

$\dfrac{x_4}{x_5 x_6}$ 项应为 $\dfrac{6}{1615}$，而不是 $\dfrac{x_4}{x_5 \cdot 10 + x_6} = \dfrac{6}{16015}$，因此当 $x_6 > 9$ 时，$\dfrac{x_4}{x_5 x_6}$ 应等价于

$\dfrac{x_4}{x_5 \cdot 10 + x_6}$。

1stOpt 代码如下：

```
Parameter x(18) = [1,18,0];
Exclusive = True;
ConstStr For(i = 1;6)(k[i] = if(x[3 * i] < =9,1,2));
ConstStr f1 = x1/(x2 * 10^k1 + x3) + x4/(x5 * 10^k2 + x6) + x7/(x8 * 10^k3 + x9) - 1,
         f2 = x10/(x11 * 10^k4 + x12) + x13/(x14 * 10^k5 + x15) - x16/(x17 * 10^k6 + x18) - 0.5;
PassParameter s1 = f1, s2 = f2;
MinFunction f1^2 + f2^2;
```

这道题是个很好的组合优化例题，比著名的旅行商（TSP）问题，同等参数规模下，难度更大一些，既有排列又有组合。表 5-1 是用 1stOpt 得到的四组解。

表 5-1　四组优化结果

	第一组	第二组	第三组	第四组
x_1	14	12	16	15
x_2	1	1	7	5
x_3	5	8	6	13
x_4	11	11	12	11
x_5	5	4	11	4
x_6	15	9	4	18
x_7	10	16	13	17
x_8	18	14	1	1
x_9	3	7	9	8
x_{10}	13	13	14	12
x_{11}	2	2	2	2
x_{12}	6	6	8	6
x_{13}	16	10	18	7
x_{14}	7	17	3	16
x_{15}	12	5	15	9
x_{16}	4	18	10	3
x_{17}	17	3	17	10
x_{18}	8	15	5	14

5.2　取豆问题

甲、乙、丙三人各有糖豆若干粒，甲从乙处取来一些，使自己的糖豆增加了一倍；接着乙从丙处取来一些，使自己的糖豆也增加了一倍；丙再从甲处取来一些，也使自己的糖豆增加了一倍。现在三人的糖豆一样多。如果开始时甲有 51 粒糖豆，那么乙最开始有多少粒糖豆？

设 p_1、p_2、p_3 分别代表甲、乙、丙开始时的糖豆数，x_1、x_2、x_3 分别代表甲从乙、乙从甲、丙从甲取的豆。

1stOpt 代码如下：

Algorithm = DE1;	
Constant p1 = 51;	
IntParameter x(3) = [0,200], p(2:3) = [1,200];	
Function p1 + x1 = 2 * p1;	//甲从乙处取来一些,使自己的糖豆增加了一倍;
p2 - x1 + x2 = 2 * (p2 - x1);	//乙从丙处取来一些,使自己的糖豆也增加了一倍;
p3 - x2 + x3 = 2 * (p3 - x2);	//丙再从甲处取来一些,也使自己的糖豆增加了一倍。
2 * p1 - x3 = 2 * (p3 - x2);	//现在三人的糖豆一样多: 甲=丙
2 * (p3 - x2) = 2 * (p2 - x1);	//现在三人的糖豆一样多: 乙=丙

输出结果：

目标函数值（最小）: 0	x3: 34
x1: 51	p2: 85
x2: 34	p3: 68

即乙和丙开始时有糖豆 85 和 68 粒。

5.3　苹果数问题

一筐苹果，把它们三等分后还剩 2 个苹果；取出其中两份，将它们三等分后还剩 2 个；再取出其中两份，又将这两份三等分后还剩 2 个。问：这筐苹果至少有几个？

设苹果数为 n，上限为 100 个，模型实际上是一超越方程组，一个未知数 n，三个方程：

$$\begin{cases} n \bmod 3 = 2 \\ (n \text{ div } 3) \cdot 2 \bmod 3 = 0.5 \\ [(n \text{ div } 3) \cdot 2 \bmod 3] \cdot 2 \bmod 3 = 2 \end{cases} \tag{5-5}$$

1stOpt 代码如下：

IntParameter n[0,100];	//定义整数参数
Function n mod 3 = 2;	//三等分后还剩 2 个苹果
(n div 3) * 2 mod 3 = 2;	//取出其中两份,再三等分后还剩 2 个
((n div 3) * 2 div 3) * 2 mod 3 = 2;	//再取出其中两份,再三等分后还剩 2 个

可得 3 种结果：23、50 和 77。这筐苹果至少有 23 个。

5.4 数字问题

试找出一个 7 位数，它的各位数字各不相同，它还可被自己的每一位数整除。

设 P_i 代表 7 位数中的第 i 位，$i = 1$，……，7，则有方程组：

$$\sum_{j=1}^{7} (p_j \cdot 10^{7-j}) \bmod p_i = 0 \quad i = 1, \cdots\cdots, 7 \tag{5-6}$$

1stOpt 代码如下：

```
IntParameter p(7) = [1,9];
Exclusive = True;
Function For(i = 1;7)(Sum(j = 1;7)(p[j] * 10^(7 - j)) mod p[i] = 0);
```

运行上述代码，可得多组满足要求的结果，部分结果见表 5-2。

表 5-2 部分结果

序号	组合结果	序号	组合结果
1	8,1,6,3,7,9,2	7	6,7,1,9,3,2,8
2	8,2,1,9,7,3,6	8	7,3,6,1,9,2,8
3	8,3,6,7,9,1,2	9	1,8,2,3,9,7,6
4	6,7,3,1,9,2,8	10	1,2,8,9,7,3,6
5	3,9,2,8,1,7,6	11	3,7,9,6,1,2,8
6	6,1,3,9,7,2,8	12	1,9,2,3,7,6,8

5.5 自幂数问题

自幂数也称为水仙花数，定义如下：一个 n 位正整数等于该整数每个数的 n 次方之和，如：

$$371 = 3^3 + 7^3 + 1^3, \quad 1643 = 1^4 + 6^4 + 3^4 + 4^4$$

试求 n 取不同值时的自幂数。

对自幂数经典的算法是通过穷举循环求解。现将该问题通过优化方法求解，其数学模型实际上是一整数方程求解问题：

$$\sum_{i=1}^{n} (10^{n-i} \cdot p_i) = \sum_{i=1}^{n} p_i^n \tag{5-7}$$

如 $n = 4$，则有 p_1，p_2，p_3 和 p_4 四个参数，位于最左边的 p_1 不可能为 0，因此取值范围为 $[1, 9]$，其余三个参数范围为 $[0, 9]$，均为整数，由式（5-7）可得：

$$10^3 \cdot p_1 + 10^2 \cdot p_2 + 10 \cdot p_3 + p_4 = p_1^4 + p_2^4 + p_3^4 + p_4^4$$

下面的 1stOpt 代码，输入不同的 n 值可求该位数下的自幂数：

```
Algorithm = SM2[200];
Constant n = ?;
Parameter p1 = [1,9,0], p(2:n) = [0,9,0];
Function Sum(i = 1;n)(p[i] * 10^(n - i)) = Sum(i = 1;n)(p[i]^n);
```

$n = 7$ 时的运行结果：

目标函数值（最小）：0	p4：1
p1：1	p5：7
p2：7	p6：2
p3：4	p7：5

即 $n = 7$ 时的一个自幂数是：1741725，当 $n = 8$ 时可得自幂数 24678051，$n = 9$ 时的自幂数为 146511208。当 n 大于 10 时就比较难求了。

5.6　最大回文数字问题

回文数是指其可分解成长度为原回文数一半的两个数 x_1 和 x_2 的乘积，且该回文数左右构成数字对称，如 9009 可写成 $91 \times 99 = 9009$，9009 称之为两位数的最大回文数，试求 3、4、5、6 位数的最大回文数？

分析：$n = 3$ 时，x_1 和 x_2 的第一位数 p_1 应该为 9 才能确保乘积最大，第二三位数为 $[0, 9]$ 间的整数，x_1 和 x_2 乘积构成的回文数模型可表示为：

目标函数：
$$\max \sum_{i=1}^{n} \left(p_i \cdot 10^{2 \cdot n - 1} \right) + \sum_{i=1}^{n} \left(p_{n+1-i} \cdot 10^{n-i} \right) \tag{5-8}$$

约束条件：$f = x_1 \cdot x_2$

1stOpt 代码，n 可输入不同的值：

```
Algorithm = SM3[200];
Constant p1 = 9, n = ?;
IntParameter  p(2:n) = [0,9],x(2) = [9*10^(n-1),10*10^(n-1)];
ConstStr f = Sum(i=1:n)(p[i]*10^(2*n-i)) + Sum(i=1:n)(p[n+1-i]*10^(n-i));
MaxFunction f;
        f = x1 * x2;
```

$n = 3$ 时的运行结果：

目标函数值（最大）：906609	约束函数
p2：0	1：9 * 10^5 + p2 * 10^4 + p3 * 10^3 + p3 * 10^2 + p2 * 10^1 + 9 * 10^0 − (x1 * x2) = 0
p3：6	
x1：913	
x2：993	

即 3 位数的最大回文数为 $906609 = 913 \times 993$。同理 $n = 4$、5 和 6 时的最大回文数分别为：$99000099 = 9901 \times 9999$，$9789119879 = 98879 \times 99001$ 和 $959082280959 = 978303 \times 980353$。

5.7　年龄问题

四个人年龄两两相加，分别为 45、56、60、71 和 82 岁（有两人没有相加），请问四个人的年龄各是多少?

问题的难点是不知道哪两个人的年龄没有相加，也不知道已知相加年龄数对应哪两个人，因而难以构造一一对应的关系。设 x_i 代表四人的年龄，$i = 1$，……，4，Y_j、P_j 分别代表两两年龄相加结果数及其对应的位置，$j = 1$，……，5，则可构造如下模型：

$$\begin{cases} x_1 + x_2 = Y_{p_1} \\ x_1 + x_3 = Y_{p_2} \\ x_1 + x_4 = Y_{p_3} \\ x_2 + x_3 = Y_{p_4} \\ x_2 + x_4 = Y_{p_5} \end{cases} \tag{5-9}$$

约束条件：P_j 为正整数且各不相同。

上述模型实质上是一有约束的方程组。

1stOpt 代码如下：

```
Constant Y = [45,56,60,71,82];
IntParameter x(4) = [1,82], p(5) = [1,5];
Function    x1 + x2 = Y[p[1]];
            x1 + x3 = Y[p[2]];
            x1 + x4 = Y[p[3]];
            x2 + x3 = Y[p[4]];
            x2 + x4 = Y[p[5]];
            For(i = 1:4)(For(j = i+1:5)(abs(p[i] - p[j]) > = 1));
```

输出结果：

```
目标函数值(最小)：0
p1：43
p2：17
p3：57
p4：28
x1：3
x2：5
x3：4
x4：2
x5：1
```

即四人的年龄分别为 43、17、57 和 28 岁。

如果年龄可以允许为非整数，结果又如何？此时仅需将代码略微修改即可，模型成为混合整数模型。

1stOpt 代码如下：

```
Constant Y = [45,56,60,71,82];
Parameter x(4) = [1,82];
IntParameter p(5) = [1,5];
Function    x1 + x2 = Y[p[1]];
            x1 + x3 = Y[p[2]];
            x1 + x4 = Y[p[3]];
            x2 + x3 = Y[p[4]];
            x2 + x4 = Y[p[5]];
            For(i = 1:4)(For(j = i+1:5)(abs(p[i] - p[j]) > = 1));
```

可得四组符合要求的结果：

第一组	第二组	第三组	第四组
48.5, 33.5, 22.5, 11.5	35.5, 46.5, 24.5, 9.5	46.5, 35.5, 9.5, 24.5	17, 43, 39, 28

5.8　布雷问题

在划分成 $n \times n$ 网格的雷区要布置 x 个雷，需满足任意一个格子的相邻格子（不包括斜角）至少有一个地雷。求 x 的最小值。

设 $0-1$ 变量 $P_{i,j}$ 代表第（i, j）个网格，i, $j = 1$, ……, n, $P_{i,j}$ 为 1 时表示有雷，0 为无雷，遍历每个网格，符合条件的网格用 m_1 记录该累积值，反之不符合条件的用 m_2 记录累积值，m_1 值即为目标函数，m_2 值用于罚函数。

1stOpt 代码如下：

```
Constant n = ?;
Algorithm = SM3[100];
BinParameter p(n,n);
ByPascal;
Minimum;
StartProgram[Pascal];
Procedure MainModel;
var i, j,m1,mp2: integer;
Begin
  m1 : = 0;
  m2 : = 0;
  for i : = 1 to n do begin
      for j : = 1 to n do begin
          if (((i>1)and(p[i-1,j] = 0))or(i=1))and(((i<n)and(p[i+1,j] = 0))or(i=n))and
          ((((j>1)and(p[i,j-1] = 0))or(j=1))and(((j<n)and(p[i,j+1] = 0))or(j=n))) then
          inc(m2);
          if p[i,j] = 1 then inc(m1);
      end;
  end;
  ObjectiveResult : = m1 + m2 * 1000;
End;
EndProgram;
```

$n = 4$ 时，输出结果：

目标函数值（最小）：6
p1_ 1: 1
p1_ 2: 1
p1_ 3: 0
p1_ 4: 0
p2_ 1: 0
p2_ 2: 0
p2_ 3: 0
p2_ 4: 1

p3_ 1: 0
p3_ 2: 1
p3_ 3: 0
p3_ 4: 1
p4_ 1: 0
p4_ 2: 1
p4_ 3: 0
p4_ 4: 0

$n = 4$ 时的最小布雷数为 6 个。更改 n 值可得 $n = 5$、6、7、8、9、10 的最小布雷数分别为 9、12、15、20、25 和 30（表 5-3）。

表 5-3　最小布雷问题部分结果

网格数 n	布雷数	分布图
4	9	
5	12	
6	15	
7	20	
8	25	
9	30	

续表

网格数 n	布雷数	分布图
10		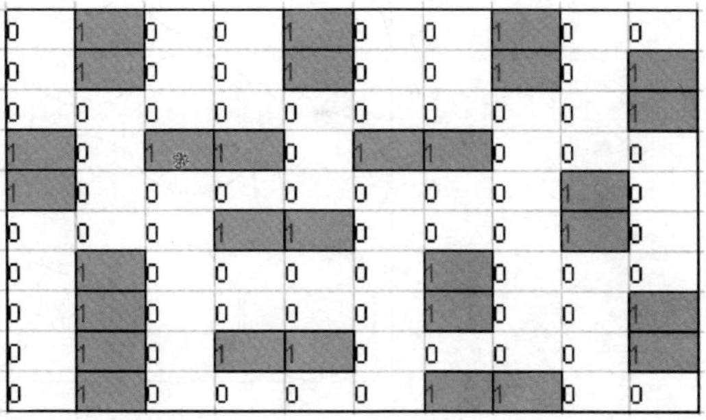

5.9　正方形内装圆问题（钢板切割）

现需从 $1m \times 1m$ 的正方形钢板上切割圆板。

① 用圆板冲床从每块钢板上压切直径为 $0.28m$ 的小圆板，如何切割损耗最小？

② 如果分别切割个数相同直径为 $0.25m$ 和 $0.2m$ 的圆板，问最节约的切割方案是什么？

解：

① 直径为 $0.28m$ 单一圆时损耗最小方案。

分析：损耗最小是指最大限度地切割指定直径的圆，余料面积最小。

设 n 为要切割的圆的个数，x_i、y_i 为对应的圆的原点坐标，$i = 1$，……，n，因为正方形钢板面积为 1，则模型如下：

目标函数：min. $1 - n \cdot \pi \cdot r^2$ $\hspace{4em}$ (5-10)

两两圆不相交约束：$\sqrt{(x_i - x_j)^2 + (y_i - y_j)^2} \geq 2 \cdot r$ $\hspace{2em}$ $i = 1, \cdots\cdots, n-1, j = i+1, \cdots\cdots, n$

其中 r 为圆半径。

1stOpt 代码如下：

```
Constant r = 0.28/2, n = ?;
Parameter x(n) = [r,1-r], y(n) = [r,1-r];
MinFunction 1 - n * pi * r^2;
        For(i = 1:n-1)(For(j = i+1:n)(sqrt((x[i] - x[j])^2 + (y[i] - y[j])^2)) > = 2 * r);
```

上述代码中，n 值动态输入，满足要求的最大 n 值为 11，损失为 0.3226，结果如下：

目标函数值（最小）：0.322672623886041	x8：0.371409033116632	y5：0.144631546541631
x1：0.156214900424919	x9：0.612808224871875	y6：0.701646164824129
x2：0.843633392601465	x10：0.395261297175739	y7：0.369476050588667
x3：0.855163141571525	x11：0.85617939880989	y8：0.859985928576106
x4：0.140023170747384	y1：0.140255864286214	y9：0.71694419886485
x5：0.439106678117402	y2：0.163957838433815	y10：0.537655719334128
x6：0.140213324530859	y3：0.858730930689574	y11：0.561444659436074
x7：0.623465069084202	y4：0.420383621072584	

通过下面代码可画出如图 5-1 所示的切割图。

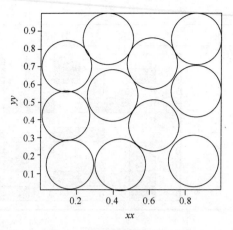

图 5-1　单一圆切割分布图

```
Inherit n,x(n),y(n),r;
Parameter t = [0,2 * pi], xx,yy;
PlotParaFunction For(i = 1:n)(xx = x[i] + r * sin(t), yy = y[i] + r * cos(t));
```

② 个数相同直径为 0.25 和 0.1m 两种圆时损耗最小方案。

目标函数：min. $1 - n \cdot \pi \cdot (r_1^2 + r_2^2)$　　　　　　　　　　　　　　(5-11)

大圆互不相交约束：$\sqrt{(x_i - x_j)^2 + (y_i - y_j)^2} \geqslant 2 \cdot r_1$　　$i = 1,\cdots\cdots,n-1, j = i+1,\cdots\cdots,n$

小圆互不相交约束：$\sqrt{(x_i - x_j)^2 + (y_i - y_j)^2} \geqslant 2 \cdot r_2$　　$i = 1,\cdots\cdots,n-1, j = i+1,\cdots\cdots,n$

大小圆互不相交约束：$\sqrt{(x_i - x_j)^2 + (y_i - y_j)^2} \geqslant r_1 + r_2$　　$i = 1,\cdots\cdots,n, j = 1,\cdots\cdots,n$

其中 r_1、r_2 为两圆半径。

1stOpt 代码如下：

```
Constant r1 = 0.25/2, r2 = 0.2/2, n = ?;
Parameter x1(n) = [r1,1-r1], y1(n) = [r1,1-r1], x2(n) = [r2,1-r2], y2(n) = [r2,1-r2];
MinFunction 1 - n * pi * (r1^2 + r2^2);
        For(i = 1:n-1)(For(j = i+1:n)(sqrt((x1[i] - x1[j])^2 + (y1[i] - y1[j])^2)) > = 2 * r1);
        For(i = 1:n-1)(For(j = i+1:n)(sqrt((x2[i] - x2[j])^2 + (y2[i] - y2[j])^2)) > = 2 * r2);
        For(i = 1:n)(For(j = 1:n)(sqrt((x1[i] - x2[j])^2 + (y1[i] - y2[j])^2)) > = r1 + r2);
```

运行上述代码中，满足要求的最大 n 值为 9，这时的最小损失为 0.27547，结果如下：

目标函数值（最小）：0.275470194265854	y14：0.222299924131256	x27：0.294991034560558
x11：0.427426793791014	y15：0.480389633909637	x28：0.100215484805108
x12：0.127581240626934	y16：0.540677580188771	x29：0.672785615028931
x13：0.615794186253765	y17：0.125575427926445	y21：0.697472366885104
x14：0.873037167515078	y18：0.127028316238437	y22：0.327747857188708
x15：0.839265622564486	y19：0.8616468281178	y23：0.898019245744367
x16：0.461300345139176	x21：0.898904185827148	y24：0.347622385885952
x17：0.447960137159992	x22：0.346189267158711	y25：0.630151513634914
x18：0.173552284216572	x23：0.899251054025313	y26：0.498368781747637
x19：0.677145471433541	x24：0.100933550737616	y27：0.692435857222504
y11：0.874635439868299	x25：0.667959255654351	y28：0.644549446207078
y12：0.869403693713887	x26：0.239341616766143	y29：0.103558565794039
y13：0.341522519691497		

通过下面代码可画出如图 5-2 所示的切割图。

```
Inherit n,x1(n),y1(n),r1,x2(n),y2(n),r2;
Parameter t = [0,2 * pi], xx,yy;
PlotParaFunction For(i = 1:n)(xx = x1[i] + r1 * sin(t), yy = y1[i] + r1 * cos(t));
                  For(i = 1:n)(xx = x2[i] + r2 * sin(t), yy = y2[i] + r2 * cos(t));
```

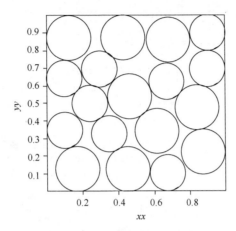

图 5-2　两种圆切割分布图

5.10　大圆套小圆问题

在半径 $r_1 = 180$ 的圆盘里,不重叠最多能放多少个半径 $r_2 = 30, r_3 = 50$ 的圆盘? 要求半径为 r_2 和 r_3 的小圆数目相同。

这道题与上节钢板切割问题类似,只是用圆取代了正方形。

1stOpt 代码如下:

`Algorithm = UGO1[50];`	//算法设定
`PenaltyFactor = 1E + 2;`	
`Constant r1 = 180, r2 = 30, r3 = 50, n2 = 7, n3 = 7;`	//三个圆半径及个数
`Parameter x(1:n2 + n3) = [ - r1 + r2,r1 - r2], y(1:n2 + n3) = [ - r1 + r2,r1 - r2];`	
`MinFunction 0;`	
`    For(i = 1:n2)(r1 - r2 - sqrt(x[i]^2 + y[i]^2) > = 0);`	//r2 小圆在 r1 大圆内
`    For(i = n2 + 1:n2 + n3)(r1 - r3 - sqrt(x[i]^2 + y[i]^2) > = 0);`	//r3 小圆在 r1 大圆内
`    For(i = 1:n2)(For(j = i + 1:n2)(sqrt((x[i] - x[j])^2 + (y[i] - y[j])^2) - 2 * r2 > = 0));`	//r2 小圆互不重叠
`    For(i = n2 + 1:n2 + n3)(For(j = i + 1:n2 + n3)(sqrt((x[i] - x[j])^2 + (y[i] - y[j])^2)`	//r3 小圆间互不重叠
`- 2 * r3 > = 0));`	
`    For(i = 1:n2)(For(j = n2 + 1:n2 + n3)(sqrt((x[i] - x[j])^2 + (y[i] - y[j])^2) - r2 - r3`	//r2 与 r3 圆互不重叠
`> = 0));`	

二维作图代码如下：

```
Inherit n2, n3, x(n2 + n3), y(n2 + n3), r1, r2, r3;
Variable t = [0,2 * pi], xx, yy;
Mesh = [300,300];
PlotParaFunction    xx = r1 * sin(t), yy = r1 * cos(t);
                    For(i = 1:n2)(xx = x[i] + r2 * sin(t), yy = y[i] + r2 * cos(t));
                    For(i = n2 + 1:n2 + n3)(xx = x[i] + r3 * sin(t), yy = y[i] + r3 * cos(t));
```

大小圆数目各为 7 时，计算结果如下，示意图见图 5-3。

目标函数值（最小）：0	x10：21.8802624956056	y6：123.672163864285
x1：−75.4898629469943	x11：4.70356882908411	y7：−52.8951159236864
x2：−130.531326026108	x12：118.880650154303	y8：−118.539100012938
x3：−65.9484510504489	x13：119.808159343249	y9：7.56281238989747
x4：−50.870506759797	x14：48.8009173712532	y10：25.6862383093994
x5：−120.296737387341	y1：128.886285449639	y11：125.765764253317
x6：84.6819350208355	y2：−73.6207815219604	y12：50.7795435470316
x7：−3.19562342317171	y3：59.3126947871851	y13：−49.2749030107953
x8：−52.122269718439	y4：−11.4374633499315	y14：−120.472686638864
x9：−129.699741617353	y5：87.8666843893935	

如果上述圆盘改为球，则问题变为更为复杂的球内装球问题：半径为 30 和 50 两种小球放入半径为 180 且不计厚度的大球里，最多能放几对小球？

1stOpt 代码如下：

```
Algorithm = UGO1[50];                                                    //
PenaltyFactor = 1E + 2;
Constant r1 = 180, r2 = 30, r3 = 50, n2 = 19, n3 = 19;                   //圆半径及个数
Parameter x(1:n2 + n3) = [−r1 + r2,r1 − r2], y(1:n2 + n3) = [−r1 + r2,r1 − r2], z(1:n2   //定义空间坐标
+ n3) = [−r1 + r2,r1 − r2];
CompiledModel;
MinFunction 0;
  For(i = 1:n2)(r1 − r2 − sqrt(x[i]^2 + y[i]^2 + z[i]^2) > = 0);          //r2 圆在 r1 圆内
  For(i = n2 + 1:n2 + n3)(r1 − r3 − sqrt(x[i]^2 + y[i]^2 + z[i]^2) > = 0); //r3 圆在 r1 圆内
  For(i = 1:n2)(For(j = i + 1:n2)(sqrt((x[i] − x[j])^2 + (y[i] − y[j])^2 + (z[i] − z  //r2 圆间互不重叠
[j])^2) − 2 * r2 > = 0));
  For(i = n2 + 1:n2 + n3)(For(j = i + 1:n2 + n3)(sqrt((x[i] − x[j])^2 +              //r3 圆间互不重叠
                  (y[i] − y[j])^2 + (z[i] − z[j])^2) − 2 * r3 > = 0));
  For(i = 1:n2)(For(j = n2 + 1:n2 + n3)(sqrt((x[i] − x[j])^2 +
                  (y[i] − y[j])^2 + (z[i] − z[j])^2) − r2 − r3 > = 0));           //r2 与 r3 圆间互不重叠
```

上面代码中，两个小球数目（n_2 和 n_3）最大可取到 19，此时共有求解参数 19 ×2 ×3 = 108 个，这种规模下的非线性模型，求解时间相对比较长。表 5-4 是一组结果，示意图见图 5-4。

表 5-4　三维装球结果数据

$r_2 = 30$			$r_3 = 50$		
x	y	z	x	y	z
46. 3559	− 67. 6246	− 35. 0091	8. 5357	− 16. 4050	− 128. 5979
112. 7592	− 38. 1668	91. 2598	− 32. 8027	48. 2423	115. 7930
46. 5578	9. 5492	129. 2521	− 33. 1256	− 51. 7516	114. 5405
37. 4586	− 37. 7927	18. 9067	− 107. 8945	− 1. 3525	70. 3099
82. 6367	− 124. 6319	10. 5543	− 124. 7265	− 25. 8482	− 25. 1712
− 77. 2150	− 26. 9444	− 115. 2786	37. 2013	103. 0370	69. 9802
36. 1175	− 126. 5301	− 71. 6971	− 100. 8375	70. 3592	− 41. 9307
22. 7105	− 13. 4210	− 49. 6918	52. 2616	− 89. 2596	78. 4524
26. 0716	47. 7210	− 42. 1365	96. 9320	− 27. 0066	− 82. 2990
− 36. 7470	10. 0642	− 57. 1872	3. 2257	− 129. 9477	1. 3809
− 102. 7048	− 102. 1328	− 38. 9807	110. 1060	35. 1970	59. 4645
49. 7016	− 84. 0241	− 113. 8770	− 20. 0994	76. 0767	− 103. 4696
40. 1196	− 4. 1645	69. 0089	− 36. 4547	− 93. 1896	− 82. 9800
57. 8899	43. 0956	− 93. 5860	100. 9698	75. 0197	− 32. 7651
92. 0215	− 107. 2919	− 46. 5256	− 82. 4133	− 93. 0275	37. 8830
− 10. 1093	− 52. 3998	− 16. 7287	− 58. 4124	108. 6797	40. 1625
58. 3908	14. 1620	− 2. 7821	117. 9420	− 52. 7644	12. 4652
54. 5108	103. 5671	− 92. 0651	15. 5521	126. 5827	− 24. 8638
146. 5762	8. 4675	− 30. 5019	− 19. 6913	18. 5193	20. 5585

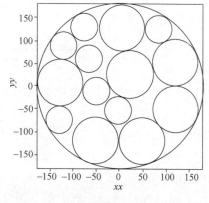

图 5-3　二维大小圆分布图

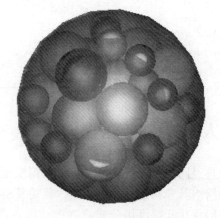

图 5-4　三维大小圆分布图

5.11　公切圆问题

3 个圆两两外切半径分别为 3、4、5，确定一个外公切圆，在公切圆中插入一个圆与那 3 个圆不能重叠，求此圆的最大半径。

可预先设最大外公切圆的圆心坐标为 $[0, 0]$，半径为 r_0，已知圆半径分别为 $r_1 = 3$、$r_2 = 4$、$r_3 = 5$，坐标为 x_1、x_2、x_3 和 y_1、y_2、y_3，均为求参数，所求圆半径和坐标分别为 r_4、x_4、y_4。

最大公切圆示意图如图 5-5 所示。

1stOpt 代码如下：

Constant r = [3,4,5], x0 = 0, y0 = 0;	//给定圆半径,公切圆坐标
Parameter x(1:4) = [−30,30], y(1:4) = [−30,30], r0 = [0,], r4 = [0,];	//定义圆坐标参数
MaxFunction r4;	//目标函数
sqrt((x1 − x2)^2 + (y1 − y2)^2) = r1 + r2;	//1 和 2 圆外切
sqrt((x1 − x3)^2 + (y1 − y3)^2) = r1 + r3;	//1 和 3 圆外切
sqrt((x3 − x2)^2 + (y3 − y2)^2) = r3 + r2;	//2 和 3 圆外切
sqrt((x1 − x4)^2 + (y1 − y4)^2) > = r1 + r4;	//1 和 4 圆不重叠
sqrt((x4 − x2)^2 + (y4 − y2)^2) > = r4 + r2;	//2 和 4 圆不重叠
sqrt((x4 − x3)^2 + (y4 − y3)^2) > = r4 + r3;	//3 和 4 圆不重叠
For(i = 1;4) (sqrt((x0 − x[i])^2 + (y0 − y[i])^2) + r[i] = r0);	//公切圆与所有圆内切

输出结果：

目标函数值（最大）: 2.90248594377506

x1: −5.42737766332198

x2: 1.18476668440663

x3: −0.751801056392562

x4: 6.09890501662359

y1: 2.56131735690369

y2: 4.85904386831222

y3: −3.93013728684382

y4: 0.00909793700918269

r0: 9.00139774624076

r4: 2.90248594377506

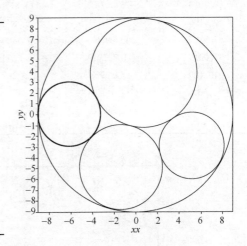

图 5-5　最大公切圆示意图

5.12　人工神经网络问题

　　人工神经网络一般被认为是一个黑箱模型，只管输入/输出，中间过程难以掌控。而实际上神经网络其实就是一优化问题，只是其模型是由简单的公式通过网络构成了看似复杂、无法像一般优化问题可用公式直观表达的东西。下面以神经网络中有名的 XOR 问题为例，构筑神经网络并由 1stOpt 求解。XOR 问题为两输入、一输出，数据见表 5-5。神经网络节点转换函数采用 Sigmoid 函数，公式定义及图形（图 5-6）如下：

$$\text{Sigmoid}(x) = \frac{1}{1 + \exp(-x)} \quad (5\text{-}12)$$

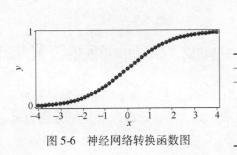

图 5-6　神经网络转换函数图

表 5-5　XOR 问题数据

输入		输出
x_1	x_2	y
1	1	0
1	0	1
0	1	1
0	0	0

神经网络结构采用一个隐含层，隐含层中含一个神经元节点，p_1 至 p_6 为神经元间的连接权重（图5-7），也即要求出的优化参数。

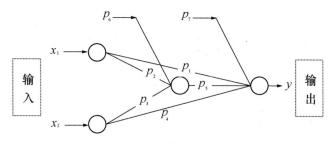

图 5-7　XOR 问题神经网络图

该神经网络实质上可视为一数据拟合问题，两个自变量 x_1 和 x_2，一个因变量 y，六个参数 p_1 至 p_6，模型公式可表述为：

$$y = f(x_1, x_2) = \frac{1}{1 + \exp(-z_2)} \tag{5-13}$$

其中：$z_2 = p_1 \cdot x_1 + p_4 \cdot x_2 + p_5 \cdot f_1 - p_7$，$f_1 = \dfrac{1}{1 + \exp(-z_1)}$，

$z_1 = p_2 \cdot x_1 + p_3 \cdot x_2 - p_6$。

1stOpt 代码如下：

```
ConstStr z1  = p2 * x2 + p3 * x1 - p6,
      f1  = 1/(1 + exp( - z1)),
      z2  = p4 * x1 + p1 * x2 - p7 + p5 * f1,
      f2  = 1/(1 + exp( - z2));
Parameter p(1:7);
Variable x1, x2, y;
Function y = f2;
Data;
1 1 0
1 0 1
0 1 1
0 0 0
```

输出结果：

均方差（RMSE）：	参数	最佳估算
3.72664745014692E-6	- - - - -	- - - - -
残差平方和（SSE）：	p1	- 25.0000490436034
5.5551604870746E-11	p2	- 32.9286294307923
相关系数（R）：1	p3	42.3526519380642
相关系数之平方（R^2）：1	p4	24.9996696462521
决定系数（DC）：	p5	- 49.9999999371556
0.999999999944448	p6	- 15.8527995522384
卡方系数（Chi-Square）：	p7	- 37.4999946662898
7.45186387661875E-6		

在"二维-三维分析/预测"中可很容易得到下面 XOR 问题的两种典型示意图（图5-8）。

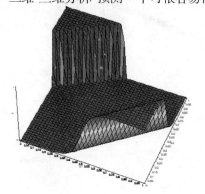

图 5-8　XOR 问题典型三维图

第6章 水文水资源工程问题

6.1 明渠临界水深计算

明渠临界水深计算的基本公式为

$$\frac{\alpha \, Q^2}{g} = \frac{A_k^3}{B_k} \tag{6-1}$$

式中，α 为动能修正系数；Q 为过水流量，m^3/s；g 为重力加速度，m/s^2；h_k 为临界水深，m；A_k 为相应于 h_k 时的过水面积，m^2；B_k 为相应于 h_k 时的水面宽度，m。

梯形明渠断面积：$A_k = b \cdot h_k + 0.5 \cdot m_1 \cdot h_k + 0.5 \cdot m_2 \cdot h_k$

梯形明渠水面宽：$B_k = b + m_1 \cdot h_k + m_2 \cdot h_k$

式中，b 为梯形断面底宽；单宽流量 $q = \dfrac{Q}{b}$；m_1、m_2 分别为梯形断面两侧的边坡系数。

已知梯形明渠底宽 $b = 10$m，梯形断面两侧边坡系数 $m_1 = m_2 = 1$，动能修正系数 $b = 1$，重力加速度 $g = 9.81$m/s^2，单宽流量 $q = 790$m^2/s，求临界水深 h_k。

1stOpt 代码如下：

```
Constant g = 9.81, q = 790, a = 1, m1 = 1, m2 = 1, b = 10;
Function (a * q^2/g)^(1/3) = (1 + 0.5 * m1 * hk/b + 0.5 * m2 * hk/b) * hk/(1 + m1 * hk/b + m2 * hk/b)^(1/3);
```

结果：h_k：21.9197614079002。

试求单宽流量 q 从 300 增至 1000 所对应的临界水深，增幅取 10。

仅需使用关键字 LoopConstant 来定义变量 q，自动循环计算出对应的临界水深，如图 6-1 所示。

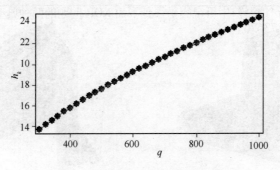

图 6-1 明渠临界水深与流量关系图

1stOpt 代码如下：

```
LoopConstant q = [300;10;1000];
Constant g = 9.81, a = 1, m1 = 1, m2 = 1, b = 10;
PlotLoopData q[x], hk;
Function (a * q^2/g)^(1/3) = (1 + 0.5 * m1 * hk/b + 0.5 * m2 * hk/b) * hk/(1 + m1 * hk/b + m2 * hk/b)^(1/3);
```

6.2　溢流坝下游收缩断面水深计算

以溢流坝处槽底的水平面为基准面，则溢流坝上游断面和下游收缩断面的能量方程为：

$$P + H_0 = h_c + \frac{q^2}{2g\varphi \, h_c^2} \tag{6-2}$$

式中，P 为溢流坝顶到下游槽底的高差，h_c 为收缩断面水深，q 为单宽流量，g 为重力加速度，φ 为溢流坝的流速系数，H_0 为坝上全水头。

单宽流量 q 可由式（6-3）确定：

$$q = m \, (2g)^{0.5} \, H_0^{3/2} \tag{6-3}$$

其中，m 为流量系数，相应于单宽流量的临界水深为：

$$h_k = \left(\frac{\alpha \, q^2}{g} \right)^{1/3} \tag{6-4}$$

其中，α 为溢流坝的动能修正系数。生产实际中 h_c 均小于 h_k。

已知溢流坝坝顶高出下游河底 $P = 15\mathrm{m}$，下泄单宽流量 $q = 15\mathrm{m}^3/$（s·m），流量系数 $m = 0.49$，动能修正系数 $\alpha = 1.1$，流速系数 $\varphi = 0.936$，需求溢流坝下游收缩断面水深 h_c。

1stOpt 代码如下：

```
ParameterDomain = [0,];
Constant P = 15, q = 15, m = 0.49, a = 1.1, c = 0.936, g = 9.8;
ConstStr H0 = (q/(m * (2 * g)^0.5))^(2/3), hk = (a * q^2/g)^(1/3);
Function P + H0 = hc + q^2/(2 * g * c^2 * hc^2);
        hc < = hk;
```

结果：h_c：0.858685067873676。

当下泄单宽流量 q 由 5 变化至 20 时，下面代码可求出对应的断面水深，如图 6-2 所示。

1stOpt 代码如下：

```
ParameterDomain = [0,];
LoopConstant q = [5;1;20];
Constant P = 15, m = 0.49, a = 1.1, c = 0.936, g = 9.8;
ConstStr H0 = (q/(m * (2 * g)^0.5))^(2/3), hk = (a * q^2/g)^(1/3);
PlotLoopData q[x], hc;
Function P + H0 = hc + q^2/(2 * g * c^2 * hc^2);
        hc < = hk;
```

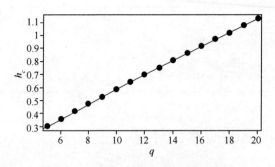

图 6-2　溢流坝断面水深与流量关系图

6.3　箱型（Tank）水文模型参数优化率定

箱型（Tank）水文模型因其结构简单、易懂，应用效果佳而成为水文分析中经常使用的降雨径流模型。图 6-3 是三段联立 Tank 模型。降雨为输入，流量 Q 为输出：

$$Q = Q_1 + Q_3 + Q_5 \tag{6-5}$$

使用参数：

- 初期贮留：L_1，L_2，L_3（总数 3），mm。
- 贮留能力：S_1，S_2，S_3（总数 3），mm。
- 流量系数：K_1，K_2，K_3，K_4，K_5（总数 5）。

如果同时使用 8 次降雨径流过程进行参数率定，则初期贮留参数量 L_i 将变为：$3 \times 8 = 24$，最后待定参数总量为：$24 + 3 + 5 = 32$。在下面代码中，特殊参数"初期贮留"用关键词 VapParameter 来进行定义。

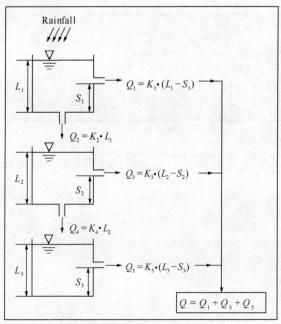

图 6-3　三层 Tank 模型

1stOpt 代码如下：

```
Variable Rainfall;                          //unit: mm
Variable Runoff;                            //unit: m^3/s
Constant DT = 1;                            //time interval, unit: hr
Constant n = 3;                             //number of rainfall process
Parameter Area [0,3];                       //catchment area, unit: km^2
Parameter K(1;5) = [0.0001,1];              //discharge coef.
Parameter S(1;3) = [1,100];                 //storage coef.
VarParameter L(1;3) = 3 [0, 40];            //initial storage
StartProgram;
var
    i : integer;
    Q1, Q2, Q3, Q4, Q5: Double;
    SS1, SS2, SS3: Double;
begin
    SS1 := L1;
    SS2 := L2;
    SS3 := L3;
    for i := 0 to DataLength - 1 do begin
        //tank 1
        if SS1 > S1 then
            Q1 := K1 * (SS1 - S1)
        else
            Q1 := 0;
        Q2 := K2 * SS1;
        SS1 := SS1 + (Rainfall[i] - Q1 - Q2) * DT;
        if SS1 < 0 then SS1 := 0;
        //tank 2
        if SS2 > S2 then
            Q3 := K3 * (SS2 - S2)
        else
            Q3 := 0;
        Q4 := K4 * SS2;
        SS2 := SS2 + (Q2 - Q4 - Q5) * DT;
        if SS2 < 0 then SS2 := 0;
        //tank 3
        if SS3 > S3 then
            Q5 := K5 * (SS3 - S3)
        else
            Q5 := 0;
        SS3 := SS3 + (Q4 - Q5) * DT;
        if SS3 < 0 then SS3 := 0;
        // change unit from mm - > m^3/s
        Runoff[i] := 3600 * (Q1 + Q3 + Q5) * Area * 10/(DT * 36);
    end;
end;
EndProgram;
DataFile C:\Applications\1stOpt\yangui_1.csv;
DataFile C:\Applications\1stOpt\yangui_3.csv;
DataFile C:\Applications\1stOpt\yangui_4.csv;
DataFile C:\Applications\1stOpt\yangui_6.csv;
DataFile C:\Applications\1stOpt\yangui_7.csv;
DataFile C:\Applications\1stOpt\yangui_10.csv;
DataFile C:\Applications\1stOpt\yangui_11.csv;
DataFile C:\Applications\1stOpt\yangui_12.csv;
```

注：详细代码和数据可参考 1stOpt 附带实例 Examples \ Auto Calibration \ Tank_ YanGui. mff。

输出结果：

均方差（RMSE）：48.0041629386266		l1（yangui_ 3.csv）	2.15846025942575
残差平方和（SSE）：672884.700555957		l2（yangui_ 3.csv）	41.0148239211788
相关系数（R）：0.965512624427272		l3（yangui_ 3.csv）	3.91487021449305
相关系数之平方（R^2）：0.932214627928439		l1（yangui_ 4.csv）	1.46208126528377
决定系数（DC）：0.9319870201627		l2（yangui_ 4.csv）	49.9475234485478
F 统计（F – Statistic）：6.00048727891479		l3（yangui_ 4.csv）	2.53736151623368E − 9
		l1（yangui_ 6.csv）	3.91274735419131
参数	最佳估算	l2（yangui_ 6.csv）	40.1593801017545
− − − − − − −	− − − − − − −	l3（yangui_ 6.csv）	6.36556941969061
area	0.299992212933074	l1（yangui_ 7.csv）	1.29623600048595
k1	0.122141274704666	l2（yangui_ 7.csv）	30.0243158943298
k2	0.176719052402599	l3（yangui_ 7.csv）	6.16149392178359
k3	0.0343210941605922	l1（yangui_ 10.csv）	7.01432816115967
k4	0.00675426441895541	l2（yangui_ 10.csv）	39.6566335937712
k5	0.999998722881018	l3（yangui_ 10.csv）	5.77640922583135
s1	1.36581570319831	l1（yangui_ 11.csv）	7.71132566193038
s2	45.9395004934134	l2（yangui_ 11.csv）	28.0929651178674
s3	6.84548471607547	l3（yangui_ 11.csv）	6.08162791871953
l1（yangui_ 1.csv）	1.35587417359323E − 12	l1（yangui_ 12.csv）	9.85704294884777
l2（yangui_ 1.csv）	36.1144632098248	l2（yangui_ 12.csv）	39.7631380687412
l3（yangui_ 1.csv）	2.91802017440383	l3（yangui_ 12.csv）	4.14003260532823

8 次降雨径流模拟过程如图 6-4 所示。

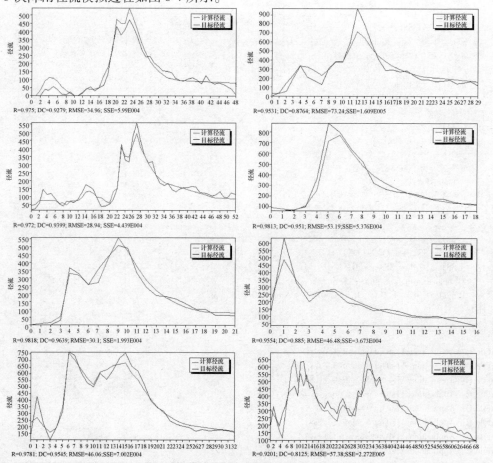

图 6-4　8 次降雨径流模拟过程

6.4　降雨水位模型参数优化

已知某水库观测点两时段 t_1 及 t_2 内总降雨量及由其引起的水位增量数据见表 6-1，同时已知 t_1 及 t_2 内每分钟的降雨量见表 6-2。假如已知每分钟降雨量与每分钟水位增量的模型为指数关系如式（6-6），试确定参数 a 及 b。

$$h = a \cdot R^b \tag{6-6}$$

其中，h 为每分钟水位增量，R 为每分钟降雨量。

表 6-1　降雨量及水位增量

时段	时间间隔（h）	降雨量（mm）	水位增量（m）
t_1	1	71.5	30.9524
t_2	1	22.5	0.2547

表 6-2　每分钟降雨量 R

t_1 时段	5,0,0.5,0.5,0.5,0.5,0.5,0.5,0,0.5,0.5,0.5,1,0.5,0.5,1,0.5,1,5,1,1,1,1,1,1.5,1,1,1.5,2,1.5,1, 2,1.5,2,1,1.5,2,2,2,2,2.5,2,2.5,2,1.5,2.5,2,1.5,2,2,1,1,1,1.5,1,1,1.5,0.5,1,1
t_2 时段	5,0,0.5,0.5,0.5,0.5,0.5,0.5,0.5,0.5,0.5,0.5,0.5,0,0.5,0.5,0,0.5,0,0.5,0,0.5,0,0.5,0,0.5,0.5,5, 0.5,0,0,0.5,0.5,0.5,0.5,0.5,0.5,0,0.5,0,0.5,0,0.5,0,0.5,0,0.5,0.5,0.5,0,0.5,0,0.5,0, 0.5,0.5,0,0.5

此例求最优解的标准是通过公式（6-6）所算出的 t_1 及 t_2 时段内每分钟降雨量所引起的水位增量之和应分别等于 t_1 及 t_2 时段 1 小时观测到的水位增量，如图 6-5 所示。目标函数如下：

$$\min. \left(\sum_{i=0}^{59} a \cdot R_{1,i}{}^b - 30.9524 \right)^2 + \left(\sum_{i=0}^{59} a \cdot R_{2,i}{}^b - 0.2547 \right)^2 \tag{6-7}$$

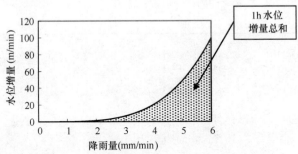

图 6-5　每分钟降雨量-水位增量关系示意图

问题现转换为求函数最小值的优化问题。

1stOpt 代码如下：

```
Constant Rain1(0:59) = [0.5,0,0.5,0.5,0.5,0.5,0.5,0.5,0,0.5,0.5,0.5,1,0.5,0.5, 1,0.5,1,0.5,
                        1,1,1,1,1,1.5,1,1,1.5,2,1.5,1,2,1.5,2,1,1.5,2,2,2,2,2.5,2,2.5,2,
                        1.5,2.5,2,1.5,2,2,1,1,1,1.5,1,1,1.5,0.5,1,1];
Constant Rain2(0:59) = [0.5,0,0.5,0.5,0.5,0.5,0.5,0.5,0.5,0.5,0.5,0.5,0.5,0,0.5,0.5,0,0.5,0,0.5,
                        0,0.5,0,0.5,0.5,0,0.5,5,0.5,0,0,0.5,0.5,0.5,0.5,0.5,0.5,0,0.5,0,0.5,0,0.5,
                        0.5,0,0.5,0,0.5,0.5,0.5,0.5,0.5,0,0.5,0,0.5,0.5,0,0.5];
Parameter a, b;
MinFunction (Sum(i = 0:59)(a * Rain1[i]^b) - 30.9524)^2 +
    (Sum(i = 0:59)(a * Rain2[i]^b) - 0.2547)^2;
```

结果：$a = 0.086476$，$b = 3.93344$。

即可得每分钟降雨 R 与水位 h 的关系：$h = 0.086476 \cdot R^{3.93344}$。

6.5 路面排水水质模型参数优化率定

调查路面概要如图 6-6 所示，面积为 $995\mathrm{m}^2$，降雨为人工降雨。观测项目为 BOD、COD、SS 及流量；时间间隔为 10min；共有 6 次实测资料。

路面排水水质模型如下：

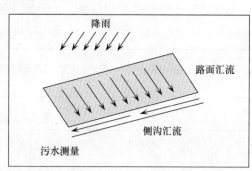

$$\begin{cases} L_t = k \cdot S_t \cdot Q_t \\ S_{t+1} = S_t - \int L_t \mathrm{d}t \end{cases} \quad (6\text{-}8)$$

式中，L_t 为 t 时刻污浊负荷流出量 $[\mathrm{g}/(\mathrm{m}^2 \cdot \mathrm{h})]$；$k$ 为污浊负荷量流出系数，mm^{-1}；Q_t 为 t 时刻雨水流出强度，$\mathrm{mm/h}$；S_t，S_{t+1} 分别为 t 和 $t+1$ 时刻路面堆积负荷残存量，$\mathrm{g/m}^2$。

本例中 BOD 与 COD 同时进行优化率定，6 次实测过程数据同时使用，参数如下：

图 6-6　路面排水试验概要图

• 初期 BOD 污浊负荷量：SBOD，总数 6，单位：$\mathrm{g/m}^2$。

• 初期 COD 污浊负荷量：SCOD，总数 6，单位：$\mathrm{g/m}^2$。

• BOD 及 COD 污浊负荷量流出系数：K_{BOD}、K_{COD}，总数 2，单位：mm^{-1}。

最终参数总数：$6 + 6 + 2 = 14$。

1stOpt 代码如下：

```
Variable Flow;                          //unit：l/min
Variable BOD [Output];                  //unit：mg/m^2/hr
Variable COD [Output];                  //unit：mg/m^2/hr
Parameter k = [0,1];                    //unit：1/mm
VarParameter S0_BOD = 30[1,100,1,];     //unit：mg/m^2
Parameter k1 = [0,1];                   //unit：1/mm
VarParameter S0_COD = 30[1,];           //unit：mg/m^2
Constant Area = 995;                    //unit：m^2
Constant dt = 10;                       //unit：minutes
StartProgram;
var
    i：integer;
    S, S1：Double;
Begin
    S := S0_BOD;
    S1 := S0_COD;
    for i := 0 to DataLength – 1 do begin
        BOD[i] := k * S * Flow[i] * 60 / Area;
        S := S – BOD[i] * dt / 60;
        if S < 0 then S := 0;
        COD[i] := k1 * S1 * Flow[i] * 60 / Area;
        S1 := S1 – COD[i] * dt / 60;
        if S1 < 0 then S1 := 0;
    end;
End;
EndProgram;
```

注：详细代码和数据可参考 1stOpt 附带实例 Examples \ Auto Calibration \ AQ_ A – 2. mff。

水质模型优化结果示意图如图 6-7 所示。

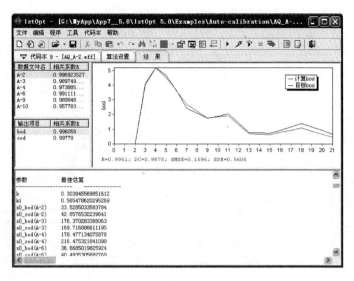

图 6-7　水质模型优化结果示意图

6.6　遥感水质模型参数反演

不同时段某水库水面卫星反射光谱数据及库区对应时段的水质 BOD 实测数据见表 6-3，假设光谱数据与 BOD 间有以下关系，试确定模型系数 $b_1\cdots\cdots b_6$ 及 $a_1\cdots\cdots a_6$。

水质遥感模型：

$$\text{BOD} = \frac{b_1 \cdot \text{Band}_1 + b_2 \cdot \text{Band}_2 + b_3 \cdot \text{Band}_3 + b_4 \cdot \text{Band}_4 + b_5 \cdot \text{Band}_5 + b_6 \cdot \text{Band}_6}{1 + a_1 \cdot \text{Band}_1 + a_2 \cdot \text{Band}_2 + a_3 \cdot \text{Band}_3 + a_4 \cdot \text{Band}_4 + a_5 \cdot \text{Band}_5 + a_6 \cdot \text{Band}_6}$$

$$(6-9)$$

表 6-3　卫星遥感及水质数据

序号	卫星反射光谱						水质（BOD）
	Band-1	Band-2	Band-3	Band-4	Band-5	Band-6	
1	82	53	37	14	12	9	0.9
2	84	55	38	14	10	10	0.8
3	86	53	35	14	11	9	0.8
4	86	54	36	13	12	10	0.8
5	86	57	40	16	13	11	0.7
6	88	54	38	14	12	8	0.7
7	93	59	46	18	14	12	0.6
8	86	54	39	14	11	13	0.7
9	86	53	39	15	12	13	0.8
10	92	63	48	21	18	15	0.8
11	86	53	36	14	11	9	0.9
12	87	59	42	17	13	13	0.9
13	88	57	44	16	14	12	1.2
14	83	55	39	15	13	12	1.1
15	86	57	40	16	14	12	1.2
16	86	60	38	14	13	12	1.1
17	89	64	44	15	13	13	2.2
18	89	57	42	17	14	12	0.9
19	89	60	43	16	15	12	1.3
20	92	63	44	16	12	11	1.1
21	93	63	46	19	17	14	1.2
22	90	63	48	18	16	13	1

本问题的实质就是一多元非线性拟合问题，模型本身已知并无任何问题，一般软件都可求解，难点是求出模型 12 个参数的全局最优解，虽然模型公式简单，但要得到理想结果也有相当难度。下面是求解代码和获得的最好结果（图 6-8）。

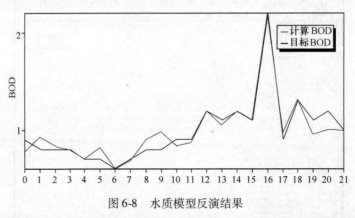

图 6-8　水质模型反演结果

1stOpt 代码如下：

```
Variable BAND1,BAND2,BAND3,BAND4,BAND5,BAND6,BOD;
Function BOD = Sum(i=1:6)(b[i]*Band[i])/(1+Sum(i=1:6)(a[i]*Band[i]));
Data;
band1   band2   band3   band4   band5   band6   BOD
82   53   37   14   12   9    0.9
84   55   38   14   10   10   0.8
86   53   35   14   11   9    0.8
86   54   36   13   12   10   0.8
86   57   40   16   13   11   0.7
88   54   38   14   12   8    0.7
93   59   46   18   14   12   0.6
86   54   39   14   11   13   0.7
86   53   39   15   12   13   0.8
92   63   48   21   18   15   0.8
86   53   36   14   11   9    0.9
87   59   42   17   13   13   0.9
88   57   44   16   14   12   1.2
83   55   39   15   13   12   1.1
86   57   40   16   14   12   1.2
86   60   38   14   13   12   1.1
89   64   44   15   13   13   2.2
84   57   42   17   14   13   0.9
89   60   43   16   15   12   1.3
92   63   44   16   12   11   1.1
93   63   46   19   17   14   1.2
90   63   48   18   16   13   1
```

输出结果：

均方差（RMSE）：0.0866137713883343		b2	0.166983204408561
残差平方和（SSE）：0.165042798670434		b3	0.0471541861859972
相关系数（R）：0.964181916640246		b4	0.00794226575342064
相关系数之平方（R^2）：0.929646768376058		b5	−0.563163809020679
决定系数（DC）：0.929646549685147		b6	−0.832490303567281
卡方系数（Chi-Square）：0.0889030295655614		a1	0.075617183527073
F 统计（F-Statistic）：12.9217672341933		a2	0.156648825163941
		a3	0.0287306117799565
参数 最佳估算		a4	0.0565026532853273
− − − − − − − − − − −		a5	−0.511294977564201
b1 0.0642816180739487		a6	−1.00092455113381

6.7 水库调洪演算计算

水库调洪演算是水库运行中经常遇到的问题，其基本演算公式如下：

$$\frac{Q_1 + Q_2}{2} - \frac{q_1 + q_2}{2} = \frac{V_1 - V_2}{\Delta T} \tag{6-10}$$

或

$$V_2 = V_1 - (Q_1 + Q_2 - q_1 - q_2) \cdot \frac{\Delta t}{2} \tag{6-11}$$

其中，Q_1、Q_2 分别为 t_1、t_2 时刻水库入流量，m^3/s；q_1、q_2 分别为 t_1、t_2 时刻水库出流量，m^3/s；V_1、V_2 分别为 t_1、t_2 时刻水库库容，m^3。

（1）水库相关数据

案例水库的相关公式见式（6-12）至式（6-14），数据包括水库入流洪水过程、水位-库容关系、水位-泄流能力关系等（表6-4）。0 时刻进出水库流量相等均为 $10m^3/s$。

表6-4 水库入流洪水过程

时间（h）	0	6	12	18	24	30	36	42	48	54	60	66	72	78	84	90	96
流量（m³/s）	10	60	140	300	710	620	510	390	260	170	120	80	60	40	30	20	15

水位（H）-库容（V）模型关系如下：

V-H 关系：$V = \left[1.0473 + 0.0272 \times (H - 74.3302)^{2.4443}\right] \times 10^6$ （6-12）

H-V 关系：$H = \left(\frac{10^{-6} \cdot V - 1.0473}{0.0272}\right)^{\frac{1}{2.4443}} + 74.3302$ （6-13）

水位（H）-泄流能力（Q）关系：$Q = 10 + 1.5 \times 45 \times (H - 116)^{1.5}$ （6-14）

式中，V 为水库库容，m^3；Q 为流量，m^3/s；H 为水位，m。

（2）调洪演算优化模型之一：传统方法

传统的水库调洪演算方法是基于 t_1 时刻的水库水位 H_{t_1}、入库流量 Q_{t_1}、出库流量 q_{t_1} 及 t_2 时刻的入库流量 Q_{t_2}，运用调洪演算公式，采用一些简单的一维优化算法如二分法等，选

代求出 t_2 时刻的出库流量，然后更换时间，重复计算出每一时刻的出库流量；1stOpt 中关键字 LoopConstant 在使用中可将上一循环计算的目标函数、参数或传递参数自动作为常数代入下一循环进行计算，该功能可以非常方便地进行初始量变化的循环计算，代码

```
LoopConstant Qout1 = [10, Out1(15)], h1 = [116,DH(15)];
```

表示第一次循环时，初始出流量 Qout 和水位 h_1 分别取 10 和 116，下一步循环时，初始出流量和水位将自动取上一循环的计算结果 Out1 和 DH。

1stOpt 代码如下：

```
Algorithm = UGO1;                                                    //设定算法
Constant Dt = 6;                                                     //时间间隔
LoopConstant Qin1 = [10,60,140,300,710,620,510,390,260,170,120,80,60,40,30,20],    //水库入流
            Qin2 = [60,140,300,710,620,510,390,260,170,120,80,60,40,30,20,15];
LoopConstant Qout1 = [10, Out1(15)], h1 = [116,DH(15)];             //水库出流
PassParameter Out1, DH;
Parameter Qout2 = [0,600];                                           //求解参数
PlotLoopData Qin1, Qout1, h1[y2];
Minimum;
StartProgram [Pascal];
function H2V(H: double): double;                                     //水位-库容关系
begin
    result := (1.0473 + 0.0272 * power(abs(h - 74.3302),2.4443)) * 1000000;   //方
end;
function V2H(V: double): double;                                     //库容-水位 V:万 m³
begin
    try
    result := power((abs(V/1000000 - 1.0473)/0.0272),(1/2.4443)) + 74.3302;
    except
    end;
end;
function H2Q(H: double): double;                                     //水位-泄流能力
begin
    try
    result := 10 + 1.6 * 45 * power((H - 116),1.5);
    except
    result := 10;
    end;
end;
Procedure MainModel;
var V1, V2, WH, WQ: double;
Begin
    V1 := H2V(H1);
    V2 := V1 + 0.5 * (Qin1 + Qin2 - Qout1 - Qout2) * 3600 * Dt;
    WH := V2H(V2);
    WQ := H2Q(WH);
    Out1 := Qout2;
    DH := WH;
ObjectiveResult := sqr(WQ - Qout2);                                 //目标函数
End;
EndProgram;
```

调洪演算结果如图 6-9 所示。

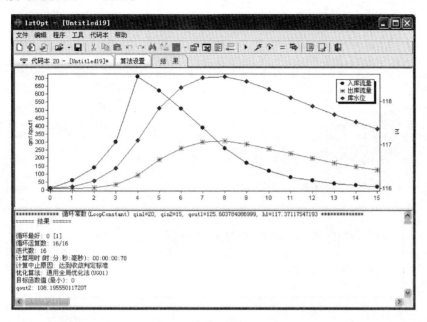

图 6-9　调洪演算结果

（3）调洪演算优化模型之二：全局单一模型法

相比上述传统的水库调洪演算方法，本方法视水库调洪演算为一整体来构筑优化模型，步骤如下：

① 假设每一时刻待求出库流量为 X_i，$i = 1$，2，3，……，$n-1$，即 X 为模型优化参数向量，n 为时段数。

② 由公式（6-10）或式（6-11）及初始调洪水位 H_0 计算初始水库库容 V_0。

③ 循环计算：For $i = 1$ to $n-1$。

- 由公式（6-12）计算 i 时刻水库库容 V_i。
- 由公式（6-13）计算 i 时刻水位 H_i。
- 由公式（6-14）计算 i 时刻出库流量 q'_i。

④ 优化模型目标函数：$\min. \sum_{i=1}^{n-1} (X_i - q'_i)^2$

虽然该模型的求解参数数目为 $n-1$，相对于传统方法仅一个待求优化参数有了明显增加，在理论上增加了优化模型的求解难度，但对于 1stOpt 求解却是非常简单和快捷，可一并输出所有时刻的出库流量；同时该模型的一个最大优点是不存在累积误差，可保证调洪演算的精度。结果见表 6-5 和图 6-10。

1stOpt 调洪演算代码如下：

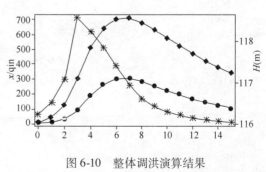

图 6-10　整体调洪演算结果

Algorithm = UGO1；	//设定算法
Constant n = 16，Dt = 6；	//常数设定．
Constant Qin(0：n－1) = [60,140,300,710,620,510,390,260,170,120,80,60,40,30,20,15]；	//入库流量过程
PassParameter PH(0：n－1)；	
Parameter x(0：n－1) = [10,1000]；	//定义待求参数
Plot x，Qin，PH[y2]；	
Minimum；	
StartProgram[Pascal]；	
function H2V(H：double)：double；//水位－库容	//水位(H)—库容(V)关系
begin	
result ：= (1.0473＋0.0272 * power(abs(h－74.3302),2.4443)) * 1000000；//方	
end；	
function V2H(V：double)：double；//库容－水位 V：万方	//库容(V)—水位(H)关系
begin	
try	
result ：= power((abs(V/1000000－1.0473)/0.0272),(1/2.4443))＋74.3302；	
except	//水位-泄流能力关系
//result ：= 118；	
end；	
end；	
function H2Q(H：double)：double；//水位－泄流能力	
begin	
try	
result ：= 10＋1.6 * 45 * power((H－116),1.5)；	
except	
result ：= 10；	//初始水位
end；	
end；	
Procedure MainModel；	
var i：integer；	
V0，H0，H1，DH：double；	
WH，WQ：array[0..15] of double；	
DQ，MaxDH，MaxQ：double；	//目标函数
const Q0 = 10；	
Begin	
H0 ：= 116；	
V0 ：= H2V(H0)；	
DH ：= 0；	
for i ：= 0 to n － 1 do begin	
if i = 0 then	
V0 ：= V0 ＋ (Qin[i] ＋ Q0) * 3600/2 * Dt － (x[i] ＋ Q0) * 3600/2 * Dt	
else	
V0 ：= V0 ＋ (Qin[i] ＋ Qin[i－1]) * 3600/2 * Dt － (x[i] ＋ x[i－1]) * 3600/2 * Dt；	
WH[i] ：= V2H(V0)；	
WQ[i] ：= H2Q(WH[i])；	
DH ：= DH ＋ sqr(WQ[i] －x[i])；	
PH[i] ：= WH[i]；	
end；	
ObjectiveResult ：= DH；	
End；	
EndProgram；	

输出结果：

目标函数值（最小）：1. 24748080339747E-20	x11：196. 655238195037	ph5：118. 307216387334
x0：10. 5075908574034	x12：169. 708137374581	ph6：118. 537808094053
x1：14. 8746068768567	x13：145. 987606464833	ph7：118. 567000131566
x2：32. 1083574302286	x14：125. 603784086978	ph8：118. 455539046294
x3：92. 6041662181087	x15：108. 195550117187	ph9：118. 280523599088
x4：189. 275447773559		ph10：118. 084020018913
x5：262. 327734222718	传递参数（PassParameter）：	ph11：117. 887144361822
x6：301. 08556131033	ph0：116. 036766661484	ph12：117. 700838320735
x7：306. 122449264294	ph1：116. 16611342531	ph13：117. 527957315932
x8：287. 046560613895	ph2：116. 455144522557	ph14：117. 371175471929
x9：257. 961555747697	ph3：117. 095921979215	ph15：117. 229814305955
x10：226. 613403454555	ph4：117. 837069328575	

表 6-5　调洪演算结果

时间（h）	出流（X）（m^3/s）	水位（m）	时间（h）	出流（X）（m^3/s）	水位（m）
0	10	116	54	287. 0466	118. 4555
6	10. 5076	116. 0368	60	257. 9616	118. 2805
12	14. 8746	116. 1661	66	226. 6134	118. 0840
18	32. 1084	116. 4551	72	196. 6552	117. 8871
24	92. 6042	117. 0959	78	169. 7081	117. 7008
30	189. 2754	117. 8371	84	145. 9876	117. 5280
36	262. 3277	118. 3072	90	125. 6038	117. 3712
42	301. 0856	118. 5378	96	108. 1956	117. 2298
48	306. 1224	118. 5670			

6.8　河道洪水演进模型

河道洪水演进的试验数据见表 6-6。最常用的马斯京根模型是经典的河道洪水演进模型，与非线性时间序列河道洪水演进模型（Nonlinear Time Series Model，NTSM）的效果可以进行对比。

表 6-6　河道入流出流过程

序号	0	1	2	3	4	5	6	7	8	9	10	11	12	13	14	15	16	17	18	19	20
时间（h）	0	6	12	18	24	30	36	42	48	54	60	66	72	78	84	90	96	102	108	114	120
入流（m^3/s）	22	23	35	71	103	111	109	100	86	71	59	47	39	32	28	24	22	21	20	19	19
出流（m^3/s）	21	22	23	26	34	44	55	66	75	82	85	84	80	73	64	54	44	36	30	25	22

（1）马斯京根模型

马斯京根模型由于简单、易用和可靠，广泛用于河道洪水演进。非线性马斯京根模型定义如下：

$$S_t = k \cdot [x \cdot I_t + (1 - x) \cdot Q_t]^m \tag{6-15}$$

或

$$\begin{cases} Q_t = \dfrac{1}{1-x} \cdot \left[\left(\dfrac{S_t}{k} \right)^{\frac{1}{m}} - x \cdot I_t \right] \\ S_{t+1} = S_t + (I_t - Q_t) \cdot \Delta t \end{cases} \tag{6-16}$$

式中，S_t 和 S_{t+1} 是 t 及 $t+1$ 时刻的河道槽蓄量；I_t 和 Q_t 是 t 时刻的入流和出流量；k，x 和 m 为模型参数。

优化模型如公式：$\min \sum\limits_{i=1}^{21} (Q_i - Q'_i)^2 \tag{6-17}$

式中，Q_i 和 Q'_i 是计算和实际的河道出流。

1stOpt 求解代码如下，不用赋予初值，可非常容易求得参数 k，x 和 m，结果见表 6-7 和图 6-11。

马斯京根模型求解代码如下：

```
Constant QS1 = 22, QE1 = 21;                                    //初始条件
Parameters k, x, m;                                            //定义参数
PassParameter Qcal(21);                                       //定义河道输出流量
RowDataSet;
    Qin = 23,35,71,103,111,109,100,86,71,59,47,39,32,28,24,22,21,20,19,19,18;   //实际入流
    Qout = 22,23,26,34,44,55,66,75,82,85,84,80,73,64,54,44,36,30,25,22,19;      //实际出流
EndRowDataSet;
Plot Qout, Qcal;
StartProgram;
Procedure MainModel;
var i: integer;
    dw0, dQ, temd: double;
begin
    temd := 0; dw0 := k * power(x * QS1 + (1 - x) * QE1, m);        //计算初始槽蓄量
    for i := 1 to 21 do begin
        dQ := 1/(1 - x) * power(dw0/k, 1/m) - (x/(1 - x)) * Qin[i];  //计算出流量
        dw0 := dw0 + (Qin[i] - dQ) * 6 * 3600;                       //计算河道槽蓄量
        temd := temd + sqr(Qout[i] - dq);
        Qcal[i] := dq;
    end;
    ObjectiveResult := temd;                                         //目标函数值
end;
EndProgram;
```

（2）非线性时间系列模型

非线性时间系列模型（Nonlinear Time Series Model，NTSM）是一纯数学模型，不用考虑各参数的物理意义，模型公式如下：

$$Q_{t+1} = c_1 \cdot q_t^{k_1} + c_2 \cdot q_{t+1}^{k_2} + c_3 \cdot Q_t^{k_3} \tag{6-18}$$

式中，Q_{t+1} 和 Q_t 是 $t+1$ 及 t 时刻的河道出流；q_{t+1} 和 q_t 是 $t+1$ 及 t 时刻的河道入流；c_1、c_2、c_3、k_1、k_2、k_3 为待求优化参数。

优化模型如下：

$$\min \sum_{i=1}^{21} (Q_i - Q_i')^2 = \sum_{i=1}^{21} (c_1 \cdot q_{i-1}^{k_1} + c_2 \cdot q_i^{k_2} + c_3 \cdot Q_{i-1}^{k_3} - Q_i')^2 \tag{6-19}$$

式中，Q_i 和 Q_i' 分别为计算和实际的河道出流。

上述模型看似非常简单，待求优化参数也仅有 6 个，但其全局最优解却很难被发现确定。一些著名的优化软件包如 Lingo、Mathematica、Matlab 等都很难获得全局最优解。1stOpt 求解代码如下，结果见表 6-7 和图 6-11。注意参数 c_2 值为 $-8.707087E-10$，虽然很小，却不能忽视或视为 0，如 c_2 值变为 $-8.707087E-11$，目标函数值将变为 9335.34285。

从所得率定结果来看，如果能获得最优参数，非线性时间序列模型效果优于马斯京根模型。

非线性时间序列模型求解代码如下：

```
Constant QS1 = 22, QE1 = 21;                              //初始条件
Parameter c(3), k(3);                                     //定义参数
PassParameter Qcal(21);                                   //定义河道输出流量
RowDataSet;
    Qin = 23,35,71,103,111,109,100,86,71,59,47,39,32,28,24,22,21,20,19,19,18;   //实际入流
    Qout = 22,23,26,34,44,55,66,75,82,85,84,80,73,64,54,44,36,30,25,22,19;      //实际出流
EndRowDataSet;
Plot Qout, Qcal;
StartProgram [Pascal];
Procedure MainModel;
var i: integer;
    q1,q2,q3,temd, temQ: double;
Begin
    q1 := QS1; q3 := QE1; temd := 0;
    for i := 1 to 21 do begin
        q2 := Qin[i];
        temQ := c1 * power(q1,k1) + c2 * power(q2,k2) + c3 * power(q3,k3);
        q1 := q2; q3 := temQ;                             //替换入流和出流
        temd := temd + sqr(temQ - Qout[i]);
        Qcal[i] := temQ;                                  //计算出流
    end;
    ObjectiveResult := temd;                              //目标函数
End;
EndProgram;
```

表6-7 河道洪水演进计算结果

模型	目标函数	参数
马斯京根模型	189.562836	$k = 271.252616$, $x = 0.18521388$, $m = 2.2961301$
非线性时间序列模型	5.6080766	$c_1 = 1.74484811$, $c_2 = -8.707087E-10$, $c_3 = 0.07907328$ $k_1 = 0.67574882$, $k_2 = 4.91942918$, $k_3 = 1.48200156$

河道洪水演进计算结果如图6-11所示。

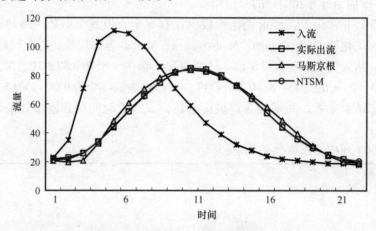

图6-11 河道洪水演进计算结果图

6.9 天然河道水面线计算

计算天然河道水面线的基本公式为伯努利方程：

$$z_u + (\alpha_u + \xi_u) \cdot \frac{Q^2}{2 \cdot g \cdot A_u} = z_d + (\alpha_d + \xi_d) \cdot \frac{Q^2}{2 \cdot g \cdot A_d} + \Delta s \cdot \frac{Q^2}{\bar{K}^2} \tag{6-20}$$

其中，z_u、z_d、α_u、α_d、ξ_u、ξ_d、A_u、A_d 分别为上下游两个断面的水位、动能修正系数、局部阻力系数和过水断面面积，Q 为河道流量，g 为重力加速度，$\bar{K}$ 为该河段平均流量模数。$\bar{K}$ 计算公式如下：

$$\frac{1}{\bar{K}^2} = \frac{1}{2} \cdot \left(\frac{1}{K_u^2} + \frac{1}{K_d^2} \right) = \frac{1}{2} \cdot \left(\frac{n^2}{A_u^2 \cdot R_u^{4/3}} + \frac{n^2}{A_d^2 \cdot R_d^{4/3}} \right) \tag{6-21}$$

其中，n 为河段糙率系数，R 为水力半径，K_u、K_d 分别为上下游断面的流量模数。式（6-20）、式（6-21）整理可得：

$$z_u + (\alpha_u + \xi_u) \cdot \frac{Q^2}{2 \cdot g \cdot A_u} - \frac{\Delta s}{2} \cdot \frac{(n \cdot Q)^2}{A_u^2 \cdot R_u^{4/3}} = z_d + (\alpha_d + \xi_d) \cdot \frac{Q^2}{2 \cdot g \cdot A_d} + \frac{\Delta s}{2} \cdot \frac{(n \cdot Q)^2}{A_d^2 \cdot R_d^{4/3}}$$

$$\tag{6-22}$$

公式左边为上游断面总能量，右边为下游断面总能量。由于断面水利要素 A、R 是水位

Z 的函数，计算过程要根据水位实时动态计算各水利要素，另外也可用拉格朗日二次插值进行快速计算，插值基本公式：

$$y = \frac{y_1 \cdot (x - x_2) \cdot (x - x_3)}{(x_1 - x_2) \cdot (x_1 - x_3)} + \frac{y_2 \cdot (x - x_1) \cdot (x - x_3)}{(x_2 - x_1) \cdot (x_2 - x_3)} + \frac{y_3 \cdot (x - x_1) \cdot (x - x_2)}{(x_3 - x_1) \cdot (x_3 - x_2)}$$

$$(6-23)$$

式中，x_1、x_2、x_3 为插值基点，y_1、y_2、y_3 为插值基点所对应的函数值。如果将水位 Z 视作 x，各断面水力要素 A、R 作为 y，即可求得个断面水力要素值。

已知某水库河道流量为 $650 \mathrm{m^3/s}$，其他数据见表 6-8，试计算库（断面-5）前水位为 $477.6\mathrm{m}$ 时，上游其他四个断面的河道水位。

表 6-8　河道断面水利要素

	水位 Z （m）	过水断面积 A （m²）	水力半径 R （m）	距离 Δs （m）	动能修正系数 ξ	局部阻力系数 α	糙率系数 n
断面-1 （上游）	476	345	0.685	1850	0.025	0.012	0.03
	478	1050	1.346				
	480	1580	1.687				
断面-2	476	320	0.725	1500	0.022	0.018	0.03
	478	820	1.454				
	480	1220	1.890				
断面-3	476	280	0.855	1020	0.020	0.020	0.03
	478	560	1.708				
	480	960	2.564				
断面-4	476	270	1.754	570	0.018	0.022	0.03
	478	440	2.045				
	480	640	2.842				
断面-5 （下游）	476	240	1.537	0	0.015	0.023	0.03
	478	380	2.235				
	480	560	2.957				

在 1stOpt 中，可用两种方式进行水面线计算，一种是从下游（断面-5）开始，基于公式（6-22），求出断面-4 水位，再重复相同步骤，从断面-4 逐步推求上游断面 3、2、1 的水位，该方法使用关键字"LoopConstant"自动循环赋值求解，模型目标函数如下：

$$\min. \ (\mathrm{Eng}L - \mathrm{Eng}R)^2 \tag{6-24}$$

其中，$\mathrm{Eng}L$ 为上游断面总能量，公式（6-22）左边；$\mathrm{Eng}R$ 为下游断面总能量，公式（6-22）右边。

代码如下：

```pascal
Constant Q = 650，n = 0.03，Hd = 477.6，g = 9.8；                          //初始条件
Constant Z(5,3) = [476,478,480,                                          //断面水位
                   476,478,480,
                   476,478,480,
                   476,478,480,
                   476,478,480]；
Constant A(5,3) = [345,1050,1580,                                        //断面面积
                   320,820,1220,
                   280,560,960,
                   270,440,640,
                   240,380,560]；
Constant R(5,3) = [0.685,1.346,1.687,                                    //断面水力半径
                   0.725,1.454,1.890,
                   0.855,1.708,2.564,
                   1.754,2.045,2.842,
                   1.537,2.235,2.957]；
Constant k = [0.025,0.022,0.020,0.018,0.015]，                           //能量修正系数
         w = [0.012,0.018,0.02,0.022,0.023]，                            //局部损失系数
         Ds = [1850,1500,1200,600]；                                      //断面间距离
LoopConstant p = [4,3,2,1]；                                             //循环计算断面号
LoopConstant H0 = [Hd,H(3)]；                                            //循环计算初始水位
Parameter H 477[470,490]；                                               //定义水位参数
PlotLoopData H；                                                         //实时作水位图
StartProgram [Pascal]；
Function InterP(x,x1,x2,x3,y1,y2,y3：double)：double；                     //插值子程序
begin
    Result：= (y1 * (x - x2) * (x - x3)/((x1 - x2) * (x1 - x3)) +
              y2 * (x - x1) * (x - x3)/((x2 - x1) * (x2 - x3)) +
              y3 * (x - x1) * (x - x2)/((x3 - x1) * (x3 - x2)))；
end；
Procedure MainModel；
var EngL, EngR：double；
  temA, TemR, temH：double；
  i：integer；
Begin
  i：= round(p)；                                                        //循环数号,整数
  temH：= H0；                                                           //下游段水位
  temA：= InterP(temH, Z[i+1,1], Z[i+1,2], Z[i+1,3], A[i+1,1], A[i+1,2], A[i+1,3])；   //下游段面积
  temR：= InterP(temH, Z[i+1,1], Z[i+1,2], Z[i+1,3], R[i+1,1], R[i+1,2], R[i+1,3])；   //下游段水力半径
  EngR：=temH+(k[i+1]+w[i+1])*Q ^2/(2*g*temA)+Ds[i]/2*(n*Q)^2/(temA ^2*(temR)^(4/3))； //下游段总能量
  temA：= InterP(H, Z[i,1], Z[i,2], Z[i,3], A[i,1], A[i,2], A[i,3])；     //上游段面积
  temR：= InterP(H, Z[i,1], Z[i,2], Z[i,3], R[i,1], R[i,2], R[i,3])；     //上游段水力半径
  EngL：= H + (k[i]+w[i])*Q^2/(2*g*temA) - Ds[i]/2*(n*Q)^2/(temA^2*(temR)^(4/3))；     //上游段总能量
  ObjectiveResult：= sqr(EngR - EngL)；                                   //目标函数
End；
EndProgram；
```

输出结果：

＊＊＊＊＊＊＊＊＊＊＊＊循环常数（LoopConstant）p＝1，h0＝480.298137016085 ＊＊＊＊＊＊＊＊＊＊＊＊

＝＝＝＝＝＝结果 ＝＝＝＝＝＝

循环最好：0［1］

循环运算数：4/4

迭代数：17

计算用时（时：分：秒：毫秒）：00：00：00：47

计算中止原因：达到收敛判定标准

优化算法：通用全局优化法（UGO1）

目标函数值（最小）：0

h：480.659967163111

＝＝＝＝＝＝计算结束 ＝＝＝＝＝＝

＊＊＊＊＊＊＊＊＊＊＊＊循环常数（LoopConstant）p＝2，h0＝479.883534231689 ＊＊＊＊＊＊＊＊＊＊＊＊

＝＝＝＝＝＝结果 ＝＝＝＝＝＝

循环最好：0［1］

循环运算数：3/4

迭代数：17

计算用时（时：分：秒：毫秒）：00：00：00：31

计算中止原因：达到收敛判定标准

优化算法：通用全局优化法（UGO1）

目标函数值（最小）：0

h：480.298137016085

＝＝＝＝＝＝计算结束 ＝＝＝＝＝＝

＊＊＊＊＊＊＊＊＊＊＊＊循环常数（LoopConstant）p＝3，h0＝478.760077291549 ＊＊＊＊＊＊＊＊＊＊＊＊

＝＝＝＝＝＝结果 ＝＝＝＝＝＝

循环最好：0［1］

循环运算数：2/4

迭代数：18

计算用时（时：分：秒：毫秒）：00：00：00：31

计算中止原因：达到收敛判定标准

优化算法：通用全局优化法（UGO1）

目标函数值（最小）：3.23117426778526E-27

h：479.883534231689

＝＝＝＝＝＝计算结束 ＝＝＝＝＝＝

＊＊＊＊＊＊＊＊＊＊＊＊循环常数（LoopConstant）p＝4，h0＝477.6 ＊＊＊＊＊＊＊＊＊＊＊＊

＝＝＝＝＝＝结果 ＝＝＝＝＝＝

循环运算数：1/4

迭代数：16

计算用时（时：分：秒：毫秒）：00：00：00：78

计算中止原因：达到收敛判定标准

优化算法：通用全局优化法（UGO1）

目标函数值（最小）：0

h：478.760077291549

＝＝＝＝＝＝计算结束 ＝＝＝＝＝＝

上面求解方法是从最下游断面开始逐一断面往上游推，下面方法是将每一断面水位设为待求参数 H_i，$i＝1$，……，4，构筑一整体模型如下：

$$\text{min.} \sum_{1}^{4} \left(\text{Eng}_i - \text{Eng}_{i+1} \right)^2 \tag{6-25}$$

其中，Eng_i 为断面 i 的总能量。

代码如下：

```
Constant Q = 650, n = 0.03, Hd = 477.6, g = 9.8;        //初始条件
Constant Z(5,3) = [476,478,480,                          //断面水位
                   476,478,480,
                   476,478,480,
                   476,478,480,
                   476,478,480];
Constant A(5,3) = [345,1050,1580,                        //断面面积
                   320,820,1220,
                   280,560,960,
                   270,440,640,
                   240,380,560];
Constant R(5,3) = [0.685,1.346,1.687,                    //断面水力半径
                   0.725,1.454,1.890,
                   0.855,1.708,2.564,
                   1.754,2.045,2.842,
                   1.537,2.235,2.957];
Constant k = [0.025,0.022,0.020,0.018,0.015],            //能量修正系数
         w = [0.012,0.018,0.02,0.022,0.023],             //局部损失系数
         Ds = [1850,1500,1200,600];                      //断面间距离
Parameter H(4) = 477[470,490];                           //定义水位参数
PassParameter HH(5);
Plot HH(5);                                              //实时作水位图
StartProgram [Pascal];
Function InterP(x,x1,x2,x3,y1,y2,y3: double): double;    //插值子程序
begin
     Result := y1 * (x-x2) * (x-x3)/((x1-x2) * (x1-x3)) +
               y2 * (x-x1) * (x-x3)/((x2-x1) * (x2-x3)) +
               y3 * (x-x1) * (x-x2)/((x3-x1) * (x3-x2));
end;
Procedure MainModel;
var EngL, EngR: double;
    temA, TemR: double;
    temD, temH: double;
    i: integer;
Begin
    temD := 0;
    for i := 4 downto 1 do begin
        if i = 4 then temH := Hd
        else temH := H[i+1];                             //下游段水位
        temA := InterP(temH, Z[i+1,1], Z[i+1,2], Z[i+1,3], A[i+1,1], A[i+1,2], A[i+1,3]);   //下游段面积
        temR := InterP(temH, Z[i+1,1], Z[i+1,2], Z[i+1,3], R[i+1,1], R[i+1,2], R[i+1,3]);   //下游段水力半径
        EngR := temH + (k[i+1] + w[i+1]) * Q^2/(2 * g * temA) +     //下游段总能量
                Ds[i]/2 * (n * Q)^2/(temA^2 * (temR)^(4/3));
        temH := H[i];
        temA := InterP(temH, Z[i,1], Z[i,2], Z[i,3], A[i,1], A[i,2], A[i,3]);   //上游段面积
        temR := InterP(temH, Z[i,1], Z[i,2], Z[i,3], R[i,1], R[i,2], R[i,3]);   //上游段水力半径
        EngL := temH + (k[i] + w[i]) * Q^2/(2 * g * temA) - Ds[i]/2 * (n * Q)^2/(temA^2   //上游段总能量
* (temR)^(4/3));
        temD := temD + sqr(EngR - EngL);                 //累积目标函数值
        HH[i] := H[i];
    end;
    HH[5] := Hd;
    ObjectiveResult := temD;                             //目标函数
End;
EndProgram;
```

输出结果：

目标函数值（最小）：7.29401561974104E-14	传递参数（PassParameter）：
h1：480.659965524981	hh1：480.659965524981
h2：480.298135222635	hh2：480.298135222635
h3：479.883532271832	hh3：479.883532271832
h4：478.760075696213	hh4：478.760075696213
	hh5：477.6

两种方法所得结果一样，见表6-9。

表6-9　水面线计算成果

断面	断面-1	断面-2	断面-3	断面-4	断面-5
水位（m）	480.660	480.298	479.884	478.760	477.6

6.10　地下水水质及洪水灾害评估模型

1．地下水水质评估

地下水水质的评估方法有多种，如灰色聚类法、模糊综合评判法、神经网络法等，这里建立逻辑斯蒂（Logistic）评价模型，通过已知数据进行模型参数确定和模型预测验证。

地下水水质国家标准见表6-10，水质标准的最好水质等级为1级、最次标准水质等级（N）为4级。共有两组数据，表6-11数据用于模型参数率定，表6-12数据则用于模型验证。逻辑斯蒂模型定义如下：

$$y = \frac{N}{1 + \exp(c_0 + c_1 x_1 + c_2 x_2 + c_3 x_3 + c_4 x_4)} \tag{6-26}$$

其中，x_1、x_2、x_3、x_4 代表水质指标值，y 是水质等级。

表6-10　地下水水质评价国家标准值

水质标准	水质等级			
（mg/L）	1	2	3	4
总硬度	150	300	450	500
溶解性总固体	300	500	1000	2000
Cl^-	50	150	250	350
SO_4^{2-}	50	150	250	350

表6-11　模型率定数据

序号	总硬度 x_1	溶解性总固体 x_2	Cl^- x_3	SO_4^{2-} x_4	水质等级 y
1	208.30	148.45	58.07	43.00	1.0
2	61.21	252.17	34.09	20.48	1.0
3	101.10	162.39	85.07	15.53	1.0

续表

序号	总硬度 x_1	溶解性总固体 x_2	Cl⁻ x_3	SO$_4^{2-}$ x_4	水质等级 y
4	197.68	34.80	17.53	60.85	1.0
5	27.54	320.34	7.92	22.06	1.0
6	224.79	249.81	27.19	47.83	1.0
7	173.65	328.60	19.05	32.74	1.0
8	75.75	191.53	75.51	50.38	1.0
9	154.68	310.07	66.18	92.62	1.0
10	96.27	317.65	0.46	41.83	1.0
11	340.10	673.74	108.47	107.09	2.0
12	332.93	610.53	144.60	110.85	2.0
13	298.42	728.05	152.67	162.36	2.0
14	326.94	610.62	168.14	121.59	2.0
15	235.39	420.46	136.26	142.13	2.0
16	245.96	502.96	131.04	172.12	2.0
17	373.84	712.28	102.51	109.46	2.0
18	293.49	580.91	105.41	113.08	2.0
19	305.08	662.02	162.39	140.86	2.0
20	327.55	534.44	158.14	178.26	2.0
21	446.03	1412.07	212.77	216.71	3.0
22	455.57	1255.22	227.37	230.11	3.0
23	472.34	918.60	203.54	209.15	3.0
24	435.21	1001.35	261.12	281.67	3.0
25	438.17	1320.69	260.82	241.50	3.0
26	389.18	764.58	285.07	204.60	3.0
27	414.55	753.97	293.87	254.05	3.0
28	465.44	1407.44	293.46	267.49	3.0
29	427.04	1179.16	284.84	272.81	3.0
30	430.43	856.65	211.29	250.06	3.0
31	491.28	2510.15	458.96	430.55	4.0
32	524.47	2900.13	409.28	301.64	4.0
33	537.19	1739.15	440.97	456.14	4.0
34	552.27	2556.53	416.49	465.89	4.0
35	653.59	2512.83	312.79	361.17	4.0
36	663.71	2807.38	403.91	421.25	4.0
37	558.58	2049.80	338.92	445.06	4.0
38	592.99	2507.46	417.58	456.85	4.0
39	641.05	2885.36	311.22	407.56	4.0
40	544.93	2906.34	343.72	411.01	4.0

表 6-12　模型验证数据

序号	总硬度 x_1	溶解性总固体 x_2	Cl^- x_3	SO_4^{2-} x_4	水质等级 y
1	18.11	107.15	95.93	43.02	1
2	99.20	97.73	15.74	74.51	1
3	157.25	392.42	63.82	33.91	1
4	83.06	106.09	56.55	36.08	1
5	290.05	702.44	107.84	133.40	2
6	277.94	618.14	120.34	152.84	2
7	355.13	643.06	173.33	108.86	2
8	320.92	426.64	168.34	109.42	2
9	447.78	1260.02	227.44	216.09	3
10	379.09	901.90	234.66	202.10	3
11	394.72	900.53	261.83	221.28	3
12	376.15	1098.71	272.17	236.81	3
13	532.06	2460.92	489.33	482.10	4
14	562.09	2819.16	391.75	378.33	4
15	593.18	2595.85	319.86	371.99	4
16	629.40	2576.74	411.56	396.20	4

水质评价模型实质上就是一多元非线性拟合问题。拟合结果对比图（图 6-12）。

1stOpt 代码如下：

```
Parameter c(0;4);
Variable x1,x2,x3,x4,y;
Function y = 4/(1 + exp(c0 + c1 * x1 + c2 * x2 + c3 * x3 +
    c4 * x4));
Data;
208.30  148.45  58.0743.001
61.21252.17  34.0920.481
101.10  162.39  85.0715.531
197.68  34.8017.5360.851
27.54320.34  7.92  22.061
224.79  249.81  27.1947.831
173.65  328.60  19.0532.741
75.75191.53  75.5150.381
...
```

输出结果：

均方差（RMSE）：0.147101632276874
残差平方和（SSE）：0.865555608740828
相关系数（R）：0.991784125137123
相关系数之平方（R^2）：0.983635750874008
决定系数（DC）：0.982688887825183
卡方系数（Chi-Square）：0.190916534608926
F 统计（F-Statistic）：505.45568139343

参数	最佳估算
c0	1.66834565892195
c1	−0.00124112750048917
c2	−0.000767911597756131
c3	−0.00257097296771017
c4	−0.00335919856563769

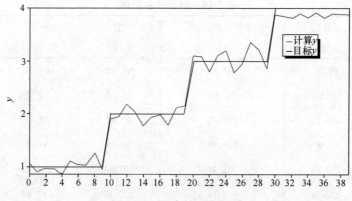

图 6-12　拟合结果对比图

拟合计算完毕后可进行预测验证，预测验证使用数据见表 6-12，预测验证界面及详细结果见图 6-13 和表 6-13，结果与预测验证非常吻合，说明逻辑斯蒂模型用于地下水水质评估是一种很好的方法。

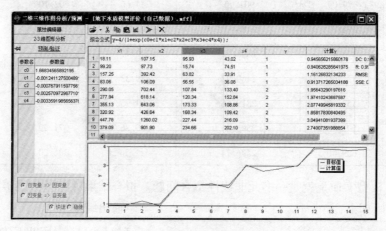

图 6-13　拟合结果对比图

表 6-13　地下水水质评估验证结果

预测验证		实际值	预测验证		实际值
计算值	取整数后值		计算值	取整数后值	
0.946	1	1	3.049	3	3
0.941	1	1	2.740	3	3
1.161	1	1	2.868	3	3
0.914	1	1	3.029	3	3
1.956	2	2	3.909	4	4
1.974	2	2	3.880	4	4
2.077	2	2	3.833	4	4
1.858	2	2	3.881	4	4

2. 洪水灾害评估

洪水灾害评估等级与诸多因素有关，见表 6-14，选择倒房数量 x_1、受灾面积 x_2、伤亡人数 x_3 和直接经济损失 x_4 与灾害等级 y 建立关系，模型公式采用前述逻辑斯蒂模型及其改进型公式如下

$$y = \frac{0.5 \cdot N}{1 + \exp(c_0 + c_1 \cdot x_1 + c_2 \cdot x_2 + c_3 \cdot x_3 + c_4 \cdot x_4)} +$$
$$\frac{0.5 \cdot N}{1 + \exp(b_0 + b_1 \cdot x_1 + b_2 \cdot x_2 + b_3 \cdot x_3 + b_4 \cdot x_4)} \tag{6-27}$$

表 6-14　洪水灾害数据与评估等级

序号	省份	洪灾类型	倒房数量 x_1（万间）	受灾面积 x_2（万亩）	伤亡人数 x_3（人）	直接经济损失 x_4（亿元）	灾害等级 y
1	湖南	暴雨	30.0	2087.0	363	28.2	3
2	安徽	暴雨	0.08	63	9	2.0	2
3	陕西	暴雨	4.7	180	78	8.0	2
4	四川	大暴雨	25.0	55	16	3.5	2
5	甘肃	暴雨	0.094	67	21	0.158	1
6	广西	大暴雨	0.2	42	6	0.847	1
7	四川	大暴雨	2.0	307	59	3.5	2
8	内蒙古	大暴雨	1.0	271	51	0.901	1
9	安徽	特大暴雨	0.4	96	7	1.4	1
10	湖南	暴雨	0.9	151	17	0.944	1
11	山东	暴风雨	0.68	42	2	0.075	1
12	广东	台风暴雨	3.4	262	71	6.8	2
13	福建	台风暴雨	1.5	216	69	4.1	2
14	湖南	暴风雨	2.2	319	37	3.3	2
15	山东	大雨	0.68	421	2	0.075	1
16	福建	台风	4.4	283	161	8.99	2
17	广东	特大暴雨	0.19	44	10	1.2	1
18	四川	大暴雨	0.7	59	7	1.2	1
19	浙江	台风	4.0	665	65	18	3
20	江苏	台风	11.5	2200	52	20	3
21	安徽	台风	3.0	51	2	2	2
22	四川	暴雨	0.1	11	2	0.55	1
23	福建	台风	4.8	450	116	10.0	2
24	河北	暴雨	0.22	156	11	0.25	1
25	海南	台风	0.12	43	3	0.197	1
26	海南	大暴雨	0.19	39	6	0.519	1

续表

序号	省份	洪灾类型	到房数量 x_1（万间）	受灾面积 x_2（万亩）	伤亡人数 x_3（人）	直接经济损失 x_4（亿元）	灾害等级 y
27	湖南	大暴雨	34.0	310	1663	28	3
28	江西	大暴雨	15	600	15	8	2
29	陕西	暴风雨	11	300	606	9	2
30	广西	暴风雨	9.0	20	207	0.24	1
31	鲁豫	暴风雨	1.8	530	800	11.0	2
32	华南	台风	6.8	1489	254	17.2	3
33	广东	暴风雨	4.19	20	186	0.24	1

1stOpt 代码如下：

```
Parameter c(0:4), b(0:4);
Function y = 1.5/(1 + exp(c0 + c1 * x1 + c2 * x2 + c3 * x3 + c4 * x4)) +
          1.5/(1 + exp(b0 + b1 * x1 + b2 * x2 + b3 * x3 + b4 * x4));Data;
30.0    2087.0    363    28.2    3
0.08    63        9      2.0     2
4.7     180       78     8.0     2
25.0    55        16     3.5     2
0.094   67        21     0.158   1
0.2     42        6      0.847   1
2.0     307       59     3.5     2
1.0     271       51     0.901   1
0.4     96        7      1.4     1
0.9     151       17     0.944   1
...
```

分别采用逻辑斯蒂和改进逻辑斯蒂模型（图 6-14），输出结果如下，从结果看逻辑斯蒂和改进逻辑斯蒂模型均能很好地与实际数据吻合，而后者的数值结果更优。

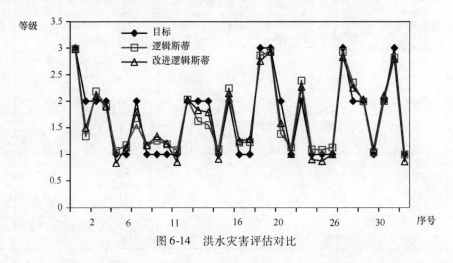

图 6-14　洪水灾害评估对比

输出结果：

逻辑斯蒂模型	改进逻辑斯蒂模型
均方差（RMSE）：0.254440430896894	均方差（RMSE）：0.200330274854123
残差平方和（SSE）：2.1364177848749	残差平方和（SSE）：1.32436322776324
相关系数（R）：0.935142338129196	相关系数（R）：0.960785507031088
相关系数之平方（R^2）：0.87449119256174	相关系数之平方（R^2）：0.923108790520984
决定系数（DC）：0.874103951962729	决定系数（DC）：0.921957166935381
卡方系数（Chi-Square）：0.646411175509707	卡方系数（Chi-Square）：0.430255776974586
F 统计（F-Statistic）：55.6014275994406	F 统计（F-Statistic）：32.745550811047
参数　　　最佳估算	参数　　　最佳估算
－ － － － － － － － －	－ － － － － － － － －
c_0　　0.608659486416708	c_0　　1.92357917489657
c_1　　－0.0188241724557623	c_1　　－0.0115621487288649
c_2　　－7.28868020664912E－5	c_2　　－0.000596969185386512
c_3　　0.00118872895818169	c_3　　0.00092432536548086
c_4　　－0.198494293279305	c_4　　－0.176365280901018
	b_0　　0.412778683922234
	b_1　　－0.13941746750107
	b_2　　－0.000109008321712956
	b_3　　0.00308870978077018
	b_4　　－0.973252872814279

6.11　水文地质 Thies 井模型参数估算

水文地质中定流量非稳定流承压水完整井 Thies 公式可简化为以下形式：

$$h = \frac{Q}{4 \cdot \pi \cdot k} \cdot \left\{ -0.577216 - \ln(u) + \sum_{i=1}^{n} \left[(-1)^{i+1} \cdot \frac{u^i}{i \cdot i!} \right] \right\} \tag{6-28}$$

$$u = \frac{r^2 \cdot c}{4 \cdot k \cdot t}$$

式中，h 为实测水位降深，m；Q 为抽水流量，m^3/min；k 为承压含水层导水系数，m^2/min；c 为承压含水层储水系数；t 为抽水时间，min；r 为观测孔到抽水井的距离，m。

已知实测数据（表6-15），抽水流量 Q 为 $1m^3/min$，n 取值为 6，试确定模型参数 k 和 c。

表 6-15　抽水试验数据

累计时间（min）	观测孔 2		观测孔 15		观测孔 10		观测孔 1	
	井距（m）	降深（m）	井距（m）	降深（m）	井距（m）	降深（m）	井距（m）	降深（m）
10		0.73		0.16		0.04		—
20	43	1.28	140	0.48	510	—	780	—
30		1.53		0.54		—		—
40		1.72		0.65		0.06		—

续表

累计时间	观测孔 2		观测孔 15		观测孔 10		观测孔 1	
（min）	井距（m）	降深（m）	井距（m）	降深（m）	井距（m）	降深（m）	井距（m）	降深（m）
60		1.96		0.75		0.20		
80		2.14		1.00		0.20		0.04
100		2.28		1.12		0.20		
120		2.39		1.22		0.21		0.08
150		2.54		1.36		0.24		0.09
210		2.77		1.55		0.40		0.16
270	43	2.99	140	1.70	510	0.53	780	0.25
330		3.1		1.83		0.63		0.34
400		3.2		1.89		0.65		0.42
450		3.26		1.98		0.73		0.50
645		3.47		2.17		0.93		0.71
870		3.68		2.38		1.14		0.87
990		3.77		2.46		1.24		0.96
1185		3.85		2.54		1.35		1.06

该模型实际上是多数据拟合问题，模型的目标函数即是四次试验中计算与实测的水位差之平方和最小，因此四个孔的观测数据要同时使用才能获得正确的参数，代码如下。不同孔对应的井距用关键字 VarConstant 来描述，观测孔 10 和 1 的第一个数据因为不连续而没有采用（表 6-16）。

1stOpt 代码如下：

```
Constant n = 4 , Q = 60/60;
VarConstant r = [43,140,510,780];
ConstStr u = r^2 * c/(4 * k * t);
ConstStr W = ( -0.577216 - ln(u) + Sum(i = 1,6)(( -1)^(i+1) * u^i/(i * i!)));
Variable t,S;
Function S = Q/(4 * pi * k) * W;
Data;
10,20,30,40,60,80,100,120,150,210,270,330,400,450,645,870,990,1185;
0.73,1.28,1.53,1.72,1.96,2.14,2.28,2.39,2.54,2.77,2.99,3.1,3.2,3.26,3.47,3.68,3.77,3.85;
Data;
10,20,30,40,60,80,100,120,150,210,270,330,400,450,645,870,990,1185;
0.16,0.48,0.54,0.65,0.75,1.00,1.12,1.22,1.36,1.55,1.70,1.83,1.89,1.98,2.17,2.38,2.46,2.54;
Data;
40,60,80,100,120,150,210,270,330,400,450,645,870,990,1185;
0.06,0.20,0.20,0.20,0.21,0.24,0.40,0.53,0.63,0.65,0.73,0.93,1.14,1.24,1.35;
Data;
120,150,210,270,330,400,450,645,870,990,1185;
0.08,0.09,0.16,0.25,0.34,0.42,0.50,0.71,0.87,0.96,1.06;
```

输出结果：

		参数	最佳估算
均方差(RMSE)：0.140907701702568			
残差平方和(SSE)：1.2310087847442		– – – – – – –	– – – – – – –
相关系数(R)：0.991434977206249			
相关系数之平方(R^2)：0.982943314027956		k	0.152304313045779
决定系数(DC)：0.982821484588358		c	0.000182364977708965
F 统计(F-Statistic)：35.3909680089206			

表 6-16 Thies 井计算结果对比

累计时间	观测孔 2 降深（m）		观测孔 15 降深（m）		观测孔 10 降深（m）		观测孔 1 降深（m）	
（min）	计算	实测	计算	实测	计算	实测	计算	实测
10	1.239	0.73	0.244	0.16	—	—	—	—
20	1.587	1.28	0.482	0.48	—	—	—	—
30	1.794	1.53	0.648	0.54	—	—	—	—
40	1.942	1.72	0.775	0.65	0.026	0.06	—	—
60	2.152	1.96	0.963	0.75	0.071	0.20	—	—
80	2.301	2.14	1.101	1.00	0.120	0.20	—	—
100	2.417	2.28	1.210	1.12	0.169	0.20	—	—
120	2.511	2.39	1.301	1.22	0.216	0.21	0.051	0.08
150	2.627	2.54	1.412	1.36	0.281	0.24	0.081	0.09
210	2.803	2.77	1.582	1.55	0.394	0.40	0.144	0.16
270	2.934	2.99	1.710	1.70	0.489	0.53	0.205	0.25
330	3.038	3.1	1.813	1.83	0.569	0.63	0.262	0.34
400	3.139	3.2	1.912	1.89	0.650	0.65	0.323	0.42
450	3.200	3.26	1.973	1.98	0.702	0.73	0.363	0.50
645	3.388	3.47	2.159	2.17	0.864	0.93	0.497	0.71
870	3.544	3.68	2.314	2.38	1.005	1.14	0.619	0.87
990	3.612	3.77	2.381	2.46	1.067	1.24	0.675	0.96
1185	3.706	3.85	2.474	2.54	1.155	1.35	0.754	1.06

对模型稍加改进，将原模型公式

$$u = \frac{r^2 \cdot c}{4 \cdot k \cdot t}$$

分别改为：

三参数：

$$u = \frac{r^{p1} \cdot c}{4 \cdot k \cdot t} \tag{6-29}$$

四参数：

$$u = \frac{r^{p1} \cdot c}{4 \cdot k \cdot t^{p2}} \tag{6-30}$$

即分别增加一个参数 p_1 或两个参数 p_1 和 p_2，成为三参数和四参数模型，相应求解代码将 ConstStr u = r^2 * c/ （4 * k * t）；改为 ConstStr u = r^p1 * c/ （4 * k * t）；或 ConstStr u = r^p1 * c/ （4 * k * t^p2）；四参数模型中虽然只增加了两个参数，但求解难度大幅增加，一般优化软件和算法基本无能为力。输出结果如下，改进模型拟合效果有明显改善，残差平方和由 1.2310087 分别降为 0.19673617 和 0.1799038。改进 Thies 井模型计算结果对比见表 6-17。

输出结果：

三参数	四参数
均方差（RMSE）：0.0563308450868988 残差平方和（SSE）：0.19673617470866 相关系数（R）：0.998644064454964 相关系数之平方（R^2）：0.997289967471129 决定系数（DC）：0.997254580591833 F 统计（F-Statistic）：132.847607517032	均方差（RMSE）：0.0538671953540961 残差平方和（SSE）：0.179903833589614 相关系数（R）：0.998744249724423 相关系数之平方（R^2）：0.9974900763576 决定系数（DC）：0.997489473010889 F 统计（F-Statistic）：59.7081401113255
参数　　　　　　　最佳估算 － － － －　　　　－ － － － k　　　　0.12364532112617 p1　　　 1.60404062668536 c　　　　0.00197842078743327	参数　　　　　　　最佳估算 － － － －　　　　－ － － － k　　　　0.0969044277279792 p1　　　 1.30735847493943 c　　　　0.00434344886690113 p2　　　 0.809283328719218

表 6-17　改进 Thies 井模型计算结果对比

累计时间（min）	观测孔 2 降深（m）			观测孔 15 降深（m）			观测孔 10 降深（m）			观测孔 1 降深（m）		
	计算		实测	计算		实测	计算		实测	计算		实测
	三参数	四参数		三参数	四参数		三参数	四参数		三参数	四参数	
10	0.884	0.891	0.73	0.118	0.150	0.16	—	—	—	—	—	—
20	1.280	1.275	1.28	0.321	0.349	0.48	—	—	—	—	—	—
30	1.523	1.515	1.53	0.487	0.506	0.54	—	—	—	—	—	—
40	1.700	1.690	1.72	0.621	0.633	0.65	0.020	0.040	0.06	—	—	—
60	1.952	1.942	1.96	0.829	0.831	0.75	0.067	0.093	0.20	—	—	—
80	2.133	2.124	2.14	0.987	0.982	1.00	0.119	0.148	0.20	—	—	—
100	2.274	2.267	2.28	1.114	1.105	1.12	0.173	0.201	0.20	—	—	—
120	2.389	2.384	2.39	1.220	1.208	1.22	0.225	0.252	0.21	0.069	0.094	0.08
150	2.531	2.528	2.54	1.352	1.338	1.36	0.300	0.323	0.24	0.108	0.136	0.09
210	2.746	2.746	2.77	1.555	1.538	1.55	0.432	0.447	0.40	0.190	0.216	0.16
270	2.906	2.910	2.99	1.710	1.692	1.70	0.543	0.552	0.53	0.267	0.291	0.25
330	3.035	3.042	3.1	1.834	1.816	1.83	0.639	0.643	0.63	0.339	0.359	0.34
400	3.158	3.168	3.2	1.954	1.936	1.89	0.736	0.735	0.65	0.416	0.431	0.42
450	3.233	3.245	3.26	2.028	2.010	1.98	0.798	0.794	0.73	0.466	0.478	0.50
645	3.464	3.482	3.47	2.255	2.239	2.17	0.995	0.982	0.93	0.634	0.635	0.71
870	3.657	3.680	3.68	2.445	2.432	2.38	1.166	1.147	1.14	0.786	0.780	0.87
990	3.740	3.765	3.77	2.527	2.515	2.46	1.241	1.221	1.24	0.855	0.846	0.96
1185	3.855	3.884	3.85	2.642	2.632	2.54	1.348	1.325	1.35	0.954	0.940	1.06

6.12　皮尔逊-Ⅲ型模型参数计算

皮尔逊-Ⅲ型频率曲线是水文学中广为应用的频率曲线，其概率密度函数为

$$f(x) = \frac{\beta^\alpha}{\Gamma(\alpha)} \cdot (x - \alpha_0)^{\alpha-1} \cdot e^{-\beta \cdot (x-\alpha_0)} \tag{6-31}$$

式中，$\Gamma(\alpha)$ 为伽玛函数；α、β、α_0 分别为 3 个参数；$\alpha = \dfrac{4}{C_s^2}$，$\beta = \dfrac{2}{\bar{x} \cdot C_v \cdot C_s}$，$\bar{x}$ 为均值。

对式（6-31）积分可得到大于等于 x_p 的累积频率：

$$p(x \geqslant x_p) = \frac{\beta^\alpha}{\Gamma(\alpha)} \cdot \int_{x_p}^{\infty} (x - \alpha_0)^{\alpha-1} \cdot e^{-\beta \cdot (x-\alpha_0)} \mathrm{d}x \tag{6-32}$$

令 $t = \beta \cdot (x - \alpha_0)$，式（6-32）变为：

$$p(x \geqslant x_p) = 1 - \frac{1}{\Gamma(\alpha)} \cdot \int_0^{x_p} t^{\alpha-1} \cdot e^{-t} \mathrm{d}t = 1 - \frac{\gamma(\alpha, u)}{\Gamma(\alpha)} \tag{6-33}$$

不完全伽玛函数：

$$\gamma(\alpha, u) = \int_0^{x_p} t^{\alpha-1} \cdot e^{-t} \mathrm{d}t \tag{6-34}$$

1stOpt 中相应的伽玛和不完全伽玛函数分别为 Gamma（）和 IGamma（），因为模型计算直接输出的是参数 α、β、α_0，如果想获知 C_s 和 C_v 值，可通过关键字 PassParameter 实时显示。洪水频率资料见表 6-18，拟合结果如图 6-15 所示。

表 6-18 设计洪水频率资料

序号	设计洪水流量 x (m^3/s)	经验频率 P	序号	设计洪水流量 x (m^3/s)	经验频率 P
1	18500	2.8	19	8020	52.8
2	17700	5.6	20	8000	55.6
3	13900	8.3	21	7850	58.3
4	13300	11.1	22	7450	61.1
5	12800	13.9	23	7290	63.9
6	12200	16.7	24	6160	66.7
7	12100	19.4	25	5960	69.4
8	12000	22.2	26	5950	72.2
9	11500	25.0	27	5590	75.0
10	10800	27.8	28	5490	77.8
11	10798	30.6	29	5340	80.6
12	10700	33.3	30	5220	83.3
13	10600	36.1	31	5100	86.1
14	10500	38.9	32	4520	88.9
15	9690	41.7	33	4240	91.7
16	8500	44.4	34	3650	94.4
17	8220	47.2	35	3220	97.2
18	8150	50.0			

1stOpt 代码如下：

```
Constant X1 = 8885.943;
Parameter a, b, a0;
ConstStr Cs1 = sqrt (4/a), Cv1 = 2/ (x1 * b * Cs1), a1 = x1 * (1 - 2 * Cv1/Cs1);
PassParameter Cs = Cs1, Cv = Cv1, a1;
Function y = 1 - IGamma (a, b * (x - a0)) /Gamma (a);
Data;
18500, 17700, 13900, 13300, 12800, 12200, 12100, 12000, 11500, 10800, 10798, 10700, 10600, 10500, 9690,
8500, 8220, 8150, 8020, 8000, 7850, 7450, 7290, 6160, 5960, 5950, 5590, 5490, 5340, 5220, 5100, 4520,
4240, 3650, 3220;
0.028, 0.056, 0.083, 0.111, 0.139, 0.167, 0.194, 0.222, 0.250, 0.278, 0.306, 0.333, 0.361, 0.389, 0.417,
0.444, 0.472, 0.500, 0.528, 0.556, 0.583, 0.611, 0.639, 0.667, 0.694, 0.722, 0.750, 0.778, 0.806, 0.833,
0.861, 0.889, 0.917, 0.944, 0.972;
```

输出结果：

均方差（RMSE）：0.032136816843501

残差平方和（SSE）：0.0361471248891456

相关系数（R）：0.993419843668495

相关系数之平方（R^2）：0.986882985794336

决定系数（DC）：0.986874872954225

卡方系数（Chi-Square）：0.0886991551469995

F 统计（F-Statistic）：1219.03581917332

参数	最佳估算
a	1.78466209927871
b	0.000244344677245432
a0	2717.25665587186

传递参数（PassParameter）：

cs：1.49710408483131

cv：0.615278294288418

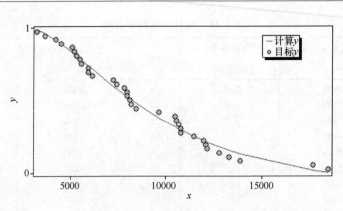

图 6-15　皮尔逊-Ⅲ型拟合结果

6.13　水库预泄期最优泄流调度方案模型

1. 研究背景

某水库位于黄河上游干流，库容较小，无防洪任务，主要功能为发电，为河床式径流电站，装机容量为 324.5MW。为充分利用水能资源，其汛期运行水位拟从原先的 1474m 增加至 1478m，而运行水位的提高，意味着风险的增加，根据设计，其保障前提条件是在 20 年一遇的洪峰到来前，在 12 小时预泄期内必须将库水位由 1478m 降至安全的 1472m，以防止洪水过程中水库回水影响库尾滩地，同时确保洪峰安全过库。

根据实际要求，预泄期下泄流量过程的确定，必须考虑并满足以下几个条件：①规定的预泄期时间内，必须将水位降至指定的安全水位；②出于安全和操作方便且可行考虑，泄流过程中库水位须尽量保持平稳渐变，避免陡升陡降；③每一时刻的下泄流量不能大于同时刻水库最大泄流能力；④泄流过程中的最大下泄流量应满足下游防洪要求，即不能超过下游最大承受来流量；⑤单位时间最大库区水位的下降应在合理允许的范围内。如何在确保上述条件的前提下，合理地确定预泄期内下泄流量过程，进而科学地指导并制订水库调度方案，有着极为重要的现实意义。传统的依靠经验或通过简单的试算法所求得的结果，不论其精度还是实用性，都难以满足要求。

下面基于 1stOpt，建立水库泄流最优数学模型。

2. 水库基本背景资料

研究水库预泄期入库洪水过程、水位-库容关系、水位-泄流能力关系等为进行调度计算所必须的水库基本资料，经整理后分述如下。

（1）预泄期洪水入库过程

表 6-19 为 20 年一遇洪水过程中洪峰到来前 12h 洪水入库流量，洪峰流量为 6050m³/s。

表 6-19　洪水入库流量

时刻（h）	起始	1	2	3	4	5	6	7	8	9	10	11	12	终止
流量（m³/s）	6031	6033	6034	6036	6037	6039	6041	6042	6044	6045	6047	6048	6050	6036
库水位（m）	1478					待求下泄流量对应水位								1472

（2）水库-库容关系曲线

该水库水位-库容关系可由式（6-35）和（6-36）表示：

库容-水位关系：
$$H = 13.45 \cdot V^{0.1511233} + 1432.62165 \tag{6-35}$$

水位-库容关系：
$$V = \left(\frac{H - 1432.62165}{13.45} \right)^{\frac{1}{0.1511233}} \tag{6-36}$$

式中，H 为水位，m；V 为库容，万 m^3。

（3）水库泄流能力

水库泄流能力关系由式（6-37）表示：
$$Q = 60.142 \cdot (H - 1458.434)^{1.5285} + 328.517 \cdot (H - 1452.138)^{0.5296} + 1232 \tag{6-37}$$

式中，H 为水位，m；Q 为泄流能力，m^3/s。

（4）水库调洪演算基本公式

水库调洪演算是泄流优化方案计算中需用到的基本公式如下：

$$\Delta V = V_t - V_{t+1} = \left(\frac{Q_t + Q_{t+1}}{2} - \frac{q_t + q_{t+1}}{2} \right) \cdot \Delta t \tag{6-38}$$

$$q_{t+1} = Q_t + Q_{t+1} - q_t - \frac{2 \cdot (V_t - V_{t+1})}{\Delta t} \tag{6-39}$$

式中，V_t、V_{t+1}、Q_t、Q_{t+1}、q_t、q_{t+1} 分别为 t 及 $t+1$ 时刻的库容、入库流量和泄流量，Δt 为计算时段。

3. 优化泄流调度方案比较研究

（1）方案 1：按最大下泄能力（敞泄）的泄流方案

该方案是在预泄期开始，即按水库最大泄流能力开始泄流直至预定水位，这种泄流方式无须额外复杂计算，操控简单，也是目前大部分水库常用的调度方式，计算结果见表 6-20 及图 6-16。由结果可看出，虽然该方案能在 9h 之内就将水位降至目标水位 1472m，但其泄流量及库水位波动变化极大，过快的水位降幅显然不利于水库的安全；另一方面，最大下泄流量更高达 7947m^3/s，对下游防洪安全带来不利影响。

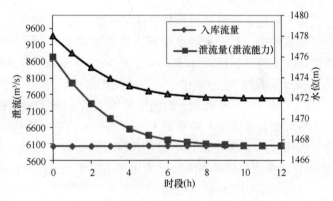

图 6-16　方案 1 泄流及水位变化曲线

表 6-20　方案 1 计算结果

时刻(h)	起始	1	2	3	4	5	6	7	8	9	10	11	12	终止
泄流量(m^3/s)	6031	7947.47	7324.31	6867.83	6555.09	6352.78	6227.35	6151.59	6107.2	6081.39	6047	6048	6050	6036
库水位(m)	1478	1476.32	1474.95	1473.9	1473.17	1472.69	1472.39	1472.2	1472.09	1472.03	1472	1472	1472	1472

（2）方案 2：以泄流平稳为目标的优化调度泄流方案

该最优泄流模型要求泄流过程须尽量保持平稳渐变，避免陡升陡降。从数学角度考虑，即从预泄期起始时段开始至终止时间，每一时刻下泄流量与前一时刻下泄流量差之平方和最小，即目标函数为：

$$\min. f_1 = (q_1 - c_1)^2 + \sum_{i=2}^{11} (q_i - q_{i-1})^2 + (q_{12} - c_2)^2 \tag{6-40}$$

其中，q_1，q_2，……，q_{12} 为待求下泄流量，或称优化决策变量，m^3/s；c_1，c_2 分别为起始和终止流量，在此例中，参照表 6-19，分别为 6031m^3/s 和 6036m^3/s。

约束条件 1：预泄期泄流量总和与入流量总和之差应等于库容减少量（库水位高程由 1478m 降至 1472m），即：

$$\sum_{i=1}^{12} \left(\frac{q_i + q_{i-1}}{2} - \frac{Q_i + Q_{i-1}}{2} \right) \cdot \Delta t = V_1 - V_2 \tag{6-41}$$

其中，q_i，Q_i 为 i 时刻入出库流量，m^3/s；V_1、V_2 分别为调洪演算起止时的库容，万 m^3；Δt 为计算时段，本研究中为 1h。

约束条件 2：每一时刻的计算泄流量 q_i 应小于该时刻最大泄流能力，即：

$$q_i \leq q_i' \ (i = 1, \cdots\cdots, 12) \tag{6-42}$$

其中，q_i' 为 i 时刻对应的最大泄流量，是与决策变量 q_i 相关的动态变化值，由公式（6-37）计算而得。

综上所述，此最优泄流数学优化模型共有 12 个决策变量，一个库容等式约束及 12 个流量不等式约束，是一求解难度极高的动态优化问题。因为 1stOpt 除了其强大的全局优化能力外，还支持直接镶入标准 Basic、Pascal、Fortran 等高级语言，因而本例中用易于理解表述的 Basic 语言进行模型描述，完整的 1stOpt 代码如下，计算结果见表 6-21 和图 6-17。

（3）方案 3：有最大下泄流量及库水位下降限制的优化调度泄流方案

本方案是在方案 2 的基础上，增加下列约束条件：

① 最大下泄调度流量不超过 6750m^3/s，即：$\max q \leq 6750$。

② 库水位单位时间内最大变化量小于 0.85m，即：$\max H \leq 0.85$。

计算结果见表 6-21 和图 6-17。

（4）方案 4：以最大发电效益为目标的优化调度泄流方案

该水库的主要功能之一是发电，本方案即以预泄期内最大发电效益为模型优化目标。由于发电效益是与水头和水量直接相关，而由于下泄总水量是一定值，因而该模型的目标函数转换为预泄期内各时段水能之和最大，即：

$$\max f_2 = \sum_{i=1}^{12} [(h_i - 1472) \cdot q_i] \tag{6-43}$$

其中，h_i、q_i 分别为预泄期内各时段下泄流量及对应的库水位。

模型的约束条件与方案 2 相同。1stOpt 的求解结果见表 6-21 和图 6-17。

泄流优化模型 1stOpt 代码如下：

代码	注释
Constant n = 12;	定义时段长
Constant Qin(1:n) = [,6033,6034,6036,6037,6039,6041,6042,6044,6045,6047,6048,6050];	入流过程
Parameter x(1:n) = [5000,9000];	
Minimum;	定义变量及取值范围
StartProgram [Basic];	求最小化问题
Function H2V(byVal H as Double) as Double	
H2V = ((H - 1432.6216567)/13.45005468)^(1/0.151123342) * 10000	水位—库容子函数
End Function	
Function V2H(byVal V as Double) as Double	
V2H = 13.45005468229 * abs(V)^0.151123342268 + 1432.621656659	库容—水位子函数
End Function	
Function H2Q(byVal H as Double) as Double	
H2Q = 60.142485 * abs(H - 1458.4344)^1.528498 + 328.517018 *	水位—泄流量子函数
abs(H - 1452.13793)^0.5296525 + 246 + 986	
End Function	
Sub MainModel	
Dim i as Integer	主程序及标示
Dim as Double H0, V0, DQ, MaxQ, MaxDH	
Dim as Double WH(12), WQ(12)	
H0 = 1478	调度段各水位及流量
V0 = H2V(H0)	开始起调水位
DQ = (6031 - x(1))^2	水位1478m时的库容
MaxQ = 0	第一点与起始点水位差
MaxDH = 0	最大泄流量
For i = 1 to n	最大水位差
if i = 1 then	
V0 = V0 + (Qin(i) + 6031) * 3600/2 - (x(i) + 6031) * 3600/2	
else	
V0 = V0 + (Qin(i) + Qin(i-1)) * 3600/2 - (x(i) + x(i-1)) * 3600/2	调洪演算
end if	
WH(i) = V2H(V0/10000)	
WQ(i) = H2Q(WH(i))	库容 → 水位
if i > 1 then DQ = DQ + (x(i) - x(i-1))^2	水位 → 泄流能力
MaxDH = Max(MaxDH, abs(WH(i) - WH(i-1)))	流量差累积
MaxQ = Max(MaxQ, x(i))	最大水位差
Next	最大泄流量
FunctionResult = DQ + (x(12) - 6036)^2	
ConstrainedResult = V0 = H2V(1472)	目标函数:流量差之和
ConstrainedResult = For(i=1:12)(WQ(i) >= x(i))	库容等式约束
ConstrainedResult = 100 * (0.85 - MaxDH) >= 0	12 个流量约束
ConstrainedResult = 6750 - MaxQ >= 0	方案3库水位落差约束
End Sub	方案3最大泄流量约束
EndProgram;	

333

表 6-21　方案 2 ~ 4 计算结果

时段 （h）	入库 流量 （m³/s）	方案 2			方案 3			方案 4		
		决策变量 （泄流量） （m³/s）	泄流能力 （m³/s）	水位 （m）	决策变量 （泄流量） （m³/s）	泄流能力 （m³/s）	水位 （m）	决策变量 （泄流量） （m³/s）	泄流能力 （m³/s）	水位 （m）
起始	6031	6031	8737.17	1478	6031	8737.17	1478	6031	8737.17	1478
1	6033	6351.18	8676.40	1477.87	6493.01	8649.06	1477.82	6033.00	8737.17	1478.00
2	6034	6593.79	8504.56	1477.51	6732.65	8419.57	1477.33	6034.00	8737.17	1478.00
3	6036	6758.83	8241.61	1476.96	6750.00	8123.53	1476.70	6036.00	8737.17	1478.00
4	6037	6846.33	7906.32	1476.23	6750.00	7803.49	1476.01	6545.12	8639.75	1477.80
5	6039	6856.27	7520.33	1475.38	6750.00	7459.15	1475.25	8111.16	8111.16	1476.68
6	6041	6788.64	7113.05	1474.47	6733.58	7090.17	1474.42	7317.23	7317.23	1474.93
7	6042	6643.49	6726.53	1473.58	6629.28	6722.25	1473.57	6762.01	6762.01	1473.66
8	6044	6420.76	6420.76	1472.85	6420.76	6420.76	1472.85	6420.76	6420.76	1472.85
9	6045	6232.65	6232.65	1472.40	6232.65	6232.65	1472.40	6232.65	6232.65	1472.40
10	6047	6136.67	6136.67	1472.17	6136.67	6136.67	1472.17	6136.67	6136.67	1472.17
11	6048	6090.17	6090.17	1472.05	6090.17	6090.17	1472.05	6090.17	6090.17	1472.05
12	6050	6068.55	6068.55	1472.00	6068.55	6068.55	1472.00	6068.55	6068.55	1472.00
终止	6036	6036	6036	1472	6036	6036	1472	6036	6036	1472

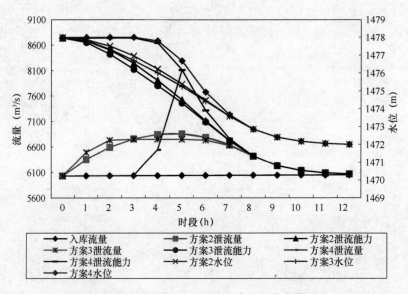

图 6-17　方案 2 ~ 4 泄流及水位变化曲线

（5）方案 5：同时考虑泄流平稳与发电效益的多目标优化调度泄流方案

此方案是综合考虑方案 2 和方案 4，是典型的多维高非线性多目标优化问题，其目标函数定义同公式（6-40）和式（6-43），约束条件与方案 2 相同。由于公式（6-40）和式（6-43）定义的目标函数值存在数量级差别，因而很难用简单的权重法将多目标函数单一化。在此，采用最优非劣解集（Pareto 解）的概念，即寻找一组可行解。其具体做法是先以发电效益（水能）为单目标求解，然后在合理范围内给定一水能值，使其成为一等式约束，再以泄流平稳为单目标求解，从而可得一组可行解。仍以 1stOpt 为计算平台，10 组计算结果见表 6-22、表 6-23、图 6-18 和图 6-19。

表 6-22　多目标优化模型的 Pareto 解

Pareto 解	1	2	3	4	5	6	7	8	9	10
水能之和（10^5）	1.96	2.00	2.03	2.06	2.09	2.12	2.15	2.18	2.21	2.24
流量差平方和（10^5）	3.20	3.31	3.53	3.90	4.54	5.48	6.71	8.36	10.77	20.23

表 6-23　10 组 Pareto 解对应的泄流过程

时段 (h)	1	2	3	4	5	6	7	8	9	10
1	6351.17	6297.46	6257.87	6204.01	6141.75	6078.63	6014.62	6000.00	6000.00	6000.00
2	6593.78	6530.48	6483.91	6426.50	6362.67	6298.06	6232.68	6145.02	6022.59	6000.00
3	6758.83	6716.98	6686.25	6657.65	6630.12	6602.31	6574.21	6507.55	6426.24	6029.28
4	6846.33	6843.17	6840.88	6854.91	6878.19	6901.75	6925.60	6928.35	6957.86	7230.00
5	6856.27	6894.16	6922.03	6972.70	7036.49	7101.03	7166.33	7239.65	7352.59	7500.00
6	6788.66	6853.53	6901.22	6960.73	7027.30	7094.74	7163.07	7255.94	7317.23	7317.23
7	6643.48	6702.74	6746.37	6762.01	6762.01	6762.01	6762.01	6762.01	6762.01	6762.01
8	6420.76	6420.76	6420.76	6420.76	6420.76	6420.76	6420.76	6420.76	6420.76	6420.76
9	6232.65	6232.65	6232.65	6232.65	6232.65	6232.65	6232.65	6232.65	6232.65	6232.65
10	6136.67	6136.67	6136.67	6136.67	6136.67	6136.67	6136.67	6136.67	6136.67	6136.67
11	6090.17	6090.17	6090.17	6090.17	6090.17	6090.17	6090.17	6090.17	6090.17	6090.17
12	6068.55	6068.55	6068.55	6068.55	6068.55	6068.55	6068.55	6068.55	6068.55	6068.55

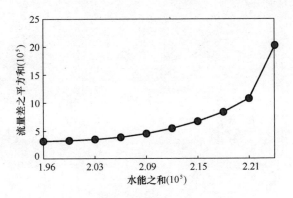

图 6-18　多目标优化 Pareto 解

4. 方案小结与分析

计算结果归纳于表 6-24。从泄流平稳角度看，方案 1 的 f_1 值最大，也即最不平稳，而与其对比，方案 2 的 f_1 值最小，即泄流最均匀；方案 3 由于增加了泄流量及水位降幅约束，泄流均匀度有所下降。而如果从发电效益角度看，方案 4 最好，f_2 值达 203305，方案 1 最差，f_2 值仅为 85433。对于多目标优化调度的方案 5，由于只存在 Pareto 解，如图 6-18 所示，方案可根据实际情况最后确定，如强调发电效益，可选择 Pareto 解 10，反之选 Pareto 解 1，如果折中，则选 Pareto 解 6 或 7。

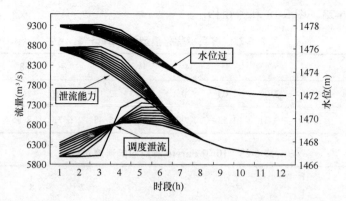

图 6-19　多目标优化调度泄流、泄流能力及水位过程

表 6-24　方案 1 ~ 4 小结

方案	计算最大泄流量（m^3/s）	库水位最大降幅（m/h）	流量差平方和 f_1（10^5）	水能之和 f_2
方案 1	7947.47	1.68	44.34	85433
方案 2	6856.27	0.91	3.20	88381
方案 3	6750	0.85	3.74	195895
方案 4	8111.16	1.74	37.21	203305

第7章　综合案例应用

7.1　隐函数的积分

本小节重点讲述循环常数 LoopConstant、循环作图 PlotLoopData 及积分函数 int（ ）的使用。

已知 t、x、z 满足下列等式：

$$(400 \cdot x - 800 + t)^2 \cdot \left\{ \exp\left[-\left(\frac{x}{120}\right)^2 \right] \right\} - (x + 16)^{0.6} \cdot a^{0.6} \cdot (1 - t^2) \cdot z^{1.2} = 0 \qquad (7\text{-}1)$$

其中，$a = 5.99\mathrm{E} + 09$，试求 $z = [1, 2.5]$ 之间变化所对应的式（7-2）积分值：

$$\int_0^1 x \mathrm{d}t \qquad (7\text{-}2)$$

上述问题的难点是无法由公式（7-1）直接求出 x 的显式表达式，比如 $x = f(t, z)$，以便代入公式（7-2）求出该式积分值。

将公式（7-1）两边同时加一个 x：

$$x = (400 \cdot x - 800 + t)^2 \cdot \left\{ \exp\left[-\left(\frac{x}{120}\right)^2 \right] \right\} - (x + 16)^{0.6} \cdot a^{0.6} \cdot (1 - t^2) \cdot z^{1.2} + x$$

$$(7\text{-}3)$$

上式左边 x 用 xx 代替，有下式成立：

$$\int_0^1 x \mathrm{d}t = \int_0^1 xx \mathrm{d}t \qquad (7\text{-}4)$$

这样将原问题转换成循环求解公式（7-4）的方程求解问题，可求解得出不同 z 所对应的 x 值，该 x 系列值满足公式（7-1）的等式约束要求；将每个求出的 x 值代入公式（7-2）即可求出想要的积分值，此处实际上就等于 x 值。隐函数积分计算结果如图 7-1 所示。

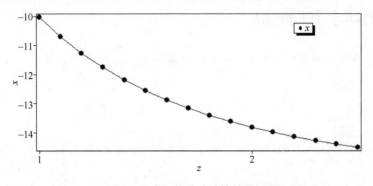

图 7-1　隐函数积分计算结果图

求解代码如下：

```
Constant a = 5.99e + 09;
LoopConstant z = [1;0.1;2.5];
ConstStr xx = (40 * x - 800 + t)^2 * exp( - (x/120)^2) - ((x + 16)^0.6) * (a^0.6) * (1 - t^2) * (z^1.2) + x;
PlotLoopData z[x],x;
Function int(x,t = 0,1) = int(xx,t = 0,1);
```

7.2　非线性方程组

本小节重点讲述 for 语句求解有规律的非线性方程组。

如公式（7-5）所示，试求 $i = 1,2,\cdots\cdots,10$ 时所对应的 S 值，已知 $S_1 = 100, S_{10} = 0$。

$$S_{i-1} = \frac{\left(\dfrac{S_i^{\frac{4}{3}}}{2.1 \cdot 10^7} - \dfrac{S_i^{\frac{1}{3}}}{3.5 \cdot 10^9}\right) + S_{i+1}\left(\dfrac{S_i^{\frac{4}{3}}}{2.8 \cdot 10^7} - \dfrac{1}{2.5 \cdot 10^9}\right)}{\dfrac{S_i^{\frac{1}{3}}}{3.3 \cdot 10^7} - \dfrac{1}{5.2 \cdot 10^9}}, i = 1,2,\cdots\cdots,10 \quad (7-5)$$

将上面公式展开后为一个 10 维的非线性方程组，从 S_0 到 S_{11}，一共有 10 个待求未知数，用 1stOpt 求解时，使用 for 语句可避免重复写 10 个方程，不仅代码简洁，也降低了出错的概率。

1stOpt 代码如下：

```
Constant s1 = 100, s10 = 0;
Function For(i = 1;10)(s[i - 1] = ((s[i]^(4/3)/(2.1 * 10^7) - s[i]^(1/3)/(3.5 * 10^9)) + s[i + 1] * (s[i]^(4/3)/
(2.8 * 10^7) - 1/(5.2 * 10^9)))/(s[i]^(1/3)/(3.3 * 10^7) - 1/(5.2 * 10^9)));
```

输出结果：

s0	1945.82750282619	s6	0.434773441436241
s2	15.1544008490733	s7	0.251894456260897
s3	4.25238048588441	s8	0.153399118947686
s4	1.68180179507017	s9	0.102293004615656
s5	0.807514910918575	s11	0.102293004615656

7.3　自动循环求方程的根

本小节重点讲述使用循环常数 LoopConstant 进行定义，可自动定义上一步计算结果作为新的循环常数。

已知方程：

$$3 \cdot x^2 \cdot y - 3 \cdot x \cdot y^2 + y^3 - x^3 - \sqrt{9 \cdot x^4 + 9 \cdot x^2 + 1} = 0 \quad (7-6)$$

初始值为 $x_0 = 0$，代入方程后求得 y_0 值，再令 $x_1 = y_0$，计算出 y_1，如此迭代循环 20 步，求得所有 y 值。

本案例主要用到循环常数 LoopConstant，该关键字不仅可以定义循环常数，也可以将上一步计算值自动赋予循环常数再进行下一步计算。自动循环方程计算结果如图 7-2 所示。

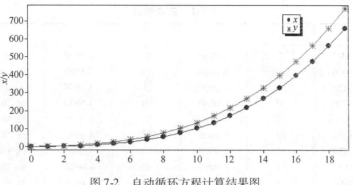

图 7-2 自动循环方程计算结果图

1stOpt 代码如下：

```
LoopConstant x = [0,y(19)];
PlotLoopData x,y;
Function 3 * x^2 * y - 3 * x * y^2 + y^3 - x^3 - sqrt(9 * x^4 + 9 * x^2 + 1) = 0;
```

7.4 自动分段拟合

本小节重点讲述分段拟合点的自动求解确定以及保持分段点连续的方法。

一条曲线由圆弧、直线、圆弧组成，如图 7-3 所示，数据见表 7-1，如何用最小二乘法拟合这条曲线，分段点怎么确定？

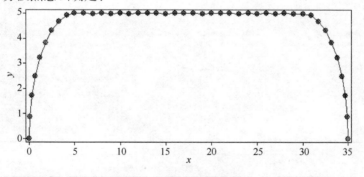

图 7-3 分段拟合数据图

拟合公式见式（7-7），b_1 和 b_2 为两个分段点，从图 7-3 看，b_1 和 b_2 范围大概分别在 $[3.5, 5]$ 和 $[29, 33]$ 区间，b_{11} 为中间段常数项，范围在 $[4.9, 5.1]$ 之间。

$$y = \begin{cases} \sqrt[4]{(b_3 \cdot x + b_4 \cdot x^2 + b_5 \cdot x^3 + b_6)^2} & \text{if } x < b_1 \\ b_{11} & \text{if } b_1 \leq x \leq b_2 \\ \sqrt[4]{(b_7 \cdot x + b_8 \cdot x^2 + b_9 \cdot x^3 + b_{10})^2} & \text{if } x > b_2 \end{cases} \tag{7-7}$$

此拟合问题的关键还在于要保证两个分段点处的左右连续，即约束条件：

$$\begin{cases} \sqrt[4]{(b_3 \cdot b_1 + b_4 \cdot b_1^2 + b_5 \cdot b_1^3 + b_6)^2} = b_{11} \\ \sqrt[4]{(b_7 \cdot b_2 + b_8 \cdot b_2^2 + b_9 \cdot b_2^3 + b_{10})^2} = b_{11} \end{cases}$$

表7-1   曲线数据

x	y	x	y	x	y	x	y
0.0080	0.0000	7	4.9950	18	5.0040	29	4.9950
0.0829	0.8670	8	5.0080	19	4.9950	30.0000	4.9920
0.2931	1.7132	9	4.9950	20	5.0070	30.8695	4.9309
0.6751	2.4970	10	5.0030	21	4.9970	31.7070	4.6900
1.1621	3.2204	11	4.9960	22	5.0040	32.5030	4.3353
1.7893	3.8264	12	5.0060	23	4.9910	33.2075	3.8226
2.5010	4.3284	13	4.9970	24	5.0020	33.8341	3.2172
3.2933	4.6891	14	5.0050	25	4.9920	34.3284	2.4990
4.1309	4.9290	15	4.9900	26	5.0020	34.7079	1.7135
5.0000	5.0040	16	5.0100	27	4.9960	34.9191	0.8674
6	5.0060	17	4.9980	28	5.0020	35.0040	0.0000

　　求解代码中增加了分段点连续的约束。为了加快计算速度，求解时可以先注释掉两个等式约束，等计算结束后再把这两个约束加上，单击热启动按钮 ▶ 再计算。

　　1stOpt 代码如下：

```
Parameter b1 = [3.5,5],b2 = [29,33],b(3:10),b11 = [4.9,5.1];
Function y = if(x < b1,power(sqr(b3 * x + b4 * x^2 + b5 * x^3 + b6),1/4),if(x > b2,power(sqr(b7 * x + b8 * x^2 + b9 * x^3 +
b10),1/4),b11));
        power(sqr(b3 * b1 + b4 * b1^2 + b5 * b1^3 + b6),1/4) = b11;
        power(sqr(b7 * b2 + b8 * b2^2 + b9 * b2^3 + b10),1/4) = b11;
Data;
0.0080,0.0000
0.0829,0.8670
0.2931,1.7132
0.6751,2.4970
...
34.7079,1.7135
34.9191,0.8674
35.0040,0.0000
```

　　输出结果：

均方差(RMSE)：0.0153891589417589
残差平方和(SSR)：0.0104203533691276
相关系数(R)：0.999961960763835
相关系数之平方(R^2)：0.999923922974654
修正 R 平方(Adj. R^2)：0.999920211900247
确定系数(DC)：0.999891352687622
卡方系数(Chi − Square)：0.055327205471987
F 统计(F-Statistic)：30039.1221668735
约束条件：power(sqr(b3 * b1 + b4 * b1^2 + b5 * b1^3 + b6),1/4) − b11 = 8.66901039842105E-9
power(sqr(b7 * b2 + b8 * b2^2 + b9 * b2^3 + b10),1/4) − b11 = − 3.85646865552758E-8

参数	最佳估算
b1	4.44173902409597
b2	29.3699258043018
b3	10.3758063811536
b4	− 1.22517374140766
b5	0.0359427513161363
b6	− 0.0839061499144941
b7	23.4807409303918
b8	− 1.55004062487702
b9	0.02591039786519
b10	− 33.9763016912892
b11	14.99809146709894

7.5 线性方程组求解

本小节重点讲述 for 语句的使用，线性方程组的求解。

已知一个千维线性方程组见公式（7-8）。除了第一及最后一个方程外，其余都是有规律的，在此用 for 语句实现自动生成相同形式的方程。因为是线性方程组，算法上选择线性算法。

$$\begin{cases} 4 \cdot x_1 + x_2 = 1 \\ x_1 + 4 \cdot x_2 + x_3 = 2 \\ x_2 + 4 \cdot x_3 + x_4 = 3 \\ \vdots \\ x_{998} + 4 \cdot x_{999} + x_{1000} = 999 \\ x_{999} + 4 \cdot x_{1000} = 1000 \end{cases} \tag{7-8}$$

1stOpt 代码如下：

```
Algorithm = LP;
Function 4 * x1 + x2 = 1;
    For (i = 1 : 1000 - 2) (x [i] + 4 * x [i+1] + x [i+2] = i+1);
    x999 + 4 * x1000 = 1000;
```

输出结果：

迭代数：1000
计算用时（时：分：秒：微秒）：00：00：03：277
算法：单纯形线性规划法
目标函数值：8.93152218850446E-12

参数最优解为：
x1：0.166666666666667
x2：0.333333333333333

x3：0.5
x4：0.666666666666667
x5：0.833333333333333
...
x997：165.306678180164
x998：169.542854058885
x999：154.521905584297
x1000：211.369523603926

7.6 配送中心选址问题

本小节重点讲述 Sum 函数的使用。

某物流公司计划从 8 个备选地址中选择若干个配送中心为 15 个客户服务，每个客户只能由一个配送中心进行配送。根据以往数据知，运输费率为 0.32 元/(t·km)，运输速度为 20km/h；当配送时间在 55.6h 之内时，才满足客户对时效性的要求。表 7-2、表 7-3 给出了配送中心的固定成本（万元）和容量限制（万元）、客户的需求量（t）及其与配送中心之间的距离（km）。试建立数学模型来确定配送中心的最佳选址，在满足时效性要求的前提下，使总成本最小。

表7-2　固定成本（万元）和容量限制（万元）

	配送中心							
	1	2	3	4	5	6	7	8
固定成本/每客户（f）	2300	2400	2400	3200	2700	3200	2500	2700
容量限制（C）	18600	19600	17100	18900	17000	19100	20500	17200

表7-3　客户与配送中心之间的距离 D（km）及客户的需求量 C（t）

客户	配送中心								需求量（R）
	1	2	3	4	5	6	7	8	
1	390.6	618.5	553	442	113.1	5.2	1217.7	1011	3000
2	370.8	636	440	401.8	25.6	113.1	1172.4	894.5	3100
3	876.3	1098.6	497.6	779.8	903	1003.3	907.2	40.1	2900
4	745.4	1037	305.9	725.7	445.7	531.4	1376.4	768.1	3100
5	144.5	354.6	624.7	238	290.7	269.4	993.2	974	3100
6	200.2	242	691.5	173.4	560	589.7	661.8	855.7	3400
7	235	205.5	801.5	326.2	477	433.6	966.4	1112	3500
8	517	541.5	338.4	219	249.5	335	937.3	701.8	3200
9	542	321	1104	576	896.8	878.4	728.3	1243	3000
10	665	827	427	523.2	725.2	813.8	692.2	284	3100
11	799	855.1	916.5	709.3	1057	1115.5	300	617	3300
12	852.2	798	1083	714.6	1177.4	1216.8	40.8	898.2	3200
13	602	614	820	517.7	899.6	952.7	272.4	727	3300
14	903	1092.5	612.5	790	932.4	1034.9	777	152.3	2900
15	600.7	710	522	448	726.6	811.8	563	426.8	3100

目标函数：

$$\text{min.} \quad \sum_{j=1}^{8} \sum_{i=1}^{15} p_{i,j} \cdot f_j + \sum_{j=1}^{8} \sum_{i=1}^{15} p_{i,j} \cdot d_{i,j} \cdot R_i \cdot 0.32 \tag{7-9}$$

$$\text{s. t.} \begin{cases} \sum_{i=1}^{15} p_{i,j} \cdot R_i \leqslant C_j & j = 1,2,3,\cdots\cdots,8 \\[3mm] \sum_{j=1}^{8} p_{i,j} = 1 & i = 1,2,3,\cdots\cdots,15 \\[3mm] \dfrac{p_{i,j} \cdot d_{i,j}}{20} \leqslant 55.6 & i = 1,\cdots\cdots,15, j = 1,\cdots\cdots,8 \end{cases}$$

其中，$P_{i,j}$ 定义为 $0 \sim 1$ 变量，f_i 为 FixCost，固定成本；$d_{i,j}$ 为 Distance，配送中心到客户距离；C_j 为 Capacity，容量限制；R_i 为 Requirement，客户需求量；$i = 1$，……，15，表示客户编号；$j = 1$，……，8，表示配送中心编号。

1stOpt 代码如下：

```
Algorithm = LP;
Constant n = 8, m = 15, Speed = 20, Cost = 0. 32;
Constant FixCost(n) = [2300,2400,2400,3200,2700,3200,2500,2700];
Constant Capacity(n) = [18600,19600,17100,18900,17000,19100,20500,17200];
Constant
Requirement(m) = [3000,3100,2900,3100,3100,3400,3500,3200,3000,3100,3300,3200,3300,2900,3100];
Constant Distance(m,n) = [390. 6,618. 5,553,442,113. 1,5. 2,1217. 7,1011,
                370. 8,636,440,401. 8,25. 6,113. 1,1172. 4,894. 5,
                876. 3,1098. 6,497. 6,779. 8,903,1003. 3,907. 2,40. 1,
                745. 4,1037,305. 9,725. 7,445. 7,531. 4,1376. 4,768. 1,
                144. 5,354. 6,624. 7,238,290. 7,269. 4,993. 2,974,
                200. 2,242,691. 5,173. 4,560,589. 7,661. 8,855. 7,
                235,205. 5,801. 5,326. 6,477,433. 6,966. 4,1112,
                517,541. 5,338. 4,219,249. 5,335,937. 3,701. 8,
                542,321,1104,576,896. 8,878. 4,728. 3,1243,
                665,827,427,523. 2,725. 2,813. 8,692. 2,284,
                799,855. 1,916. 5,709. 3,1057,1115. 5,300,617,
                852. 2,798,1083,714. 6,1177. 4,1216. 8,40. 8,898. 2,
                602,614,820,517. 7,899. 6,952. 7,272. 4,727,
                903,1092. 5,612. 5,790,932. 4,1034. 9,777,152. 3,
                600. 7,710,522,448,726. 6,811. 8,563,426. 8];
BinParameter p(m,n);
//MinFunction
Sum(j = 1:n)(if(Sum(i = 1:m)(p[i,j]) > = 1,1,0) * FixCost[j]) + Sum(j = 1:n)(Sum(i = 1:m)(p[i,j] * Distance[i,
j] * Requirment[i] * Cost));
MinFunction
Sum(j = 1:n)(Sum(i = 1:m)(p[i,j]) * FixCost[j]) + Sum(j = 1:n)(Sum(i = 1:m)(p[i,j] * Distance[i,j] * Requirement
[i] * Cost));
        For(j = 1:n)(Sum(i = 1:m)(p[i,j] * Requirement[i]) < = Capacity[j]);
        For(i = 1:m)(Sum(j = 1:n)(p[i,j]) = 1);
        For(j = 1:n)(For(i = 1:m)(p[i,j] * Distance[i,j]/Speed < = 55. 6));
```

输出结果：

迭代数：15 计算用时（时：分：秒：微秒）：00：00：00：78 算法：单纯形线性规划法 目标函数值（最小）：2998413. 60000029 参数最优解为：	p [1, 1]：0 p [1, 2]：0 p [1, 3]：0 … p [15, 6]：0 p [15, 7]：0 p [15, 8]：1

7.7　两个端点给定，长度给定的一条随机曲线的生成

本小节重点讲述求导函数 diff 及子代码块 SubCodeBlock 的使用。

问题描述：两端点给定，曲线长度也给定，如何生成满足条件的具有随机性的曲线？如两端点分别为 $p_1 = (0, 0)$ 和 $p_2 = (1, 2)$，如何生成一条长度为 7.54 的随机曲线？

不同的曲线类型均可满足两端及曲线长度固定已知的要求。当曲线方程 $y = f(x)$ 已知时，曲线长度计算公式如下：

曲线长度计算公式：

$$s = \int_{p1.x}^{p2.x} \sqrt{1 + \left(\frac{dy}{dx}\right)^2} \, dx \tag{7-10}$$

尝试以下两个函数：

$$\text{Extreme 函数形式}: y = y_0 + A \cdot \exp\left\{-\exp\left[\frac{-(x - x_c)}{w}\right] - \frac{x - x_c}{w} + 1\right\} \tag{7-11}$$

$$\text{三角函数形式}: y = a \cdot \sin(b \cdot x) + c \cdot \cos(d \cdot x) + e \tag{7-12}$$

所求曲线过两端点，同时曲线长度为定值，从而组成一个由三个方程形成的联立方程组，先求出曲线方程的参数值，由于是超越方程组（参数数多于方程数），每次求解参数组值都不一样，根据这些求出的参数再进行作图，求导函数用 Diff 命令。代码如下，重复多运行几次可得图 7-4 和图 7-5。

Extreme 函数代码如下：

```
Parameter xc = [0,1];
ConstStr f(v) = y0 + A * exp( - exp( - (v - xc)/w) - (v - xc)/w + 1),
        h(v) = diff(f(v),v);
Constant x = [0,1],y = [0,5];
Function y1 = f(x1);
        y2 = f(x2);
        int( sqrt(1 + (h(xx))^2),xx = 0,1) = 7.54;
SubCodeBlock;
ChartType = 2;
RefreshChart = False;
Variable x = [0,1],y;
StepX = 40;
PlotFunction y = y0 + A * exp( - exp( - (x - xc)/w) - (x - xc)/w + 1);
```

三角函数代码如下：

```
Constant x = [0,1],y = [0,5];
ConstStr f(v) = a * sin(b * v) + c * cos(d * v) + e,
        h(v) = diff(f(v),v);
Function y1 = f(x1);
        y2 = f(x2);
        int( sqrt(1 + (h(xx))^2),xx = 0,1) = 7.54;
SubCodeBlock;
ChartType = 2;
RefreshChart = False;
Variable x = [0,1],y;
StepX = 40;
PlotFunction y = a * sin(b * x) + c * cos(d * x) + e;
```

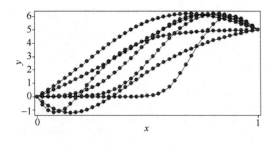

图 7-4 Extreme 函数求解结果图

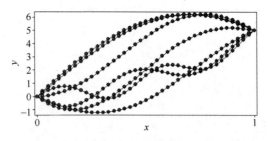

图 7-5 三角函数求解结果图

7.8 时间系列拟合

本小节重点讲述时间序列拟合的处理方式,编程模式的实现。

已知数据见表 7-4,拟合公式如式(7-13),此拟合公式为一时间序列,因此只能在编程模式下实现,但要注意代码中有关时间序列的代换处理。

$$q_{\mathrm{coll}}(t_d + \Delta t) = q_{\mathrm{coll}}(t_d) - [q_{\mathrm{pre}}(t_d + \Delta t) - q_{\mathrm{pre}}(t_d)] - \gamma \cdot q_{\mathrm{coll}}^2(t_d) \cdot \Delta t \qquad (7\text{-}13)$$

其中,γ 为待求参数。

表 7-4 数 据

No.	t_d	q_{coll}	q_{pre}	No.	t_d	q_{coll}	q_{pre}
1	1.047129e-8	1.062333e-11	7.313067e-11	11	1.047129e-7	4.30589e-11	3.479578e-11
2	1.318257e-8	1.310031e-11	7.044546e-11	12	1.318257e-7	4.627238e-11	3.133895e-11
3	1.659587e-8	1.576547e-11	6.757622e-11	13	1.659587e-7	4.885512e-11	2.760791e-11
4	2.089296e-8	1.864987e-11	6.346055e-11	14	2.089296e-7	5.173821e-11	2.511633e-11
5	2.630268e-8	2.210953e-11	5.967715e-11	15	2.630268e-7	5.340712e-11	2.187772e-11
6	3.311311e-8	2.563254e-11	5.591018e-11	16	3.311311e-7	5.507495e-11	1.895554e-11
7	4.168694e-8	2.892832e-11	5.18637e-11	17	4.168694e-7	5.782122e-11	1.711631e-11
8	5.248075e-8	3.271387e-11	4.732292e-11	18	5.248075e-7	5.958994e-11	1.453312e-11
9	6.606934e-8	3.628062e-11	4.172071e-11	19	6.606934e-7	6.078972e-11	1.283885e-11
10	8.317638e-8	3.967076e-11	3.809665e-11				

1stOpt 代码如下:

```
Parameter r;
Variable td, Qpre, Qcoll;
StartProgram [Pascal];
Procedure MainModel;
var i: integer;
    td0, Qpre0, Qcoll0, temd: double;
Begin
    td0 := 1E-8;
    Qpre0 := 1.029113E-11;
    Qcoll0 := 7.372707E-11;
    for i := 0 to DataLength-1 do begin
        temd := Qcoll0 - (Qpre[i] - Qpre0) - r * sqr(Qcoll0) * (td[i] - td0);
        Qcoll[i] := temd;
        Qcoll0 := temd;
        Qpre0 := Qpre[i];
        td0 := td[i];
```

```
    end;
End;
EndProgram;
Data;
//td Qpre Qcoll
//1E-8      1.029113E-11    7.372707E-11
1.047129e-8     1.062333e-11    7.313067e-11
1.318257e-8     1.310031e-11    7.044546e-11
1.659587e-8     1.576547e-11    6.757622e-11
...
5.248075e-7     5.958994e-11    1.453312e-11
6.606934e-7     6.078972e-11    1.283885e-11
```

7.9 点到空间曲面距离

本小节重点讲述最优模型的构建方式。

已知空间曲面方程是求空间任意给定点到空间曲面的距离。方程如下：

$$f(x,y) = p_0 + p_1 \cdot x + p_2 \cdot y + p_3 \cdot x^2 + p_4 \cdot x \cdot y + p_5 \cdot y^2 \tag{7-14}$$

其中，$p_0 = -1165$，$p_1 = 7.154$，$p_2 = 5.486$，$p_3 = -0.001106$，$p_4 = -0.05037$，$p_5 = 0.02494$。

可以将上述问题转换成带等式约束的最优化问题：假如空间任意已知点为 (x_0, y_0, z_0)，该空间点到曲面上对应的点为 (x_1, y_1, z_1)，优化求解模型如下：

$$\min. \sqrt{(x_1 - x_0)^2 + (y_1 - y_0)^2 + (z_1 - z_0)^2} \tag{7-15}$$

$$\text{s. t. } z_1 = p_0 + p_1 \cdot x_1 + p_2 \cdot y_1 + p_3 \cdot x_1^2 + p_4 \cdot x_1 \cdot y_1 + p_5 \cdot y_1^2$$

已知任意点 $(x_0, y_0, z_0) = (1, 2, -2)$，用 1stOpt 求解代码如下：

```
Constant [x0,y0,z0] = [1,2,-2];
Constant p0 = -1165, p1 = 7.154, p2 = 5.486, p3 = -0.001106, p4 = -0.05037, p5 = 0.02494;
Parameter x1,y1,z1;
MinFunction sqrt(sqr(x1 - x0) + sqr(y1 - y0) + sqr(z1 - z0));
        z1 = p0 + p1*x1 + p2*y1 + p3*x1^2 + p4*x1*y1 + p5*y1^2;
```

可得稳定唯一的结果：

迭代数：29 计算用时（时：分：秒：微秒）：00:00:00:713 计算结束原因：达到收敛判断标准 优化算法：通用全局优化算法（UGO1） 函数表达式：sqrt(sqr(x1 - 1) + sqr(y1 - 2) + sqr(z1 - ((-2)))) 目标函数值（最小）：129.735324801862 x1：6.90179734669766 y1：131.128535692122 z1：-13.0564261645205	约束函数： 1：z1 - (((-1165)) + 7.154*x1 + 5.486*y1 + ((-0.001106))*x1^2 + ((-0.05037))*x1*y1 + 0.02494*y1^2) = 3.5633718198369E-12

即已知空间点 $(x_0, y_0, z_0) = (1, 2, -2)$ 到曲面的距离为：129.735324801862，曲面上对应点的坐标为 $(x_1, y_1, z_1) = (6.90179734669766, 131.128535692122, -13.0564261645205)$。该方法可用于求解空间一点到任意复杂空间曲面的距离，即使多维空间。

7.10 边值微分方程

本小节重点讲述复杂边值微分方程的求解方法。

已知微分方程组如下：

$$\begin{cases} \dfrac{dy_1}{dx} = -A_1 \cdot (y_3 + y_4) \cdot y_1 - B_1 \cdot y_1 \\[2mm] \dfrac{dy_2}{dx} = A_1 \cdot (y_3 + y_4) \cdot y_2 + B_1 \cdot y_2 \\[2mm] \dfrac{dy_3}{dx} = A_2 \cdot ((y_1 + y_2) - (y_5 + y_6)) \cdot y_3 - B_2 \cdot y_3 \\[2mm] \dfrac{dy_4}{dx} = -A_2 \cdot ((y_1 + y_2) - (y_5 + y_6)) \cdot y_4 + B_2 \cdot y_4 \\[2mm] \dfrac{dy_5}{dx} = A_2 \cdot (y_3 + y_4) \cdot y_5 - B_2 \cdot y_5 \\[2mm] \dfrac{dy_6}{dx} = -A_2 \cdot (y_3 + y_4) \cdot y_6 + B_2 \cdot y_6 \end{cases} \tag{7-16}$$

x 区间 $= [0, h]$，已知系数 $A_1 = 5.91\text{E-}2$，$A_2 = 6.3\text{E-}2$，$B_1 = 3.45\text{E-}4$，$B_2 = 3.45\text{E-}4$，$h = 200$。

边界条件：$y_{1(0)} = 1$，$y_{2(L)} = y_{1(L)}$，$y_{3(0)} = y_{4(0)}$，$y_{3(L)} = y_{4(L)}$，$y_{5(0)} = y_{6(0)}$，$y_{5(L)} = 10 \times y_{6(L)}$；

该问题是比较复杂的边值微分方程求解问题，下面给出两种求解方式：

第一种 1stOpt 代码如下：

```
Constant A1 = 5.91E − 2, A2 = 6.3E − 2, B1 = 3.45E − 4, B2 = 3.45E − 4, h = 200;
Variable x = [0,h];
Variable y1 = 1,y2 = [ ,y1],y3 = [y4,y4],y5 = [y6,10 * y6];
Plot x[x],y1,y2,y3,y4,y5,y6;
ODEOptions = [SN = 100,A = 0,P = 30];
ODEFunction y1′ = − A1 * y1 * (y3 + y4) − B1 * y1;
           y2′ = A1 * y2 * (y3 + y4) + B1 * y2;
           y3′ = A2 * y3 * ((y1 + y2) − (y5 + y6)) − B2 * y3;
           y4′ = − A2 * y4 * ((y1 + y2) − (y5 + y6)) + B2 * y4;
           y5′ = A2 * y5 * (y3 + y4) − B2 * y5;
           y6′ = − A2 * y6 * (y3 + y4) + B2 * y6;.
```

上述代码中："y2 = [，y1]"表示 y2 的终值与 y1 的终值相等，"y3 = [y4，y4]"表示 y3
的初值和终值与 y4 的初值和终值均相等；"y5 = [y6，10 * y6]"表示 y5 的初值与 y6 初值相
同，而 y5 的终值与 y6 终值的 10 倍相同。

上面代码可得两组结果：

结果一	结果二
目标函数：1.69655661042493E-27 边值估算： 　y2（x = 0）：0.871098691745836 　y4（x = 0）：1.02634725915366E-27 　y6（x = 0）：−6.80998615003674E-19	目标函数：2.61339863626954E-21 边值估算： 　y2（x = 0）：0.0882570892827405 　y4（x = 0）：0.0252414263487039 　y6（x = 0）：0.300978848539969

上面结果一仅从目标函数来看，效果应该更好。如果要求所有参数（初值）都大于 0
或有其他约束条件该如何添加？上面代码求解边值（BVP）问题简单易懂，但缺点是无法添
加约束条件，因此更复杂的添加约束条件由下面第二种方法来求解。

第二种 1stOpt 代码如下：

```
Constant A1 = 5.91E-2, A2 = 6.3E-2, B1 = 3.45E-4, B2 = 3.45E-4, h = 200;
ODEStep = h/100;
ParameterDomain = [0,];
Parameter p1,p2,p3;
Variable x,y(6);
SubjectTo y2[EndN] = y1[EndN],y3[EndN] = y4[EndN],y5[EndN] = 10 * y6[EndN];
ODEOptions = [SN = 100,A = 0,P = 30];
ODEFunction y1' = −A1 * y1 * (y3 + y4) − B1 * y1;
            y2' = A1 * y2 * (y3 + y4) + B1 * y2;
            y3' = A2 * y3 * ((y1 + y2) − (y5 + y6)) − B2 * y3;
            y4' = −A2 * y4 * ((y1 + y2) − (y5 + y6)) + B2 * y4;
            y5' = A2 * y5 * (y3 + y4) − B2 * y5;
            y6' = −A2 * y6 * (y3 + y4) + B2 * y6;
Data;
//x,y1,y2,y3,y4,y5,y6
0,1,p1,p2,p2,p3,p3
h,NAN,NAN,NAN,NAN,NAN,NAN
```

第二种方法是 1stOpt 典型的微分方程拟合代码，适用于任何微分方程边值问题求解，
可以添加任意类型的约束。上面代码中注意："NAN"表示数据未知，"EndN"表示终止时
刻，对应的"IniN"表示起始时刻，"ParameterDomain = [0,];"定义所有待求参数均大
于 0。

7.11　积分方程问题求解

本小节重点讲述积分方程与 LoopConstant 使用自动循环进行积分方程求解并作图。

$$F = 106 \cdot \left\{ \frac{2.73}{286 \cdot \int_0^{\Delta t} \sqrt{[3 - \sin(t)]^2 + [\cos(t)]^2 + [\cos(2 \cdot \pi \cdot h \cdot t)]^2} \, dt} \right\}^{4/5}$$

$$(7\text{-}17)$$

其中，h 为已知参数，F 为对 t 进行积分的函数，同时积分上限 Δt 又与 F 关联，$\Delta t = \sqrt[5/2]{\dfrac{F}{4}}$。假设 h 从 1 变为 10，变幅为 0.1，用 1stOpt 求 F 的数值解。

1stOpt 代码如下：

```
LoopConstant h = [1:0.1:10];
ConstStr dt = (F/4)^(5/2);
PlotLoopData F;
Function F = 106 * (2.73/(286 * int(sqrt((3 - sin(t))^2 + (cos(t))^2 + (cos(2 * pi * h * t))^2), t = 0, dt)))^(4/5);
```

积分方程循环求解结果如图 7-6 所示。

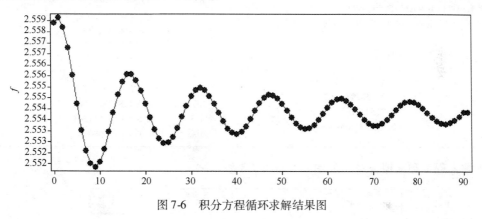

图 7-6　积分方程循环求解结果图

7.12　摆线参数方程拟合一

本小节重点讲述定义参数型变量关键字 ParVariable 的使用。

已知参数方程及数据如下（表 7-5），其中 x、y 是关于 b 的参数方程，x 和 y 值已知，对应的 b 系列值未知，w、c、d 为待拟合求解的模型参数。

$$\begin{cases} x = a \cdot \left[\cos(b) + \dfrac{2}{3} \cdot \cos\left(\dfrac{3}{2} \cdot b + w\right) \right] + c \\ y = a \cdot \left[\sin(b) + \dfrac{2}{3} \cdot \sin\left(\dfrac{3}{2} \cdot b + w\right) \right] + d \end{cases}$$

$$(7\text{-}18)$$

表 7-5　参数方程的数据

x	3.47, 3.86, 4.18, 4.32, 4.13, 3.82, 3.50, 3.18, 2.98, 2.92, 3.03, 3.36, 3.56, 3.68, 3.74
y	5.48, 5.52, 5.81, 6.28, 6.72, 6.94, 6.97, 6.80, 6.59, 6.31, 5.95, 5.76, 5.75, 5.83, 5.88

未知参数型变量 b 用关键字 ParVariable 定义。

1stOpt 代码如下：

```
ParVariable b;
Parameter a,c,d,w;
SharedModel;
Function x = a * (cos(b) + 2/3 * cos(3/2 * b + w)) + c;
         y = a * (sin(b) + 2/3 * sin(3/2 * b + w)) + d;
Data;
3.47,3.86,4.18,4.32,4.13,3.82,3.50,3.18,2.98,2.92,3.03,3.36,3.56,3.68,3.74;
5.48,5.52,5.81,6.28,6.72,6.94,6.97,6.80,6.59,6.31,5.95,5.76,5.75,5.83,5.88;
```

输出结果：

均方差(RMSE)：0.00826982514393614
残差平方和(SSR)：0.00205170023733835
相关系数(R)：0.999876605060476
相关系数之平方(R^2)：0.999753225347263
修正 R 平方(Adj. R^2)：0.999685925434232
确定系数(DC)：0.999693595600489
F 统计(F – Statistic)：– 941.585545841892

参数	最佳估算
a	0.466596275494185
c	3.55158293141026
d	6.2152291651721
w	– 0.053100003136959

b0	– 1.38513388098021
b1	– 0.943843006118665
b2	– 0.460449515499496
b3	0.0877705677309625
b4	0.615846772455012
b5	1.0310332044922
b6	– 11.1822118156513
b7	1.804827851779
b8	2.15983037294153
b9	65.3583941254784
b10	91.0191477325422
b11	3.67041539699285
b12	117.128175114647
b13	– 8.24630538511288
b14	4.4953646368669

参数方程 x 和 y 拟合对比如图 7-7 和图 7-8 所示。

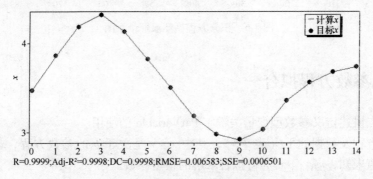

R=0.9999;Adj-R²=0.9998;DC=0.9998;RMSE=0.006583;SSE=0.0006501

图 7-7　参数方程 x 拟合对比图

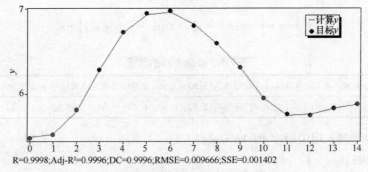

R=0.9998;Adj-R²=0.9996;DC=0.9996;RMSE=0.009666;SSE=0.001402

图 7-8　参数方程 y 拟合对比图

7.13　边值微分方程之二

本小节重点讲述分段复杂边界微分方程的求解。

已知微分方程如下:

当 $x = [0, L_1]$:

$$
\begin{cases}
\dfrac{dy_1}{dz} = -A_1 \cdot (y_3 + y_4) \cdot y_1 - B_1 \cdot y_1 \\[2mm]
\dfrac{dy_2}{dz} = A_1 \cdot (y_3 + y_4) \cdot y_2 + B_1 \cdot y_2 \\[2mm]
\dfrac{dy_3}{dz} = A_2 \cdot [(y_1 + y_2) - y_5] \cdot y_3 - B_2 \cdot y_3 \\[2mm]
\dfrac{dy_4}{dz} = -A_2 \cdot [(y_1 + y_2) - y_5)] \cdot y_4 + B_2 \cdot y_4 \\[2mm]
\dfrac{dy_5}{dz} = A_2 \cdot (y_3 + y_4) \cdot y_5 - B_2 \cdot y_5
\end{cases}
\tag{7-19}
$$

当 $x = [L_1, L_2]$:

$$
\begin{cases}
\dfrac{dy_5}{dz} = -A_2 \cdot y_5 \cdot y_6 - B_2 \cdot y_5 \\[2mm]
\dfrac{dy_6}{dz} = A_2 \cdot y_5 \cdot y_6 - B_2 \cdot y_6
\end{cases}
\tag{7-20}
$$

初值和边界条件: $L_1 = 500$, $L_2 = 1000$, $y_{1(0)} = 1$, $y_{2(L_1)} = y_{1(L_1)}$, $y_{3(0)} = y_{4(0)}$, $y_{3(L_1)} = y_{4(L_1)} - 0.01$, $y_{5(0)} = 0.9 \times [y_{5(L_2)} + 0.1]$, $y_{6(L_1)} = 0.1$。

如图 7-9 所示, L_1 是个阶跃点, 在区间 $[L_1, L_2]$ 中, y_1、y_2、y_3、y_4、$\dfrac{dy_1}{dz}$、$\dfrac{dy_2}{dz}$、$\dfrac{dy_3}{dz}$、$\dfrac{dy_4}{dz} = 0$, 在这个区间无须计算 y_1、y_2、y_3、y_4、$\dfrac{dy_1}{dz}$、$\dfrac{dy_2}{dz}$、$\dfrac{dy_3}{dz}$、$\dfrac{dy_4}{dz}$; 在 $[0, L_1]$ 中, 计算 y_1、y_2、y_3、y_4、$\dfrac{dy_1}{dz}$、$\dfrac{dy_2}{dz}$、$\dfrac{dy_3}{dz}$、$\dfrac{dy_4}{dz}$; 在 $[0, L_1]$ 中, y_6, $\dfrac{dy_6}{dz} = 0$, 在这个区间无须计算 y_6, $\dfrac{dy_6}{dz}$, 只在 $[L_1, L_2]$ 中, 计算 y_6, $\dfrac{dy_6}{dz}$; 在 $[0, L_2]$ 中, y_5, $\dfrac{dy_5}{dz}$ 都要计算。

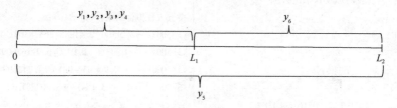

图 7-9　微分方程边界区间示意图

上面微分方程组中 y_1 至 y_4 只在 $[0, L_1]$ 区间起作用, y_6 仅在 $[L_1, L_2]$ 区间起作用, 只有 y_5 在整个时段 $[0, L_2]$ 都要计算。由于 y_5 在 L_1 处无约束条件而只在 L_2 处有约束, 因此无法将微分方程组根据时段划分成两个独立的微分方程组来求解，即在 $[0, L_1]$ 时段，y_1，y_2，y_3，y_4，y_5 组成一个微分方程组，在 $[L_1, L_2]$ 时段则只有 y_5 和 y_6 组成的微分方程组。因此，只能将所有微分方程组在 $[0, L_2]$ 整个时段来计算，此时根据边界条件，y_6 在 L_1 时的初始值为 0.1，y_6 的计算开始时段是 0[虽然在 $[0, L_1]$ 时段 y_6 不起任何作用]，如何保证 $y_{6[L_1]} = 0.1$，这里假定 y_6 在 $[0, L_1]$ 时的微分方程形式为 $\dfrac{\mathrm{d}y_6}{\mathrm{d}z} = 0$，初值为 $y_{6[0]} = p_4$，p_4 为待求参数，再加上一个 $y_{6[L_1]} = 0.1$ 的约束，确保 y_6 在 L_1 时的值为 0.1。

1stOpt 代码如下：

```
Algorithm = UGO2[5];
Constant L1 = 500, L2 = 1000;
Constant A1 = 5.91E - 2, A2 = 6.3E - 2, B1 = 3.45E - 4, B2 = 3.45E - 4, h = L2;
ODEStep = h/100;
ParameterDomain = [0,];
Parameter p1, p2, p3, p4;
SubjectTo y1[L1] = y2[L1], y3[L1] = y4[L1] - 0.01, y5[L2] = 1/0.9 * p3 - 0.1, y6[L1] = 0.1;
Variable x, y1, y2, y3, y4, y5, y6;
ODEFunction y1' = - A1 * y1 * (y3 + y4) - B1 * y1;
            y2' = A1 * y2 * (y3 + y4) + B1 * y2;
            y3' = - A2 * y3 * ((y1 + y2) - y5) - B2 * y3;
            y4' = - A2 * y4 * ((y1 + y2) - y5) + B2 * y4;
            y5' = if(x < = L1, A2 * y5 * (y3 + y4) - B2 * y5, - A2 * y5 * y6 - B2 * y5);
            y6' = if(x < = L1, 0, A2 * y5 * y6 - B2 * y6);
Data;
0.1, p1, p2, p2, p3, p4
h, NAN, NAN, NAN, NAN, NAN, NAN
```

输出结果：

常微分方程算法：龙格-库塔-费尔博格法（Runge-Kutta-Fehlberg Method）

优化算法：通用全局优化算法（UGO2）

计算结束原因：用户中止

计算用时（时：分：秒：微秒）：00:00:13:891

均方差（RMSE）：0

残差平方和（SSE）：0

参数	最佳估算
p1	0.0227907167648338
p2	0.295989266491941
p3	0.0900001298141833
p4	0.0999999999683588

微分方程拟合约束（SubjectTo）：

y1[500] - y2[500]：2.41243136578362E-12

y3[500] - (y4[500] - 0.01)：6.91167609256915E-12

y5[1000] - (1/0.9 * p3 - 0.1)：4.74269951392361E-12

y6[500] - 0.1：-3.16411563630278E-11

注意：虽然在 $[0, L_1]$ 时段 y_6 不为 0，在 $[L_1, L_2]$ 时段 y_1，y_2，y_3，y_4 也不为 0，但由于它们在那一时段均不起任何作用（微分方程中不含有），因此均可视为 0。

7.14　时间序列回归拟合

本小节重点讲述时间序列的拟合方法。

拟合公式如下，因变量 y 不仅与自变量 x 相关，而且与前一时刻的因变量也相关。已知 $y_0 = 35316$，其他 x 与对应的 y 数据见表 7-6，b_1 至 b_4 为待求的拟合参数。

$$y_t = y_{t-1} + \frac{b_1 - y_{t-1}^2}{b_2 \cdot x_t^2} \cdot y_{t-1}^{b_3} + b_4 \tag{7-21}$$

表 7-6　方程数据

x	1880：5：2005
y	35316, 36649, 38313, 39902, 41557, 43847, 46620, 49184, 52752, 55473, 59737, 64450, 69254, 71933, 72147, 83200, 89276, 93419, 98275, 103720, 111940, 117060, 121049, 123611, 125570, 126926, 127768

代码（Pascal 格式）：

```
Parameter b1,b2,b3,b4;
Variable x,y;
StartProgram [Pascal];
Procedure MainModel;
var i: integer;
    temd,temb: double;
Begin
    temd : = 35316;
    for i : = 0 to DataLength − 1 do begin
        temb : = temd + (b1 − temd^2/b2/x[i]^2) * power(temd,b3) + b4;
        y[i] : = temb;
        temd : = temb;
    end;
End;
EndProgram;
Data;
x = [1880:5:2005];
y = [36649,38313,39902,41557,43847,46620,49184,52752,55473,59737,64450,69254,71933,72147,83200,89276,
93419,98275,103720,111940,117060,121049,123611,125570,126926,127768];
```

代码（Basic 格式）：

```
Parameter b1,b2,b3,b4;
Variable x,y;
StartProgram [Basic];
Sub MainModel
    Dim i as integer
    Dim temd as double
    Dim temb as double
    temd = 35316
```

```
    for i = 0 to DataLength – 1
        temb  = temd + ( b1 – temd^2/b2/x( i )^2) * temd^b3 + b4
        y( i ) = temb
        temd = temb
    next
End Sub
EndProgram;
Data;
x = [1880:5:2005];
y = [36649,38313,39902,41557,43847,46620,49184,52752,55473,59737,64450,69254,71933,72147,83200,89276,
93419,98275,103720,111940,117060,121049,123611,125570,126926,127768];
```

上述代码可得相同结果：

优化算法：通用全局优化算法（UGO2）	参数	最佳估算
计算结束原因：达到收敛判断标准	- - - - -	- - - - - - -
均方差（RMSE）：1288. 67601145682	b1	1. 78532970549244E – 8
残差平方和（SSE）：43177832. 4251109	b2	230735552123. 289
相关系数（R）：0. 999181094641717	b3	2. 38291859072489
相关系数之平方（R^2）：0. 99836285988942	b4	507. 722929486049
修正 R 平方（Adj. R^2）：0. 998220499879804		
确定系数（DC）：0. 998340337179349		
F 统计（F-Statistic）：4377. 2536271933		

时间序列拟合结果如图 7-10 所示。

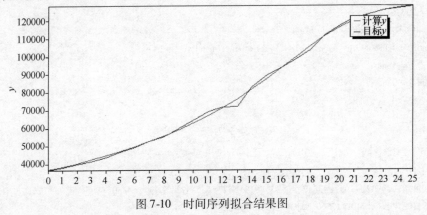

图 7-10　时间序列拟合结果图

7.15　积分微分方程初值问题

本小节重点讲述含积分项的微分方程初值问题。

已知微分方程如下：

$$\frac{\mathrm{d}^2 y}{\mathrm{d}x^2} = \frac{\sqrt{1 + \left(\frac{\mathrm{d}y}{\mathrm{d}x}\right)^2} \cdot x^2 \cdot c}{f \cdot b^2} + \frac{p}{c + \frac{\mathrm{d}y}{\mathrm{d}x}} \tag{7-22}$$

其中, $b = 2.84$, $p = 890$, $f = 5650000$; 初值条件: $y(x = 0) = 0$, $\dfrac{\mathrm{d}y}{\mathrm{d}x}(x = 0) = 0.91$; 积分区间: $x = [0, 2 \cdot b]$, 另有:

$$c = \frac{b \cdot \sqrt{c + p - p \cdot c}}{\displaystyle\int_{t=0}^{x} \sqrt{1 + \frac{\mathrm{d}y}{\mathrm{d}x}} \mathrm{d}t} \tag{7-23}$$

令:

$$a = \frac{b}{\displaystyle\int_{t=0}^{x} \sqrt{1 + \frac{\mathrm{d}y}{\mathrm{d}x}} \mathrm{d}t} \tag{7-24}$$

将式 (7-24) 代入式 (7-23) 可求出 c 的显示表达式, 再代入式 (7-22) 得:

$$c = 0.5 \cdot (-a^2 \cdot (p - 1) \pm \sqrt{a^4 \cdot (p - 1)^2 + 4 \cdot a^2 \cdot p})$$

1stOpt 代码如下:

```
ODEStep = 0.1;
Constant b = 2.84, p = 890, f = 5650000;
ConstStr a = b/int( sqrt(1 + y'^2), t = 0, x);
//ConstStr c = 0.5 * ( -a^2 * (p-1) + sqrt(a^4 * (p-1)^2 + 4 * a^2 * p));
ConstStr c = 0.5 * ( -a^2 * (p-1) - sqrt(a^4 * (p-1)^2 + 4 * a^2 * p));
Variable x, y, y';
ODEFunction   y'' = 1/(f * b^2) * (1 + y'^2)^(1/2) * x^2 * c + p/(c + y');
    Data;
0, 0, -0.91
2 * b, NAN, NAN
```

可得两组不同结果如图 7-11 所示。

$c = 0.5 * (-a^2 * (p-1) + sqrt(a^4 * (p-1)^2 + 4 * a^2 * p))$ | $c = 0.5 * (-a^2 * (p-1) - sqrt(a^4 * (p-1)^2 + 4 * a^2 * p))$

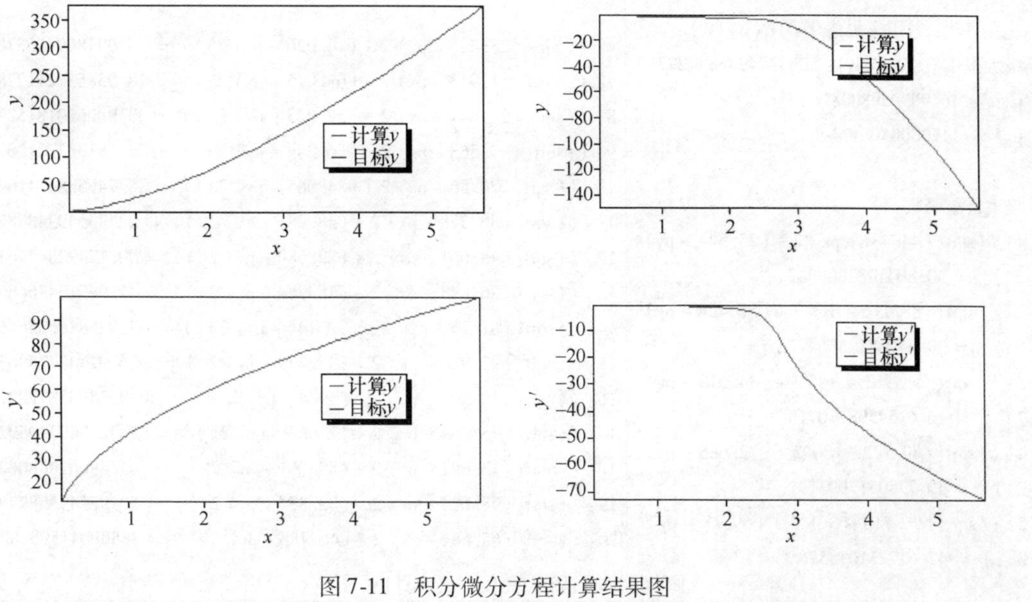

图 7-11　积分微分方程计算结果图

7.16　选址问题中的中心问题

本小节重点讲述最大最小函数 MinMax 的使用。

已知平面 20 个数据点的坐标见表 7-7，从此平面中确定一点 $P(x,y)$ 使得 P 点距离所有 20 个数据点距离中的最大值最小化，也即典型的 MinMax 问题。

假设想求的 P 点坐标为 (p_x, p_y)，则该点到平面每一点的距离计算公式为：

$$f_i = \sqrt{(p_x - x_i)^2 + (p_y - y_i)^2} \qquad i = 1,\cdots\cdots,20 \tag{7-25}$$

表 7-7　平面坐标的数据

x	1880 : 5 : 2005
y	35316, 36649, 38313, 39902, 41557, 43847, 46620, 49184, 52752, 55473, 59737, 64450, 69254, 71933, 72147, 83200, 89276, 93419, 98275, 103720, 111940, 117060, 121049, 123611, 125570, 126926, 127768

1stOpt 代码如下：

```
Constant
x = [44.431,87.116,58.782,80.122,96.718,28.435,51.913,24.841,47.563,78.560,80.378,48.061,26.633,81.250,
92.926,18.307,75.464,13.691,98.023,65.584],
y = [23.544,57.428,34.513,72.685,69.280,16.026,69.015,57.343,76.254,84.065,48.781,22.684,78.784,92.144,
47.879,19.400,7.063,49.901,82.834,46.786];
Parameter px,py;
ConstStr For(i = 1:20,x,y,f)(f = sqrt((x - px)^2 + (y - py)^2));
MinMax f(20);
```

计算结果：

优化算法：通用全局优化算法（UGO1）

极大极小值（MinMax）：50.9374935877297

px：58.1649999598008

py：51.1170000505174

极大极小函数：

1：((sqrt((44.431 - px)^2 + (23.544 - py)^2))) = 30.8041082760342

2：((sqrt((87.116 - px)^2 + (57.428 - py)^2))) = 29.6308812506477

3：((sqrt((58.782 - px)^2 + (34.513 - py)^2))) = 16.6154598710715

4：((sqrt((80.122 - px)^2 + (72.685 - py)^2))) = 30.7780517997191

5：((sqrt((96.718 - px)^2 + (69.28 - py)^2))) = 42.617231013576

6：((sqrt((28.435 - px)^2 + (16.026 - py)^2))) = 45.9918599553787

7：((sqrt((51.913 - px)^2 + (69.015 - py)^2))) = 18.9585312112787

8：((sqrt((24.841 - px)^2 + (57.343 - py)^2))) = 33.9006201815212

9：((sqrt((47.563 - px)^2 + (76.254 - py)^2))) = 27.2813337212077

10：((sqrt((78.56 - px)^2 + (84.065 - py)^2))) = 38.7495384141648

11：((sqrt((80.378 - px)^2 + (48.781 - py)^2))) = 22.3354934358278

12：((sqrt((48.061 - px)^2 + (22.684 - py)^2))) = 30.1749284516198

13：((sqrt((26.633 - px)^2 + (78.784 - py)^2))) = 41.9491347666379

14：((sqrt((81.25 - px)^2 + (92.144 - py)^2))) = 47.0758106856467

15：((sqrt((92.926 - px)^2 + (47.879 - py)^2))) = 34.91148475963

16：((sqrt((18.307 - px)^2 + (19.4 - py)^2))) = 50.9374935877297

17：((sqrt((75.464 - px)^2 + (7.063 - py)^2))) = 47.3287473195921

18：((sqrt((13.691 - px)^2 + (49.901 - py)^2))) = 44.4906206806246

19：((sqrt((98.023 - px)^2 + (82.834 - py)^2))) = 50.9374935877297

20：((sqrt((65.584 - xx)^2 + (46.786 - py)^2))) = 8.59064159618227

7.17 限定范围及取值精度的方程求解

本小节重点讲述有小数点精度要求的参数求解。

已知方程如下，其中 A、B、D 为自然整数，范围分别为 $A = [100, 500]$，$B = [1, 10]$，$D = [100, 5000]$，C 为实数，范围为 $[0.1, 10]$，C 的精度要求是只去小数点后两位，即变化步长为 0.01。

$$M = A \cdot B + C \cdot D \tag{7-26}$$

求当 M 为某个特定数时，如 $M = 12345.67$，求解 A，B，C，D 的多组解。

为满足参数 C 只取小数点后两位数的要求，首先将公式变形：用 $\dfrac{C_1}{100}$ 替换原公式中的 C，同时 C_1 的范围也由原先 C 范围的 $[0.1, 10]$ 变为 $[10, 1000]$，这样就将所有参数变为整数参数来求解，求解出的 C_1 再除以 100 即为题目中的 C 值。

1stOpt 代码如下：

```
MultiRun = 50;
Algorithm = SM3;
Constant M = 12345.67;
IntParameter A = [100,500],B = [1,10],C1 = [10,1000],D = [100,5000];
Function M = A * B + C1/100 * D;
```

7.18 微分方程与代数方程混合拟合问题

本小节重点讲述微分方程和代数方程混合拟合问题求解。

已知微分方程及代数方程如下：

$$\begin{cases} \dfrac{\mathrm{d}x}{\mathrm{d}t} = \dfrac{x}{t} - \dfrac{4 \cdot x \cdot \left(x^2 - \dfrac{1}{x}\right) \cdot p_2}{0.3 \cdot eita} \\ y = 2 \cdot \left(t^2 - \dfrac{1}{t}\right) \cdot p_1 + \left(x^2 - \dfrac{1}{x}\right) \cdot p_2 \end{cases} \tag{7-27}$$

其中：$\begin{cases} I_1 = t^2 + \dfrac{2}{t} \\ IB_1 = x^2 + \dfrac{2}{x} \\ \mathrm{pusi}_1 = \dfrac{3^{(1-\mathrm{alpa}_1)}}{2} \cdot \mathrm{mua}_1 \cdot I_1^{\mathrm{alpa}_1 - 1} + \dfrac{3^{(1-\mathrm{alpa}_2)}}{2} \cdot \mathrm{mua}_2 \cdot I_1^{\mathrm{alpa}_2 - 1} \\ \mathrm{pusi}_2 = \dfrac{3^{(1-\mathrm{alpb}_1)}}{2} \cdot \mathrm{mub}_1 \cdot IB_1^{\mathrm{alpb}_1 - 1} + \dfrac{3^{(1-\mathrm{alpb}_2)}}{2} \cdot \mathrm{mub}_2 \cdot IB_1^{\mathrm{alpb}_2 - 1} \\ \mathrm{eita} = (c_1 \cdot \{1 - \exp[c_2 \cdot (I_1 - 3)]\} + c_3) \cdot (c_4 \cdot IB_1^3 + c_5 \cdot IB_1^2 + c_6 \cdot IB_1 + c_7) \end{cases}$

上面公式由微分方程和代数方程组成，数据见表 7-8。

表 7-8　方程中的数据

No.	t	x	y	No.	t	x	y	No.	t	x	y
1	1	1	0	7	1.36735	nan	0.22634	13	1.73469	nan	0.40235
2	1.06122	nan	0.05984	8	1.42857	nan	0.24788	14	1.79592	nan	0.46053
3	1.12245	nan	0.10733	9	1.4898	nan	0.26965	15	1.85714	nan	0.53555
4	1.18367	nan	0.14557	10	1.55102	nan	0.29361	16	1.91837	nan	0.63165
5	1.2449	nan	0.1769	11	1.61224	nan	0.32197	17	1.97959	nan	0.75362
6	1.30612	nan	0.20325	12	1.67347	nan	0.35726				

1stOpt 代码如下：

```
Constant edot = 0.1;
Parameter muA1, alpA1, muA2, alpA2,
          muB1, alpB1, muB2, alpB2,
          c1, c2, c3, c4, c5, c6, c7;
ConstStr II = t^2 + 2/t, IB1 = x^2 + 2/x,
          pusi1 = 3^(1 - alpA1)/2 * muA1 * II^(alpA1 - 1) + 3^(1 - alpA2)/2 * muA2 * II^(alpA2 - 1),
          pusi2 = 3^(1 - alpB1)/2 * muB1 * IB1^(alpB1 - 1) + 3^(1 - alpB2)/2 * muB2 * IB1^(alpB2 - 1),
          eita = (c1 * (1 - exp(c2 * (II - 3))) + c3) * (c4 * IB1^3 + c5 * IB1^2 + c6 * IB1 + c7);
Variable t, x, y;
ODEFunction x' = x/t - 4 * x/(3 * edot * eita) * (x^2 - 1/x) * pusi2;
            y = 2 * (t^2 - 1/t) * pusi1 + 2 * (x^2 - 1/x) * pusi2;
Data;
1, 1.061, 1.122, 1.184, 1.245, 1.306, 1.367, 1.429, 1.490, 1.551, 1.612, 1.673, 1.735, 1.796, 1.857, 1.918, 1.980;
1, nan, nan, nan, nan, nan, nan, nan, nan, nan, nan, nan, nan, nan, nan, nan, nan;
0, 0.060, 0.107, 0.146, 0.177, 0.203, 0.226, 0.248, 0.270, 0.294, 0.322, 0.357, 0.402, 0.461, 0.536, 0.632, 0.754;
```

微分与代数方程拟合计算结果如图 7-12 所示。

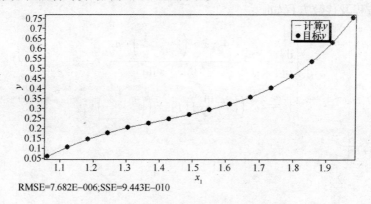

RMSE=7.682E−006;SSE=9.443E−010

图 7-12　微分与代数方程拟合计算结果图

7.19　微分方程有时间累积值的拟合问题

本小节重点讲述微分方程拟合特殊累加约束条件的实现。

已知微分方程组，数据见表 7-9。

$$\begin{cases} \dfrac{\mathrm{d}\,y_1}{\mathrm{d}t} = u \cdot (y_1 + y_2 + y_3 + y_4 + y_5) - \dfrac{k_1 \cdot (y_3 + y_4) \cdot y_1}{y_1 + y_2 + y_3 + y_4 + y_5} + k_2 \cdot y_5 - u \cdot y_1 \\[2mm] \dfrac{\mathrm{d}\,y_2}{\mathrm{d}t} = \dfrac{k_1 \cdot (y_3 + y_4) \cdot y_1}{y_1 + y_2 + y_3 + y_4 + y_5} - k_3 \cdot y_2 - u \cdot y_2 \\[2mm] \dfrac{\mathrm{d}\,y_3}{\mathrm{d}t} = k_3 \cdot (1 - k_5) \cdot y_2 - k_4 \cdot y_3 - u \cdot y_3 \\[2mm] \dfrac{\mathrm{d}\,y_4}{\mathrm{d}t} = k_3 \cdot k_5 \cdot y_2 - k_6 \cdot y_4 - u \cdot y_4 \\[2mm] \dfrac{\mathrm{d}\,y_5}{\mathrm{d}t} = k_4 \cdot y_3 + k_6 \cdot y_4 - k_2 \cdot y_5 - u \cdot y_5 \end{cases} \tag{7-28}$$

表 7-9　方程中的数据

t	31,59,90,120,151,181,212,243,273,304,334,365
y_4	37567,23862,77756,248609,354347,343100,261263,119096,101654, 87612,79591,60879

t 表示时间（天），y_4 值是每月月底的各月份 y_4 累积值（而非对应 t 的 y_4 点值），如何进行拟合求解参数？其他已知条件和数据：常数 $u = 3.9139 \times 10^{-5}$，参数 $k_1 = [0.0001, 50]$、$k_2 = [0.0001, 1]$、$k_3 = [0.0001, 1]$、$k_4 = [0.1, 1]$、$k_5 = [0.01, 1]$、$k_6 = [0.1, 1]$；初值条件：$t = 0$ 时 $y_1 = 1.4 \times 10^8$，$y_2 = p_1$，$y_3 = p_2$，$y_4 = 1212$，$y_5 = 0$，p_1 和 p_2 为未知参数。

1stOpt 代码如下：

```
Constant   u = 3.9139 * 10^( - 5);
Parameter  k1 = [0.0001,50];
Parameter  k2 = [0.0001,1];
Parameter  k3 = [0.0001,1];
Parameter  k4 = [0.1,1];
Parameter  k5 = [0.01,1];
Parameter  k6 = [0.1,1];
ParameterDomain  = [1.8 * 10^3,];
Constant a = [37567,23862,77756,248609,354347,343100,261263,119096,101654, 87612,79591,60879];
ODEStep = 1;
EnhancedBound = 1;
ODEAlgorithm  = RKF45;
SubjectTo sum( i = 0:30) ( y4[ i] ) = a1;
SubjectTo sum( i = 31:58) ( y4[ i] ) = a2;
SubjectTo sum( i = 59:89) ( y4[ i] ) = a3;
SubjectTo sum( i = 90:119) ( y4[ i] ) = a4;
SubjectTo sum( i = 120:150) ( y4[ i] ) = a5;
SubjectTo sum( i = 151:180) ( y4[ i] ) = a6;
SubjectTo sum( i = 181:211) ( y4[ i] ) = a7;
SubjectTo sum( i = 212:242) ( y4[ i] ) = a8;
SubjectTo sum( i = 243:272) ( y4[ i] ) = a9;
SubjectTo sum( i = 273:303) ( y4[ i] ) = a10;
```

```
SubjectTo sum( i = 304 : 333)( y4[ i] ) = a11;
SubjectTo sum( i = 334 : 364)( y4[ i] ) = a12;
InitialODEValue t = 0 , y1 = 1. 4 * 10^8 , y2 = p1 , y3 = p2 , y4 = 1212 , y5 = 0;
Variable t , y4;
ODEFunction
y1' = u * ( y1 + y2 + y3 + y4 + y5) - k1 * ( y3 + y4) * y1/( y1 + y2 + y3 + y4 + y5) + k2 * y5 - u * y1;
y2' = k1 * ( y3 + y4) * y1/( y1 + y2 + y3 + y4 + y5) - k3 * y2 - u * y2;
y3' = k3 * ( 1 - k5) * y2 - k4 * y3 - u * y3;
y4' = k3 * k5 * y2 - k6 * y4 - u * y4;
y5' = k4 * y3 + k6 * y4 - k2 * y5 - u * y5;
Data;
t = 30 , 58 , 89 , 119 , 150 , 180 , 211 , 242 , 272 , 303 , 333 , 364;
y4 = NAN , NAN , NAN , NAN , NAN , NAN , NAN , NAN , NAN , NAN , NAN , NAN;
```

7. 20   不等式求解

本小节重点讲述微分方程拟合特殊累加约束条件的实现。

已知一组三维数据点见表 7-10，求得一个未知点 A 的坐标 (x_0, y_0, z_0)，使得这一组数据到点 A 的距离大于等于 100 且小于等于 101.5。

$$\begin{cases} \sqrt{(x_i - x_0)^2 + (y_i - y_0)^2 + (z_i - z_0)^2} \geqslant 100 \\ \sqrt{(x_i - x_0)^2 + (y_i - y_0)^2 + (z_i - z_0)^2} \leqslant 101.5 \end{cases} \qquad i = 1, 2, \cdots\cdots, 18 \qquad (7-29)$$

表 7-10   三维数据

x	768 764 759 754 749 744 740 734 729 725 719 714 709 704 699 694 689 685
y	222 220 219 219 218 217 218 217 217 217 218 218 219 218 219 220 220 221
z	-917 -913 -911 -909 -907 -906 -904 -903 -903 -902 -901 -901 -901 -902 -902 -903 -904 -905

该问题实际转换成求解一组不等式方程组的问题。所求 A_0 点坐标为（715. 051850619451，222. 051052672533，-1001. 8937334649）。

1stOpt 代码如下：

```
Constant
x = [ 768 , 764 , 759 , 754 , 749 , 744 , 740 , 734 , 729 , 725 , 719 , 714 , 709 , 704 , 699 , 694 , 689 , 685],
y = [ 222 , 220 , 219 , 219 , 218 , 217 , 218 , 217 , 217 , 217 , 218 , 218 , 219 , 218 , 219 , 220 , 220 , 221],
z = [ -917 , -913 , -911 , -909 , -907 , -906 , -904 , -903 , -903 , -902 , -901 , -901 , -901 , -902 , -902 , -903 , -904 , -905];
Function For( x , y , z)( sqrt(( x - x0)^2 + ( y - y0)^2 + ( z - z0)^2) < = 101. 5);
         For( x , y , z)( 100 < = sqrt(( x - x0)^2 + ( y - y0)^2 + ( z - z0)^2));
```

计算结果：

计算结束原因：达到收敛判断标准	x0：715. 051850619451
优化算法：通用全局优化算法（UGO1）	y0：222. 051052672533
目标函数值（最小）：0	z0：-1001. 8937334649

7.21　约束非线性拟合

本小节重点讲述非线性拟合复制约束条件的添加。

已知函数 $y = 0.0829 \cdot x^{-3}$ 在 $0.7 \sim 10$ 的范围内，拟合成 $y = A \cdot \exp(-R_1 \cdot x) + B \cdot \exp(-R_2 \cdot x) + C \cdot x^{-(\omega+1)}$ 的形式，其中，x，y 为变量，A、B、C、R_1、R_2、w 为待拟合参数。另外，A、B、C、R_1、R_2、w 这六个参数之间满足如下三个方程：

$$\begin{cases} A \cdot R_1 \cdot \exp(-0.7 \cdot R_1) + B \cdot R_2 \cdot \exp(-0.7 \cdot R_2) + C \cdot (1+\omega) \cdot 0.7^{-(\omega+1)} = 1.63 \cdot 0.693^2 \\ \dfrac{A}{R_1} \cdot \exp(-0.7 \cdot R_1) + \dfrac{B}{R_2} \cdot \exp(-0.7 \cdot R_2) + \dfrac{C}{\omega} \cdot 0.7^{-\omega} = 0.06 + \dfrac{1}{2} \cdot 0.21 \cdot 0.3 \\ A \cdot \exp(-0.7 \cdot R_1) + B \cdot \exp(-0.7 \cdot R_2) + C \cdot 0.7^{-\omega} = 0.21 \end{cases}$$

$$(7\text{-}30)$$

在 $x = [0.7, 10]$ 范围，步长为 0.5，由式 $y = 0.0829 \cdot x^{-3}$ 产生拟合数据点再进行拟合计算。

1stOpt 代码如下：

```
Function Y = A * EXP( - R1 * X) + B * EXP( - R2 * X) + C * X^( - W - 1);
      A * R1 * EXP( - 0.7 * R1) + B * R2 * EXP( - 0.7 * R2) + C * (1 + W) * 0.7^( - W - 1) = 1.63 * 0.693^2;
      A/R1 * EXP( - 0.7 * R1) + B/R2 * EXP( - 0.7 * R2) + C/W * 0.7^( - W) = 0.06 + 1/2 * 0.21 * (1 - 0.7);
      A * EXP( - 0.7 * R1) + B * EXP( - 0.7 * R2) + C * 0.7^( - W - 1) = 0.21;
Data;
0.7,1.2,1.7,2.2,2.7,3.2,3.7,4.2,4.7,5.2,5.7,6.2,6.7,7.2,7.7,8.2,8.7,9.2,9.7,10;
0.241690962099125,   0.047974537037037,   0.0168736006513332,   0.0077854996243426,   0.00421175633795661,
0.0025299072265625,  0.00163662566876592,  0.0011189396393478,  0.000798474326497982,  0.000589582385070551,
0.000447641109545177,0.000347839951663254,0.000275632308495393,0.000222104338134431,0.000181585997069215,
0.000150353303057123,0.000125891605657074,0.000106461124352757,9.08320942988343E-5,8.29E-5;
```

计算结果：

均方差（RMSE）：0.00709139187978772
残差平方和（SSR）：0.00100575677585438
相关系数（R）：0.999559718277085
相关系数之平方（R^2）：0.999119630402165
修正 R 平方（Adj. R^2）：0.999016057508302
确定系数（DC）：0.981955205678591
卡方系数（Chi-Square）：0.00330028431021344
F 统计（F-Statistic）：118.024406545513
约束条件：a * r1 * exp(0 - 0.7 * r1) + b * r2 * exp(0 - 0.7 * r2) + c * (1 + w) * 0.7^(- w - 1) - 0.78280587 = - 1.09387043867315E-9

a/r1 * exp(0 - 0.7 * r1) + b/r2 * exp(0 - 0.7 * r2) + c/w * 0.7^(- w) - 0.0915 = - 2.56797333397785E - 10

a * exp(0 - 0.7 * r1) + b * exp(0 - 0.7 * r2) + c * 0.7^(- w - 1) - 0.21 = - 6.10216571717004E-10

参数	最佳估算
a	5.22888763538198
r1	5.56817818076392
b	0.357944255009579
r2	1.90529764621889
c	0.00605261676746805
w	0.292824824408888

7.22　求和（Sum）上下限为求解参数的拟合问题

本小节重点讲述求和（Sum）上下限为未知参数的拟合问题的处理方式。

已知拟合方程及数据（表 7-11），参数 a 和 m 为 $[0, 35]$ 之间的整数。

$$y = \frac{q_1 \cdot ku \cdot \sum_{n=a+1}^{m}(x^n)}{ku \cdot \sum_{n=a+1}^{m}(x^n) + \sum_{n=a+1}^{m}(x^{n-a})} + \frac{q_0 \cdot kf \cdot \sum_{n=1}^{m}(n \cdot x^n)}{1 + kf \cdot \sum_{n=1}^{m}(x^n)} \qquad (7\text{-}31)$$

表 7-11　拟合方程数据

y	21.21，30.84，47.15，93.97，531.34，660.48，695.01，712.79
x	0.2004，0.2943，0.3746，0.4786，0.6086，0.7056，0.7768，0.8733

一般情况下可用快捷模式，求解代码如下：

```
Parameters   qus,Ku,q0,Kf,[a,m] = [0,35,0];
Variable y, x;
Function y = qus * Ku * Sum(n = a + 1:m)(x^n)/(Ku * Sum(n = a + 1:m)(x^n) + Sum(n = a + 1:m)(x^(n - a))) +
        q0 * Kf * Sum(n = 1:m)(n * x^n)/(1 + Kf * Sum(n = 1:m)(x^n));
Data;
y = 21.21,30.84,47.15,93.97,531.34,660.48,695.01,712.79;
x = 0.2004,0.2943,0.3746,0.4786,0.6086,0.7056,0.7768,0.8733;
```

因为参数 a 和 m 为整数未知参数，而快捷模式需要公式形式为固定的，而上述求解代码里 a 和 m 未知，公式中求和项展开后的形式是不确定的，因此上述代码无法正常计算，必须在编程模式下实现，注意最终输出的 aa 和 mm，才为最终要求解的 a 和 m 参数值（直接输出的 a 和 m 值有可能出现 a 大于 m 或 a 等于 m）。

1stOpt 代码如下：

```
Algorithm  = SM2[30];
Parameters   qus,Ku,q0,Kf;
IntParameter [a,m] = [0,35];
PassParameter aa, mm;
Variable y[OutPut], x;
StartProgram [Pascal];
Procedure MainModel;
Var i, n, k1, k2, m1, a1: integer;
    td1, td2, td3, td4, td5: double;
Begin
    k1 : = round(a);
    k2 : = round(m);
    if k1 > k2 then begin
       m1 : = k1;
       a1 : = k2;
```

```
        end
    else if k2 > k1 then begin
        m1 : = k2;
        a1 : = k1;
    end
    else begin
        m1 : = k1;
        a1 : = k2 − 1;
    end;
    aa : = a1;
    mm : = m1;
    for i : = 0 to DataLength − 1 do begin
        td1 : = 0;
        for n : = a1 + 1 to m1 do
            td1 : = td1 + power(x[i], n);
        td2 : = 0;
        for n : = 1 to m1 do
            td2 : = td2 + n * power(x[i], n);
        td3 : = 0;
        for n : = a1 + 1 to m1 do
            td3 : = td3 + power(x[i], n − a1);
        td4 : = 0;
        for n : = 1 to m1 do
            td4 : = td4 + power(x[i], n);
        y[i] : = qus * ku * td1/(ku * td1 + td3) + q0 * kf * td2/(1 + kf * td4) + x[i] * 0;
    end;
End;
EndProgram;
Data;
y = 21. 21 ,30. 84 ,47. 15 ,93. 97 ,531. 34 ,660. 48 ,695. 01 ,712. 79;
x = 0. 2004 ,0. 2943 ,0. 3746 ,0. 4786 ,0. 6086 ,0. 7056 ,0. 7768 ,0. 8733;
```

计算结果：

均方差（RMSE）: 6. 72183759310628

残差平方和（SSR）: 361. 464805024775

相关系数（R）: 0. 999769567115606

相关系数之平方（R^2）: 0. 999539187330525

修正 R 平方（Adj. R^2）: 0. 999354862262736

确定系数（DC）: 0. 999516214647852

F 统计（F − Statistic）: 832. 397215083534

参数	最佳估算
qus	612. 422305178665
ku	6414. 91308327
q0	18. 7053433118139
kf	− 23. 955647094458
a	16
m	16

传递参数（PassParameter）:

aa: 15

mm: 16

7.23 非线性方程组

本小节重点讲述"?"及 Sum 函数的使用，快捷与编程模式求解方程组的方法。

已知公式及数据（表 7-12），t 和 n 已知，m 表示使用多少组数组进行拟合，如使用前 16 组数据，则 $m=16$，如果使用全部数据，则 $m=25$，第一个方程会变成 $136=a\times[1-\exp(-b\times25)]$，与第二个式子组成了方程组，可以求出 $m=25$ 时的参数 a 和 b 值，取不同的 m 即可得到不同的 a 和 b 值，试求 m 分别取 17，18，……，25 时的 a 和 b 值。

$$\begin{cases} a\cdot(1-\exp(-b\cdot t_m))=n_m \\ a\cdot t_m\cdot\exp(-b\cdot t_m)=\sum_{i=1}^{m}\dfrac{(n_i-n_{i-1})\cdot[t_i\cdot\exp(-b\cdot t_i)-t_{i-1}\cdot\exp(-b\cdot t_{i-1})]}{\exp(-b\cdot t_{i-1})-\exp(-b\cdot t_i)} \end{cases}$$

$$(7\text{-}32)$$

$$\begin{cases} a\cdot(1-\exp(-b\cdot t_{25}))=n_{25} \\ a\cdot t_{25}\cdot\exp(-b\cdot t_{25})=\sum_{i=1}^{25}\dfrac{(n_i-n_{i-1})\cdot[t_i\cdot\exp(-b\cdot t_i)-t_{i-1}\cdot\exp(-b\cdot t_{i-1})]}{\exp(-b\cdot t_{i-1})-\exp(-b\cdot t_i)} \end{cases}$$

表 7-12 数 据

t	0,1,2,3,4,5,6,7,8,9,10,11,12,13,14,15,16,17,18,19,20,21,22,23,24,25
n	0,27,43,54,64,75,83,84,89,92,93,97,104,106,111,116,122,122,127,128,129,131,132,134,135,136

该问题可以快捷模式及编程模式两种模式求解，代码如下。快捷模式中没给定一个 m 值可求出对应的 a 和 b 值；编程模式中通过 LoopConstant 可以自动给 m 赋值并求出所有 a 和 b 值。

快捷模式代码如下：

```
Constant m = ?;
Constant
t(0:m) = [0,1,2,3,4,5,6,7,8,9,10,11,12,13,14,15,16,17,18,19,20,21,22,23,24,25],
n(0:m) = [0,27,43,54,64,75,83,84,89,92,93,97,104,106,111,116,122,122,127,128,129,131,132,134,135,136];
Function a * (1 - exp( - b * t[m])) = n[m];
        a * t[m] * exp( - b * t[m]) = Sum(i = 1:m)((n[i] - n[i-1]) * (t[i] * exp( - b * t[i]) - t[i-1] * exp( - b
* t[i-1])) / (exp( - b * t[i-1]) - exp( - b * t[i])));
```

编程模式代码如下：

```
LoopConstant m = [17:1:25];
Constant
t(0:25) = [0,1,2,3,4,5,6,7,8,9,10,11,12,13,14,15,16,17,18,19,20,21,22,23,24,25],
n(0:25) = [0,27,43,54,64,75,83,84,89,92,93,97,104,106,111,116,122,122,127,128,129,131,132,134,135,136];
Parameter a,b;
StartProgram [Pascal];
Procedure MainModel;
var td1, nd1: double;
```

```
    v1, v2, v3: double;
    sum1: double;
    i, j: integer;
Begin
    j := round(m);
    td1 := t[j];
    nd1 := n[j];
    v1 := sqr(a * (1 - exp( - b * td1)) - nd1);
    v2 := a * td1 * exp( - b * td1);
    sum1 := 0;
    for i := 1 to j do
        sum1 := sum1 + (n[i] - n[i-1]) * (t[i] * exp( - b * t[i]) - t[i-1] * exp( - b * t[i-1]))/(exp( - b * t
[i-1]) - exp( - b * t[i]));
    ObjectiveResult := v1 + sqr(v2 - sum1);
End;
EndProgram;
```

计算结果:

循环常数 m	目标函数值	a	b
17	2.3535054352176E-23	133.607424971024	0.143721226886017
18	2.2391636934412E-23	141.14807635712	0.127790603102513
19	1.48073929722299E-22	139.635318259993	0.130788894869699
20	1.45427678738899E-22	138.781748803619	0.13261921312465
21	5.03274774208959E-22	140.27997274941	0.129322934227281
22	1.48854485218435E-21	140.04908587058	0.129837929273506
23	2.85788129618561E-22	141.863094077313	0.12576879507399
24	2.86236742733039E-23	141.98564120768	0.125494547738148
25	6.79876653589513E-22	142.279689899667	0.124818966600105

7.24　特殊微分方程边值问题

本小节重点讲述 SubjectTo 添加特殊积分约束。

已知微分方程组如下:

$$\begin{cases} \dfrac{\mathrm{d}t}{\mathrm{d}x} = - C \cdot x \\ \dfrac{\mathrm{d}^2 y}{\mathrm{d} x^2} = p_0 \cdot h \cdot t^{-1} \cdot \sqrt{1 + \left(\dfrac{\mathrm{d}y}{\mathrm{d}x} \right)^2} + C \cdot t^{-1} \cdot x \cdot \dfrac{\mathrm{d}y}{\mathrm{d}x} \cdot \left[1 + \left(\dfrac{\mathrm{d}y}{\mathrm{d}x} \right)^2 \right] \end{cases} \tag{7-33}$$

其中, $R = 100$, $S = 210$, $p_0 = 9.12e - 6$, $h = 1e - 3$, $rou = 1572$, $b = 7.5e - 6$, $A = h \times b$, $w = 1/57.3$, $C = rou \times A \times w^2$, $DT = - C \times x$;

边界条件: $y(x = - R) = 0$, $y(x = 0) = - 3.28$, $y(x = R) = 0$。

约束条件：$\int_{-R}^{R}\sqrt{1+\left(\dfrac{\mathrm{d}y}{\mathrm{d}x}\right)^2}\,\mathrm{d}x = S$

求解代码如下，用 SubjectTo 实现积分约束。特殊微分方程拟合计算结果如图 7-13 所示。

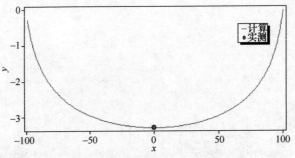

图 7-13 特殊微分方程拟合计算结果图

1stOpt 代码如下：

```
Constant R = 100,S = 210,p0 = 9.12e - 6,h = 1e - 3,rou = 1572,b = 7.5e - 6,A = h * b,w = 1/57.3,Ccf = rou * A * w^2;
ODEStep = 1;
SubjectTo S = int( sqrt( 1 + ( y' )^2 ), x = - R,R );
Variable x,y;
ODEFunction
T' = - Ccf * x;
y'' = ( p0 * h * ( 1 + ( y' )^2 )^1/2 + Ccf * x * y' * ( 1 + ( y' )^2 ))/T;
Data;
 - R 0
0  - 3.28
R 0
```

计算结果：

均方差(RMSE): 0.00381226594401158
残差平方和(SSR): 2.9066743255741E - 5

参数	最佳估算
t 初值	1.4934952121848E - 6
y'初值	- 0.319948884314072

微分方程拟合约束(SubjectTo):
210 - (int(sqrt(1 + (y')^2), x = - 100,100)):
5.6843418860808E - 14

7.25 ParVariable 拟合实例

本小节重点讲述 ParVariable 的使用方法及特殊函数 ExpInt( ) 的使用。

已知系列数据 x_1 和 x_2（表 7-13），但对应每个 x_1 和 x_2 的系列 μ 值未知，只知其范围为 [0，10]，a_1、a_2 和 a_3 为待求参数。

表 7-13 已知数据

x_1	0.0177,0.0183,0.0189,0.0195,0.0201,0.0207,0.0213,0.0219,0.0225,0.0231,0.0237,0.0243,0.0249,0.0255, 0.0261,0.0267,0.0273,0.0279
x_2	1.004,1.034,1.074,1.104,1.143,1.183,1.219,1.269,1.312,1.355,1.403,1.450,1.504,1.553,1.604,1.655, 1.710,1.760

$$\begin{cases} x_1 = \dfrac{2 \cdot a_1}{a_2} \cdot \left[E_1(\ln(\mu^2)) - \dfrac{1}{\mu^2 \cdot \ln(\mu)} \right] + a_3 \\ x_2 = -\dfrac{2 \cdot a_1}{\mu \cdot \ln(\mu)} \end{cases} \tag{7-34}$$

其中，$E_1(x) = \int_{z=x}^{\infty} \dfrac{\exp(-z)}{z} dz$，$a_1, a_2$ 和 a_3 均是模型中的待求常数。

因为对应的系列 μ 值未知，在此使用关键字 ParVariable 定义变量型参数 μ，此外 $E_1(x)$ 可用现成的函数 ExpInt( )。

1stOpt 代码如下：

```
ParVariable mu = [0,10];
Variable x1,x2;
SharedModel;
Function x1 = 2 * a1/a2 * (ExpInt(ln(mu^2)) - 1/(E^2 * ln(mu))) + a3;
        x2 = -2 * a1/(mu * ln(mu));
Data;
0.0177,0.0183,0.0189,0.0195,0.0201,0.0207,0.0213,0.0219,0.0225,0.0231,0.0237,0.0243,0.0249,0.0255,
0.0261,0.0267,0.0273,0.0279;
1.004,1.034,1.074,1.104,1.143,1.183,1.219,1.269,1.312,1.355,1.403,1.450,1.504,1.553,1.604,1.655,
1.710,1.760;
```

计算结果：

均方差(RMSE): 0.000157287486012039		
残差平方和(SSR): 8.90616717215542E-7	参数	最佳估算
相关系数(R): 0.998723350497739	- - - - - - - - - -	- - - - - - - - - -
相关系数之平方(R^2): 0.99744833082943		
修正 R 平方(Adj. R^2): 0.996903523662332	a1	-0.000490209420584532
确定系数(DC): 0.997447606695607	a2	75.3351147586866
F 统计(F - Statistic): -29.2008003375659	a3	0.00494422677261418

第8章　1stOpt 与 GAMS 及 Lingo 优化测试比较

通用优化测试题对优化算法研究开发者和优化软件终端用户都是非常重要的，对前者可以检验评判所研究开发优化算法的优劣以便加以改进，而对后者可帮助选择合适的优化软件用于解决自己的问题。国际上有很多通用类数值优化类软件如 GAMS（https://www.gams.com）和 Lingo（https://www.lindo.com/）等都是得到广泛认可和使用的通用优化软件平台，虽然著名的 Matlab 和 Mathematics 等软件也包含优化计算功能优化工具箱。Lingo 与 GAMS 在风格上与 1stOpt 最为接近，都是专用的最优化求解计算平台，尤其是在全局非线性最优化方面。此外，这两款软件在国内使用度也相对较高，会选用这两款软件与 1stOpt 进行全局优化测试对比研究。

Lingo 是世界上著名的优化运筹学软件，世界财富排行榜前 500 名的企业中大多使用 Lingo，其认可度可见一斑。GAMS 是通用代数建模系统，其最大特点是集成了当今世界上众多的优化求解器，包括线性和非线性，一套代码可以轻松地选择使用不同的求解器。对小规模全局优化问题，这两款软件的试用版即可满足需求。用 Lingo 进行计算时均启用求解器选项 Use Global Solver。

国际上有不少知名的测试题集，如 CUTEr 试题集、NIST 非线性拟合试题集等。本章中除了 NIST 非线性拟合测试题集外还给出了其他两类测试题：一类是函数优化（有约束或无约束）及非线性方程组问题，另一类是非线性拟合问题。虽然问题不同，但实际上这两类问题均可以转换成标准的最优化问题。这些测试题是作者收集、整理、改编而成，绝大部分是首次公开。为了便于用户使用也同时给出了三款软件的求解代码。

不同于大多数流行的全局优化测试题集，本章中的测试题虽然求解规模都不大，但想求出全局最优解都有相当大的难度。由于非线性问题的复杂性及全局优化算法的局限性，所给出的用 1stOpt 得出的结果只能说是目前为止所获得的最好结果。Lingo 及 GAMS 使用的版本分别是 18.0 和 25.1.3 版，GAMS 中分别选用 LGO、Minos、Baron、Conopt 和 OQNLP 求解器。由于结果问题，GAMS 仅应用于 NIST 测试题集。

8.1　NIST 曲线拟合测试题集

美国国家标准与技术研究院（National Institute of Standards and Technology，NIST）提供有一套 27 道非线性拟合测试题，数据分析软件包都以能通过该套测试题集为验证标准。表 8-1 为对比测试结果，1stOpt 求解成功率为 100%，是目前唯一不依赖使用 NIST 提供的初始值，而能以任意随机初始值就可求得全部最优解的软件包（如果使用 NIST 提供的初始值，则更可轻易求得最优解）；Lingo 成功率为 61%，GAMS 的 5 种求解器成功率都比较低，成功率从 14% ~ 50% 不等。由于在实际应用当中，选择确定合理的初始值组是一件非常困难的事，尤其是在参数量比较多的情况下，因此，1stOpt 在非线性拟合领域的实用能力达业界领先水平。

表 8-1   NIST 测试题结果

序号	测试题名	难度	待定参数数目	求解成功率（%）						
				1stOpt	Lingo	GAMS				
						LGO	Minos	Baron	Conopt	OQNLP
1	Misra1a	低	2	100	100	0	0	0	0	0
2	Chwirut2		3	100	100	0	0	0	0	0
3	Chwirut1		3	100	100	0	0	0	0	0
4	Lanczos3		6	100	0	0	0	100	0	0
5	Gauss1		8	100	0	0	0	0	0	0
6	Gauss2		8	100	0	0	0	0	0	0
7	DanWood		2	100	100	100	100	100	100	100
8	Misra1b		2	100	100	0	0	100	0	100
9	Kirby2	中	5	100	50	0	100	100	100	100
10	Hahn1		7	100	100	0	0	0	0	0
11	Nelson		3	100	0	0	0	0	0	0
12	MGH17		5	100	0	0	0	0	0	0
13	Lanczos1		6	100	0	0	0	100	0	0
14	Lanczos2		6	100	0	0	0	100	0	0
15	Gauss3		8	100	0	0	0	0	0	0
16	Misra1c		2	100	100	0	0	100	0	100
17	Misra1d		2	100	100	0	0	100	0	100
18	Roszman1		4	100	100	100	100	0	100	100
19	ENSO		9	100	0	0	0	0	0	0
20	MGH09	高	4	100	100	100	100	100	100	100
21	Thurber		7	100	100	0	0	100	0	100
22	BoxBod		2	100	100	0	0	100	0	0
23	Rat42		3	100	100	100	100	100	100	100
24	MGH10		3	100	100	0	0	100	100	100
25	Eckerle4		3	100	100	0	0	0	0	0
26	Rat43		4	100	100	0	0	0	0	0
27	Bennett5		3	100	0	0	0	0	0	0
平均成功率（%）				100	61.111	14.815	18.519	48.148	22.222	37.037

注：NIST 网址：http：//www.itl.nist.gov/div898/strd/nls/nls_main.shtml。

8.2 线性拟合最优化测试题集

8.2.1 测试题-1

五参数多维函数优化，$n=5$，$p=10$，$x \in [-100, 100]$。

$$\min. \sum_{j=1}^{n-1} \sum_{i=1}^{p} \left[-[1+0.1 \cdot (i-1)] \cdot \cos(x_j) \cdot \cos(x_{j+1}) \cdot \exp\left(-\left\{ \begin{matrix} (x_j - i \cdot \pi - i)^{[2+2 \cdot (i-1)]} \\ + (x_{j+1} - i \cdot \pi)^{[2+2 \cdot (i-1)]} \end{matrix} \right\} \right) \right]$$

(8-1)

该问题搜索域的大部分区间几乎没有变化梯度，给寻优搜索带来了很大困难。1stOpt 所得最优解为 -4.1172，为多解，而 Lingo 最好结果则为 -1.59268，明显是一局部最优（表 8-2）。

表 8-2 Lingo 与 1stOpt 代码和结果

软件	代码	最优结果
1stOpt	Constant M = 100, n = 5, p = 10; Parameter x(1:n) = [-M, M]; MinFunction Sum(j = 1:n-1)(Sum(i = 1:p)(-(1 + (i-1)*0.1)* cos(x[j])*cos(x[j+1])*exp(-((x[j] - i*pi-i)^ (2 + (i-1)*2) + (x[j+1] - i*pi)^(2 + (i-1)*2))))));	目标函数值: -4.11726420231988 x1: 28.3339692184304 x2: 21.9911485789456 x3: 28.3339692076215 x4: 21.4987781154256 x5: 15.7079632669584
Lingo	Sets: P/1..4/; K/1..10/; Par/1..5/:x; EndSets Min = @Sum(P(j): @Sum(K(i): -(1 + (i-1)*0.1)*@cos(x(j))* @cos(x(j+1))*@exp(-((x(j) - i*@pi() - i)^(2 + (i-1)*2) + (x (j+1) - i*@pi())^(2 + (i-1)*2))))); @For(Par: @Bnd(-100, x, 100));	目标函数值: -1.592685717611375 x1 28.33396901354459 x2 21.99114857513001 x3 -36.13491574741242 x4 -48.85914151370442 x5 -80.59667457292409

8.2.2 测试题-2

$$\min. \exp\left[\sin(50 \cdot x) \right]^{\cos(x-y)} + \sin[60 \cdot \exp(y)] + \sin[70 \cdot \sin(x)] +$$

$$\sin[\sin(80 \cdot y)] - \sin[10 \cdot (x + y)] + \frac{1}{4} \cdot (x^2 + y^2)^{\sin(y)}$$

(8-2)

s. t.
$$\sin(x \cdot y) - x \cdot y = x^y$$

其中 x、$y \in [-50, 50]$。

本测试题具有一定的难度，对算法要求不仅有强大的全局寻优能力，还需要极强的容错能力。

从约束函数形式看，x、y 取值有可能形成以负数为底的指数计算从而导致数学基本运算出错，因而要求算法在寻优过程中具有一定的容错能力，以保证能在不连续面上进行寻优计算（表 8-3）。

表 8-3　1stOpt 和 Lingo 代码

软件	代码	最优结果
1stOpt	Algorithm = UGO2[100]; ParameterDomain = [-50,50]; MinFunction exp(sin(50*x))^cos(x-y) + sin(60*exp(y)) + sin(70*sin(x)) + sin(sin(80*y)) - sin(10*(x+y)) + (x^2+y^2)^sin(y)/4; 　　　　sin(x*y) - x*y = x^y;	目标函数值(最小): -3.17883972333399 x: 3.16537871869648 y: -0.494590579316251
Lingo	Min = (@exp(@sin(50*x)))^(@cos(x-y)) + @sin(60*exp(y)) + @sin (70*@sin(x)) + @sin(@sin(80*y)) - @sin(10*(x+y)) + (x^2+y^2)^(@ sin(y))/4; @sin(x*y) - x*y = x^y; @Bnd(-50,x,50); @Bnd(-50,y,50);	计算直接崩溃

8.2.3　测试题-3

二维隐函数优化，x_1、$x_2 \in [-100, 100]$

$$\text{Min. } y = -\cos(x_1) \cdot \cos(x_2) \cdot \exp\{-[(x_1 - \pi)^{2 \cdot y} + (x_2 - \pi)^2]\} -$$

$$1.1 \cdot \cos(x_1) \cdot \cos(x_2) \cdot \exp\{-[(x_1 - 2 \cdot \pi)^4 + (x_2 - 2 \cdot \pi)^4] + 1.1 \cdot y\} -$$

$$1.2 \cdot \cos(x_1) \cdot \cos(x_2) \cdot \exp\{-[(x_1 - 3 \cdot \pi)^6 + (x_2 - 3 \cdot \pi)^6] + 1.2 \cdot y\} -$$

$$1.3 \cdot \cos(x_1) \cdot \cos(x_2) \cdot \exp\{-[(x_1 - 3.5 \cdot \pi)^6 + (x_2 - 3.5 \cdot \pi)^6] + 1.3 \cdot y\} -$$

$$1.4 \cdot \cos(x_1 \cdot \pi) \cdot \cos(x_2 \cdot \pi) \cdot \exp\{-[(x_1 - 4 \cdot \pi)^8 + (x_2 - 4 \cdot \pi)^8] + 1.4 \cdot y\}$$

$$(8\text{-}3)$$

Lingo 求解隐函数的方法是将隐函数转换成一有等式约束的优化问题。1stOpt 与 Lingo 的代码见表 8-4，1stOpt 很容易得到最优值 -0.9998873，而 Lingo 的最优值仅为 -0.5807459。

表 8-4　1stOpt 与 Lingo 代码和结果

软件	代码	最优结果
1stOpt	parameter x(2) = [-100,100]; MinFunction y; 　y = -cos(x1)*cos(x2)*exp(-((x1-pi)^(2*y)+(x2-pi)^2)) 　　-1.1*cos(x1)*cos(x2)*exp(-((x1-2*pi)^4+(x2-2*pi)^4)+1.1*y) 　　-1.2*cos(x1)*cos(x2)*exp(-((x1-3*pi)^6+(x2-3*pi)^6)+1.2*y) 　　-1.3*cos(x1)*cos(x2)*exp(-((x1-3.5*pi)^6+(x2-3.5*pi)^6)+1.3*y) 　　-1.4*cos(x1*pi)*cos(x2*pi)*exp(-((x1-4*pi)^8+(x2-4*pi)^8)+1.4*y);	目标函数值: -0.9998873 x1: 97.38937465 x2: 3.141592655

续表

软件	代码	最优结果
Lingo	DATA： 　pi = 3. 1415926； ENDDATA Min = y； y = − @ cos(x1) * @ cos(x2) * @ exp(− ((x1 − pi)^(2 * y) + (x2 − pi)^2)) 　− 1. 1 * @ cos(x1) * @ cos(x2) * @ exp(− ((x1 − 2 * pi)^4 + (x2 − 2 * pi)^4) + 1. 1 * y) 　− 1. 2 * @ cos(x1) * @ cos(x2) * @ exp(− ((x1 − 3 * pi)^6 + (x2 − 3 * pi)^6) + 1. 2 * y) 　− 1. 3 * @ cos(x1) * @ cos(x2) * @ exp(− ((x1 − 3.5 * pi)^6 + (x2 − 3.5 * pi)^6) + 1. 3 * y) 　− 1. 4 * @ cos(x1 * pi) * @ cos(x2 * pi) * @ exp(− ((x1 − 4 * pi)^8 + (x2 − 4 * pi)^8) + 1. 4 * y)； @ bnd(− 100, x1, 100)； @ bnd(− 100, x2, 100)； @ free(y)；	目标函数值： − 0. 5807459 x1：6. 283192 x2：6. 282755

8.2.4　测试题-4

$$\min. f_1^2 + f_2^2 + f_3^2 + f_4^2 \tag{8-4}$$

其中：

$$\begin{cases} f_1 = 141.312 - 2.13 \cdot 10^{-7} \cdot \left(\dfrac{x_1 + x_2}{2}\right)^3 \cdot (x_2 - x_1) - 2.13 \cdot 10^{-7} \cdot \left(\dfrac{x_2 + x_3}{2}\right)^3 \cdot \dfrac{x_2 - x_3}{x_3} \\[2mm] f_2 = 105.6 - 19.71 \cdot (x_1 - x_3) - 2.13 \cdot 10^{-7} \cdot \left(\dfrac{x_1 + x_2}{2}\right)^3 \cdot (x_1 - x_3) - 2.13 \cdot 10^{-7} \cdot \left(\dfrac{x_1 + x_2}{2}\right)^3 \cdot \dfrac{x_1 - x_2}{x_4} \\[2mm] f_3 = 18.92 - 2.13 \cdot 10^{-7} \cdot \left(\dfrac{x_2 + x_3}{2}\right)^3 \cdot (x_3 - x_2) - 2.04 \cdot 10^{-8} \cdot \left(\dfrac{x_4 + x_3}{2}\right)^3 \cdot (x_3 - x_4) - 1.38 \cdot \dfrac{x_3 - x_4}{x_2} \\[2mm] f_4 = 1.38 \cdot (x_3 - x_4) + 2.04 \cdot 10^{-8} \cdot \left(\dfrac{x_4 + x_3}{2}\right)^3 \cdot (x_3 - x_4) + 686415 \cdot \sqrt{\dfrac{8.82 \cdot (x_4 - 10)}{x_4}} \cdot \dfrac{2}{x_1} \end{cases}$$

$x_1 \sim x_4$ 范围 ＝ ［ − 1000， 1000］，代码和结果见表 8-5。

表 8-5　1stOpt 与 Lingo 代码和结果

软件	代码	最优结果
1stOpt	Algorithm = SM2； ParameterDomain = ［ − 1000, 1000］； ConstStr f1 = 141. 312 − 2. 13e − 7 * ((x1 + x2)/2)^3 * (x2 − x1) − 2. 13e − 7 * ((x2 + x3)/2)^3 * (x2 − x3)/x3, f2 = 105. 6 − 19. 71 * (x1 − x3) − 2. 13e − 7 * ((x1 + x3)/2)^3 * (x1 − x3) − 2. 13e − 7 * ((x1 + x2)/2)^3 * (x1 − x2)/x4, f3 = 18. 92 − 2. 13e − 7 * ((x2 + x3)/2)^3 * (x3 − x2) − 2. 04e − 8 * ((x4 + x3)/2)^ 3 * (x3 − x4) − 1. 38 * (x3 − x4)/x2, f4 = 1. 38 * (x3 − x4) + 2. 04e − 8 * ((x4 + x3)/2)^3 * (x3 − x4) + 686415 * (8. 82 * (x4 − 10)/x4)^0. 5 * 2/x1； MinFunction sqr(f1) + sqr(f2) + sqr(f3) + sqr(f4)；	目标函数值(最小)： 3. 17224586317501E-6 x1：5. 35768539188704 x2： − 0. 7294545351029 x3：5. 33462163332388E-11 x4：10. 0000000032886

软件	代码	最优结果
Lingo	min = @ sqr(141. 312 − 2. 13e − 7 * ((x1 + x2)/2)^3 * (x2 − x1) − 2. 13e − 7 * ((x2 + x3)/2)^3 * (x2 − x3)/x3) + @ sqr(105. 6 − 19. 71 * (x1 − x3) − 2. 13e − 7 * ((x1 + x3)/2)^3 * (x1 − x3) − 2. 13e − 7 * ((x1 + x2)/2)^3 * (x1 − x2)/x4) + @ sqr(18. 92 − 2. 13e − 7 * ((x2 + x3)/2)^3 * (x3 − x2) − 2. 04e − 8 * ((x4 + x3)/2)^3 * (x3 − x4) − 1. 38 * (x3 − x4)/x2) + @ sqr(1. 38 * (x3 − x4) + 2. 04e − 8 * ((x4 + x3)/2)^3 * (x3 − x4) + 686415 * (8. 82 * (x4 − 10)/x4)^0. 5 * 2/x1); @ bnd(− 1000, x1, 1000); @ bnd(− 1000, x2, 1000); @ bnd(− 1000, x3, 1000); @ bnd(− 1000, x4, 1000);	目标函数值(最小): 475. 7957645165843 x1: 5. 477224889488038 x2: 34. 98647233472369 x3: 0. 2764424802039755E−03 x4: 10. 00000000036611

8.2.5　测试题-5

$$\min. \quad \frac{f_1 + f_2 + f_3 + f_4 + 700 \cdot x_4}{680} \tag{8-5}$$

s. t.
$$\begin{cases} \dfrac{23086 \cdot x_1^2}{1000} + \dfrac{19648 \cdot x_2^2}{1000} + \dfrac{64477 \cdot x_4^2}{1000} + \dfrac{33169 \cdot x_5^2}{1000} - \dfrac{19325 \cdot x_3^2}{1000} + \dfrac{35598 \cdot x_1 \cdot x_2}{1000} + \\ \dfrac{3865 \cdot x_3 \cdot x_4}{1000} + 9189 \cdot x_1 + 933 \cdot x_2 + 5297 \cdot x_4 + 1112 \cdot x_5 - 3807 \cdot x_3 - 20783935 = 0 \\ \dfrac{84315 \cdot x_4^2}{10000} + 1198 \cdot x_4 - \dfrac{16863 \cdot x_4 \cdot x_5}{1000} + \dfrac{51146 \cdot x_5^2}{10000} - 2311 \cdot x_5 + 24726 = 0 \\ x_1 + x_2 + x_3 + x_4 - 540 = 0 \\ x_1^2 + x_1 \cdot x_2 - 768 \cdot x_1 + 51 \cdot 173 \geqslant 0 \\ x_1^2 + x_2^2 + 2 \cdot x_1 \cdot x_2 - 1214 \cdot x_1 - 1214 \cdot x_2 + x_1 \cdot x_3 - x_2 \cdot x_3 + 173 \cdot x_3 + 238813 \geqslant 0 \end{cases}$$

其中:
$$\begin{cases} f_1 = \max\left(264630 - \dfrac{799235 \cdot x_1}{10000} - \dfrac{1170 \cdot x_1^2}{10000}, 17300 \right) \\ f_2 = \max\left(\dfrac{426}{1000} \cdot x_1 \cdot x_2 + \dfrac{7 \cdot x_2 \cdot x_1^2}{10000} + 1069 \cdot x_2 - \dfrac{4801 \cdot x_2^2}{10000} + \dfrac{4 \cdot x_1 \cdot x_2^2}{10000} + \dfrac{2 \cdot x_2^3}{10000}, 1000 \cdot x_2 \right) \\ f_3 = \max\left(\begin{array}{c} -254 \cdot x_1 - \dfrac{6059}{10000} \cdot x_1^2 - 254 \cdot x_2 - \dfrac{6059}{10000} \cdot x_2^2 + \dfrac{5359}{100} \cdot x_1 \cdot x_2 + \\ 888830, 367000 \end{array} \right) \\ f_4 = \max\left(\begin{array}{c} \dfrac{8404 \cdot x_1 x_3^2}{10000} + \dfrac{165 \cdot x_3 \cdot x_1^2}{10000} + \dfrac{8404 \cdot x_2 \cdot x_3^2}{10000} + \dfrac{165 \cdot x_3 \cdot x_3^2}{10000} + \dfrac{33 \cdot x_1 \cdot x_2 x_3}{10000} + \\ 177 \cdot x_3 - \dfrac{4188 \cdot x_3^2}{1000} + 4 \cdot x_4 \cdot x_3^2 - 2 \cdot x_3^2, 1000 \cdot x_3 \end{array} \right) \end{cases}$$

共有 $x_1 \sim x_5$ 五个参数,无范围限制,三个等式约束及两个不等式约束。代码见表 8-6,计算结果见表 8-7。

表 8-6　1stOpt 与 Lingo 代码

1stOpt	Algorithm = UGO2[150]; ConstStr W = MAX(264630 − 799235/10000 ∗ x1 − 1170/10000 ∗ x1^2,173000) + MAX(426/1000 ∗ x1 ∗ x2 + 7/10000 ∗ x2 ∗ x1^2 + 1069 ∗ x2 − 4801/10000 ∗ x2^2 + 4/10000 ∗ x1 ∗ x2^2 + 2/10000 ∗ x2^3,1000 ∗ x2) + MAX(− 254 ∗ x1 − 6059/10000 ∗ x1^2 − 254 ∗ x2 − 6059/10000 ∗ x2^2 + 5359/100 ∗ x1 ∗ x2 + 888830,367000) + MAX(8404/10000 ∗ x1 ∗ x3^2 + 165/100000 ∗ x3 ∗ x1^2 + 8404/10000 ∗ x2 ∗ x3^2 + 165/100000 ∗ x3 ∗ x2^2 + 33/10000 ∗ x1 ∗ x2 ∗ x3 + 177 ∗ x3 − 4188/1000 ∗ x3^2 + 4 ∗ x4 ∗ x3^2 − 2 ∗ x3^3,1000 ∗ x3) + 700 ∗ x4; MinFunction W/680; (23086 ∗ x1^2)/1000 + (19648 ∗ x2^2)/1000 + (64477 ∗ x4^2)/10000 + (33169 ∗ x5^2)/10000 − (19325 ∗ x3^2)/10000 + (35598 ∗ x1 ∗ x2)/1000 + (3865 ∗ x4 ∗ x3)/1000 + 9189 ∗ x1 + 933 ∗ x2 + 5297 ∗ x4 + 1112 ∗ x5 − 3807 ∗ x3 − 20783935 = 0; (84315 ∗ x4^2)/10000 + 1198 ∗ x4 − (16863 ∗ x4 ∗ x5)/1000 + (51146 ∗ x5^2)/10000 − 2311 ∗ x5 + 247260 = 0; x1 + x2 + x3 − x4 − 540 = 0; x1^2 + x1 ∗ x2 − 768 ∗ x1 + 51 ∗ 173 > = 0; x1^2 + x2^2 + 2 ∗ x1 ∗ x2 − 1214 ∗ x1 − 1214 ∗ x2 + x1 ∗ x3 − x2 ∗ x3 + 173 ∗ x3 + 238813 > = 0;
Lingo	Min = (@ SMAX(264630 − 799235/10000 ∗ x1 − 1170/10000 ∗ x1^2,173000) + @ SMAX(426/1000 ∗ x1 ∗ x2 + 7/10000 ∗ x2 ∗ x1^2 + 1069 ∗ x2 − 4801/10000 ∗ x2^2 + 4/10000 ∗ x1 ∗ x2^2 + 2/10000 ∗ x2^3,1000 ∗ x2) + @ SMAX(− 254 ∗ x1 − 6059/10000 ∗ x1^2 − 254 ∗ x2 − 6059/10000 ∗ x2^2 + 5359/100 ∗ x1 ∗ x2 + 888830,367000) + @ SMAX(8404/10000 ∗ x1 ∗ x3^2 + 165/100000 ∗ x3 ∗ x1^2 + 8404/10000 ∗ x2 ∗ x3^2 + 165/100000 ∗ x3 ∗ x2^2 + 33/10000 ∗ x1 ∗ x2 ∗ x3 + 177 ∗ x3 − 4188/1000 ∗ x3^2 + 4 ∗ x4 ∗ x3^2 − 2 ∗ x3^3,1000 ∗ x3) + 700 ∗ x4)/680; (23086 ∗ x1^2)/1000 + (19648 ∗ x2^2)/1000 + (64477 ∗ x4^2)/10000 + (33169 ∗ x5^2)/10000 − (19325 ∗ x3^2)/10000 + (35598 ∗ x1 ∗ x2)/1000 + (3865 ∗ x4 ∗ x3)/1000 + 9189 ∗ x1 + 933 ∗ x2 + 5297 ∗ x4 + 1112 ∗ x5 − 3807 ∗ x3 − 20783935 = 0; (84315 ∗ x4^2)/10000 + 1198 ∗ x4 − (16863 ∗ x4 ∗ x5)/1000 + (51146 ∗ x5^2)/10000 − 2311 ∗ x5 + 247260 = 0; x1 + x2 + x3 − x4 − 540 = 0; x1^2 + x1 ∗ x2 − 768 ∗ x1 + 51 ∗ 173 > = 0; x1^2 + x2^2 + 2 ∗ x1 ∗ x2 − 1214 ∗ x1 − 1214 ∗ x2 + x1 ∗ x3 − x2 ∗ x3 + 173 ∗ x3 + 238813 > = 0; @ Free(x1);@ Free(x2);@ Free(x3);@ Free(x4);@ Free(x5);

表 8-7　1stOpt 与 Lingo 计算结果

最优值	1stOpt	Lingo
目标函数(最小)	− 2354.1792966935	− 1920.395377101558
参数值	x1： − 104.57383068459 x2：　91.6132279635174 x3： − 1143.58303476298 x4： − 1696.54363748477 x5： − 1083.07731055803	x1：　7.199911071034424 x2： − 464.6317133463899 x3： − 648.2302088182340 x4： − 1645.662011093590 x5： − 1052.521572409447

8.2.6　测试题-6

方程组如下：

$$\begin{cases} x_1^{x_2} + x_2^{x_1} - 5 \cdot x_1 \cdot x_2 \cdot x_3 - 85 = 0 \\ x_1^3 \cdot x_2^{x_3} \cdot x_3^{x_2} - 60 = 0 \\ x_1^{x_3} + x_3^{x_1} - x_2 - 0.55 = 0 \end{cases} \tag{8-6}$$

将解方程问题先转换成求最小值优化问题：

$$\min. \ (x_1^{x_2} + x_2^{x_1} - 5 \cdot x_1 \cdot x_2 \cdot x_3 - 85)^2 + (x_1^3 \cdot x_2^{x_3} \cdot x_3^{x_2} - 60)^2 + (x_1^{x_3} + x_3^{x_1} - x_2 - 0.55)^2$$

代码和结果见表 8-8。

表 8-8　1stOpt 与 Lingo 代码和结果

软件	代码	最优结果
1stOpt	Algorithm = UGO2[100]; MinFunction sqr(x1^x2 + x2^x1 - 5 * x1 * x2 * x3 - 85) + sqr(x1^3 * x2^x3 * x3^x2 - 60) + sqr(x1^x3 + x3^x1 - x2 - 0.55);	目标函数(最小)： 3.86541843558296E-29 x1：19390.8841948409 x2：0.450000000000006 x3：2.33057529482023E-25
Lingo	Min = @sqr(x1^x2 + x2^x1 - 5 * x1 * x2 * x3 - 85) + @sqr(x1^3 * x2^x3 * x3^x2 - 60) + @sqr(x1^x3 + x3^x1 - x2 - 0.55); @Free(x1);@Free(x2);@Free(x3);	目标函数(最小)： 0.6463501796401165E-01 x1：4.834151053752513 x2：2.439950004947156 x3：0.6160029121995053

8.2.7　测试题-7

方程组如下：

$$\begin{cases} 0.048 - x_1 \cdot \left(\dfrac{x_2 - 0.0633}{x_3 - 0.0633}\right)^{x_5} = 0 \\[3mm] 0.0471 - x_1 \cdot \left(\dfrac{x_2 - 0.0333}{x_4 - 0.0333}\right)^{x_5} = 0 \\[3mm] 0.4714 - x_1 \cdot \left(\dfrac{x_2 + 0.333}{x_3 + 0.333}\right)^{x_5} = 0 \\[3mm] 0.5715 - x_1 \cdot \left(\dfrac{x_2 + 0.7}{0.5946 \cdot x_4 + 0.5 \cdot x_3 + 0.7}\right)^{x_5} = 0 \\[3mm] 0.5657 - x_1 \cdot \left(\dfrac{x_2 + 0.8}{x_4 + 0.8}\right)^{x_5} = 0 \end{cases} \qquad (8\text{-}7)$$

代码和结果见表 8-9。

表 8-9　1stOpt 与 Lingo 代码和结果

软件	代码	最优结果
1stOpt	MinFunction ((0.0448 - x1 * ((x2 - 0.0633)/(x3 - 0.0633))^x5)^2 + (0.0471 - x1 * ((x2 - 0.0333)/(x4 - 0.0333))^x5)^2 + (0.4714 - x1 * ((x2 + 0.3333)/(x3 + 0.3333))^x5)^2 + (0.5715 - x1 * ((x2 + 0.7)/(0.5946 * x4 + 0.5 * x3 + 0.7))^x5)^2 + (0.5657 - x1 * ((x2 + 0.8)/(x4 + 0.8))^x5)^2);	目标函数值(最小)： 1.78488571647561E-24 x1：0.75442836360047 x2：0.219991936210761 x3：0.0988142334927476 x5：-1.90235170173568 x4：0.0767421028450243

续表

软件	代码	最优结果
Lingo	min = ((0.0448 − x1 ∗ ((x2 − 0.0633)/(x3 − 0.0633))^x5)^2 + (0.0471 − x1 ∗ ((x2 − 0.0333)/(x4 − 0.0333))^x5)^2 + (0.4714 − x1 ∗ ((x2 + 0.3333)/(x3 + 0.3333))^x5)^2 + (0.5715 − x1 ∗ ((x2 + 0.7)/(0.5946 ∗ x4 + 0.5 ∗ x3 + 0.7))^x5)^2 + (0.5657 − x1 ∗ ((x2 + 0.8)/(x4 + 0.8))^x5)^2); @Free(x1); @Free(x2); @Free(x3); @Free(x4); @Free(x5);	目标函数值(最小)： 0.1272081938169936E-04 x1：766367720984.9581 x2：0.1083657362582603 x3：412185572647.3716 x5：1.020094254655705 x4：708132497166.2257

8.2.8　测试题-8

多约束整数函数优化问题，$x_1 \sim x_5$ 均为整数，$x \in [0,1000]$

$$\text{min.} \quad x_1^{0.1} + (x_2 - x_3)^{(x_5-x_1)^{0.35}} + x_4 + x_5 \tag{8-8}$$

$$\text{s. t.} \begin{cases} x_1 + x_2 + (x_3 - x_4)^{0.25} + x_5 \geqslant 300, & x_1 + x_3 + x_4^{0.2} + x_5 \geqslant 50 \\ x_1 + x_3^{0.4} + x_4 + x_5 \geqslant 50, & x_1 + (x_2 - x_1)^{0.3} + x_5 \geqslant 80 \\ x_2^{0.2} + x_3 \cdot x_5 + x_4 \cdot x_1 = 90, & x_2 + x_3 + x_4 + (x_5 - x_1)^{-0.025} \leqslant 250 \end{cases}$$

该函数是多约束非线性整数规划，既有等式约束也有不等式约束，而最大难点是模型中指数计算部分如 $(x_2 - x_3)^{(x_5-x_1)^{0.35}}$，该部分极易导致出现底数为负同时幂为非整数，从而引起计算出错并终止的现象。1stOpt 能以 20% 的概率得到最优解 288.4566，而 Lingo 所得最优结果为 193534619300，与最优解相差甚远。而如果将代码中目标函数指数的底部加上绝对值函数 abs ( )，即目标函数变为"x1^0.1 + abs(x2 − x3)^(abs(x5 − x1)^0.35) + x4 + x5；"，1stOpt 则能以近 100% 概率求得最优解，而相同的处置对 Lingo 则没有任何改善（表 8-10）。

表 8-10　1stOpt 与 Lingo 代码和结果

软件	代码	最优结果
1stOpt	```Algorithm = SM3[100];``` ```IntParameter x(5) = [0,1000];``` ```MinFunction x1^0.1 + (x2 − x3)^((x5 − x1)^0.35) + x4 + x5;``` ``` x1 + x2 + (x3 − x4)^0.25 + x5 >= 300;``` ``` x1 + x3 + x4^0.2 + x5 >= 50;``` ``` x1 + x3^0.4 + x4 + x5 > = 50;``` ``` x1 + (x2−x1)^0.3 + x5 >= 80;``` ``` x2^0.2 + x3 ∗ x5 + x4 ∗ x1 = 90;``` ``` x2 + x3 + x4 + (x5 − x1)^(−0.025) < = 250;```	最优值 = 288.4566 x1 = 43，x2 = 243，x3 = 1，x4 = 1，x5 = 44
Lingo	```Sets：``` ```Par/1..5/:x；``` ```EndSets``` ```Min = x(1)^0.1 + (x(2) − x(3))^((x(5) −x(1))^0.35) + x(4) + x(5);``` ``` x(1) + x(2) + (x(3) − x(4))^0.25 + x(5) >= 300;``` ``` x(1) + x(3) + x(4)^0.2 + x(5) >= 50;``` ``` x(1) + x(3)^0.4 + x(4) + x(5) >= 50;``` ``` x(1) + (x(2) −x(1))^0.3 + x(5) > = 80;``` ``` x(2)^0.2 + x(3) ∗ x(5) + x(4) ∗ x(1) = 90;``` ``` x(2) + x(3) + x(4) + (x(5) −x(1))^(−0.025) < = 250;``` ```@For(Par: @bnd(0,x,1000)); @For(Par: @Gin(x));```	最优值 = 193534619300 x1 = 1，x2 = 243，x3 = 1，x4 = 1，x5 = 86

8.2.9　测试题-9

无约束优化问题，变量 x 范围自由。

$$\text{min.} \sum_{i=1}^{n} \left(\begin{array}{c} \cos(x_i) \cdot \cos(x_{i+1}) - 2 \cdot \exp\{-500 \cdot [(x_i - 1)^2 + (x_{i+1} - 1)^2]\} - \\ 2.5 \cdot \exp[-510 \cdot (x_i + 0.5)^2 + (x_{i+1} + 0.5)^2] \end{array} \right) \quad (8\text{-}9)$$

该函数是多维非线性函数，图形在较大尺度变化似有规律，当放大后在局部点却有突变，获取全局最优结果难度较大。1stOpt 所得最优解均好于 Lingo 的结果（表 8-11）。

表 8-11　1stOpt 与 Lingo 代码和结果

软件	代码	最优结果
1stOpt	Constant n = 4; MinFunction Sum(i=1:n)(cos(x[i]) * cos(x[i+1]) − 2 * exp(−500 * ((x[i] − 1)^2 + (x[i+1] −1)^2)) − 2.5 * exp(−510 * ((x[i] + 0.5)^2 + (x[i+1] + 0.5)^2)));	目标函数值（最小）： −6.83270700864292 x1：1.00022728870617 x2：1.00022728872543 x3：1.00022728855048 x4：1.00022728859477 x5：1.00022728870472
Lingo	Sets： 　P/1..4/; 　Par/1..5/:x; EndSets Min = @ Sum(P(j)：@cos(x(j)) * @ cos(x(j+1)) − 2 * @ exp(−500 * ((x(j) −1)^2 + (x(j+1) −1)^2)) − 2.5 * @ exp(−510 * ((x(j) +0.5)^2 + (x(j+1) +0.5)^2))); @ For(Par：@ Free(x));	Objective value： −3.999999999999984 x1：−0.5284372413582361E-07 x2：3.141592656290427 x3：0.1140885404176868E-08 x4：3.141592655938097 x5：0.48460902445E-07

8.2.10　测试题-10

二维有约束优化问题，变量 x、y 范围为 $[-5, 5]$。

$$\text{min.} \cos(x - 0.15) - \exp(x - 0.65) \cdot y \quad (8\text{-}10)$$

$$\text{s. t.} \begin{cases} (x - 0.15)^{x-0.15} + y \geqslant 0 \\ (x - 0.15)^{x-0.15} + y \leqslant 1 \end{cases}$$

该测试函数的最大难度是在约束部分，在 x 搜索域有可能出现指数计算底部为负而指数部分为非整数的情况，从而导致计算出错而停止的现象。另外，在 1stOpt 代码中，处理约束的罚函数系数如果取缺省值，也将很难获得正确，在此取 1E +300，同时还使用了关键字 HotRun，表示在上次运行的基础上再自动运行。1stOpt 得到的最优结果是 −2.28439，而 Lingo 仅为 −0.64866（表 8-12）。

表 8-12   1stOpt 及 Lingo 代码

软件	代码	最优结果
1stOpt	HotRun = 5; ParameterDomain = [−5, 5]; PenaltyFactor = 1E+300; Algorithm = UGO4 [50]; MinFunction cos (x−0.15) −exp ((x−0.15−0.5) ∗y); 　　　　0 <= (x−0.15) ^ (x−0.15) +y <=1;	最优值 = −2.28439279397936 x = −1.85, y = −0.25
Lingo	Min = @cos (x−0.15) −@exp ((x−0.15−0.5) ∗y); 　　(x−0.15) ^ (x−0.15) +y > =0; 　　(x−0.15) ^ (x−0.15) +y < =1; @bnd (−5, x, 5); @bnd (−5, y, 5);	最优值 = −0.6486647 x = 0.1500000, y = −0.9999314

8.2.11　测试题-11

方程组如下：

$$\min. \ f_1^2 + f_2^2 + f_3^2 \tag{8-11}$$

其中：

$$\text{s. t.} \ \ x_2^{(x_1+x_3)} = \ln(x_3 - x_1 \cdot x_2)$$

$$\begin{cases} f_1 = \dfrac{0.028008}{x_1} + 0.028008 \cdot x_2 \cdot \left[1 - \exp\left(\dfrac{-0.001 \cdot x_2}{x_3}\right)\right] + 0.00956 \\[3mm] f_2 = \dfrac{0.042013}{x_1} + 0.042013 \cdot x_2 \cdot \left[1 - \exp\left(\dfrac{-0.0275 \cdot x_2}{x_3}\right)\right] + 0.00314 \\[3mm] f_3 = \dfrac{0.328099}{x_1} + 0.328099 \cdot x_2 \cdot \left[1 - \exp\left(\dfrac{-0.0412 \cdot x_2}{x_3}\right)\right] - 0.006681 \end{cases}$$

1stOpt 及 Lingo 代码见表 8-13。

表 8-13   1stOpt 及 Lingo 代码

软件	代码	最优结果
1stOpt	MinFunction sqr(0.028008/x1 +0.028008 ∗ x2 ∗ (1 − exp(−x2 ∗ 0.001/x3)) − (−0.00956)) + sqr(0.042013/x1 +0.042013 ∗ x2 ∗ (1 − exp(−x2 ∗ 0.0275/x3)) − (−0.00314)) + sqr(0.328099/x1 +0.328099 ∗ x2 ∗ (1 − exp(−x2 ∗ 0.0412/x3)) − (0.006681)); x2^(x1 + x3) = ln(x3 − x1 ∗ x2);	目标函数值(最小): 1.46982424983283E-7 x1: −2.87512979445245 x2: 0.97807434951818 x3: 0.0852770307093029 约束函数: 1: x2^(x1 + x3) − (ln(x3 − x1 ∗ x2)) = −4.88964424505411E−11
Lingo	min = @sqr(0.028008/x1 +0.028008 ∗ x2 ∗ (1 − @exp(−x2 ∗ 0.001/x3)) −0.00956) + @sqr(0.042013/x1 +0.042013 ∗ x2 ∗ (1 − @exp(−x2 ∗ 0.0275/x3)) −0.00314) + @sqr(0.328099/x1 +0.328099 ∗ x2 ∗ (1 − @exp(−x2 ∗ 0.0412/x3)) −0.006681); x2^(x1 + x2) = @log(x3 − x1 ∗ x2); @free(x1);@free(x2);@free(x3);	目标函数值(最小): 0.8493589662098430E−04 x1: 42.47443535145548 x2: 0.2841469765585412E−03 x3: 1.012068982391211 约束函数: 1: x2^(x1 + x3) − (ln(x3 − x1 ∗ x2)) = −5.0626169922779E−12

8.2.12　测试题-12

方程组如下：

$$\min. f_1^2 + f_2^2 + f_3^2 + f_4^2 + f_5^2 \tag{8-12}$$

其中：

$$
\begin{cases}
f_1 = x_1 \cdot 96485 - (170000000 + 20 \cdot x_1^2) \cdot x_5 \cdot \dfrac{8.314 \cdot 298}{96485} \\[2mm]
f_2 = x_1 + 2 \cdot 5 \cdot \exp\left(\dfrac{x_2}{x_3}\right) \cdot \sinh(x_4) \\[2mm]
f_3 = x_3 - 2 \cdot 5 \cdot \exp\left(\dfrac{x_2}{x_3}\right) \cdot \cosh(x_4) \\[2mm]
f_4 = 1.2 - \dfrac{2 \cdot 8.314 \cdot 298}{96485} \cdot \mathrm{abs}(x_4 + x_5) \\[2mm]
f_5 = 200 - x_2 \cdot x_3
\end{cases}
$$

1stOpt 及 Lingo 代码见表 8-14。

表 8-14　1stOpt 及 Lingo 代码

软件	代码	最优结果
1stOpt	Algorithm = UGO1[100]; minFunction sqr(x1 ∗ 96485 - ((170000000 + 20 ∗ x1^2) ∗ x5 ∗ 8.314 ∗ 298/96485)) + sqr(x1 - (-2 ∗ 5 ∗ exp(x2/x3) ∗ sinh(x4))) + sqr(x3 - (2 ∗ 5 ∗ exp(x2/x3) ∗ cosh(x4))) + sqr(1.2 - (2 ∗ 8.314 ∗ 298/96485 ∗ abs(x4 + x5))) + sqr(200 - (x2 ∗ x3));	目标函数值(最小)： 6.12140738537903E-14 x1：-1870.97401192576 x5：-29.2907271234837 x2：0.106894666654823 x3：1871.00073617565 x4：5.92472653254863
Lingo	min = @ sqr(x1 ∗ 96485 - ((170000000 + 20 ∗ x1^2) ∗ x5 ∗ 8.314 ∗ 298/96485)) + @ sqr(x1 - (-2 ∗ 5 ∗ @ exp(x2/x3) ∗ @ sinh(x4))) + @ sqr(x3 - (2 ∗ 5 ∗ @ exp(x2/x3) ∗ @ cosh(x4))) + @ sqr(1.2 - (2 ∗ 8.314 ∗ 298/96485 ∗ @ abs(x4 + x5))) + @ sqr(200 - (x2 ∗ x3)); @ free(x1); @ free(x2); @ free(x3); @ free(x4); @ free(x5);	目标函数值(最小)： 1.30374900874309 x1：50.5836462372625 x5：1.11769630401001 x2：3.86695814087997 x3：51.7202336876385 x4：-2.2506067190261

8.2.13　测试题-13

方程组如下：

$$\min. f_1^2 + f_2^2 + f_3^2 + f_4^2 \tag{8-13}$$

其中：

$$
\begin{cases}
f_1 = p_0 + p_1 \cdot (1 - \exp(-p_2 \cdot 0^{p_3})) - 51.61 \\[2mm]
f_2 = p_0 + p_1 \cdot (1 - \exp(-p_2 \cdot 9.78^{p_3})) - 51.91 \\[2mm]
f_3 = p_0 + p_1 \cdot (1 - \exp(-p_2 \cdot 30.68^{p_3})) - 53.27 \\[2mm]
f_4 = p_0 + p_1 \cdot (1 - \exp(-p_2 \cdot 59.7^{p_3})) - 59.68
\end{cases}
$$

1stOpt 及 Lingo 代码见表 8-15。

表 8-15　1stOpt 及 Lingo 代码

软件	代码	最优结果
1stOpt	MinFunction (sqr(p0 + p1 * (1 - exp(- (p2 * (0)^p3))) - (51.61)) + sqr(p0 + p1 * (1 - exp(- (p2 * (9.78)^p3))) - (51.91)) + sqr(p0 + p1 * (1 - exp(- (p2 * (30.68)^p3))) - (53.27)) + sqr(p0 + p1 * (1 - exp(- (p2 * (59.7)^p3))) - (59.68))) * 1E + 10;	目标函数值（最小）：0 p0：51.61 p1：-0.465222188130755 p2：-0.0537307156044677 p3：0.976132921502662
Lingo	min = (((p0 + p1 * (1 - @ exp(- (p2 * (0)^p3))) - (51.6))^2) + ((p0 + p1 * (1 - @ exp(- (p2 * (9.78)^p3))) - (51.91))^2) + ((p0 + p1 * (1 - @ exp(- (p2 * (30.68)^p3))) - (53.27))^2) + ((p0 + p1 * (1 - @ exp(- (p2 * (59.7)^p3))) - (59.68))^2)) * 1E + 10; @ Free(p0) ; @ Free(p1) ; @ Free(p2) ; @ Free(p3) ;	目标函数值（最小）： 225631083.3776605 p0：51.69651445604820 p1：352925.3269568909 p2：0.1135435874348647E - 08 p3：2.420766488852185

* 为了便于比较，将目标函数放大 10^{10} 倍。

8.2.14　测试题-14

方程组如下：

$$\min. \ f_1^2 + f_2^2 + f_3^2 \tag{8-14}$$

其中：

$$\begin{cases} f_1 = \dfrac{1.0}{x_1^2 \cdot x_2 \cdot x_3} - 0.0292 \\[2mm] f_2 = \dfrac{1.0}{x_1 \cdot x_2} + \dfrac{2 - 5028}{x_1^2 + x_3} + \dfrac{3 - 5028}{x_1 \cdot x_2 \cdot x_3} - 6.17 \\[2mm] f_3 = \dfrac{2.0}{x_2} + \dfrac{2 - 5028}{x_3 \cdot x_1} + \dfrac{1.0}{x_1} - 7.86 \end{cases}$$

1stOpt 及 Lingo 代码见表 8-16。

表 8-16　1stOpt 及 Lingo 代码

软件	代码	最优结果
1stOpt	MinFunction sqr(1.0/(x1^2 * x2 * x3) - 0.0292) + sqr(1.0/(x1 * x2) + (2 - 5028)/(x1^2 * x3) + (3 - 5028)/(x2 * x3 * x1) - 6.17) + sqr(2.0/ x2 + (2 - 5028)/(x3 * x1) + 1.0/x1 - 7.86) ;	目标函数值（最小）： 3.15690010540449E-30 x1：0.149818369792419 x2：-0.329754082612953 x3：-4626.97159302465
Lingo	Min = @ sqr(1.0/(x1^2 * x2 * x3) - 0.0292) + @ sqr(1.0/(x1 * x2) + (2 - 5028)/(x1^2 * x3) + (3 - 5028)/(x2 * x3 * x1) - 6.17) + @ sqr(2.0/ x2 + (2 - 5028)/(x3 * x1) + 1.0/x1 - 7.86) ; @ Free(x1) ; @ Free(x2) ; @ Free(x3) ;	目标函数值（最小）： 0.8219559083705282E-03 p0：0.3061810247462154 p1：0.4064778501828378 p2：50387.87711131883

8.2.15　测试题-15

方程组如下：

$$\min. \ f_1^2 + f_2^2 + f_3^2 + f_4^2 \tag{8-15}$$

其中：

$$\begin{cases} f_1 = 141.3 - 2.13\mathrm{E} - 7 \cdot \left(\dfrac{t_1 + t_2}{2}\right)^3 \cdot (t_2 - t_1) - 2.13\mathrm{E} - 7 \cdot \left(\dfrac{t_2 + t_3}{2}\right)^3 \cdot (t_2 - t_3) \\[2ex] f_2 = 105.6 - 19.71 \cdot (t_1 - t_3) - 2.13\mathrm{E} - 7 \cdot \left(\dfrac{t_1 + t_3}{2}\right)^3 \cdot (t_1 - t_3) - 2.13\mathrm{E} - 7 \cdot \left(\dfrac{t_1 + t_2}{2}\right)^3 \cdot (t_1 - t_2) \\[2ex] f_3 = 18.9 - 2.13\mathrm{E} - 7 \cdot \left(\dfrac{t_2 + t_3}{2}\right)^3 \cdot (t_3 - t_2) - 2.04\mathrm{E} - 8 \cdot \left(\dfrac{t_4 + t_3}{2}\right)^3 \cdot (t_3 - t_4) - 1.38 \cdot (t_3 - t_4) \\[2ex] f_4 = 1.38 \cdot (t_3 - t_4) + 2.04\mathrm{E} - 8 \cdot \left(\dfrac{t_4 + t_3}{2}\right)^3 \cdot (t_3 - t_4) + 4\mathrm{E} + 6 \cdot \left(\dfrac{t_4 - 10}{t_4}\right)^{0.5} \end{cases}$$

1stOpt 及 Lingo 代码见表 8-17。

表 8-17　1stOpt 及 Lingo 代码

软件	代码	最优结果
1stOpt	Algorithm = UGO2[100]; MinFunction sqr(141.3 − 2.13e − 7 * ((t1 + t2)/2)^3 * (t2 − t1) − 2.13e − 7 * ((t2 + t3)/2)^3 * (t2 − t3)) + sqr(105.6 − 19.71 * (t1 − t3) − 2.13e − 7 * ((t1 + t3)/2)^3 * (t1 − t3) − 2.13e − 7 * ((t1 + t2)/2)^3 * (t1 − t2)) + sqr(18.9 − 2.13e − 7 * ((t2 + t3)/2)^3 * (t3 − t2) − 2.04e − 8 * ((t4 + t3)/2)^3 * (t3 − t4) − 1.38 * (t3 − t4)) + sqr(1.38 * (t3 − t4) + 2.04e − 8 * ((t4 + t3)/2)^3 * (t3 − t4) + 4E + 6 * ((t4 − 10)/t4)^0.5);	目标函数值(最小)： 3.98822998427057E-13 t1：−331.741050183176 t2：−398.065689558367 t3：−433.651233674654 t4：10.0000001730653
Lingo	min = @sqr(141.3 − 2.13e − 7 * ((t1 + t2)/2)^3 * (t2 − t1) − 2.13e − 7 * ((t2 + t3)/2)^3 * (t2 − t3)) + @sqr(105.6 − 19.71 * (t1 − t3) − 2.13e − 7 * ((t1 + t3)/2)^3 * (t1 − t3) − 2.13e − 7 * ((t1 + t2)/2)^3 * (t1 − t2)) + @sqr(18.9 − 2.13e − 7 * ((t2 + t3)/2)^3 * (t3 − t2) − 2.04e − 8 * ((t4 + t3)/2)^3 * (t3 − t4) − 1.38 * (t3 − t4)) + @sqr(1.38 * (t3 − t4) + 2.04e − 8 * ((t4 + t3)/2)^3 * (t3 − t4) + 4E + 6 * ((t4 − 10)/t4)^0.5); @Free(t1); @Free(t2); @Free(t3); @Free(t4);	目标函数值(最小)： 442563.1330835626 t1：202569.3880296599 t2：−203287.3672481942 t3：−203287.3694833890 t4：−203287.3928224697

8.3　非线性拟合最优化测试题集

本试题集均属于非线性拟合问题。非线性拟合一般采用最小二乘法，其从本质上来说就是一个优化问题。目前公认和使用最广泛的拟合优化算法是麦夸特法，该算法虽然高效但一最大的缺点就是其属于局部最优算法，即计算结果依赖合适初值的猜测。Lingo 具有享有盛名的全局优化求解器，在此通过几个实例检验其在非线性拟合方面的效果，并同时与 1stOpt 进行比较。

优化模型构筑时，均将非线性拟合转换成函数优化形式，即计算因变量与实际因变量间误差平方和最小：

$$\min. \ \mathrm{RSS} = \sum_{i=1}^{n} (Y_i - y_i)^2 \tag{8-16}$$

8.3.1 测试题-1

拟合公式：$y = \dfrac{p_1}{p_2 + p_3 \cdot \exp(-p_3 \cdot x + p_1)} + p_4 \cdot x^{p_5}$ (8-17)

待求参数 5 个：p_1、p_2、p_3、p_4、p_5，拟合数据见表 8-18。

表 8-18 拟合测试数据

x	1,2,3,4,5,6,7,8,9,10,11,12,13,14,15,16,17,18,19,20,21,22,23,24,25,26
y	33815,33981,34004,34165,34212,34327,34344,34458,34498,34476,34483,34488,34513,34497,34511,34520,34507,34509,34521,34513,34515,34517,34519,34519,34521,34521

代码如下：

| 1stOpt | ```
Algorithm = UGO2[100];
Constant x = [1,2,3,4,5,6,7,8,9,10,11,12,13,14,15,16,17,18,19,20,21,22,23,24,25,26],
y = [33815,33981,34004,34165,34212,34327,34344,34458,34498,34476,34483,34488,34513,34497,34511,
34520,34507,34509,34521,34513,34515,34517,34519,34519,34521,34521];
ConstStr f = p1/(p2 + p3 * exp(-p3 * x + p1)) + p4 * x^p5;
Plot x[x],f,y;
MinFunction Sum(x,y)((f-y)^2);
``` |
| Lingo | ```
Sets:
    Dat/1..26/:x,y;
    Par/1..5/:p;
EndSets
Data:
    x = 1,2,3,4,5,6,7,8,9,10,11,12,13,14,15,16,17,18,19,20,21,22,23,24,25,26;
y = 33815,33981,34004,34165,34212,34327,34344,34458,34498,34476,34483,34488,34513,34497,34511,
34520,34507,34509,34521,34513,34515,34517,34519,34519,34521,34521;
EndData
Min = @Sum(dat:((p(1)/(p(2) + p(3) * @exp(-p(3) * x + p(1))) + p(4) * x^p(5) - y)^2));
@For(Par:@Free(p));
``` |

本例题看似并不复杂，求解参数也只有 5 个，但全局最优解却非常难以获得。上述代码，1stOpt 能以 50% 的概率得到下面最优解，而 Lingo 却只能得到局部最优解。

运行结果：

1stOpt	Lingo
目标函数值(最小)：9589.39821870966	目标函数值(最小)：65364.55299569300
p1：-8.98527141247	p1 151476.4634481531
p2：-0.000260147025317434	p2 4.337531576317456
p3：1.49792015327337	p3 10000000000.00000
p4：-7364.33144471589	p4 -1170.043567256206
p5：-1.99617448648483	p5 -0.3655412505637795

8.3.2　测试题-2

约束拟合问题,必须过点(13,88)。

拟合公式：$y = \dfrac{p_1 \cdot \exp(p_2 \cdot x)}{p_2 - p_3 \cdot (1 - \exp(p_2 \cdot x))} + p_4 \cdot \exp(x^{p_5})$ 　　　　　　(8-18)

约束条件：$88 = \dfrac{p_1 \cdot \exp(p_2 \cdot 13)}{p_2 - p_3 \cdot (1 - \exp(p_2 \cdot 13))} + p_4 \cdot \exp(13^{p_5})$

待求参数 5 个：p_1、p_2、p_3、p_4、p_5，拟合测试数据见表 8-19。

表8-19　拟合测试数据

x	1,3,5,7,9,11,13,15
y	18,53,75,84,88,91,88,89

代码如下：

1stOpt	```
	Algorithm = UGO2[50];
	ConstStr f(v) = (p1 * exp(p2 * v))/(p2 - p3 * (1 - exp(p2 * v))) + p4 * exp(v^p5);
	Constant x = [1,3,5,7,9,11,13,15],
	　　　　 y = [18,53,75,84,88,91,88,89];
	Plot x[x],y,f(x);
	MinFunction Sum(i = 1:8,x,y)((f(x) - y)^2);
	　　　　 f(13) = 88;
	``

Lingo	```
	Sets:
	　　Dat/1..8/:x,y;
	　　Par/1..5/:p;
	EndSets
	Data:
	　　x = 1,3,5,7,9,11,13,15;
	　　y = 18,53,75,84,88,91,88,89;
	EndData
	Min = @Sum(Dat: (((p(1) * @exp(p(2) * x))/(p(2) - p(3) * (1 - @exp(p(2) * x))) + p(4) * @exp(x^p(5)) - y)^2));
	((p(1) * @exp(p(2) * 13))/(.p(2) - p(3) * (1 - @exp(p(2) * 13))) + p(4) * @exp(13^p(5))) - (88) = 0;
	@For(Par: @Free(p));
	``

1stOpt 能以超过 60% 的概率得到如下最优解，而 Lingo 虽然每次可得到如下稳定解，但距 1stOpt 最优解相差甚远。

运行结果：

1stOpt	Lingo
目标函数值(最小)：10.0211259884693	目标函数值(最小)：159.6106592900720
p1：59.1305009594726	p1　1239325464839.995
p2：-0.451211125441458	p2　0.1723922553777003
p3：-0.194506101056255	p3　-128700356694.8027
p4：43.0268132324695	p4　28.46111498503642
p5：-0.126512166758847	p5　0.8521850249363268E-01

8.3.3　测试题-3

拟合公式：$z = a \cdot \exp(b \cdot x) + c \cdot \exp(d \cdot y) + p_1 \cdot (p_2 \cdot x + p_3 \cdot y)^{p_4}$　　　　(8-19)

待求参数 8 个：a、b、c、d、p_1、p_2、p_3、p_4，拟合测试数据见表 8-20。

表 8-20　拟合测试数据

x	1000,600,1200,500,300,400,1300,1100,1300,300
y	5,7,6,6,8,7,5,4,2,9
z	100,75,80,70,50,65,90,100,110,60

代码如下：

1stOpt	DataSet： 　　x = 1000,600,1200,500,300,400,1300,1100,1300,300； 　　y = 5,7,6,6,8,7,5,4,2,9； 　　z = 100,75,80,70,50,65,90,100,110,60； EndDataSet； MinFunction Sum(x,y,z)((a*exp(b*x) + c*exp(d*y) + p1*(p2*x + p3*y)^p4 - z)^2)；
Lingo	Sets： 　　Dat/1..10/:x,y,z； EndSets Data： 　　x = 1000,600,1200,500,300,400,1300,1100,1300,300； 　　y = 5,7,6,6,8,7,5,4,2,9； 　　z = 100,75,80,70,50,65,90,100,110,60； EndData Min = @Sum(Dat：(a*@exp(b*x) + c*@exp(d*y) + p1*(p2*x + p3*y)^p4 - z)^2)； @Free(a)；@Free(b)；@Free(c)；@Free(d)；@Free(p1)；@Free(p2)；@Free(p3)；@Free(p4)；

1stOpt 对此问题求得最优解的概率接近 100%，而 Lingo 的最好结果如下，与最优解相距甚远。

运行结果：

1stOpt	Lingo
目标函数值（最小）：47.9086168767324	目标函数值（最小）：323.3838
a：-282.436803450259	A　15.59318
b：-0.00145706447117894	B　-0.8412757E-01
c：147.361098525535	C　68.10107
d：0.175764449240005	D　-0.1562307
p1：-85.7004829842418	P1　65.56637
p2：0.000304789664983706	P2　0.6539922E-03
p3：0.222966231588406	P3　-0.1036598E-01
p4：2.31132682754351	P4　0.2515391

8.3.4　测试题-4

拟合公式：

$$y = \frac{1 + \left(\dfrac{p_1 - 1}{p_2}\right) \cdot \exp(-p_3 \cdot x) + p_4 \cdot x}{p_2} \tag{8-20}$$

待求参数 4 个：p_1、p_2、p_3、p_4，拟合测试数据见表 8-21。

表 8-21　拟合测试数据

x	1790,1800,1810,1820,1830,1840,1850,1860,1870,1880,1890,1900,1910,1920,1930,1940,1950,1960,1970, 1980,1990,2000
y	3.9,5.3,7.2,9.6,12.9,17.1,23.2,31.4,38.6,50.2,62.9,76.0,92.0,106.5,123.2,131.7,150.7,179.3, 204.0,226.5,251.4,281.4

代码如下：

1stOpt	Constant x = [1790,1800,1810,1820,1830,1840,1850,1860,1870,1880,1890,1900,1910,1920,1930,1940,1950,1960, 1970,1980,1990,2000], y = [3.9,5.3,7.2,9.6,12.9,17.1,23.2,31.4,38.6,50.2,62.9,76.0,92.0,106.5,123.2,131.7,150.7,179.3, 204.0,226.5,251.4,281.4]; ConstStr f = (1 + ((p1 − 1)/p2) * exp(−p3 * x) + p4 * x)/p2; Plot x[x],y,f; MinFunction Sum(x,y)((f − y)^2);

Lingo	Sets：
	　　Dat/1..22/:x,y;
	　　Par/1..4/:p;
	EndSets
	Data：
	x = 1790,1800,1810,1820,1830,1840,1850,1860,1870,1880,1890,1900,1910,1920,1930,1940,1950,1960, 1970,1980,1990,2000;
	y = 3.9,5.3,7.2,9.6,12.9,17.1,23.2,31.4,38.6,50.2,62.9,76.0,92.0,106.5,123.2,131.7,150.7,179.3, 204.0,226.5,251.4,281.4;
	EndData
	Min = @Sum(Dat:(((1 + ((p(1) −1)/p(2)) * @exp(−p(3) * x) + p(4) * x)/p(2) −y)^2));
	@For(Par:@Free(p));

运行结果：

1stOpt	Lingo
目标函数(最小)：148.492763651806 p1：1.00000025753738 p2：0.000209088308464266 p3：−0.00293978832318435 p4：−0.000690963358567268	目标函数(最小)：253.6818456630314 p1：1.001969487319134 p2：−0.3399091933365660E−03 p3：−0.5210384574767937E−03 p4：0.7666819729790615E−02

8.3.5　测试题-5

拟合公式：
$$y = \frac{p_1 \cdot x}{p_2 + x} + p_3 \cdot \exp(p_4 \cdot x^{p_5}) \tag{8-21}$$

待求参数 5 个：p_1、p_2、p_3、p_4、p_5，拟合测试数据见表 8-22。

表 8-22　拟合测试数据

x	300,780,1080,1320,1560,1860,2100,2520,3000,3600,4200,4800,5400,6000,6600,7200,11040
y	.270,.419,.480,.520,.557,.593,.616,.654,.682,.713,.736,.756,.768,.783,.797,.807,.843

代码如下：

1stOpt	Algorithm = UGO2[100];
	DataSet;
	x = [300,780,1080,1320,1560,1860,2100,2520,3000,3600,4200,4800,5400,6000,6600,7200,11040];
	y = [.270,.419,.480,.520,.557,.593,.616,.654,.682,.713,.736,.756,.768,.783,.797,.807,.843];
	EndDataSet;
	MinFunction Sum(x,y)((p1 * x/(p2 + x) + p3 * exp(p4 * x^p5) - y)^2) * 10^5;

Lingo	Sets:
	　　Dat/1..17/:x,y;
	　　Par/1..5/:p;
	EndSets
	Data:
	x = 300,780,1080,1320,1560,1860,2100,2520,3000,3600,4200,4800,5400,6000,6600,7200,11040;
	y = .270,.419,.480,.520,.557,.593,.616,.654,.682,.713,.736,.756,.768,.783,.797,.807,.843;
	EndData
	Min = @Sum(Dat:(p(1) * x/(p(2) + x) + p(3) * @exp(p(4) * x^p(5)) - y)^2 * 10^5);
	@For(Par:@Free(p));

1stOpt 对此问题求得最优解的概率接近 100%，而 Lingo 的最好结果如下，与最优解相距甚远。

运行结果：

1stOpt	Lingo
目标函数值(最小)：3.14231000678646	目标函数值(最小)：4.209438650288392
p1：-22.8381384448056	p1：0.8721907805116618
p2：-83.796943316711	p2：1334.402292915293
p3：23.7790548760956	p3：1229006542203995
p4：370.143916777146	p4：-36.13279806619772
p5：-1.25046592586553	p5：0.3932413484225923E-02

8.3.6　测试题-6

拟合公式：
$$y = \frac{p_1}{1 + \dfrac{p_2}{x} + \dfrac{x}{p_3}} + p_4 \cdot p_5 \cdot \exp\left[-0.5 \cdot \left(\frac{x - p_4}{p_5}\right)^2\right] \tag{8-22}$$

待求参数 5 个：p_1、p_2、p_3、p_4、p_5，拟合测试数据见表 8-23。

表 8-23   拟合测试数据

x	80. 0,140. 9,204. 7,277. 9,356. 8,453. 0,505. 6,674. 5,802. 32,936. 04,1053. 3
y	6. 64,11. 54,15. 89,20. 16,21. 56,21. 69,22. 66,23. 15,18. 16,16. 81,16. 65

代码如下：

1stOpt	DataSet：
	    x = 80. 0,140. 9,204. 7,277. 9,356. 8,453. 0,505. 6,674. 5,802. 32,936. 04,1053. 3；
	    y = 6. 64,11. 54,15. 89,20. 16,21. 56,21. 69,22. 66,23. 15,18. 16,16. 81,16. 65；
	EndDataSet；
	MinFunction Sum(x,y)((p1/(1 + p2/x + x/p3) + p4 * p5 * exp(-0. 5 * ((x - p4)/p5)^2) - y)^2)；

Lingo	Sets：
	    Dat/1.. 11/：x,y；
	    Par/1.. 5/：p；
	EndSets
	Data：
	    x = 80. 0,140. 9,204. 7,277. 9,356. 8,453. 0,505. 6,674. 5,802. 32,936. 04,1053. 3；
	    y = 6. 64,11. 54,15. 89,20. 16,21. 56,21. 69,22. 66,23. 15,18. 16,16. 81,16. 65；
	EndData
	Min = @ Sum(Dat：(p(1)/(1 + p(2)/x + x/p(3)) + p(4) * p(5) * @ exp(-0. 5 * ((x - p(4))/p(5))^2) - y)^2)；
	@ For(Par：@ Free(p))；

运行结果：

1stOpt	Lingo
目标函数值(最小)：2. 37396851125572 p1： -184. 128204437892 p2： -2132. 49026042281 p3： -98. 3783275988761 p4：593. 467479119178 p5：19. 8086208331562	目标函数值(最小)：8. 250622947949593 p1： -362905105. 1834536 p2： -3477371332. 281239 p3： -0. 6239907981406241E - 04 p4：0. 1115303637788029E - 07 p5： -156249998. 7847223

8. 3. 7   测试题-7

拟合公式：
$$y = \exp(p_1 - p_2 \cdot x \cdot 6.168\text{E} - 7) + \left(p_3 \cdot x + \frac{p_4}{x} + p_5\right)^{p_2} \tag{8-23}$$

待求参数 5 个：p_1、p_2、p_3、p_4、p_5，拟合测试数据见表 8-24。

表 8-24   拟合测试数据

x	1,5,9,13,17,21,25,29
y	0. 902,0. 695,0. 545,0. 438,0. 328,0. 214,0. 122,0. 079

代码如下：

1stOpt	Constant x = [1,5,9,13,17,21,25,29], y = [0.902,0.695,0.545,0.438,0.328,0.214,0.122,0.079]; ConstStr f = exp(p1 - p2 * x * 6.168E-7) + (p3 * x + p4/x + p5)^p2; Plot x[x],y,f; MinFunction Sum(x,y)((f - y)^2);

Lingo	Sets：
	    Dat/1..8/：x,y；
	    Par/1..5/：p；
	EndSets
	Data：
	x = 1,5,9,13,17,21,25,29；
	y = 0.902,0.695,0.545,0.438,0.328,0.214,0.122,0.079；
	EndData
	Min = @ Sum(Dat：(@ exp(p(1) - p(2) * x * 6.168E-7) + (p(3) * x + p(4)/x + p(5))^p(2) - y)^2);
	@ For(Par：@ Free(p))；

运行结果：

1stOpt	Lingo
目标函数值（最小）：0.000374931976578597 p1：-2.60958625376162 p2：1.31125009735747 p3：-0.0283754187053504 p4：0.0743747605584266 p5：0.820322495539355	目标函数值（最小）：0.6010281141762548E-03 p1：-10000000000.00000 p2：1.587729207235518 p3：-0.2504895294890190E-01 p4：0.5316492565270194E-01 p5：0.9089497751973988

8.3.8　测试题-8

拟合公式：

$$y = \frac{1 + \left(\dfrac{p_1 - 1}{p_2}\right) \cdot \exp(-p_3 \cdot x) + p_4 \cdot x}{p_2} \tag{8-24}$$

待求参数 4 个：p_1、p_2、p_3、p_4，拟合测试数据见表 8-25。

表 8-25　拟合测试数据

x	1790,1800,1810,1830,1850,1870,1890,1900,1910,1930,1950,1970,1990,2000
y	3.9,5.3,7.2,12.9,23.2,38.6,62.9,76,92,123.2,150.7,204,251.4,281.4

代码如下：

1stOpt	Constant x = [1790,1800,1810,1830,1850,1870,1890,1900,1910,1930,1950,1970,1990,2000], y = [3.9,5.3,7.2,12.9,23.2,38.6,62.9,76,92,123.2,150.7,204,251.4,281.4]; ConstStr f = (1 + ((p1-1)/p2) * exp(-p3 * x) + p4 * x)/p2; Plot x[x],y,f; MinFunction Sum(x,y)((f - y)^2);

Lingo	Sets： 　　Dat/1..14/:x,y； 　　Par/1..4/:p； EndSets Data： 　　x = 1790,1800,1810,1830,1850,1870,1890,1900,1910,1930,1950,1970,1990,2000； 　　y = 3.9,5.3,7.2,12.9,23.2,38.6,62.9,76,92,123.2,150.7,204,251.4,281.4； EndData Min = @Sum(Dat：(((1+((p(1)−1)/p(2))*@exp(−p(3)*x)+p(4)*x)/p(2)−y)^2))； @For(Par：@Free(p))；

运行结果：

1stOpt	Lingo
目标函数值(最小)：94.1482857785128 p1：1.00000045014486 p2：0.000187044851719692 p3：−0.00263905770761274 p4：−0.000709648350161811	目标函数值(最小)：10298.37328366503 p1：−10000000000.00000 p2：−0.4298411715121943E−03 p3：10000000000.00000 p4：−0.5501264374962057E−03

8.3.9　测试题-9

拟合公式：
$$z = p_1 \cdot \exp\left(\frac{p_2}{y - p_3}\right) \cdot \exp\left(\frac{p_4 \cdot x}{y}\right) + p_5 \tag{8-25}$$

待求参数 5 个：p_1、p_2、p_3、p_4、p_5，拟合测试数据见表 8-26。

表 8-26　拟合测试数据

x	27.6048,50.50656,71.568,92.42496,113.38416；
y	280.68,281.56,282.36,283.07,283.72；
z	2.73708,5.2194,7.60041,10.10905,12.80573；

代码如下：

1stOpt	DataSet； 　　x = 27.6048,50.50656,71.568,92.42496,113.38416； 　　y = 280.68,281.56,282.36,283.07,283.72； 　　z = 2.73708,5.2194,7.60041,10.10905,12.80573； EndDataSet； MinFunction Sum(x,y,z)((p1*exp(p2/(y−p3))*exp(p4*x/y)+p5−z)^2)；
Lingo	Sets： 　　Dat/1..5/:x,y,z； 　　Par/1..5/:p； EndSets Data ： 　　x = 27.6048,50.50656,71.568,92.42496,113.38416； 　　y = 280.68,281.56,282.36,283.07,283.72； 　　z = 2.73708,5.2194,7.60041,10.10905,12.80573； EndData Min = @Sum(Dat：(p(1)*@exp(p(2)/(y−p(3)))*@exp(p(4)*x/y)+p(5)−z)^2)； @For(Par：@Free(p))；

运行结果:

1stOpt	Lingo
目标函数值(最小): 9. 31062944148414E − 26 p1: 24. 9779448326807 p2: − 0. 00834207089237181 p3: 279. 761812605181 p4: 1. 01703541368548 p5: − 24. 6188419872809	目标函数值(最小): 0. 4663684701242866E − 04 p1:0. 8797563740039225 p2:1076. 943364332934 p3:15. 22546948171438 p4: 0. 7145384019407364 p5: − 51. 81376451730632

8.3.10 测试题-10

拟合公式:
$$y = 23.9 \cdot (x^{-p_1})^{p_2} \cdot \exp\left[(1 - x^{p_3})^{p_4} \cdot \frac{5.2 - p_2}{p_3} \right] \tag{8-26}$$

待求参数 4 个: p_1、p_2、p_3、p_4，拟合测试数据见表 8-27。

表 8-27　拟合测试数据

x	1,0. 9627,0. 9324,0. 9067,0. 8845,0. 8649,0. 7910,0. 7397,0. 7004,0. 6685,0. 6416
y	23. 9,28. 9,33. 6,38. 1,42. 5,46. 7,66. 1,83. 6,99. 8,114. 9,129. 0

代码如下:

1stOpt	DataSet;
	　　x = [1,0. 9627,0. 9324,0. 9067,0. 8845,0. 8649,0. 7910,0. 7397,0. 7004,0. 6685,0. 6416];
	　　y = [23. 9,28. 9,33. 6,38. 1,42. 5,46. 7,66. 1,83. 6,99. 8,114. 9,129. 0];
	EndDataSet;
	MinFunction　Sum(x,y)((23. 9 * (x^(− p1))^p2 * exp((1 − x^p3)^p4 * (5. 2 − p2)/p3) − y)^2);

Lingo	Sets:
	　　Dat/1. . 11/:x,y;
	　　Par/1. . 4/:p;
	EndSets
	Data:
	　　x = 1,0. 9627,0. 9324,0. 9067,0. 8845,0. 8649,0. 7910,0. 7397,0. 7004,0. 6685,0. 6416;
	　　y = 23. 9,28. 9,33. 6,38. 1,42. 5,46. 7,66. 1,83. 6,99. 8,114. 9,129. 0;
	EndData
	Min　= @ Sum(Dat: (23. 9 * (x^(− p(1)))^p(2) * @ exp((1 − x^p(3))^p(4) * (5. 2 − p(2))/p(3)) − y)^2);
	@ For(Par: @ Free(p));

运行结果:

1stOpt	Lingo
目标函数值(最小): 0. 00940696129415185 p1: 0. 160417071721974 p2: 32. 7257684363296 p3: 0. 0434866211040992 p4: 1. 74131102572998	目标函数值(最小): 0. 1269865284649544E − 01 p1: − 74. 20023429579510 p2:0. 3067996635751806E − 02 p3:1. 243220257540106 p4: 0. 9903909215241130

8.3.11 测试题-11

拟合公式：

$$y = p_1 + \frac{p_2 \cdot (p_3 - x^2)}{(p_3 - x^2 + p_4 \cdot x)^{p_5}} \tag{8-27}$$

待求参数 5 个：p_1、p_2、p_3、p_4、p_5，拟合测试数据见表 8-28。

表 8-28 拟合测试数据

x	0. 1936,0. 1855,0. 1774,0. 1694,0. 1613,0. 1533,0. 1452,0. 1371,0. 1291,0. 1210,0. 1129,0. 1049
y	$-2.6208, -1.4168, -0.6540, -0.5859, -0.9044, -1.4789, -1.9933, -2.1964, -2.1615, -1.8063,$ $-1.5663, -1.3167$

代码如下：

1stOpt	DataSet； 　　x = 0. 1936,0. 1855,0. 1774,0. 1694,0. 1613,0. 1533,0. 1452,0. 1371,0. 1291,0. 1210,0. 1129,0. 1049； 　　　y = − 2. 6208, − 1. 4168, − 0. 6540, − 0. 5859, − 0. 9044, − 1. 4789, − 1. 9933, − 2. 1964, − 2. 1615, 　　− 1. 8063, − 1. 5663, − 1. 3167； EndDataSet； MinFunction Sum(x,y)((p1 + p2 * (p3 − x^2)/((p3 − x^2) + p4 * x)^p5 − y)^2)；
Lingo	Sets： 　　Dat/1..12/:x,y； 　　Par/1..5/:p； EndSets Data： 　　x = 0. 1936,0. 1855,0. 1774,0. 1694,0. 1613,0. 1533,0. 1452,0. 1371,0. 1291,0. 1210,0. 1129,0. 1049； 　　y = − 2. 6208, − 1. 4168, − 0. 6540, − 0. 5859, − 0. 9044, − 1. 4789, − 1. 9933, − 2. 1964, − 2. 1615, − 1. 8063, 　− 1. 5663, − 1. 3167； EndData Min = @ Sum(Dat：(p(1) + p(2) * (p(3) − x^2)/((p(3) − x^2) + p(4) * x)^p(5) − y)^2)； @ For(Par：@ Free(p))；

运行结果：

1stOpt	Lingo
目标函数值(最小)：0. 274651437574496 p1：− 72. 6181552453454 p2：0. 0427805507883049 p3：0. 0546537515759848 p4：0. 153119896928404 p5：3. 74442073368391	目标函数值(最小)：4. 226950699661863 p1：1447. 299215207287 p2：− 3905. 964047268144 p3：5. 861646275929587 p4：0. 1147236760464426 p5：1. 559460239819445

8.3.12 测试题-12

拟合公式：

$$y = \frac{p_1}{\left[\ln\left(\dfrac{p_2}{x} \right) + p_3 \cdot x^{p_3 \cdot p_2} \right]^{p_4}} \tag{8-28}$$

待求参数 4 个：p_1、p_2、p_3、p_4，拟合测试数据见表 8-29。

表 8-29　拟合测试数据

x	$0.25, 0.5, 0.6, 0.8, 0.9$
y	$4.28, 6.63, 7.61, 14.55, 22.77$

代码如下：

1stOpt	DataSet； 　　x = 0.25, 0.5, 0.6, 0.8, 0.9； 　　y = 4.28, 6.63, 7.61, 14.55, 22.77； EndDataSet； MinFunction Sum(x, y) (((p1/(ln(p2/x) + p3 * x^(p3 * p2)))^p4 − y)^2)；
Lingo	Sets： 　　Dat/1..5/：x, y； 　　Par/1..4/：p； EndSets Data： 　　x = 0.25　　0.5　0.6　0.8　0.9； 　　y = 4.28　　6.63　7.61　14.55 22.77； EndData Min = @Sum(Dat：((p(1)/(@log(p(2)/x) + p(3) * x^(p(3) * p(2))))^p(4) − y)^2)； @For(Par：@Free(p))；

运行结果：

1stOpt	Lingo
目标函数值(最小)：0.0441854650625933	目标函数值(最小)：0.6478452797029445E-01
p1：−2766.87368506754	p1：25.06695713474433
p2：1.91558214917771	p2：0.8942736485018214
p3：−0.661392396472266	p3：77.70414000117131
p4：0.200255334464873	p4：0.4943242207743132

8.3.13　测试题-13

拟合公式：

$$y = \frac{p_1}{1 + \dfrac{p_2}{x} + \dfrac{x}{p_3}} + p_4 \cdot x^{p_5} \tag{8-29}$$

待求参数 5 个：p_1、p_2、p_3、p_4、p_5，拟合测试数据见表 8-30。

表 8-30　拟合测试数据

x	$0.05, 0.1, 0.2, 0.6, 0.8, 1, 2, 5, 10, 20, 30, 50, 55$；
y	$1.8, 6.4, 16.6, 31.79, 52.7, 69.8, 83.9, 112.3, 129.7, 127.4, 62.2, 40.2, 1200$；

代码如下：

1stOpt	DataSet； 　　x = 0. 05,0. 1,0. 2,0. 6,0. 8,1,2,5,10,20,30,50,55； 　　y = 1. 8,6. 4,16. 6,31. 79,52. 7,69. 8,83. 9,112. 3,129. 7,127. 4,62. 2,40. 2,1200； EndDataSet； MinFunction Sum(x,y)((p1/(1 + p2/x + x/p3) - p4 * x^p5 - y)^2)；
Lingo	Sets： 　　Dat/1. . 13/ :x,y； 　　Par/1. . 5/ :p； EndSets Data： 　　x = 0. 05,0. 1,0. 2,0. 6,0. 8,1,2,5,10,20,30,50,55； 　　y = 1. 8,6. 4,16. 6,31. 79,52. 7,69. 8,83. 9,112. 3,129. 7,127. 4,62. 2,40. 2,1200； EndData Min = @ Sum(Dat：(p(1)/(1 + p(2)/x + x/p(3)) - p(4) * x^p(5) - y)^2)； @ For(Par：@ Free(p))；

运行结果：

1stOpt	Lingo
目标函数值(最小)：268. 357523753284 p1：132. 945100127163 p2：1. 27279889580514 p3：- 56. 915582647706 p4：0. 00986147189056252 p5：2. 90928482452683	目标函数值(最小)：6574. 387202588041 p1：- 9. 888498251506915 p2：- 0. 3675632356159982E - 01 p3：- 54. 51907316202730 p4：- 68. 73444837510408 p5：0. 2077323788425383

8. 3. 14　测试题-14

拟合公式：$y = p_1 \cdot \exp[-p_2 \cdot (x - p_3)^2] + p_1 \cdot \exp[-p_4 \cdot (x - p_5)^2]$　　　　(8-30)

待求参数 5 个：p_1、p_2、p_3、p_4、p_5，拟合测试数据见表 8-31。

表 8-31　拟合测试数据

x	50. 86,25. 17,10. 74,8. 53,4. 39,3. 15,3. 59
y	48. 24,96. 53,220. 57,274. 65,508. 44,683. 08,608. 81

代码如下：

1stOpt	DataSet； x = 50. 86,25. 17,10. 74,8. 53,4. 39,3. 15,3. 59； y = 48. 24,96. 53,220. 57,274. 65,508. 44,683. 08,608. 81； EndDataSet； MinFunction Sum(x,y)((p1 * exp(- p2 * (x - p3)^2) + p1 * exp(- p4 * (x - p5)^2) - y)^2)；

Lingo	Sets：
	
	    Dat/1..7/:x,y；
	
	    Par/1..5/:p；
	
	EndSets
	
	Data：
	
	    x = 50. 86,25. 17,10. 74,8. 53,4. 39,3. 15,3. 59；
	
	    y = 48. 24,96. 53,220. 57,274. 65,508. 44,683. 08,608. 81；
	
	EndData
	
	Min = @Sum(Dat：((p(1) * @exp(- p(2) * (x - p(3))^2) + p(1) * @exp(- p(4) * (x - p(5))^2) - y)^2))；
	
	@For(Par：@Free(p))；

运行结果：

1stOpt	Lingo
目标函数值（最小）：12. 1961564758495 p1：0. 982232898987535 p2： - 0. 00762338944164567 p3：31. 1100819813159 p4： - 0. 000134242176086888 p5：209. 689175137904	目标函数值（最小）：352. 1502412273141 p1：0. 3529075369235778E + 17 p2：0. 1055067975775122E - 02 p3： - 171. 2214551211110 p4：0. 1265621335255280E - 04 p5： - 1599. 826689562502

8.3.15　测试题-15

拟合公式：　　　　$y = p_1 + p_2 \cdot \left[1 + (p_3 \cdot x)^{p_4} \right] \cdot \left(p_3 + \dfrac{1}{p_4 + p_2 \cdot x} \right)$　　　　　　(8-31)

待求参数 4 个：p_1、p_2、p_3、p_4，拟合测试数据见表 8-32。

表 8-32　拟合测试数据

x	74,67,33. 6,25,19. 2
y	22. 1,22. 5,27. 2,29. 6,34. 5

代码：

1stOpt	Constant x = [74,67,33. 6,25,19. 2],y = [22. 1,22. 5,27. 2,29. 6,34. 5]； MinFunction Sum(x,y)((p1 + p2 * (1 + (p3 * x)^p4) * (p3 + 1/(p4 + p2 * x)) - y)^2)；

Lingo	Sets：
	
	    Dat/1..5/:x,y；
	
	    Par/1..4/:p；
	
	EndSets
	
	Data：
	
	    x = 74,67,33. 6,25,19. 2；
	
	    y = 22. 1,22. 5,27. 2,29. 6,34. 5；
	
	EndData
	
	Min = @Sum(Dat：((p(1) + p(2) * (1 + (p(3) * x)^p(4)) * (p(3) + 1/(p(4) + p(2) * x)) - y)^2))；
	
	@For(Par：@Free(p))；

运行结果：

1stOpt	Lingo
目标函数值(最小)：0.0141094329474788 p1：-15261.8686660828 p2：0.0208591863511705 p3：732045.603478896 p4：-0.392772553099437	目标函数值(最小)：0.4233373581391565 p1：18.25097568627298 p2：685.2662103677228 p3：0.1038163280320747E-03 p4：-0.7823093077991707

参 考 文 献

［1］ 程先云，郑凡东，杨浩，等. Theis 井函数计算方法及井模型参数优化计算研究［J］. 水文，2015，35(3)：8-13.

［2］ 程先云，刘洪禄，王义成. 避难转移最优路径问题研究［C］//中国水利水电科学研究院第九届青年学术交流会论文集. 北京：中国水利水电科学研究院：429-438.

［3］ 胡淑彦，程先云，柴福鑫，等. 基于 1stOpt 的水库预泄期最优泄流调度方案模型研究［J］. 河海大学学报(自然科学版)，2011，39(4)：377-383.

［4］ 金菊良. 遗传算法及其在水问题中的应用［D］. 南京：河海大学，1998.

［5］ 刘立才，陈鸿汉，张达政. 梯度法在水文地质参数估值中的应用［J］. 水文地质工程地质，2003(3)：39-41.

［6］ 谢金星，薛毅. 优化建模与 Lindo/Lingo 软件［M］. 北京：清华大学出版社，2005.

［7］ 张宏伟，牛志广. Lingo 8.0 及其在环境系统优化中的应用［M］. 天津：天津大学出版社，2005.

［8］ 赵晓慎，马建琴. 皮尔逊Ⅲ型分布逼近、递推和迭代计算［J］. 水电能源科学，2006，24(4)：1-4.

［9］ Xianyun CHENG, Shuyang HU, Sang-hyeok KANG. Global Optimization Techniques on Engineering Hydrological Model［C］. Proceeding of the 9th International Conference on Hydroinformatics HIC 2010, Tianjin, China, Vol. 2：1000-1008.

［10］ Xianyun CHENG, Wenfei LONG, Honglu LIU, et al. The global optimization package 1stOpt and its application in engineering hydrology［C］. The 4th International Yellow River Forum(IYRF) on Ecological Civilization and River Ethics, Vol. 5, 2009(10)：243-250.

［11］ Xianyun CHENG, Sang-hyeok KANG, Shengmin YANG. Auto-calibration of some river and engineer hydrological models by using Auto2Fit［C］. Water City Water Forum 2009, 8, Incheon, Korea.

［12］ Xianyun CHENG, Yicheng WANG, Honglu LIU. Study on optimal regulation modelling of reservoir discharge［C］. Advances in Water Resources and Hydraulic Engineering, Proceedings of 16th IAHR-APD Congress and 3rd Symposium of IAHR-ISH, Nanjing, China, Oct. 20-23, 2008：379-385.

［13］ Xianyun CHENG, Fuxin CHAI, Jing GAO, et al. 1stOpt and global optimization plantform-comparsion and case study［C］. Proceedings of 2011 4th IEEE International Conference on Computer Science and Information Technology, ICCSIT 2011, Vol. 4, Chengdu, China, 2011(6)：328-332.

徽州祠堂

中国精致建筑100

筑境

鲍树民 鲍文龙 著 摄影

中国建筑工业出版社

出版说明

中国是一个地大物博、历史悠久的文明古国。自历史的脚步迈入新世纪大门以来，她越来越成为世人瞩目的焦点，正不断向世人绽放她历史上曾具有的魅力和光辉异彩。当代中国的经济腾飞、古代中国的文化瑰宝，都已成了世人热衷研究和深入了解的课题。

作为国家级科技出版单位——中国建筑工业出版社60年来始终以弘扬和传承中华民族优秀的建筑文化，推动和传播中国建筑技术进步与发展，向世界介绍和展示中国从古至今的建设成就为己任，并用行动践行着"弘扬中华文化，增强中华文化国际影响力"的使命。从20世纪80年代开始，中国建筑工业出版社就非常重视与海内外同仁进行建筑文化交流与合作，并策划、组织编撰、出版了一系列反映我中华传统建筑风貌的学术画册和学术著作，并在海内外产生了重大影响。

"中国精致建筑100"是中国建筑工业出版社与台湾锦绣出版事业股份有限公司策划，由中国建筑工业出版社组织国内百余位专家学者和摄影专家不惮繁杂，对遍布全国有历史意义的、有代表性的传统建筑进行认真考察和潜心研究，并按建筑思想、建筑元素、官殿建筑、礼制建筑、宗教建筑、古城镇、古村落、民居建筑、陵墓建筑、园林建筑、书院与会馆等建筑专题与类别，历经数年系统科学地梳理、编撰而成。本套图书按专题分册，就其历史背景、建筑风格、建筑特征、建筑文化，结合精美图照和线图撰写。全套100册、文约200万字、图照6000余幅。

这套图书内容精练、文字通俗、图文并茂、设计考究，是适合海内外读者轻松阅读、便于携带的专业与文化并蓄的普及性读物。目的是让更多的热爱中华文化的人，更全面地欣赏和认识中国传统建筑特有的丰姿、独特的设计手法、精湛的建造技艺，及其绝妙的细部处理，并为世界建筑界记录下可资回味的建筑文化遗产，为海内外读者打开一扇建筑知识和艺术的大门。

这套图书将以中、英文两种文版推出，可供广大中外古建筑之研究者、爱好者、旅游者阅读和珍藏。

目录

徽州祠堂

在殷墟，发现原始社会后期就有了祭祀先人的祖庙。周代，庙祀有了严格的等级规定，所谓"天子七庙，诸侯五庙，大夫三庙，士一庙，庶民祭于寝"。祠堂名称最早出现于汉代。

宋代理学盛行，朱熹著《家礼》，订立祠堂体制。明代，皇帝允许庶民与士大夫一样祭祀四代祖先，又准许民间"联宗立庙"。自此各地纷纷建祠立庙，祠庙逐渐普及天下。

徽州是程朱理学的发祥地，受理学思想熏陶尤深。明清之际，城乡处处建祠，如以彼时村落数计算，估计徽州祠堂约有5000多座。

徽州为什么有这么多的祠堂？徽州建制于秦、汉，历史悠久。两晋时期由于战乱频繁，北方氏族纷纷避兵南渡，陆续迁入徽州。这些名门望族，门阀观念极深，素有"千年之冢不动一抔，千载之谱丝毫不紊，千丁之族未尝散处"，"衣冠至百年不变"之说；徽州历来文化教育普及，儒学兴隆，文人、名宦辈出，"崇祖根本"思想已成为历史传统与世俗民风；明清时期徽商鼎盛，商人挟重赀衣锦还乡，竞相建祠修庙，实现他们光宗耀祖的夙愿；徽州地处僻壤，战火不及，山林殷实，不乏建筑巨材，又多能工巧匠。这些都为建祠与护祠具备了良好的条件。

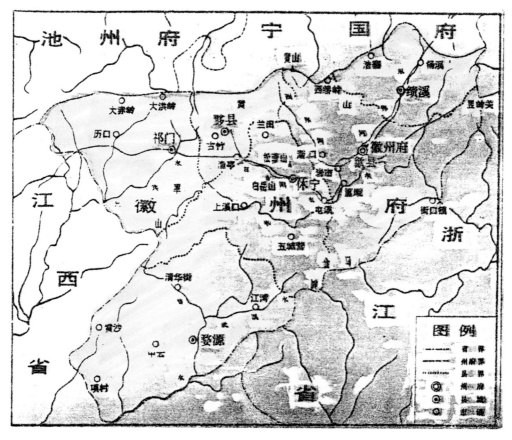

图0-1 明清徽州府略图

一、徽州祠堂的形制

徽州众多的祠堂中，大部分是联宗族祠。以族系又可分为宗祠、支祠、家祠、统宗祠等类别。宗祠、统宗祠规模较大。支祠由各支门别祖所建，祭其支派之祖，规模相对较小。统宗祠建于分迁各派之祖里，便于统领分迁支派合祭始祖及联络敬宗收族活动。

就形制而论，上述祠堂又可类分为：明早期朱熹《家礼》为蓝本的祠堂如"司谏第"，由先祖故居演变而来的祠堂如"乐善堂"，以及明中叶以后兴建众多的独立于居室外的祠堂。

随着徽商经济的繁荣，诸多宗族的兴旺和子姓的繁衍，原来早期的祠堂已不适用，各地对原有祠堂进行重建，于是独立于居室外的祠堂得到空前的发展，成为徽州祠堂的主体。

这种独立于居室外的祠堂，无视皇朝的等级规定，追求形制上的恢宏典丽，着意拓展面阔和进深，大有一座胜似一座之势。然其基本组成部分仍保持四合院式：位于中轴线上是门屋——享堂——寝（有的加楼），每进堂前有廊庑环抱天井，组成空旷的院落。与朱子祠堂相比，除了以上不同外，最醒目的是祠门前部的序列设计。首先在选址上便充分利用自然条件，调动一切手法，塑造高大庄严的形象：如在门墙上建高耸多间次的重檐门楼，或在仪门外竖立显示族望的圣旨牌坊等。万历年间大学士许国在《潜川汪氏金紫祠碑》中有一段精彩描述："……坊当康庄之衢，槐棘夹道，浓绿

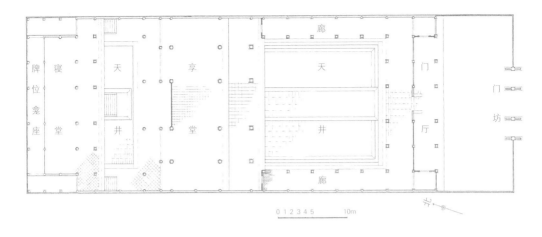

图1-1 徽州祠堂的基本布局（歙县郑氏宗祠平面图）

交荫，望之隆如也，廓如也，是以耸观！由坊而入池，方二亩，甃石而桥之，下穿三峡，上施楯焉，命名曰：'三源桥'……"反映了当时虔敬祖先，推崇祠堂建设的思想。

徽州盛行风水学说，营建必卜。上述一系列改造环境，完善选址的工程措施，实际也包含了风水学说在祠堂建筑中的运用。在营造中徽人汲汲追求一种理想的自然地理环境——"喝形"。这种地形可概括为六个字："枕山、环水、面屏"。绘图说明于后：

在这种理想的地形中，祠堂大都位于村落树木葱茏、风景幽美的水口处，有的选址在明堂阳基的适中部位。这样便构成了徽州传统村落中独具一格的风景线。

祠的本义是祭祀。《礼记》"祠"作"祀"。祭祀是祠堂的主要功能，祠堂在寝殿设有石质须弥座的木主神龛，配享位置有严格规定：以始祖居中，二、四、六世位于始祖左方，称"昭"；三、五、七世位于始祖右方，称"穆"。即昭穆有别，以分长幼、亲疏远近。木主又有迁与不迁之分。有功名德望的祖宗木主，永远供置龛内，谓之"不迁"；没有功名封典的祖考木主，已满五世，就要迁去，名为"迁祧"。迁出的木主，有的族祠在寝上建阁供奉，春秋祭时，另文荐享。

祠祭丞尝有序，每当岁时节日，都要举行隆重的祭祀活动，为祖先神明奉献时新荐享，以寄托人子思亲感情。正月初一凌晨，各房长辈率子弟到祠堂行祭礼，先支祠，后宗祠，在享堂，族长、各派房长按长幼尊卑、字辈序列，向祖宗容像，神龛木主，行三兴拜礼。然后合族团拜。礼毕，由族长分发众人"和合饼"（一种面制发酵，有馅的烤饼，寓和睦意），以领受祖宗的胙福。十五元宵节，在烟花爆竹中，为唐越国公汪华、梁忠壮公程灵洗祝寿，请出二公塑像，肩舆游行，沿路迎奉香火不断。正月十七，祠堂举行暖容灯酒宴，给祖宗贺新春。

一年中的正祭是春秋二祭和冬祭。春祭在清明前后，由值祠房长承办祭品，召集族中子弟（男性）率队前往各处扫墓；秋冬二祭仪式隆重，选日多在秋分与冬至。族长主祭，宰猪羊，具办各式蜜饯、瓜果、各种肉类、美酒面

图1-2 徽州祠堂的大门

一般建成翼角高耸的五凤楼。

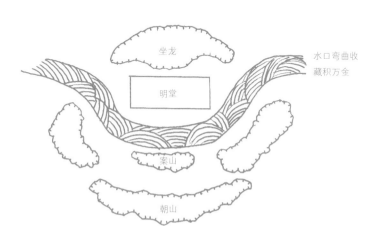

坐龙

明堂

案山

朝山

水口弯曲收
藏积万金

图1-3 徽州祠堂风水布局示意图

显示其具有"喝形"风水：枕山、环山、面屏。

食；选用礼生（行过冠礼的男子）16名，行"少牢之礼"（《礼记》：诸侯宗庙祭用一猪一羊谓之"少牢"）。按典章规定的项目，在大赞（司仪）的呼唱指挥下，伴随着礼乐行三馔、三爵、献帛、伏兴等礼节。

"会祭"数年举行一次。主要是联合远近各村同宗支派对远祖的祠祭，以避免族大世远，不相往来的乖离现象产生。

祠堂通过祭祀、读谱、续谱，宣教宗人遵守祠规，严明奖惩等活动，达到正俗教化的效果与目的。

二、程朱阙里
越国王孙

程朱阙里　越国王孙

筑境　中国精致建筑100

《歙县志·风土》："邑中各姓以程、汪为最古，族亦最繁。忠壮、越国之泽长矣！"

据谱载，程氏入徽始自东晋，出任新安太守的程元谭，是程氏在新安的始祖。系衍七代，至程灵洗，时当梁末"侯景之乱"，以布衣起义，集结乡勇，保障新安郡，屡获战功，卒封镇西将军，谥"忠壮"，赐"世忠"庙号。后人立世忠庙于篁墩故里。地方官又在歙、休宁、婺源、绩溪四县建"忠烈行祠"十多所。各地百姓仰事先贤，奉为神灵。每年自夏徂秋，土鼓咚咚，鸣声不绝，展敬乞灵于祠下，香火世代不衰。

图2-1　陈封镇西将军（谥"忠壮"——程灵洗像）
（引自《程氏宗谱》）

征于史册，徽州六县之程均出自篁墩。历1500余年，支派纷迁，以歙县计就有80多支派分属各里，里各有祠。若据《程氏人物志》刊，在全国程氏约有690余支派。程氏繁衍独盛于天下，这是程氏子孙引为骄傲的。程氏祖籍徽州，徽州人又以两宋著名的鸿儒——程颐、程颢、朱熹三夫子，原系徽产而感到荣耀。徽州号"程朱阙里"，文献大书特书，也是事出有因的：二程生长于河南洛阳，但他俩是程忠壮公灵洗的后裔，世系有考。《歙县志》载程瑞瀹《篁墩三夫子祠纪事》一篇，可作佐证："伊川夫子（程颐尊号）廿一世孙翰博鲁玉先生，以七十高龄，不惮数千里，携文孙伯服来故土谒祠墓，并哦诗云：'……只缘东晋丰碑在，万派分流总不殊！'"程瑞瀹与翰博鲁玉为官时，曾同观家藏《阙里列墓图》宋迹。但以未瞻仰故乡阙里胜迹为憾事。可谓曲尽水源木本之思。

朱熹家本婺源，但他的祖父宋承事郎森，世居歙篁墩，因此篁墩又是朱子的祖籍故里。明景泰年间，代宗皇帝下诏，赐程朱三夫子的子孙，世袭恩荣，享五经博士的官衔。并命地方官按山东曲阜阙里的体制在篁墩建程朱三夫子祠。明万历间，歙令刘伸，又遵皇命建程朱阙里坊、祠于岩寺镇。这便是徽州名属"程朱阙里"、"东南邹鲁"美誉的由来。

图2-2 宋礼学鸿儒程颐像（南薰殿圣贤像）/上图

图2-3 程颢像（南薰殿圣贤像）/下图

汪华，唐代歙州绩溪人，身高九尺，魁伟彪悍，以勇侠闻名。隋大业间，天下浩乱，群雄割据，盗贼蜂扰。四方豪杰保家卫国，汪华揭竿起义，募集乡勇，除暴安良，陆战于杭、睦、婺、饶四州，屡建奇功，旋拥兵十万，六州在控，八方归附，诸将拥立为吴王。四方虽大扰，而六州十多年免遭兵燹，万民额手拥戴。奉表归唐后，封汪华为越国公，贞观二十三年卒于长安。

对于这样一位忠义智勇、危难关头拯民于水火的将军，唐臣编史竟未立传。难免使人懵愤不解。为此，朱熹在《通鉴纲目凡例》中剖析道："凡起兵以义，曰'起兵'。其起虽不义，而与之敌者，不得以盗贼名之……盖深恶秦隋之暴，谓人人得而诛之"也。

图2-4 宋理学家朱熹像
（写真容像）

图2-5 云岚山越国公汪华墓、祠形势图（汪国功 提供）

六州士民与守土名宦秉《春秋》大义，抨击时论之不公。唐永徽中恭迎汪华灵柩归葬歙邑北云岚山，于墓前立庙，墓左建祠，恢拓殿宇，列矗坊表，隆重祀典，勿替烝尝。每至春秋，远近百姓趋墓祠之下而莫祭者，几无虚日。

为了顺乎民心民意，各县名乡古里都建有"忠烈行祠"，方便百姓祭拜，当时著称的：歙县6所，休宁6所，婺源11所，黟县4所，绩溪5所。越国公有九子，旧呼九郎君，佐助父亲保障六州有功，各地也建有祠庙，如忠助八侯庙、忠护侯庙、福惠庙、徽溪庙等。其他各地的社屋或山陬僻处的土庙，都供奉汪华塑像，百姓称"汪公菩萨"或"汪公大帝"，视汪华为镇灾驱魔、保人畜平安的神衹，四时祭祀之虔诚，信仰之忠贞，胜似考妣，超越诸神。文人学士讴歌赞颂，世不绝响。清末翰林乡贤许承尧有《题吴山汪王庙诗》热忱哦咏：

浩气塞天地，邹孟语绝精。越国出新安，吾感同峥嵘。

井水处处祠，箫管年年声。遗民讴且思，深厚千载情！

三、古建筑中的一束兰花

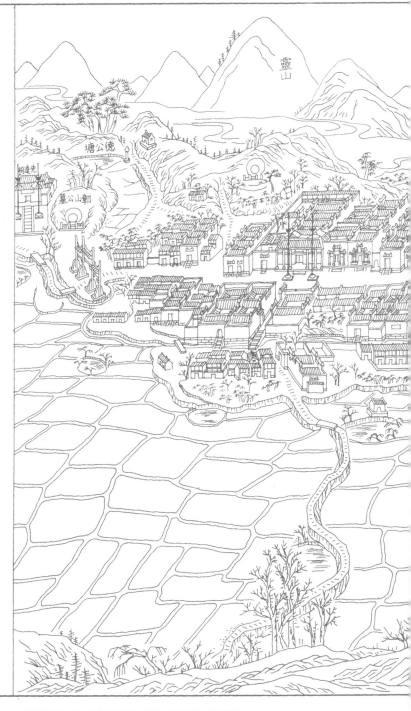

徽州祠堂

古建筑中的一束兰花

⊕筑境 中国精致建筑100

图3-1 鲍氏祠堂在村中的位置（引自嘉庆《鲍氏宣忠堂支谱》）

棠樾石牌坊群高耸、洗练、凝重的建筑风格，聚合着汉民族传统的文化特征，饱含着儒学的思想精华和审美情趣，这些精湛的物化神思，同样也蕴涵在祠堂与其他建筑文脉中。

宋末，鲍宗岩、寿孙父子争死事，刊登《宋史》，奕世流芳，鲍氏因此尤重孝悌人伦。元代名学者鲍元康构慈孝堂于村北龙山，祀鲍宗岩、寿孙父子。堂畔慈孝二松，一俯一仰，云木峥嵘，坊表昭彰，世泽家风绵延勿替。这是棠樾鲍氏第一所祠堂。

明嘉靖八年，鲍象贤以进士授都御史，官兵部右侍郎，镇守边陲，卓有功勋，立传《明史》。隆庆元年他致仕归里，集宗人拓村东西畴书院建鲍氏支祠，祀八世门祖宋登仕郎庆云。庆云讳行万四，故鲍氏支祠又称万四公支祠（俗呼"男祠"），堂名"敦本"。

事隔250多年，故迹衰微，父老哀叹文物凌替，清乾嘉间徽商崛起，二十四世裔孙志道发家后回故里重振祖业。乾隆五十年他开始对废圮的龙山慈孝堂进行复建，堂屋仍三楹，重檐有阁，门庑庭院，悉循旧制。享堂壁嵌梁同书《钦定古今图书集成·徽州山川考·龙山鲍氏父子争死事》、江都薛铨绘《鲍氏宗岩、寿孙父子争死慈孝图》及鲍志道《慈孝堂铭并序》等石刻。明永乐皇帝御制的《慈孝诗碑》矗立祠北山巅，益显出世泽家风的源远流长。

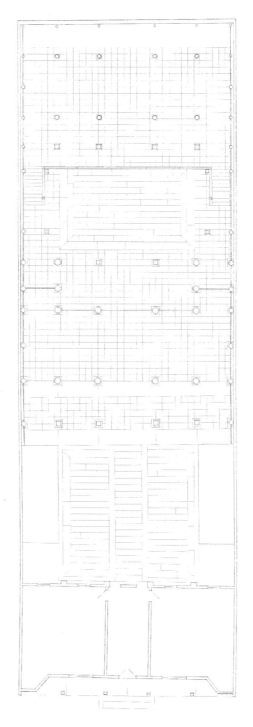

图3-2 鲍氏男祠（敦本堂）平面图

图3-3 清重修鲍氏支祠大
门外观/前页

鲍志道肯构肯堂，父训不敢忘。紧接着于乾隆五十四年，他会同从弟琮，开始了以修建村内祠堂为中心的、规谋宏远的礼教建设。首先他着手修葺十六世祖鲍象贤尚书祠——宣忠堂。这是一所由祖先故居改建的家祠，堂坐北朝南，四进五开间，门悬"都御史第"匾额，其宅制为明帝特许，是村中最高等级的建筑。

嘉庆二年（1797年），鲍志道携长子漱芳回里谒祖，见鲍氏万四公支祠"摧剥晦昧"，"有慨于世德之旧而兴修之不可缓"，当即请出私财，委鲍琮董理修建事，在大部依旧制的基础上，拓展抬高了地基，增大了进深与寝的高度，东阼西奥都比前宏丽有加。门屋建成翼角高耸的五凤楼，仪门有簪和抱鼓石，门外有精致砖雕八字墙及栅栏。入内，宽敞的天井院落，东西廊石柱围立。享堂五开间硬山，下置轩顶，檐廊作船篷，堂屋梁架枋柱结构精严，用材匀称，手法洗练。享堂中悬王文治

古建筑中的一束兰花

筑境 中国精致建筑100

图3-4 鲍氏支祠（男祠）
寝堂主龛

图3-5 鲍氏女祠八字墙砖雕

书"敦本堂"三字匾；后金柱间装有14扇灰漆屏门，上刻邓石如隶书掌写大字《鲍氏五伦述》；前金柱分挂邓石如书"慈孝天下无双里，衮绣江南第一乡"楹联。左右次间山墙壁上有朱熹"忠、孝、节、义"四幅单字漆刻巨屏。后檐明间立嘉庆上谕三道碑一座。两庑壁嵌《重修万四公祠记》、《敦本、体源两户规条》二碑刻。寝堂二阶壁上嵌刘墉、梁同书、朱珪、黄钺、陈大文等名人撰、书的《鲍氏义田记·跋》以及《义田禁碑》等刻石。祠通阔18.24米，进深55.6米，占地750平方米。

图3-6 鲍氏女祠寝堂

在支祠重建的同时，鲍志道与弟启运又着手世孝祠、女祠的创建。世孝祠南向，三进五开间。大门立四柱三间三楼式门楼，门额"世孝祠"三字为邓石如手笔。享堂空间宏敞，寝堂明、次间为抬梁，山面用穿斗。檐步墙上嵌鲍志道撰《世孝事实并序》刻石，阐述建祠缘由，说明祀宋以来棠樾鲍氏孝子，是以"今兹世孝之祀，乃以教后嗣之孝"为宗旨。寝阶下尚存汪恭、铁保名家记事碑两座。

鲍启运，字方陶，盐法道员，幼小失怙，赖嫂嫂——兄志道妻汪氏抚养成人。启运行敦孝悌，长怀"蓼莪"之思，有感于支祠供奉男主，未附女主，因此立志创建女祠。女祠之建，别具心意：在方位取向、内外观体制上，都与男祠有别。女祠据《易经》男乾女坤、阴阳相悖的原理设计，坐南朝此。祠三进，门厅外有极精致的砖雕八字墙。享堂五间九檩，抬梁、穿斗式结构，前后檐部做轩，中做复水

图3-7 世孝祠大门

橡。寝堂地面高出1.3米，五间九檩，用材硕大。典型构件月梁、象鼻梁头、平盘斗，斜撑等雕刻雅丽。后墙设青石须弥座，上置木主神龛，供奉世代列女。女祠堂奥穹隆，结构紧密，用材匀净，造型流畅，通面阔16.52米，进深47.98米，占地800余平方米。祠外观，寝堂为硬山，但不做博风板，门厅也不做五凤楼。整个祠堂使人感到内秀外朴，雅丽而不冶艳，端庄而非板刻，空间氛围与群体建筑既统一和谐而又有区别。女祠遗构在徽州乃至全国民居中也是罕见的。

鲍志道协同鲍琮，在祖业"禾黍离离"的衰败景象中，手辟蒿莱，扶危救倾，专心致志重振昔日的辉煌。他俩把显示族望的三座明坊复原后，接着又向上请旌，增建了牌坊4座（贞节2座、孝子1座、义举1座），让七座牌坊连成一气，跨长堤逶迤而立，构成雄伟的气势，使之充沛于祠域之间。这一崭新的创设，显然与董事者的人生观儒学修养相关联。

鲍氏祠堂建筑群不事雕饰，以简洁洗练、质朴为尚。仅在某些构件施以清新淡雅的图案，留给人观看更多的是白玉无瑕的洁净。

鲍氏祠堂打破常规的中轴线设计，让牌坊鱼贯斜行而来，男、女祠堂相向错位而立，然尊卑有位，秩序井然不紊。整个祠域空间开朗，氛围肃穆，风景宜人，是敬宗睦族的理想场所。

古建学家把棠樾祠堂系列建筑比作"中国古建百花园中一束兰花"，格调很高，评价极当。

四、呈坎双贤里
江南有名祠

图4-1 建于明嘉靖年间的罗东舒祠（图为该祠棂星门）

图4-2 仪门/对面页

呈坎村落山环水绕，气象峥嵘。背倚崇山大障，左有龙山，右有龙盘山，三山环卫，灵金山作屏，遥峙潀川之东。村落负阴抱阳，藏风聚气，是少见的风水宝地。村中99条短巷，幽深穿插迷离，三条长街，逶迤贯通南北。粉墙黛瓦，高院重楼，古宅联翩；寺观亭阁，溪桥社庙，绿树掩映，无一不组合得体，秀色天成。

唐末，黄巢兵兴，罗秋隐与堂弟文昌，由江西南昌携家避乱来到这里定居。后代呈坎罗氏尊二人为始迁之祖。

秋隐、文昌兄弟分宅而居，文昌居前宅，世称"前罗"；秋隐居后宅，世称"后罗"。罗氏开村创业，务农为本，辅以经商，读诗书，重教育，传至宋第八代罗汝楫出，族势始显。汝楫官至吏部尚书，封新安郡侯。第九代罗颂，出知郢州，精于理学；罗愿，官任鄂

州，精于史学，有《新安志》名著行世，至此族望大振。理学大师朱熹与二罗姻亲，曾挥笔劲书"呈坎双贤里，江南第一村"楹联，悬于罗氏家庙，以表达对罗氏业绩的颂扬。至明代，监察御史、大理寺卿、刑部侍郎罗应鹤，制墨家罗龙文（小华），武学博士罗人望，状元、地理学家、书法家罗洪先……前后罗人才辈出，享"十代荣华"之誉。

子孙显贵，光宗耀祖莫过于为祖宗立祠了。前后罗祠堂共两座，两座祠堂建筑格局各有不同，当时都不称祠，而称"家庙"。头道门栅栏涂丹红，不涂墨黑，据说这是宋代罗汝楫封新安郡侯享受的殊荣。前罗宗祠名"文昌祠"，是以前罗始祖文昌公命名的。祠位村前，有坊，而临潨川，1948年毁于火。后罗宗祠不以秋隐公命名，而称"文献祠"，是因罗颂、罗愿兄弟二人在文史学术上有成就，谥号"文"与"献"之故。文献祠气势恢宏，从

图4-3 享堂前拜台、两庑石栏环抱的庭院

图4-4 恢宏的享堂明间。中悬董其昌书巨匾

照墙到享堂,进深百米以上,红栅栏门坊上有"尚书"二字匾额,仪门枋上有"罗氏家庙"红底黑字匾。过仪门有甬道直达享堂,享堂后间一大草坪,分三道石栏阶梯上寝堂,现仅存寝堂。

保护得完整的是为十三世祖罗东舒立的支祠——贞靖祠。罗东舒是宋末元初的学者,屡诏不仕,以处士终身,私谥"贞靖",祠以名之。但当地都称东舒公祠。祠始建时规模不大,享堂仅有三间,祠前岩石嶙峋,芦苇杂树丛生,遮掩着东舒公子媳的坟墓。到明嘉靖间,刑部侍郎罗应鹤致仕返里后,才着手主持扩建。首先他参照文庙体制,特意仿造祠首的棂星门,依次施工廊亭、仪门、甬道及两庑厢房、拜台,而后大大地拓展了原来祠基。重构后的享堂五开间,进深延至22.6米,梁柱间架硕大宏伟,明间后金柱上悬明董其昌书"彝伦攸叙"巨匾(5.5米×2.5米)。字大过人,可想见昔日华章盛典的气概。享堂前拜台(又称露台)连接东西廊的石栏杆,雕刻典雅隽丽。据说其中还有一个故事:原先另有一套石栏雕版即将竣工,罗应鹤左看右看不遂心意,正在犯难之际。忽报绩溪礼部尚书胡海林的后人送来一副工丽多姿的夔龙石刻栏板,罗应鹤喜出望外,立即更换安装胡氏送来的夔龙栏板,而将原先刻的一副埋入拜台地下。

图4-5 典雅宏丽的寝殿——宝纶阁

呈坎双贤里　江南有名祠

🔘 筑境　中国精致建筑100

a

b

图4-6　宝纶阁梁架彩绘

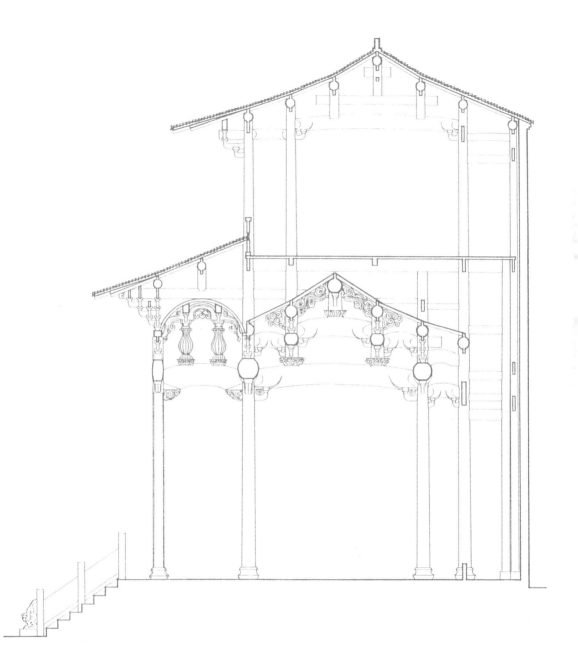

图4-7 宝纶阁横剖面图

最为壮丽和令人叹为观止的是当时建造的寝殿，它由72根大立柱构成了3个三开间加两尽间共11间的建筑，仅次于故宫太和殿，梁柱斗栱、雀替、平盘斗等构件，满饰雕刻，玲珑剔透，技艺精美异常。殿堂内梁枋彩绘图案色彩古艳雅丽，实为明代江南民间建筑彩绘孑遗。极其稀有珍贵。寝殿高出享堂4尺有余。沿三道石台阶拾级而上，殿前石栏，望柱雕刻精致多样，朴茂典雅。

罗应鹤（1540—1630年）《祖东舒翁祠堂记》碑文刊："后寝几成，遇事中辍，因循垂七十年，危至圮坏……"，寝殿"因前人草创，盖之以阁，用藏历代恩纶"。据此可知寝殿始建于嘉靖年间，因事工程搁置。到万历壬子（1612年）扩建时，进行了修缮，又别出心裁地在殿梁上立柱建阁，用来珍藏皇帝的纶言诏书圣迹，复请歙人明末孝子吴士鸿书"宝纶阁"额匾。殿阁重楼，益增祠宇之肃穆高峻。

罗东舒祠通面阔26.6米，总进深77.65米，通（脊）高12.75米，建筑面积2079.49平方米。整个建筑风格独特，规模恢宏，集徽派建筑"三雕"彩绘于一体之大成，不愧为江南名祠之誉。

五、珍木雕香的殿堂

坐落在绩溪县大坑口村（古称龙川）的胡氏宗祠，建于明嘉靖年间，历经修缮，主体结构仍保持着明代特征。宗祠由牌坊、影壁、坦、门楼、天井、廊庑、享堂、厢房、寝堂、特祭祠部分组成。除特祭祠外，其余部分均建在中轴线上，占地总面积为2041平方米。

宗祠以胡氏远祖配享胡富、胡宗宪。胡富是成化进士，正德户部尚书，曾带兵镇守边陲；胡宗宪是嘉靖进士，历官右佥都御史、浙江巡抚、兵部右侍郎，总督军务，为剿灭倭寇立有功勋。龙川胡氏以"一门两尚书"并皆儒将为荣耀。

宗祠木结构遍施雕刻，特别以享堂、寝堂四周隔扇屏门大面雕镂，琳琅满目，绚丽夺目，堪称木雕艺术的殿堂，在徽州祠堂中享有盛誉。

图5-1 矗立于大门前方的胡宗宪祠坊

图5-2 胡氏宗祠戗角高耸的五凤楼门楼

徽州祠堂

珍木雕香的殿堂

筑境 中国精致建筑100

a

b（张振光 摄）

图5-3 享堂天井

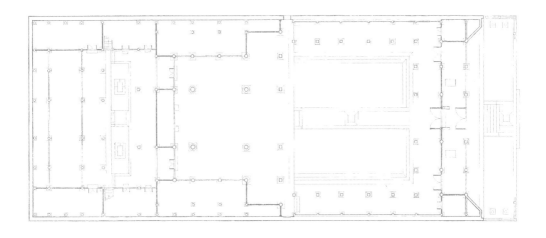

图5-4 绩溪胡氏宗祠平面图

祠坐北朝南。门楼戗角高耸，气势轩昂，是一座三进七开间的重檐歇山式高大建筑，位于高1米多的五级石阶台基上。南北外檐为有6根讹角石柱、5根月梁和4根大额枋。枋间28朵斗栱将顶檐挑出1米多远。门楼面临约百平方米条石铺筑的祠坦。石栏杆外，龙川溪水穿流而过，隔溪西望胡宗宪尚书坊巍然矗立。门楼后是一个宽广的天井，20根讹角石柱与20根硕大月梁衔接，擎起东西两庑单坡长廊。

享堂五开间，结构雄伟宏丽，东西各有一弄道通寝殿。享堂后中央设一祭龛，由14根银杏圆柱，22根月梁组成。东西两厢和北向牖墙均装修雕饰满目的隔扇。前檐明次间为4根讹角石柱，柱础为双层四方形。前后金柱的柱础有枣木镶成的莲瓣木櫍，櫍下端为八角形拼饰如意花纹。八角柱磉用花岗石凿成。

寝堂前檐为一狭长天井，东西设有长方形石质花坛。寝堂七开间二层，在次间的一、二层楼间，置2米高的隔楼，供放胡氏历代迁祧木主。

珍木雕香的殿堂

筑境 中国精致建筑100

图5-5 享堂梁架雕刻/上图

图5-6 枣木雕成莲瓣形的木槛柱础/下图

图5-7 满目雕饰的寝堂

胡氏宗祠以木雕艺术饮誉中外。整座祠堂木雕装饰遍布，大小额枋、斗栱、雀替、梁驼、平盘斗、护脊木、灯托、柱榫……无一不是按各自的形状精雕细镂，巧用深浅浮雕，或镂空透雕、圆雕，极尽雕刻手法之能事。在门楼前向明间的大额枋上，雕"九狮滚球遍地锦"图案；在门楼后的大额枋上，雕"九龙戏珠满天星"图案；门楼南北两向明、次间的6根小额枋上，雕有一幅幅历史战争画面图卷，无疑是献给胡氏历史上两位将军的。

享堂与寝堂的木雕隔扇多达128块。享堂正厅祭龛前及两侧的22块隔扇裙板上，精雕一幅幅以鹿为题材组成的《百鹿图》。群鹿遨游于花开山野之间，姿态各异，顾盼生情……鹿与"禄"谐音，寓高官厚禄。享堂东西两边的22块隔扇雕刻，以荷花为主题，章法多变，姿态万千。荷花出淤泥而不染，濯清涟而不妖，亭亭净植，香远益清，象征高洁的人品，是胡氏表彰先德，歌讴列祖列宗的一笔重书。

徽州祠堂

珍木雕香的殿堂

筑境 中国精致建筑100

图5-8 享堂祭龛前及两侧隔扇裙板《百鹿图》雕刻一组
/对面页上图

图5-9 《百鹿图》雕刻特写/对面页下图

图5-10 享堂东西隔扇裙板《荷花图》雕刻一组/上图

图5-11 《荷花图》雕刻特写/下图

祖祠的寝堂要显得静谧肃穆。胡氏宗祠的寝堂，仍然是一色隔扇木雕，环若壁塑，美不胜收。画面凸凹幽邃，触手生香：雅丽纷呈的瓶罍插花；博古鼎彝的四时清供；书画卷轴、文房四宝、案头陈设，古色古香。这是一个多么文雅、恬淡、宁谧的晏息处。

祠中的每一幅木雕作品，从设计到绘刻，都经过细致的推敲，主从得当，格局新颖。雕刻用当地的柏、梓、椿、樟、银杏等珍贵木材，注重木质的硬度、色彩、纹理特性的表现。民间艺师技法的娴熟，形象塑造的完美，令人感觉浑然天成，了无斫痕，受到世人的一致赞赏。

历400多年的风雨沧桑，祠堂整体保持得如此完好，在徽州现存众祠之中，也是独一无二的。

图5-12 寝堂隔扇瓶花雕刻一组

六、高阳桥下水长流

图6-1 大邦伯第门楼

　　许村，群山环列，川流映带，景色秀美。隋末，村北箬岭要道开通，与太平、旌德二县的商运贸易日趋兴隆，许村因此成为歙北的重要商镇。

　　许村原名昉溪，溪上有一座元代始建的双拱廊桥——高阳桥，桥畔耸立着象征许氏族望的"大观亭"。许氏尊五代时的许儒为始祖，其子知稠从歙县篁墩迁居许村，传至九世宾，生二子许理、许璿，为东西二十门支祖。各门之下又有分堂，如金川门下有信睦堂，大公门下有进士第，西沙提门下有致和堂、敦睦堂等。这些众多的支祠、分堂历经沧桑变迁，留存到今天的已寥寥无几。经查尚存有大邦伯第、大墓祠、敦睦堂、大宅祠、大郡伯第（仅剩门楼）、巨恩堂、观察第、青山许氏支祠等。

　　"金种福，银东升"，说的是许村最旺盛的两支——大郡伯和大邦伯。大邦伯第，又

图6-2 大邦伯第享堂前形式多样的斗栱/上图

图6-3 大邦伯第柱础/下图

高阳桥下水长流

筑境 中国精致建筑100

图6-4 观察第许氏家祠边门

图6-5 观察第享堂匾/上图

图6-6 大宅祠石刻/下图

称官厅，明代嘉靖年间所建，三进五开间，占地855平方米。这个祠有三大特点：一是门楼高大雄伟，全部用砖制作构件，斗栱做有象鼻昂，涂成黑色，四柱五楼式，仿木构造；二是木结构斗栱形制古朴，该祠的前廊、享堂斗栱形式多样，有插栱、丁头栱，特别是享堂前檐斗栱后尾上挑，形如上昂，颇为少见；三是享堂前檐柱"栌"的使用，明间前檐柱下不用石础而用木质覆盆础，是极为罕见的做法。

高阳桥下水长流

筑境 中国精致建筑100

图6-7 大宅祠门神彩绘

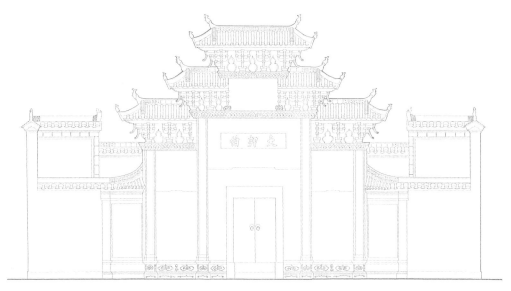

图6-8　大邦伯第门楼立面图

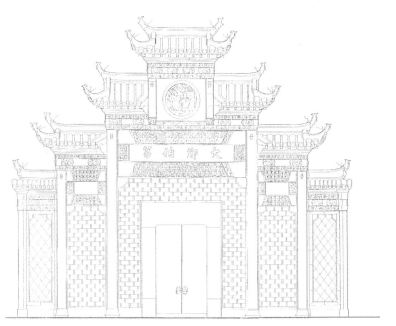

图6-9　大郡伯第门楼立面图

墙里门祠有一段不寻常的往事，祠门匾额上刻"观察第"，边门上刻"墙里"二字，据老辈人讲，明汀州知府许伯升的六弟，死时无嗣，但其妻已身怀有孕。为证明腹中血脉为许氏传人，她足不出户，把自己禁闭在高墙里。后生子天相，成为墙里门支祖，墙里祠因此得名。祠建于清，分门厅、享堂、寝堂三进，前有庭院，后有天井，两边为廊，面阔三间，享堂匾曰："敬爱堂"。1997年，瑞士著名地质学家、该祠后裔许靖华博士出于桑梓之情，捐资重修了观察第，提议开辟为"许村历史博物馆"。县文物部门、镇政府大力促成此事，馆建成后，获得各方面好评，被誉为安徽第一所乡镇级博物馆。

大宅祠，又称云溪堂，清建，祠中藏有一套15方"大宅世家"石刻，有明代董其昌、申时行等名人书迹，弥足珍贵。许氏敦睦堂建于明代，梁架上装饰有包袱锦彩绘，色彩醒目，是研究江南明代彩绘的实例。大墓祠有砖雕门罩，寝堂梁架结构精致，风格典雅，与宝纶阁接近，当为明代万历时期遗构。清康熙年间，村中各派建立了统宗祠，祠前树有方伯坊、内翰坊。方伯指许仕达，他于明正统年间中进士，授御史，累官福建左参政、贵州布政使。总祠清同治年间毁于兵燹，坊毁于"文革"中。

七、郑氏祠堂广且昂
贞白高风百代传

筑境 中国精致建筑100

歙县城西6公里的郑村，有一座贞白里坊，旌表里人郑安、郑千龄父子乡贤。元至元十七年（1280年），郡将反叛，元军欲屠城，郑安冒死叩军门为民请命，得免屠戮。乡人感其恩德，立令君祠以祀。子千龄，为官操守廉节，死后士民私谥"贞白先生"。

贞白里坊以西，有一座高大的明建祠堂——郑氏宗祠，祠前立四柱三间五楼式石坊，通体雕饰，嵯峨雄武。坊后中轴线上依次建有门厅、享堂、寝堂，各进之间连以廊庑，外墙封闭。总建筑面积达1761.5平方米，为徽州地区少见的大宗祠。据考证，该祠始建于明成化二年（1466年）以前，后代屡有修葺。

门厅五凤楼式，七开间，明间设仪门，置抱鼓石，设高门槛。开祠堂门时可拆卸。东西尽间有耳室，设边门。前后檐柱都为石柱，不怕檐水的侵袭。中间屋面升起，成悬山顶，为五凤楼式雏形；清代这种做法发展成屋面迭升，歇山顶，翼角飞翘，煞是气派。

图7-1 郑氏忠贞祠石坊（张振光 摄）/对面页

郑氏祠堂广且昂
贞白高风百代传

徽州祠堂

筑境 中国精致建筑100

图7-2 郑氏宗祠入口

图7-3 门厅、享堂之间宽广的庭院、长廊/上图

图7-4 高大宏伟的享堂/下图

门厅和享堂之间是宽阔的庭院，深达18米余。地面铺墁平整的青石板，两边排列高敞的长廊，可以容纳众多的族人参与祭祀活动。

享堂是宗祠的中心，面阔五间，进深18米，高达12米多，可谓高大宏伟。露明梁架由三个人字轩顶勾连组成，以中间的为主。脊瓜柱两侧有装饰性的卷草形叉手，梁下丁头栱栱眼雕花一朵。平盘斗以高浮雕手法雕瑞云装饰，雕刻手法优雅舒展，华丽大方，具有明代的典型风格。堂上悬"济美堂"匾一方，为大学士李光地书。

后进寝堂，台基高1.22米，天井狭长，布局上给人一种压迫感，登堂入室，令人敬畏之心陡生。寝堂七开间，中间为堂，两边有耳室，以存放祭祀用品。堂后壁安木主神龛，底座为红岩石须弥座，饰有缠枝莲、束莲柱、毯文等图案，雕刻精美，可与明早期家祠司谏第龛座相媲美。寝堂结构不复有明代特征，当为清代康熙年间重修时所改。

图7-5 郑氏宗祠享堂
享堂明间原悬有匾额两方：一为"济美堂"，大学士李光地书；另一为"道义宗传"，黄宗羲书。

郑氏宗祠又称忠贞祠、师山先生祠，牌坊上曾刻"奕世忠贞"、"名宗孝祀"等字，寝堂上曾悬黄宗羲书"道义宗传"四字匾，这些都是颂扬里人郑玉的。郑玉，字子美，千龄子，元末的名人高士，构师山书院，勤于教授门人，不乐仕进。元朝曾以翰林待制征召，他力辞不就。著有《春秋阙疑》、《周易大传附注》、《程朱易契》等。元至元十七年（1357年），明军进驻徽州，又坚请他出山，他宁死不事二姓，竟自缢以明志。祠神龛有联曰："道宗孔孟千年学，义守夷齐一寸心"，是其一生写照。

徽州祠堂

郑氏祠堂广且昂
贞白高风百代传

筑境 中国精致建筑100

八、依山面水构崇祠

鬼斧神工镌蟠凤

婺源县是南宋大儒朱熹的故乡，唐代开元年间建县，历属徽州。民国23年（1934年）以"戡乱"为由划归江西，今属江西省上饶地区。

婺源素有"八分半山一分田，半分水路和庄园"之说，村落多依山环水而建，村各有祠，而祠堂的建造被认为关系到族势的兴衰，因此非常重视宗祠的选址，所谓"山脉来龙，胎毓钟灵"，据称"婺邑文运昌盛，人才间出"就是得益于北部屏障大鄣山。大鄣山是"钟灵发脉之地"，因而有"泰岱钟灵，孔子万世师表；鄣山毓秀，文公百代经师"之美誉。朱子《家礼》中明确规定了"造祠堂之制"，朱熹的理论对婺源乃至全国各地都产生了广泛而深远的影响。据统计，婺源自唐以来有祠堂615所，又经1982年文物普查，现存较好的祠堂有113所，其中的范例要数省重点文物保护单位——汪口俞氏宗祠。

图8-1 俞氏宗祠木质门楼斗栱纵横交错，脊瓴高矗，蔚为徽州古祠之大观。

图8-2 俞氏宗祠前进庭院两庑与享堂连接处
的高厢做法/上图

图8-3 俞氏宗祠高敞疏朗的享堂结构/下图

图8-4 豸峰村成义堂藻井
如意斗栱

　　婺源建造祠堂很重视"门面"气派，所以门厅一般都做成五凤楼式，檩脊高耸，歇山顶，出檐采用如意斗科，每组斗栱排列紧密，斜栱交错，形如雀巢，当地称作"喜鹊窝"。如意斗栱还用于藻井，如豸峰村成义堂，在顶棚的正中，用小斗栱成螺旋状迭升，组成圆形穹隆状的藻井。这几种如意斗科不见于徽州其他地方。前进庭院相当宽阔，东西两边廊庑有一种独特的做法，在与享堂相接的地方，屋面升高一块，屋角翘起，称之为"高厢"。享堂更显高昂，表现在梁架上就是童柱拉长，上、下梁之间显得很空阔，整个梁架疏朗、高敞，这种处理方法可能是受山区湿润气候影响所致，有利于通风和采光。后进天井狭长，台基高起，一般都有楼，寝堂中未见石制须弥座，木主神橱也毁坏无存。

　　婺源祠堂最突出的特点是普遍使用斗栱和大量装饰木雕构件。汪口村俞氏宗祠是一个典型实例。

俞氏宗祠建于清代中叶，面阔15.6米，进深42.6米，门厅五开间，五凤楼式，梢间砌八字墙，正立面好似一座四柱三间五楼式木牌坊，其高宽比与普通石坊相近，可见其雄伟气势。一楼、二楼用如意斗科挑檐，斗栱材分很小，共出五跳，每跳出45°斜栱，交错相连，结构紧凑而牢固，翼角嫩戗发戗，起翘很高，歇山屋顶。三楼为两坡屋面，插栱挑檐，出四跳，二、三、四跳各出斜栱，无厢栱，华栱和斜栱直接承撩檐枋，做法与徽州明代插栱相同。但有一点特别，就是补间不使用栌斗，而是在平盘斗上立童柱，栱尾插于柱上。俞祠后进的结构别具一格，寝堂五间，但底层明间前檐减柱。楼层明间的屋面抬高，好像五凤楼做法，也使用如意斗科挑檐；次、梢间屋面稍低，使用插栱出檐。俞祠寝堂的结构独具匠心，十分少见。

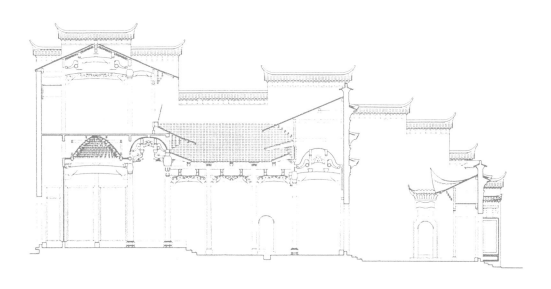

图8-5 婺源成义堂剖面图

婺源极为注重木构件的雕刻装饰，走进俞氏宗祠仿佛进入一座木雕艺术殿堂。以五凤楼为例，前后方形檐柱是木制的，大门抱鼓石竟也是木制的，从这里可以看出婺源木材资源的丰富和由此发展而来的高超的木作雕饰艺术。梁架的雕刻重点在梁枋，明间上枋以高浮雕手法雕有盘螭抢珠、狮子戏球、双凤朝阳等图案，次间上枋上刻有亭台楼阁、人物等。下枋为月梁式，两端浮雕卷草纹，中部以开光式构图雕刻戏文故事。梁下丁头栱栱身遍雕典故人物。另外，关檐板、平板枋、月梁底部都以压地隐起手法镌刻缠枝花草、莲瓣等。上下枋之间的空隙也以透雕卷草花格装饰。五凤楼前后的字牌上，分别刻有"俞氏宗祠"、"生聚教训"四个大字，这使得门楼看起来更像是一座牌楼。祠堂内部的雕饰一点也不逊色于门厅，两廊的上枋、高厢的垂莲柱、斜撑采用浮雕、圆雕等手法精雕细刻，内容有亭阁、花树、瑞兽、博古器物等。享堂梁架雕饰的重点为平盘斗、丁头栱、梁桁等构件。令人惊讶的是，所有檩条的底面都遍雕卷草纹，充分体现了婺源木雕艺术精美繁复的装饰风格。

婺源古建筑属于徽派建筑范畴，但又别具特色，好像深山里的奇葩，散发着奇异的芬芳。文物学家王世襄先生有《望江南》词一阕赞道："婺源好，故宅与崇祠，砖石门楣镌舞凤，樟楠梁栋刻蟠螭，心仰鲁班师"。

九、桃花依旧笑春风

图9-1 四世一品坊
"一本堂"为曹宗礼支下董
饴遗命其子所建，牌坊额题
"四世一品"，系指乾隆户
部尚书曹文埴上至曾祖四代
俱获一品官衔的荣耀。

雄村原名洪村，明初曹氏迁入后，据曹金碑"枝分叶布，所在为雄"句之意，改名雄村。此后，曹氏秉山川之灵气，枝叶日渐繁茂，蔚成大族。他们于村中鲍氏墓园侧建立了宗祠"孝思堂"，后又于村西建曹氏"一本堂"，曹祥专祠和曹楼专祠，于村东建立了奉祀曹氏先贤的崇功报德祠。

曹氏的"一祖两祠"，包含着一段家族恩怨。据传，曹氏始祖永卿始居徽城南街，有二子，长子宗仁为正室洪氏所生，次子宗礼为侧室朱氏所生。宗仁迁雄村，亦农亦商，生活富足。宗礼仍居郡城，教子读书未成，生计窘困，为此，常向兄长告助。宗仁长孙曹祥不满于叔祖的无厌之求，曾口出怨言，招致宗礼的严厉呵斥，他因此啣恨于心。曹祥中进士为官后，主持修建曹氏宗祠孝思堂，订立的祠规甚严，有"庶妾孽子，不得入祀"之条。宗礼因是庶出，故牌位不能入祠。至清朝康、雍间，

图9-2 四世一品枋细部/上图

四世一品坊　上刻曹氏一门官封"太子太保"之名讳。

图9-3 世济其美坊/下图

崇功报德祠，奉祀曹氏乡贤，祠前"世济其美"坊，上镌
明清曹氏科举名录。

桃花依旧笑春风

◎筑境 中国精致建筑100

宗礼支下曹堇饴经商有成，成为扬州八大盐商之一。他为了和睦族人关系。遗命其子建祠宇"一本堂"，专奉宗礼支下神主。祠堂今存门厅、牌坊。牌坊字牌上刻"四世一品"四字，上枋刻曹文埴上至曾祖四代官衔名讳。曹文埴曾为《四库全书》总裁之一，深得皇帝信任。其曾祖、祖、父也得到太子太保等赠官（俱一品衔），合称"四世一品"。坊后为门厅五凤楼，五开间，左右有八字墙，明、次间屋面迭升，是徽派建筑中等级高、工艺精的门楼建筑。门前尚存一对精致的石狮子，中进享堂、后进寝堂已改建。

雄村之南隅，清乾隆年间建有崇功报德祠。奉祀雄村曹氏有功于国、有德于民、有惠于乡里的先贤。祠前也有坊，四柱三楼冲天柱式，字牌上书"光分列爵"，下枋上刻"大中丞"，系指明正德右副都御史曹祥，次间下枋右刻"学政"，指的是明万历四川学政曹楼，左刻"传

图9-4a,b 清旷轩、凌云阁
竹山书院中有清旷轩、凌云阁等建筑，可眺望渐江美景。

a

胪"，指曹文埴。坊背面刻"世济其美"四字及明清曹氏科举名录。坊后祠已改建，据曹瑾《雄村杂志》："祠分三进，正厅柱两人不能合抱，厅前及两廊皆方形石柱，后进为寝堂，全祠占地两亩许"。可以想见其规模。

崇报祠前滨渐江，筑有防洪堤，堤上石栏逶迤，遍植桃树，暮春佳日，繁花竞发，有"十里红云"之谓，曹文埴有诗云："寄语木兰舟上客，往来休作武陵疑"。坝东有著名的竹山书院，清乾隆年间建，为安徽省仅存的徽派书院园林，省级重点文物保护单位。书院入口是一牌楼式砖门罩，有邓石如手迹"竹山书院"四字。门后文会大堂是"会文集议公所"，旨在"整齐风俗"，"振兴文教"。文会东为园林部分，主要建筑有清旷轩、凌云阁、百花头上楼、眺帆轩等。清旷轩内盛植桂树，旧时族中相约：凡子弟中举者，可植桂树一棵，寓意"蟾宫折桂"。曹氏在明代就有"一门四进士，四世四经魁"的美誉。自明至清，曹氏登进士第二十九人，中举者二十人，其中经魁六人，会魁一人，州邑翰林许承尧有诗赞道："吾乡昔宦达，首数雄村曹"，此言确实不虚。

十、贞芳节玉埋宿草

深闺独守夜如年，四壁青灯自明灭。

夜雨何曾眼角晴，春风不消头上雪。

若教改节入他门，宁向高粱悬匹帛。

妾身虽苦妾心安，生既同衾死同穴。

《弘治·徽州府志》

读了这几句哀挽节妇的诗，不禁又使人联想起旧社会贞女的悲惨命运。随手翻开一本方志或族谱，都能看到占篇幅很多的《列女》科目；只要涉足徽地一处古老村庄，都能遇到嵯峨刺眼的节妇牌坊，所谓圣旨旌表，青史流芳，只不过是一纸虚荣！难道这些就是她们牺牲性命，毁灭青春的代价？现代人们听了简直是"天方夜谭"。

徽州贞节烈女数量之多，在华夏历史上是罕见的。《明弘治·徽州府志·列女》选刊立传的有189人，《民国·歙县志·列女》科目共四卷，占全集卷数的四分之一，收录唐至清末的贞女计7000多人（尚不包括村族未报的）。

祠堂是《宗族法》的执行者，成了压制妇女自由的帮凶。祠规是封建皇权法制的体现。清康熙以前有法定例，妇女30岁内夫亡，历30年终节者，可以请旌表彰；到雍正年间，皇帝恩赦，优待妇女的修行，改为15年终节就可以享受旌典，这样就进一步鼓励了妇女自毁的贞节修行。皇帝还极力推行颁发"门旌"，在城乡氏族群中树立榜样。又在邑郡城中建立专祀贞女的"节孝祠"、"节烈祠"，鼓吹引导广大妇女殉节。

图10-1 矗立徽州乡村遍处的节孝坊／上图

图10-2 节孝祠／下图
徽州知府建于歙城上路街的节孝祠，刻六县
历旌节孝人名于高大的石质门坊上。

徽州府节孝祠有二，一在府城南街，光绪三十一年，知府黄曾源建，并于祠前立坊，刻六县历旌节孝人名于其上；一在歙县城上路街，始建于雍正四年。当时歙县令汪文照写有一篇《歙建节孝祠记》，他在祠记中说：现在圣天子砥砺风化，表率人伦，勒令大小官员到民间采访节妇贞女的幽隐事迹，又颁发国库金银，营造弘丽的祠堂和牌坊，把六县节烈妇女的名姓都标示出来，每年都要举行春秋祭祀。这实在是自古未有的旷举！在立坊建祠中，还得到诸节孝妇的后裔的踊跃捐助，后裔们"诚惶诚恐，沐皇恩之浩荡……"

先人为维护封建宗法制度，销尽了青春年华，含冤于九泉下，后人还要对压迫杀害亲人的暴君杀手谢恩，唱颂歌。继续效劳，召唤后来者赴汤蹈火……这便是一座座用妇女骸髅垒起的祠堂和牌坊的由来，这便是一部活生生的、冠冕堂皇的《徽州节烈女史》。

十一、仙井长流　千古泽

在距歙城北门5公里的富资河畔，有一个村落叫双溪，因东门岭来的白沙河穿村流过，到村头恰与富资河交汇而得名。

自唐代始，凌氏聚族而居，宋、明两代出了不少显宦硕彦，其中以宋抗金英雄凌氏"六大忠臣"最负盛名。他们在双溪留下斑斓故迹，随着漫漫的历史风烟，大都湮没隐去，只有凌子俭为他十世祖唐代荣禄公修葺的"仙井"与"吕仙祠"，还闪烁着神奇的光彩，残留在人间。

相传唐僖宗光启二年（886年），八仙之一的吕洞宾曾巡游路过这里，与凌荣禄知遇。荣禄待吕仙恭敬备至。一日，这位乐为百姓排忧解难的大仙，指着屋边一块空地说："在此掘井，汲水酿酒，酒必醇美。"荣禄随即集众开挖，入地丈余，便见甘泉喷涌，吕仙探囊取出金丹一粒，投入井中，金丹溶解，水色更见晶莹，村民服用后，顿觉神清气爽，病痛渐消。荣禄喜极，马上动工砌灶，依照吕仙密授单方酿酒。酒成，芳香扑鼻，一口入喉，渗透五脏，天庭顿开。都说这是古今稀罕的好酒，一传十，十传百，远乡近舍争着来买，车载马驮，络绎不绝。凌荣禄酒店生意无比兴隆，不数年竟发了大财。饮水思源，荣禄不贪天功，将美酒进献于朝廷，皇帝命赐金帛嘉奖。荣禄归来，捐己赀为故里建"皇富上社"，并立碑纪念为民造福的吕仙，又在仙井旁，建造亭、台、酒楼，招徕四方顾客，发展酒业，造福桑梓。

图11-1 吕洞宾像石刻
歙县著名画家柳廉绘，嵌于祠享堂壁正中。

　　事隔七百多年，仙酒古迹，大半倾颓了。万历四十一年，关心此事的县官张涛与凌子俭在京城邂逅，谈及故事，感慨歔欷。子俭犹自愧对祖先，归而即倡族人筹谋修葺，重建吕仙祠舍。

　　首先他复创祠之享堂，安吕仙神龛、祭坛于堂之正中，神龛壁嵌柳廉绘吕洞宾石刻像，堂左、右壁嵌知县张涛等名人诗文碑刻。享堂采用减柱法式。悬山顶，一字脊，脊中葫芦顶，两端鳌吻。享堂合寝堂为一，依朱子《家

徽州祠堂

仙井长流千古泽

筑境 中国精致建筑100

礼》祠堂蓝本而建。门屋中部地墁有眼形酒池两口，下有输酒管道，供来宾品酒。门屋左右壁皆有八卦图像：右壁以乾三连☰与坤六断☷爻文组成暗卦漏窗；左壁以阳刻爻文组成八卦方位图。从暗卦漏窗中，可窥"仙井"。井栏八角形，生铁铸成，周遭有凌子俭《重修仙井新置铁栏记》铸文。门屋外为天井，左、右廊于南面合抱，中立四角攒尖方亭。亭间悬挂名人楹联匾额，琳琅满目。过四角方亭西楹廊下有门通向单坡酿酒间，斜形堂屋内壁立"吕仙与荣禄宴饮图"石刻屏。院内东墙有凌翔绘大幅壁画。从八角窗西望，为守祠人生活区。四角亭东面是远近来此礼拜的香客与礼生休息的四合院。院东厢房有门通四面楼。这是一座重檐翘角二层酒楼，为吕仙祠的最高处。登楼眺望，白沙河自北向南环流而过，大圣桥卧波其上，点点画舫，缓缓移动，隐现于烟波柳树间。宴叙含杯，倚楼凝目，仙井古泽，两溪春色，尽收眼底。踞此缅怀，可悟凌氏先人惨淡经营之苦心。

吕仙祠肇建之初，凌氏族人即置祭祀所用之香火田（即祭田），祠常年开放，有专人管理。迎奉远近香客、信士弟子，来此许愿、抽签、问卜、饮酒、贸易、游乐。祠每年于农历四月十三日——吕洞宾生日，举行大型祭祀活动。具办盛馔果浆、鼓乐礼生，祠内做祭，祠外做戏。在祠堂坦搭台、张灯结彩，嬉"牌楼灯"。人们从数十里外赶来观光，人山人海。吕仙祠内善男信女，烧香求仙；双溪上下，画舫游弋，箫管笙歌盛况空前。

图11-2 仙井铁栏
凌子俭于万历四十一年为十世祖
荣禄公铸造的仙井铁栏。

　　吕仙祠集祭祀、制酒、贸易、游乐为一体，别开生面，享誉数百年。祠平面呈丁字形布局，以享堂为中心，由厅、廊、亭、间、巷等单体和各式门洞、通道组成卍字形迷宫结构。可以看出设计者妙用易经八卦的原理，体现出道家的玄机思想。而假手仙道，迎合平民大众崇拜神仙的心理，发财致富，建祠、掘井、制酒、卖酒的绝招，显然又是徽州商人的高明之处。

十二、徽州祠堂的『三雕』

徽州祠堂的『三雕』

筑境 中国精致建筑100

早在明清时期，徽州的砖、木、石三雕技艺就蜚声海内外。徽州雕工在祠堂中的艺作。更是名工巧匠杰作的典范。

建于清季的歙县北岸吴氏祠堂，内贮石栏雕刻三套：《百鹿图》、《西湖景》、《博古图》。《百鹿图》将100只鹿安排在山峦水泽林野中，千姿百态，若隐若现。据说，百鹿图镌成后，好兴的人总要数一数，看看到底是不是100只？数来数去，还一直没有数清楚。《百鹿图》以象征手法，刻画《诗经·鹿鸣》篇章的主题，鹿与禄谐音，是福与俸禄的物征。《西湖景》以大胆取舍的手法，将杭州西湖风景，浓缩在六幅图版内，构图优美，浑然天成。据说吴氏经商钱塘一带，美景寓目不忘，而父母终年羁居乡里，为了表达孝心，让长辈一饱眼福而设计出此栏板。《博古图》则是在琢毛的底子上，围以缠枝回文，使高浮雕突出礼器图像，造型典雅古朴，尤以望柱头雕塑麒麟、象、虎、狮等瑞兽，姿态生动，不同一般。

呈坎罗氏贞靖祠明刻石栏版20块，镌夔龙无一雷同，方形回文边与流动的夔龙图像弧线相对比，使主体醒目突出。每块栏板刻夔龙一对，穿插以云纹，有追逐、飞跃、厮斗、舞蹈等变相形态。雕工处理这样单一的题材，表现出极其丰富的想象力，充满诗一般的韵律。

图12-1a~c 歙县北岸吴氏祠堂
的石栏雕刻

a

b

c

徽州祠堂的"三雕"

筑境 中国精致建筑100

图12-2 歙县潜口汪氏金紫祠大门外的明万历雕石狮

潜口汪氏金紫祠（因祠内有雕刻的99根盘龙柱，俗呼为金銮殿），祠大门外雄踞石狮一对，神采奕奕，民间目为明雕石狮之杰作。享堂石栏望柱头镌狮百头，栩栩如生，无一雷同；栏杆的壶门框式、莲花图案以及抱鼓石、斜撑等构件，蕴含着徽州明代纹样固有的特色。

砖雕在徽州三雕中最有特色，它清新淡雅，与粉墙黛瓦既和谐又统一。任何地区也没有像徽州民间运用得这样普遍，制作得这样完美。砖雕大部分应用在祠堂的门楼、八字墙、廊壁边沿及门额等处。门楼上的仿木结构，是砖雕装饰的重点，器形内题材多样，变化无穷，内容丰富，异彩纷呈，是民间艺师大显身手处。

木雕在祠堂空间发挥着巨大的魅力，特别是那栋梁上的大木作雕刻，奏刀顿挫利落，卷杀苍劲有力，繁复纤细的圆雕、透雕又处处显现出雕工刀头具眼、游刃有余的高超技艺，令人感叹叫绝。

徽州民居博物馆有一座建于明弘治十三年（1500年）的家祠——"司谏第"，享堂梁架各部分的大木作，不仅是珍贵的建筑史实例，而且是木雕艺术的杰构。该祠外廊月梁阑额上的斗栱，华茂苍郁，委积重重：如刻成单幅云的"耍头"，飞鸟张翼般的"枫栱"，彩云托月形的"驼峰"，还有莲花绽放似的平盘斗等，融力学与美学为一炉，处处显现出明初雕刻苍劲简洁的特有风格。

还有一座汪氏分祠曹门厅，两庑的梭状柱，有如中世纪穿盔戴甲的卫士。望之陡然令人感到空间氛围的肃穆，不禁又使人联想起欧洲罗马的坦比哀多教堂（1502—1510年）和巴黎卢浮宫（1546—1828年）庄重雄伟的古典式柱廊。曹门厅建于明弘治前（1488年以前），早于上述两个建筑的年代。无怪乎我国著名的美学家王朝闻来参观时，曾激动地抱着梭柱惊呼道："奇迹！奇迹！中国是列柱的嚆矢！中国应有自己的'文艺复兴'！"

图12-3 呈坎罗氏贞靖祠明刻夔龙石栏板雕刻图案

图12-4 早于欧洲文艺复兴时代的潜口曹门厅梭状列柱/上图

图12-5 吴氏祠堂的隔扇瓶花雕刻/下图

歙县大阜村还有一潘氏祠堂。清乾嘉间，潘世恩一门父子三人均居枢廷要职，子孙科第踵武，极人臣爵禄之荣。该祠梁架间的雀替、平盘斗，雕成奔腾踢踏、叱咤风云的骏马，仰望之如万马腾空，以此象征潘氏显赫的族望，亦为祠堂木雕别具一格。

其他如黟县西递胡氏祠堂，歙县石潭吴氏祠堂，昌溪周氏祠堂等，都有精致的"三雕"，难以尽举。

据史实，明弘治年间，徽州雕工曾被征往山东曲阜营造孔庙大成殿，殿前28根盘龙石柱，为徽州雕工所作。至今美誉不衰。清名家钱泳在《履园丛话》一书中论述"雕工随处有之，宁国、徽州最盛亦最巧。"此言确凿可信。

十三、寻根问祖　中外联谊

近十多年来，海内外大批的炎黄子孙，纷纷返回祖国大陆，游览观光，寻根问祖，探索中华民族传统文化之源。奉献赤子之心，倾注回归激情，今天已蔚然成风。

高科技进步的现代社会启示人类，尊重自然，回归自然，是一项不言而喻至关重要的课题。因此，现代人自然而自觉地想起自己的祖先，想起原始社会人类崇拜的图腾，想起繁衍人类的"血统"。谁也不能否认血统是"自然"也是"历史"的一部分。

现时期国内外学者、研究人员和众多的旅游人士，热衷探讨地域文化，研究氏族历史。对《宗谱》、《家乘》产生浓厚的兴趣。一些经济红火的地区，悄悄兴起一股寻祖、修谱、纂谱（有些地方称家史、村史）——谱学热。应该肯定那些寻根问祖，序字排辈，弄清世系的溯源活动，并不是旨在恢复古时的"宗族链"。他们追求的是一种新的伦理情愫，一种蕴藉的亲情，一种审视过去，协调现在，开拓未来的精神。

徽州的历史文物很多，而旅游者当中有许多人独钟祠堂。祠堂有木主神龛，是祭祖的圣坛，最能引起人们"慎终追远"思祖的念头，也最能帮助人们揭开本源之谜。近几年中，不远千万里，联袂而来的，有的祖爷携孙，父母领子，兄弟姐妹，伯叔数家，次第约同而来，谒祠拜祖，听一听先人创业蒿莱，庐墓卜居，开村立业的故事，从而解开下一代人心里的困

图13-1 周氏后人拜祭祖先

"每逢佳节倍思亲"。歙县南乡周氏后人，捐资修好祖祠，
具备时新肴果，来到寝堂，顶礼膜拜，寄托哀思。

惑！是的，人不可以浑浑噩噩不知所自来，认
识一下列祖列宗还是必要的！

　　徽州是个神秘的地方，文化层沉淀深厚。
就拿《百家姓》所载的姓氏来说罢，东晋以来
共有80多个氏族迁入徽州，因此徽州历史上
有那么多的祠堂。据统计目前古徽州属地也还
遗存400多所，这是一大桩文化遗产，值得珍
重、保护和利用。

大事年表

朝代	年号	公元纪年	大事记
两晋—唐—两宋			北方氏族因战乱与仕官升迁等原因，纷纷南迁。据载先后进入徽州达80多个氏族，他们聚族而居，每村一姓或数姓，姓各有祠
梁	太清二年	548年	梁末"侯景之乱"，歙篁墩人程灵洗起义卫乡井，梁元帝授都督新安郡诸军事，屡立战功，后归陈，封忠壮公，民间遍立祠庙，塑像供奉
隋	大业年间	615—617年	隋大业间，天下大乱，农民起义军蜂起，绩溪人汪华揭竿起义，保障六州，百姓归附，诸将拥为吴王、唐武德四年9月甲子日奉表归唐，封为越国公。贞观二十三年3月3日卒于长安，时年64。永徽二年，恭迎汪华灵柩归葬歙北云岚山，六州遍立祠庙，香火不断
唐	光启年间	885—888年	吕洞宾巡游歙州，与双溪凌荣禄知遇，吕洞宾指地掘井，得甘泉，酿酒，名噪一时，凌贡酒于上，皇帝嘉奖，归建"皇富上社"，并在井旁建祠社、酒楼，招徕四方顾客，发展酒业，造福桑梓
宋	乾道五年秋	1169年	朱熹丁母忧时，著《家礼》，订立祠堂礼制
		1166—1279年	罗愿，乾道二年进士（1166年）官至鄂州知府，著《新安志》，为徽州第一部志书，朱熹甚称赏

朝代	年号	公元纪年	大事记
元	至元十七年	1357年	徽州郡将李世达叛，元兵欲屠城，郑安冒死为民请命，郡城百姓免于难。安子千龄为官廉洁，有德政，宇者私镒"贞白"。千龄子玉，讲学师山书院，人称郑师山
	至元十八年	1358年	明军进驻徽州，郑玉拒诏不仕，自缢明志
明	洪武二年	1364年	翰林院学士宋濂为罗颂、罗愿题"文献"二字匾
	景秦年间	1450—1457年	代宗下诏，赐程、朱三夫子的子孙，世袭恩荣。享五经博士衔，并命州官按曲阜阙里体制建三夫子祠。后万历间又敕建"程朱阙里"坊
	成化二年	1466年	郑安、千龄、玉祖孙三代一门"贞白"，高风亮节，后裔建忠贞祠（即郑氏宗祠）以祀
	弘治年间	1488—1505年	潜口汪氏建"曹门厅"；徽州现存最早的一座"分祠"
	弘治十三年	1500年	潜口汪氏建"司谏第"。徽州现存最早的一座"家祠"
	弘治年间		徽州雕工被征调往山东曲阜孔庙制作28根蟠龙石柱
	隆庆元年	1567年	兵部右侍郎鲍象贤致仕归里，集宗人建鲍氏万四公支祠（即鲍氏敦本堂男祠）

朝代	年号	公元纪年	大事记
明	万历四十年	1612年	刑部侍郎罗应鹤致仕四里，扩建罗东舒贞靖祠； 绩溪龙川胡氏为一门两尚书——胡富、胡宗宪建祠； 伊川夫子21世孙翰博鲁玉，七十高龄，不惮数千里，携文孙伯服来故土谒祠墓
	万历四十一年	1613年	户部郎凌子俭倡族人重建吕仙祠，重振祖业
清	雍正四年	1726年	徽州府奉旨建"节孝祠"于歙城上路街，祀六县节妇
	乾隆年间	1736—1795年	雄村曹祥建"孝思堂"；曹堇饴建一本堂、四世一品坊，又遗命二子建书院、文阁、文会园林于渐江之滨
			婺源俞氏宗祠始建
	嘉庆二年	1797年	棠樾鲍志道与子漱芳捐资重建鲍氏支祠，同时创建世孝祠。志道第启运与子有莱建鲍氏女祠——清懿堂

图书在版编目（CIP）数据

徽州祠堂 / 鲍树民撰文 / 鲍富摄影. —北京：中国建筑工业出版社，2013.10

（中国精致建筑100）

ISBN 978-7-112-15910-9

Ⅰ.①徽… Ⅱ.①鲍… ②鲍… Ⅲ.①祠堂–建筑艺术–徽州地区–图集 Ⅳ.① TU–092.2

中国版本图书馆CIP数据核字〔2013〕第228966号

©中国建筑工业出版社

责任编辑：董苏华　张惠珍　孙立波
技术编辑：李建云　赵子宽
图片编辑：张振光
美术编辑：赵　清　康　羽
书籍设计：瀚清堂·赵　清　周伟伟　康　羽
责任校对：张慧丽　陈晶晶　关　健
图文统筹：廖晓明　孙　梅　骆毓华
责任印制：郭希增　臧红心
材料统筹：方承艺

中国精致建筑100

徽州祠堂

鲍树民 撰文/鲍 富 摄影

中国建筑工业出版社出版、发行（北京西郊百万庄）

各地新华书店、建筑书店经销

南京瀚清堂设计有限公司制版

北京顺诚彩色印刷有限公司印刷

开本：889×710 毫米　1/32　印张：3$\frac{1}{4}$　插页：1　字数：130 千字

2015年9月第一版　2015年9月第一次印刷

定价：**52.00元**

ISBN 978-7-112-15910-9

（24341）